Arno Scherzberg, Joachim H. Wendorff (Hrsg.)
Nanotechnologie
Grundlagen, Anwendungen, Risiken, Regulierung

Nanotechnologie

Grundlagen, Anwendungen, Risiken, Regulierung

Herausgegeben von

Arno Scherzberg und Joachim H. Wendorff

De Gruyter Recht · Berlin · 2009

Herausgeber:
Professor Dr. *Arno Scherzberg*, Staatswissenschaftliche Fakultät der Universität Erfurt
Professor Dr. *Joachim H. Wendorff*, Fachbereich Chemie an der Philipps-Universität Marburg

♾ Gedruckt auf säurefreiem Papier,
das die US-ANSI-Norm über Haltbarkeit erfüllt.

ISBN 978-3-89949-544-7

Bibliografische Information der Deutschen Nationalbibliothek

Die Deutsche Bibliothek verzeichnet diese Publikation in der Deutschen Nationalbibliografie; detaillierte bibliografische Daten sind im Internet über http://dnb.d-nb.de abrufbar.

Printed in Germany
Einbandgestaltung: Martin Zech, Bremen
Datenkonvertierung/Satz: WERKSATZ Schmidt & Schulz GmbH, Gräfenhainichen
Druck und Bindung: Hubert & Co., Göttingen

Vorwort der Herausgeber

In Deutschland sind nach aktuellen Schätzungen mehr als 600 Unternehmen mit ca. 100.000 Beschäftigten schwerpunktmäßig in den hier unter dem Oberbegriff Nanotechnologie zusammengefassten Bereichen Nanoelektronik, Nanobiotechnologie und Nanomaterialien tätig. Sie produzieren oder liefern die Grundstoffe für so verschiedene Produkte wie nanoskalige Schaltkreise, kratzfeste Lacke, Klebstoffe, Zahnpasten, Sonnenschutzmittel, beschichtete Textilfasern, leicht zu reinigende, feuer- und abriebbeständige Beschichtungen für Glas und andere Oberflächen oder Membrane zur Abwasserbehandlung. Eine Übersicht vom Oktober 2007 umfasst bereits 580 für den Endverbraucher zugängliche, nano-basierte Produkte oder Produktlinien.[1] Ein Vielfaches dieser Anwendungen ist derzeit im Entwicklungsstadium.[2] Die weltweiten Umsatzerwartungen für das Jahr 2015 reichen von 500–3000 Milliarden US $.[3]

Die aus den besonderen physikalischen Gesetzen in der Nanodimension folgenden spezifischen Merkmale von Nanostrukturen machen neuartige Materialeigenschaften zugänglich, die auf anderer Weise nicht zu erzeugen wären. Deshalb kommt die nanotechnologische Bearbeitung eines Stoffes vielfach der Herstellung eines neuen Stoffes gleich. Die dabei zugrunde liegenden Mechanismen der Nanochemie stellt *Wendorff* in seinem einleitenden Beitrag vor. Die enorme innovative Kraft, die die Nanotechnologie daraus entwickelt, wird anschließend von *Hoffmann* für die Mikroelektronik, von *Beringer* für die Textilbearbeitung, von *Warzelhan/Breiner* für die Stoffchemie, von *Huber* für die Kosmetik, von *Stähle* für den Lebensmittelsektor und von *Vienken* für Medizinprodukte mit Beispielen von derzeit bereits verfügbaren bzw. in der Entwicklung befindlichen Materialien und Anwendungen des Näheren dokumentiert.

Zu den im nanoskaligen Bereich auftretenden Effekten können auch solche gehören, die – wie eine besondere Brennbarkeit des Stoffes oder seine Toxizität – mit Risiken für Hersteller, Verbraucher und die Umwelt verbunden sind. Angesichts ihrer potentiellen Eindringtiefe in den menschlichen Körper und die

---

1 Woodrow Wilson International Center for Scholars/Pew Charitable Trusts, The Project on Emerging Nanotechnolgies, http://www.nanotechproject.org/inventories/consumer/analysis/.
2 Zu aktuellen Forschungsprojekten vgl. http://www.euronanoforum2007.eu/CD/postera.html.
3 Hatto, Needs for and status of standardization for nanotechnologies http://www.euronanoforum2007.eu/CD/files/P2-Needs%20for%20and%20status%20of%20standardization%20for% 20nanotechnologies.pdf.

Umwelt können die Wirkungen und Nebenfolgen einer Anwendung von Nanoverfahren und einer Freisetzung von Nanopartikeln auf gesundheitliche, umweltpolitische, soziale und ethische Bedenken stoßen. Sicheres Wissen über die Reaktion von Körperzellen auf eindringende Nanopartikel, über deren Ausbreitungsverhalten in der Umwelt und dortige Langzeitfolgen ist derzeit allerdings nur in Teilbereichen verfügbar. Die Beiträge von *Krug* und *Butz* geben über den derzeitigen Stand der Risikoforschung Aufschluss.

Die Ungewissheit über die Folgen nanotechnologischer Anwendungen hat naturgemäß eine Reihe von Kritikern auf den Plan gerufen. Vereinzelt wurde schon ein Moratorium der Nanotechnologie gefordert und auch die zuständigen Ausschüsse des Europaparlaments haben verlangt, dass die Schadenspotentiale der nicht löslichen oder biologisch abbaubaren Nanopartikel erforscht werden müssten „before such particles go into production and are put on the market".[4] Unstreitig ist angesichts des Fehlens von Risikowissen eine systematische Langzeitbeobachtung erforderlich, etwa der Folgen der Durchdringung natürlicher biologische Barrieren wie der Haut, der Lunge und der Blut-Hirn-Schranke. Immerhin zeigen Studien über die Folgen der Instillation von Stäuben durch Ratten eine viermal höhere Atemtrakttoxizität ultrafeiner Stäube gegenüber herkömmlichen Feinstäuben.[5] Problematisch erscheinen deshalb die im Beitrag von *Scherzberg* zitierten Ergebnisse einer Befragung der Bundesanstalt für Arbeitsschutz und Arbeitsmedizin, wonach Unternehmen in Deutschland beim Umgang mit Nanomaterialien überwiegend keine Expositionsmessungen am Arbeitsplatz durchführen und dementsprechend die Teilchenkonzentration am Arbeitsplatz überhaupt nicht kennen.

Die Bemühungen von Politik und Verwaltung konzentrieren sich bisher vor allem auf die Innovationsförderung. Zwar stellen sowohl der einschlägige Bericht des BT-Ausschusses für Technikfolgenabschätzung aus dem Jahre 2004 als auch der Aktionsplan der Europäischen Kommission aus dem Jahre 2005 das Fehlen hinreichenden Risikowissens fest. Die Behebung dieses Defizits erscheint der Politik aber jedenfalls nicht prioritär: Im 6. Rahmenprogramm der Gemeinschaft für Forschung und technologische Entwicklung waren 1,3 Mrd. € für Projekte zur Nanotechnologie vorgesehen, im 7. Rahmenprogramm sind es schon 3,5 Mrd. €. Der in diesen Summen enthaltene Anteil für Risikoforschung ist aber verschwindend gering: im Jahre 2005 wurden nur etwas mehr als 1% der EU-Forschungsförderung der Nanotechnologie für die Risikoforschung aufgebracht: von 450 Mio. € gingen

---

4 Europäisches Parlament, Committee on Industry, Research and Energy, Report on Nanosciences and Nanotechnologies: An action plan for Europe 2005–2009, http://www.europarl.europa.eu/sides/getDoc.do?language=EN&pubRef=-//EP//NONSGML+REPORT+A6-2006-0216+0+DOC+PDF+V0//EN S. 14.

5 Bruno Orthen, Gesundheitliche Auswirkungen der Nanotechnologie, BAuA 2006, http://www.baua.de/nn_43190/de/Themen-von-A-Z/Gefahrstoffe/Nanotechnologie/pdf/Vortrag-02.pdf.

5 Mio. an die Risikoanalyse.[6] Mittlerweile gibt die EU jährlich ca. 600 Mio. € für die Förderung der Nanotechnologie aus, davon werden lediglich 14 Projekte zur Risikoforschung von meist mehrjähriger Laufzeit mit insgesamt 32 Mio. € gefördert.[7]

Trotz einiger viel versprechender Einzelprojekte scheinen die derzeitigen Vorkehrungen für die Sammlung von Risikowissen mithin defizitär. So sieht die Allianz Versicherung in ihrer Risikostudie *„das eigentliche Risiko der Nanotechnologie (in der) Lücke, die zwischen ihrer dynamischen Entwicklung und dem Wissen um mögliche Gefahren und den gültigen Sicherheitsstandards zur Vermeidung negativer Auswirkungen besteht.“*[8] Auch in der Wissenschaft wird vielfach ein *„governance gap“* für die Nanotechnologie beklagt.[9]

Der vorliegende Band soll einen Beitrag dazu leisten, diesen gap zu schließen. Er verfolgt ein dreifaches Ziel: zunächst sollen die Grundlagen der Nanotechnologie und ihre wichtigsten Anwendungsfelder dargestellt werden. Sodann erläutern Vertreter von Risiko- und Technikfolgenforschung den Stand des Wissens und der Diskussion um die Bewertung der mit der Nanotechnologie verbundenen Gefahrenpotentiale. Schließlich geht es um eine rechtliche Würdigung des Regulierungsbedarfs und um die Entwicklung von Maßstäben für eine innovationsfreundliche Risikominimierung.

Risikomanagement steht bei einer jungen Technologie wie der Nanotechnologie immer unter Ungewissheit. Die Verarbeitung von Ungewissheit ist aber als ein auch kulturelles Phänomen[10] nicht ohne Rückgriff auf politisch-soziale Wertungen denkbar. Die hierbei einzustellenden Maßstäbe liegen nicht vorfindlich fest, sondern sind im gesellschaftlichen Diskurs erst zu entwickeln. Der Beitrag von *Lahl* skizziert den hierzu von der Bundesregierung initiierten Nanodialog von Vertretern aus Politik, Wissenschaft, Verbänden und Industrie. *Zimmer* stellt die Bewertungen vor, die die Chancen und Risiken des Einsatzes der Nanotechnologie in jüngsten Verbraucherbefragungen weltweit fanden.

Unabhängig von diesen aktuellen Einschätzungen von Nutzenpotentialen und Chancen-Risiko-Bilanzen fordert das Vorsorgeprinzip, wie der Beitrag von *Decker*

---

6 Europäische Kommission: Some Figures about Nanotechnology R&D in Europe and Beyond, ftp://ftp.cordis.europa.eu/pub/nanotechnology/docs/nano_funding_data_08122005.pdf, S. 13.

7 Aguar/Nicolás, EU nanotechnology R&D in the field of health and environmental impact of nanoparticles, ftp://ftp.cordis.europa.eu/pub/nanotechnology/docs/final-version.pdf S. 3.

8 Allianz Versicherung, Pressemitteilung v. 3.6.2005, http://www.allianz. com/de/ allianz_gruppe/presse/news/studien/archiv/news61.html?hits=nanotechnologie; s. ferner die Studie „Opportunities and Risks of Nanotechnologie“, http://www.allianz.com/images/pdf/saobj_796627_nanotechnologie.pdf.

9 Renn/Roco: Nanotechnology Risk Governance, 2006 S. 5, 32 und passim, http://www.nsf.gov/crssprgm/nano/reports/irgc06_wp.pdf

10 Scherzberg, US/EU-Trade Disputes about Risk Regulation, Cambridge, Review of International Affairs 19 (2006), 121, 125 f.; Renn, Risk Governance – towards an Integrative Approach, IRGC White Papier 2006 S. 23 f.

belegt, ein grundsätzliches Bemühen um Risikoreduktion. Damit obliegt es dem Recht, auch unter unzureichendem Wissen die Wahrscheinlichkeit von Personen- und Sachschäden bei Verwender und Verbraucher zu minimieren. Die Notwendigkeit einer normativen Umhegung der Technologieentwicklung wird heute auch allgemein gesehen, Strategien zur rechtlichen Bewältigung des Risikopotentials werden jedoch auf nationaler und auf supranationaler Ebene nur zögernd entwickelt.[11] Die Europäische Kommission hat sich bisher auf die Vorlage einer unverbindlichen, an die Mitgliedstaaten gerichteten Empfehlung zum Umgang mit Nanomaterialien beschränkt[12] und einen weitergehenden Regulierungsbedarf verneint.[13] In Deutschland ist die Diskussion um eine nanospezifische Regulierung am Weitesten im Umweltrecht fortgeschritten – der Beitrag von *Führ* stellt die wesentlichen Ergebnisse seines hierzu im Jahre 2006 erstatteten Gutachtens vor. Die Tauglichkeit des vorhandenen Regelwerks im Umwelt-, Arbeitsschutz- und Lebensmittelrecht wird ferner in den Beiträgen von *Köck*, *Scherzberg* und *Rathke* erörtert.

Soweit sich daraus Regelungslücken ergeben, indiziert dies allerdings noch nicht die Regelungsreife der Materie. Auch innovationspolitisch ist, zumal angesichts des Fehlens umfassenden Risikowissens, zuvor nach dem Verhältnis von staatlicher Risikovorsorge und privater Risikominimierung zu fragen. Immerhin liegt die Vermeidung von eigenen Schäden, Haftungsfällen und Rückrufaktionen – und damit von Kosten und öffentlichem Ansehensverlust – im ureigensten Interesse von Handel und Industrie. So können bereits vom Haftungsrecht gewichtige Anreize zur Risikominimierung ausgehen. Dessen Bedeutung und dem generellen Zusammenhang von Innovationstätigkeit und Regulierung sind die Ausführungen von *Burr/Grupp/Vrohlings* gewidmet. Im Beitrag von *Klein* wird sodann das Angebot des TÜV-Süd vorgestellt, den Risiken der Nanoproduktion im Wege eines zertifizierten betrieblichen Risikomanagements und damit im Wege der freiwilligen Selbststeuerung zu begegnen. Auf freiwillige Regulierung zielen auch verschiedene Vorschläge zur Etablierung eines Leitfadens zur guten fachlichen Praxis aus Politik und Industrie.[14]

---

11 Zur nationalen und internationalen Diskussion Thorsten Beyerlein, Das „Nanotechnologie-Gesetz"?, StoffR 2006, 196 ff., 271 ff.; aus den USA Clarence Davies, Managing the Effects of Nanotechnology, o.J., http://www.wilsoncenter.org/events/docs/Effectsnanotechfinal.pdf.

12 Empfehlung der Kommission vom 07/02/2008 für einen Verhaltenskodex für verantwortungsvolle Forschung im Bereich der Nanowissenschaften und -technologien KOM (2008) 424 endg., ftp://ftp.cordis.europa.eu/pub/nanotechnology/docs/nanocode-recommendation-pe 0894c08424_de.pdf.

13 Mitteilung der Kommission „Regelungsaspekte bei Nanomaterialien", KOM 2008, 366 endg, http://ec.europa.eu/nanotechnology/pdf/comm_2008_0366_de.pdf S. 13.

14 Dazu Lahl, Innovationsräume mit einem Risikoradar orten, in: Politische Ökologie 101, http://www2.tu-berlin.de/zifg/zifgneu/PDFs/Publikation.pdf S. 50 ff.; Kranz, Code of Conduct: A suitable tool for the sustainable development of nanotechnologies – the BASF experience, http://www.innovationsgesellschaft.ch/images/publikationen/SchlussberichtPrintFull.pdf S. 43 ff.

Allerdings entbinden privatwirtschaftliche Initiativen den Staat nicht von der Wahrnehmung seiner Schutzpflichten und sind diese auf primären Rechtsgüterschutz gerichtet, was einem grundsätzlichen Verweis auf vermögensrechtlichen Schadensausgleich entgegensteht. Mittelfristig bedarf es daher, angesichts der in den Beiträgen von *Führ* und *Scherzberg* aufgezeigten Lücken der rechtlichen Regelwerke, einer nanospezifischen Weiterentwicklung des jeweiligen Vorsorgeregimes. Dass dazu grundsätzlich auch eine richterrechtliche Fortbildung der einschlägigen Regelungen in Betracht zu ziehen ist, zeigt der Beitrag von *Hofmann* anhand der Nanopulver-Entscheidung des Bundesverwaltungsgerichts vom 11.12.2003 exemplarisch für das Immissionsschutzrecht auf.

Sollte sich erweisen, dass die Nanotechnologie nicht nur ein weiteres technisches Verfahren, sondern ein neues wissenschaftlich-technisches Paradigma darstellt, könnte ihre Etablierung über die Anpassung rechtlicher Regelwerke hinaus Rückwirkungen auch auf die Strukturen der ihre Entwicklung begleitenden und kontrollierenden öffentlichen Verwaltung zeitigen. Ob eine wirksame „Nanogovernance" die Weiterentwicklung des derzeit dominanten Konzepts des „schlanken Staates" fordert, wird in dem zukunftsorientierten Beitrag von *Drechsler* abschließend untersucht.

Die Herausgeber danken den Autoren, Referenten und Teilnehmern der in diesem Band dokumentierten 3. Staatswissenschaftlichen Tagung, die am 11./12.10.2007 unter dem Titel „Nanotechnologie als Innovation und Risiko" an der Universität Erfurt stattfand, der VW-Stiftung für eine großzügige Förderung dieser Veranstaltung sowie dem Organisationsteam um Dipl.-Kffr. Alexandra Denzel-Trensch für deren engagierte Vorbereitung und Betreuung, die viel zum Erfolg der Tagung und damit mittelbar auch der vorliegenden Veröffentlichung beigetragen hat.

Erfurt/Marburg, im Juli 2008 — Arno Scherzberg, Joachim H. Wendorff

Inhaltsverzeichnis

1. Abschnitt:
Grundlagen

Nanochemie

Joachim H. Wendorff

A. Zusammenfassung

Eine wesentliche Grundlage, auf der die Nanotechnologie beruht, ist die Abhängigkeit der Eigenschaften von Materialien wie Metallen, Halbleitern und Keramiken von der Größe der betrachteten Nanostrukturen, von ihrer Form und schließlich vom Charakter der Oberfläche. Eine zentrale Aufgabenstellung der Nanochemie besteht folgerichtig in der Herstellung von Nanostrukturen unter Kontrolle von Teilchengrößen, Teilchenformen und Oberflächenstrukturen. Um in den Nanometerbereich vorzudringen, bieten sich zwei sehr vielseitige Wege an: vom Großen zum Kleinen – Top down/Miniaturisierung – und vom Kleinen zum Großen – Bottom up/molekulare Konstruktion. Da seit langem bekannte Materialien über eine solche Nanostrukturierung mit neuartigen Eigenschaften und Funktionen ausgerüstet werden können, befruchtet die Nanotechnologie technische und medizinische Anwendungen: so stellt die Nanotechnologie eine extrem breite Querschnittstechnologie dar. Die Nanotechnologie bietet eindeutig sehr hohe Chancen insbesondere auch für den Mittelstand. Auf der anderen Seite ist die Nanotechnologie aus verschiedenen Gründen mit Risiken behaftet. Es gilt mit den Risiken verantwortungsvoll umzugehen, um die großen Chancen, die diese Technologie bietet, nutzen zu können.

B. Einleitung

I. Von der vertrauten Makrowelt zur Welt der Nanostrukturen

Tische, Lampen, Vasen, Teppiche, Fenster im privaten Umfeld, Rohre, Kabel, Maschinen, elektrische Geräte im technischen Umfeld, dies sind Gegenstände, auf die unser Auge fällt, wenn wir uns umsehen. Diese Gegenstände bestehen aus bestimmten Materialien oder aus bestimmten Kombinationen von Materialien. Ihre Auswahl richtet sich nach den Anforderungen, die der jeweilige Gegenstand erfüllen muss. Schmelzpunkte, Bruchfestigkeit, optisches Absorptionsvermögen, Härte, thermische oder elektrische Isolationsfähigkeit bzw. Leitfähigkeit, optische Transparenz, bestimmte magnetische Eigenschaften sind typische Eigenschaften, die je nach Zweckbestimmung des Gegenstands erforderlich sein können.

Es ist die Aufgabe des Konstrukteurs solcher Gegenstände, das richtige Material auszusuchen. Dabei wird er auf Allgemeingut, spezielle Erfahrung und Werkstofftabellen zurückgreifen, die Materialeigenschaften wiedergeben. Er könnte z. B. Kupfer oder auch Silber auswählen, wenn es um hohe elektrische und thermische Leitfähigkeit geht; er könnte bestimmte Metalle wie Eisen oder Nickel auswählen, wenn es um die Herstellung von Permanentmagneten geht; er wird z. B. Metalle oder Keramiken auswählen und nicht Kunststoffe, wenn die zu fertigenden Gegenstände hohe Temperaturen aushalten müssen, wie im Fall eines PKW-Motors, und dazu noch hart sein sollen.

Wichtig für den Konstrukteur ist dabei, dass diese Werte unabhängig davon gelten, in welche Form man die jeweiligen Stoffe bringt, also z. B. Drähte, Platten oder auch Quader daraus formt. Diese Werte gelten auch unabhängig davon, ob die Drähte, Platten oder auch Quader Abmessungen im Meterbereich, um den Faktor 1000 kleiner im Millimeterbereich oder gar, wenn wir an die Miniaturisierung denken, die nicht nur im Bereich der Chips, der Halbleiter stattfindet, um einen weiteren Faktor 1000 im Mikrometerbereich haben. Der Konstrukteur kann weiterhin seine Materialerfahrungen und seine Tabellenwerke für den Entwurf eines Gegenstands, eines Produkts mit solch geringen Abmessungen verwenden.

Das trifft nicht mehr zu, wenn wir von der makroskopischen Welt zur sogenannten mesoskopischen Welt übergehen, in die Welt der Nanostrukturen. Ein Nanometer stellt einen milliardstel Teil eines Meters dar. Abbildung 1 (→ S. 337 Farbabb.) verdeutlicht Nanodimensionen am Beispiel eines Nanogewebes, das über ein menschliches Haar gesponnen worden ist.

Die Objekte sind dann für das Auge unsichtbar; unsichtbare Textilien sind dann nicht mehr allein dem Märchen (Des Kaisers neue Kleider, Hans Christian Andersen) vorbehalten. Um diese „unsichtbaren" Nanoobjekte sichtbar zu machen, muss man sich der Elektronenmikroskopie oder der Rasterkraftmikroskopie bedienen. Das Elektronenmikroskop funktioniert vom Prinzip her genau so wie ein Lichtmikroskop; statt Licht verwendet man zur Abbildung des Objekts allerdings beschleunigte Elektronen, deren zugeordnete Wellenlängen viel kleiner als die von sichtbarem Licht sind. Beim Rasterkraftmikroskop werden Oberflächenstrukturen mit einer Auflösung herab bis in den Subnanometerbereich durch atomare Spitzen abgerastert; über elektronische Verstärkungsprozesse werden die unsichtbar kleinen Höhenmodulationen auf Displays sichtbar gemacht.

II. Neue Eigenschaften und Funktionen bei Nanostrukturierung

Im Bereich der Nanoskala, in diesem „unsichtbaren“ Bereich, zeigen die uns in der Makrowelt wohl vertrauten Stoffe/Materialien neue Effekte, Eigenschaften und Funktionen. Dies ist der Bereich der Abmessungen im Nanometerbereich; dies ist der Bereich, der der Nanowissenschaft und der Nanotechnologie den Namen gegeben hat. Der wohl bekannteste und auch am meisten diskutierte Effekt, der häufig der Nanotechnologie zugeordnet wird, ist der Selbstreinigungseffekt, wie er in unvergleichlicher Weise durch die Blätter der Lotuspflanze demonstriert wird. Er beruht auf der speziellen Oberflächenstrukturierung der Blätter.

Ein wesentlicher Grund für die besonderen Phänomene, die im Bereich der Nanotechnologie auftreten, ist die dramatische Zunahme der Oberfläche bezogen auf das Volumen. Geringe Mengen eines Materials können aufgrund einer Nanostrukturierung Oberflächen in der Größe eines Fußballfeldes aufweisen statt in der Größe einer Würfeloberfläche von wenigen cm^2. Dies hat Konsequenzen z. B. in so unterschiedlichen Bereichen wie der Speicherung von Gasen, der Katalyse chemischer Prozesse oder auch im Bereich der Ultrafilterung. Die hohe Oberfläche von nanoskopisch strukturierten Materialien ist auch der Grund dafür, dass diese bei sehr viel kleineren Temperaturen schmelzen als das makroskopisch strukturierte Material. Der Schmelzpunkt von Goldnanopartikeln liegt z.B. viele 100 Grad unterhalb vom Schmelzpunkt makroskopischer Goldmünzen. Genügend kleine Goldnanopartikel können nahezu schon bei Zimmertemperatur schmelzen. Die bisher beschriebenen Effekte kann man auf der Basis der klassischen Physik verstehen. Dies gilt aber für viele andere Effekte im Bereich der Nanotechnologie nicht.

Die mesoskopische Welt der Nanophänomene grenzt auf der einen Seite an die makroskopische Welt an, in der vorrangig die Gesetze der klassischen Physik gelten, und auf der anderen Seite an die mikroskopische Skala der Abmessungen von Atomen und kleinen Molekülen, bei der die Gesetze der Quantenchemie, der Quantenphysik gelten (Abb. 2, → S. 6).

Die Eigenschaften sind im mesoskopischen Bereich nicht mehr allein abhängig von dem jeweiligen Material, sondern auch von seiner Größe und von seiner Form: nahezu sphärische Nanopartikel haben andere Eigenschaften als ähnlich große Nanostäbe oder Nanoröhren, und deren Eigenschaften wiederum ändern sich kontinuierlich mit den Abmessungen bei gleicher Gestalt. Es treten z.B. sogenannte Quanteneffekte auf, besonders signifikant im Bereich z. B. der Halbleiter, die mit

Gesetzen beschrieben werden, wie sie für die moderne Betrachtung von Atom- und Moleküleigenschaften entwickelt wurden.

Goldnanopartikel z.B. zeigen keinen goldenen Glanz, sondern werden als Farbgeber in Keramiken oder Gläsern verwendet, um ihnen einen tiefroten Farbton zu verleihen; Goldnanopartikel sind ferner in keiner Weise inert wie massives Gold, sondern sind hoch effektive Katalysatoren für bestimmte chemische Prozesse.

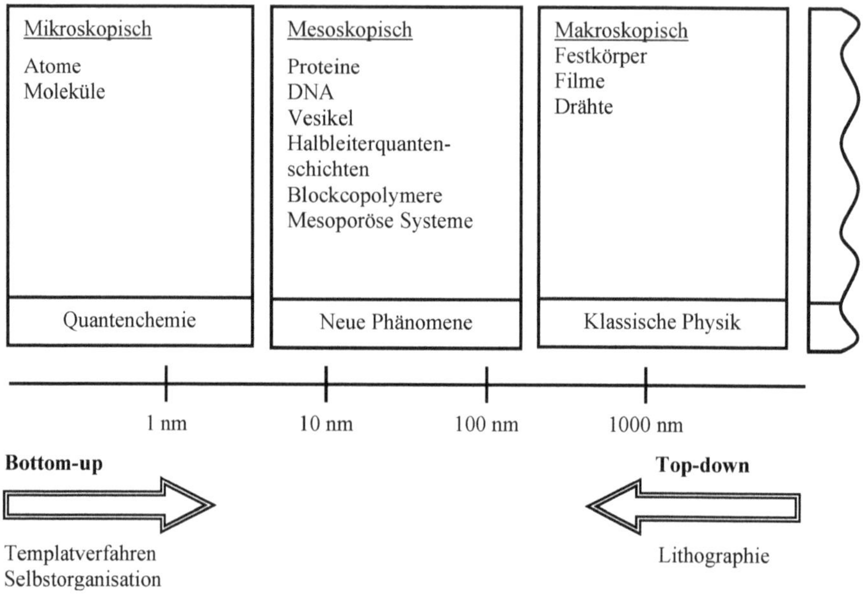

Abb. 2: Einordnung der Nanotechnologie und der Strukturierungsverfahren

Halbleiterquantenstrukturen wie z.B. Halbleiterquantenpunkte, -filme und -drähte sind heute schon Bestandteil moderner Optik. Räumliche Einschränkungen der Strukturen führen für die Ladungsträger und Anregungszustände zu Lokalisierungseffekten, und als Folge dazu zu optischen Eigenschaften, die denen eines Atoms gleichen (diskrete Energieniveaus statt Energiebänder), aber über die Größe einstellbar sind. So senden solche Partikel z.B. Licht aus, dessen Wellenlänge bei gleichem chemischen Aufbau allein durch die Größe der Partikel bestimmt wird (Abb. 3, → S. 337 Farbabb.).

Wichtig ist der Hinweis, dass diese Nanoeffekte nicht schlagartig bei Unterschreitung einer gewissen Größe auftreten; vielmehr gilt, dass sich die neuartigen Eigenschaften mit abnehmenden Abmessungen den klassischen Eigenschaften makroskopischer Körper überlagern, bis sie dominant sind.

III. Herstellung von Nanostrukturen

Um Strukturen mit solch kleinen Abmessungen im nanoskaligen Bereich zu erhalten, kann zum einen der Weg ausgehend von bekannten makroskopischen Strukturen beschritten und die Miniaturisierung noch weiter vorangetrieben werden (Top-down Ansatz, Abb. 2, → S. 6). Top-down – vom Großen zum Kleinen – repräsentiert den Weg von makroskopischen Dimensionen herab zur Nanodimension, z. B. über Drehen, Schleifen, Mahlen, Prägen, Ätzen, über Verwendung lithographischer Verfahren und vieler weiterer Bearbeitungsverfahren der Miniaturisierung.

Auf der anderen Seite geht man von Atomen und Molekülen als Bausteinen aus und setzt sie so zusammen, dass mesoskopische Strukturen entstehen (Bottom-up Ansatz, Abb. 2, → S. 6). Dies ist der Weg, der in der belebten Natur beschritten wird, und dies ist vorrangig auch der Weg, dessen sich die Nanochemie bedient. Eine zentrale Aufgabenstellung der Nanochemie besteht also in der Herstellung von Nanostrukturen unter Kontrolle von

- Teilchengrößen
- Teilchenformen und
- Oberflächenstrukturen.

Der Aufbau solcher Nanostrukturen kann dabei unter anderem über eine Selbstorganisation auf der Basis eines gezielten chemischen Aufbaus von Molekülen zur Steuerung der Nanostrukturbildung (Abb. 4, → S. 337 Farbabb.) erfolgen, unter Verwendung von Templatverfahren, d. h. der Verwendung von nanoskaligen „Schablonen“ zur Formgebung (Abb. 5) oder vermittels von Hybridverfahren.

Weitere Effekte treten auf, wenn Materialien in Nanokäfige (Fachausdruck: Confinements, Confinementeffekte) eingebracht werden oder in solchen Käfigen er-

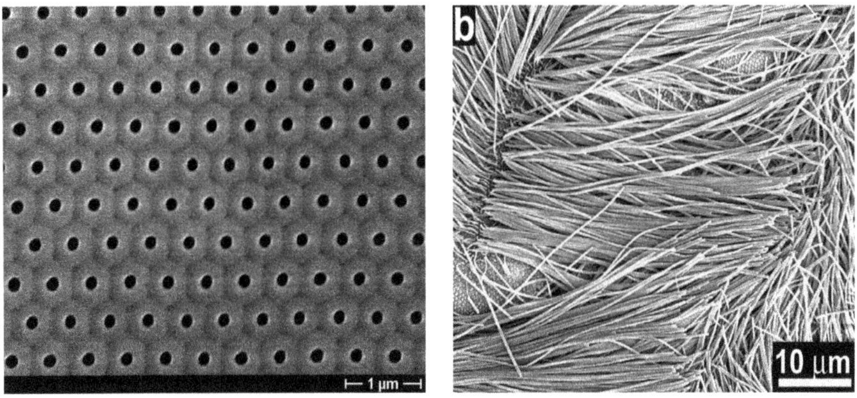

Abb. 5: Nanoporöses Templat aus Aluminiumoxid und Nanoröhrchen aus Kunststoff, die damit hergestellt wurden.

zeugt werden. Zum einen treten die Verkleinerungseffekte auf, die bisher schon beschrieben worden sind. Zum anderen treten aber die vielen Atome oder Moleküle, die sich bei Nanoobjekten in der Oberfläche befinden, in Wechselwirkung mit den Atomen bzw. Molekülen der Käfigwände. Die Folgen sind z. B. veränderte chemische Reaktionen, veränderte Fließprozesse (Nanofluidik), veränderte Strukturen und Eigenschaften von Legierungen oder Kristallen. So findet man z. B. für die technisch wichtige Ammoniaksynthese, dass der Umsatz in Nanoreaktoren wie Kohlenstoffnanoröhrchen bei sonst gleichen Reaktionsbedingungen wesentlich größer ist als bei makroskopischen Reaktoren.

IV. Chancen durch die Nanotechnologie

„Die Nanotechnologie wird unser Leben in nicht geringerem Maße revolutionieren als es die Mikroelektronik im letzten halben Jahrhundert getan hat. Nur die, die sich jetzt engagieren, werden diejenigen sein, die die zukünftige Entwicklung bestimmen. Lasst uns die Chance ergreifen!“.

Nobelpreisträger H. Rohrer, 2003

Diese sehr prägnant formulierte Aussage des Nobelpreisträgers H. Rohrer macht die außerordentliche Bedeutung der Nanotechnologie für die zukünftige industrielle Entwicklung deutlich. Ihr wird die Rolle einer nächsten industriellen Revolution zugetraut in der Tradition früherer industrieller Revolutionen: 1785 Wasserkraft, Textilien, Eisen, 1845 Dampfkraft, Eisenbahn, Stahl, 1900 Elektrizität, Verbrennungsmaschinen, 1950 Elektronik, Petrochemie, 1990 digitale Netzwerke, neue Medien. In Schriften des Bundesministeriums für Bildung und Forschung (BMBF) wird die Nanotechnologie für den Wirtschaftsstandort Deutschland als Eintrittskarte für die Zukunft bezeichnet. In Deutschland befassen sich derzeit weit mehr als 500 Unternehmen mit der Nanotechnologie. Das aktuelle Marktvolumen wird auf etwa 100 Milliarden geschätzt mit stark ansteigender Tendenz. Die Zahl der Beschäftigten überschreitet nach vorsichtigen Schätzungen 30.000, und diese Zahl wird nach allen Prognosen in der Zukunft stark ansteigen.

Mit der Nanostrukturierung werden ganz offensichtlich neuartige Materialeigenschaften und Funktionen zugänglich, die auf andere Weise nicht zu erzielen sind. Dies öffnet ungeahnte Möglichkeiten in allen Bereichen, in denen Materialeigenschaften und Funktionen von Bedeutung sind. Genannt seien Bereiche wie die Elektronik und Optik, die Optoelektronik, die Sensorik, der Bereich der Informationstechnologie, der Bereich Energie- und Chemietechnik, die Pharmazie- und Medizintechnik, aber auch Oberflächen- und Biotechnologie. Die Nanotechnologie ist in diesem Sinne eine Querschnitts-Technologie mit Auswirkungen in allen Technologiefeldern. Ihr wird zugetraut, Träger der nächsten industriellen Revolution zu sein, mit allen bekannten Konsequenzen hinsichtlich Arbeitsplätzen und Wohlstand.

Die Bedeutung der Nanotechnologie für die wirtschaftliche Entwicklung hat weitere Quellen. Die aus der Makrowelt bekannten Bearbeitungs- und Formgebungsmethoden können häufig nicht mehr angewendet werden. Es gilt neue Verfahren zu entwickeln, Mikro- bzw. Nanomanipulatoren, und entsprechende Maschinen. Gleichermaßen trifft zu, dass viele der Charakterisierungsmethoden zur Kontrolle des Aufbaus eines Gegenstands, eines Produkts, wie z. B. die visuelle Kontrolle, die optische Mikroskopie nicht mehr nutzbar sind. Die nanoskopischen Abmessungen entziehen sich solchen Analysemethoden. Es gilt also an die Nanoskala angepasste Analyseverfahren zu verwenden. Hierzu zählen die bereits erwähnten Methoden der Elektronenmikroskopie und der Rasterkraftmikroskopie.

Die Nanotechnologie erfordert in vielen Fällen nur einen sehr geringen Energie- und Materialeinsatz bei hoher Wertschöpfung; die auf dem Bottom-up Ansatz basierenden Herstellungsverfahren sind, wenn einmal etabliert, überschaubar; spezifische Arbeitsschutzmaßnahmen sind meist relativ leicht in den Herstellungsprozess zu integrieren. Dies kommt der mittelständischen Industrie und Kleinunternehmen sehr entgegen. Eine ganze Reihe von Start-ups im Bereich der Nanotechnologie und der Einstieg einer größeren Anzahl von mittelständischen Firmen in die Nanotechnologie wecken die Hoffnung, dass diese Technologie in Deutschland angenommen wird und die wirtschaftliche Entwicklung kräftig vorantreibt.

V. Risiken durch die Nanotechnologie

Die Nanotechnologie bietet eindeutig sehr hohe Chancen insbesondere auch für den Mittelstand. Auf der anderen Seite ist die Nanotechnologie aus verschiedenen Gründen mit Risiken behaftet. Der Umgang mit solchen Objekten ist uns aus der Vergangenheit heraus nicht vertraut. Die Nanotechnologie befasst sich mit für das Auge und auch für das Lichtmikroskop nicht sichtbaren Objekten, die potentiell chemisch nicht inert sind. Ein Eindringen in den Körper ist nicht ausgeschlossen, und es besteht die Gefahr von negativen Auswirkungen auf die Umwelt.

Dies gilt zwar für jede chemische Synthese von Molekülen, für die erprobte Umgangsregeln u.a. zu Arbeitsschutzmaßnahmen und Umweltschutzmaßnahmen existieren sowie umfangreiche Chemikaliengesetze. Bei der Synthese von Nanostrukturen tritt aber eine neue Qualität hinzu: die Eigenschaften der synthetisierten Nanoobjekte variieren bei gleicher chemischen Struktur sehr stark. So können solche Objekte in einem bestimmten Größenbereich inert sein, in einem anderen Größenbereich dagegen sehr reaktiv. Die spezifische Oberfläche von Objekten nimmt mit abnehmender Größe stark zu und damit auch die Reaktivität von Nanoobjekten bei konstanter Gesamtmasse. All dies macht allgemeine Risikoabschätzungen und allgemeine Regulierungsansätze schwierig. So kann es z. B. sinnvoll sein, Risiken nicht im Zusammenhang mit der Masse der betroffenen Nanopartikel, sondern mit ihrer Anzahl oder dem Betrag ihrer reaktiven Oberfläche zu diskutieren.

Es gibt natürlich eine ganze Reihe von sehr allgemeinen Handlungsempfehlungen zum Umgang mit Nanoobjekten. Zu ihnen zählen die Vermeidung der Freisetzung von Nanopartikeln durch Schutzmaßnahmen bei der Herstellung, die Entwicklung besserer Methoden zur Erfassung von Nanopartikeln, eine feste Einbindung von Nanopartikeln in Systeme bereits bei Präparation, ein Aufbau der Nanopartikel weitgehend aus nicht-toxischen Stoffen, die Modifizierung von Oberflächenstrukturen oder auch der Übergang zu anderen Geometrien, sofern möglich. Allgemein gilt, dass nanoskalige Stoffe dem Chemikaliengesetz (ChemG) unterliegen. Gefordert sind u. a.

- Gefährdungsanalysen mit nachfolgender Einstufung und Kennzeichnung
- Arbeitsschutzmaßnahmen
- Sicherheitsdatenblätter
- Arbeitsplatzbewertung vor Arbeitsbeginn.

VI. Schlussbemerkungen

Ganz entscheidend für die Entwicklung der Nanotechnologie ist die Akzeptanz in der Gesellschaft. Es gilt, die Diskussion frühzeitig genug, offen und objektiv zu führen. Es gilt, Bedenken anzuerkennen und zu versuchen, diesen durch objektive Informationen zu begegnen. Die Toxikologie, d. h. die Wissenschaft, die sich um die Giftigkeit von Stoffen kümmert, muss bei der Entwicklung der Nanotechnologie stets Begleiter sein. Es gilt, andere Disziplinen wie die Ethik, die Sozialwissenschaften, die Philosophie, die Politikwissenschaften, die Rechtswissenschaften und naturgemäß die Wirtschaftswissenschaften früh und begleitend in die Diskussion mit einzubeziehen. Es gilt, Schüler, Lehrer, Politiker, Unternehmer im Bereich der Nanotechnologie weiterzubilden.

Es gilt mit den Risiken dieser Technologie verantwortungsvoll umzugehen, um ihre großen Chancen nutzen zu können.

2. Abschnitt: Anwendungen

Nanotechnologie in der Mikroelektronik und Informationstechnik – mehr als „nur“ Nanopartikel

Martin Hoffmann

A. Einleitung

Mikroelektronik und Informationstechnik sind heute für den größten Teil der Bevölkerung in den Industriestaaten so selbstverständlich, dass ihre Nutzung oft gar nicht mehr bewusst wahrgenommen wird. Die „Informationsgesellschaft“ folgt mit dem stetigen Zusammenwachsen von bislang unabhängigen Medien den technologischen Möglichkeiten: Übergreifende Angebote von Telekommunikation, Web-basierten Medien und Unterhaltungsmedien machen dies nur zu deutlich: alle Medien kommen über das gleiche zweiadrige Kabel, über das vor wenigen Jahren „nur“ telefonieren möglich war.

Aber was hat das mit Nanotechnologie zu tun?

Ohne Nanotechnologie gäbe es keine leistungsstarken Rechner, die z.B. eine hinreichende Datenkompression in Echtzeit erlauben. Vor rund zwanzig Jahren erschien es sehr fraglich, ob digitales Fernsehen möglich sein würde, da die direkte Digitalisierung eine viel zu große Datenflut generieren würde. Immer schnellere Rechner und neue Algorithmen zur Kodierung haben dies inzwischen möglich gemacht, DVB (Digital Video Broadcast) wurde inzwischen eingeführt. Wer einen Mikroprozessor heute mit dem von vor zwanzig Jahren vergleicht, wird feststellen, dass der Prozessor in seinen sichtbaren Abmessungen nicht größer geworden ist – im Gegenteil: Ein leistungsfähiger PC hat nur noch die Größe eines kleinen Notizbuches. Im Laufe der Jahre wurden die Strukturen im Prozessor evolutionär immer weiter verkleinert, aus ursprünglich im Mikrometer-Bereich liegenden Dimensionen sind inzwischen aktive Längen in Transistoren von ca. 65 nm geworden, in der nächsten Generation werden es 45 nm sein. Die Isolationsschicht im

Transistor ist nur noch etwas mehr als 1 nm, also wenige Atomlagen dick. Bereits 1965 sagte Gordon Moore voraus, dass sich die Komplexität mit jedem Jahr verdoppeln würde (Moore 1965; Intel 2008). Tatsächlich geht es etwas langsamer: etwa alle 24 Monate verdoppelt sich die Komplexität. Das bedeutet, dass sich seit 1965 die Komplexität um das 2^{21}-fache (um das ca. 2.100.000-fache) erhöht hat. Ein leistungsstarker (PC-)Prozessor umfasst heute mehr als 1 Milliarde Transistoren ($1 \cdot 10^9$). Diese Prozessoren stecken nicht in Supercomputern, sondern durchaus auch in Personal Computern.

Natürlich existieren die verwendeten Nanotransistoren nicht als einzelne Bauteile, die „zusammengebaut" werden, sondern nur im Chipverbund. Sie werden mit fotolithografischen Prozessen auf Silicium hergestellt und sind perfekt vor Umwelteinflüssen geschützt unter vielen Mikrometern Schutzschicht verborgen. Sie reagieren hochsensibel bereits auf minimale Verunreinigungen im Herstellungsprozess. Stetig wurden die Dimensionen weiter verkleinert, in vielen Fällen war dies nur möglich durch neue Technologien wie die Einführung von Kupfer statt Aluminium in der Chip-Verdrahtung; Kupfer ist eigentlich „verboten", da es die halbleitenden Eigenschaften von Silicium drastisch verändert. Mit neuen Technologien kann man es aber in der Verdrahtungsebene so isolieren, dass es den Halbleiter nicht negativ beeinflussen kann. Mehr Details finden sich z.B. in (Moore 2003). Es besteht also keinerlei Gefahrenpotenzial durch die Größe der Nanotransistoren. Sie basieren auf Nanotechnologie, aber sie sind keinesfalls Nanopartikel.

Ihre Risiken liegen eher in der Informationsgesellschaft selbst: Wer hat Zugang zur Informationsgesellschaft? Werden Gruppen z.B. auf Grund ihrer Bildung, Herkunft oder ihres Alters vom Zugang bewusst oder unbewusst ausgeschlossen? Ist der Umgang mit Informationen noch selbstbestimmt oder wird er fremdbestimmt oder gar kontrolliert? Die Fragen der Internet-Kriminalität und ihrer wirksamen Bekämpfung (Diskussion um die unbemerkte Internet-Durchsuchung auf Privatcomputern) sind eng verknüpft mit dem immer einfacheren Zugang zur Nanotechnologie „Computertechnik", auch wenn sie unter diesem Aspekt nicht wahrgenommen wird. Eine Beurteilung dieser Risiken sei Fachleuten überlassen.

In Zukunft könnten tatsächlich neue Technologien in der Informationstechnik Einzug halten, die eher mit „Nanotechnologie" im Sinne von Nanopartikeln assoziiert werden können. In der Diskussion sind neue Transistoren, die nicht mehr aus in Silicium durch Implantation erzeugten Nanostrukturen bestehen, sondern z.B. aus Kohlenstoff-Nanoröhren oder anderen Molekülen auf Substraten „aufgebaut" werden. Zu den führenden Unternehmen auf diesem Gebiet gehört IBM, das auf seiner Webseite (IBM 2008) umfassende Informationen zu diesem Thema bereit hält, aber auch viele andere Firmen und Forschungsinstitute arbeiten an neuen Techniken. Zurzeit bewegt sich dies noch auf einem Level, auf dem einzelne Transistoren aufgebaut werden können, die entweder durch Zufall entstehen oder die über Nano-Manipulation einzeln unter Nanopositioniersystemen aufgebaut werden müssen. Besonders bei den Kohlenstoff-Nanoröhren (Carbon Nano Tubes,

CNT) wäre dies eine mögliche Anwendung eines Volumen-Materials, das schon im Tonnen-Maßstab produziert wird. Ob allerdings jemals solches Volumen-Material in der Elektronik zum Einsatz kommt, ist unwahrscheinlich. Es ist zu vermuten, dass es mittelfristig eher gelingt, lokal CNT auf dem Chip direkt geordnet zu erzeugen als z.B. mehr als eine Milliarde „freier“ CNT auf einem Chip auszurichten und mit dem Untergrund zu verbinden. Züchtungen von Nanodrähten, allerdings aus Silicium und anderen Halbleitern, sind schon möglich und werden auch an der TU Ilmenau durchgeführt (Scharff 2008). Derart dünne Drähte mit Durchmessern bis hinab zu wenigen Nanometern Durchmesser haben teilweise überraschend andere Eigenschaften als das bekannte Volumenmaterial.

Gleichzeitig verschwimmt bei den Nanoröhren die Grenze zur Biologie, wenn man aktuellen Pressemitteilungen der Universität von Kalifornien in Betracht zieht: bestimmte Bakterien (Shewanella) sind in der Lage, halbleitende Nanoröhren aus Arsensulfid zu erzeugen (Myung 2007). Diese Röhren sind relativ lang und sehr regelmäßig aufgebaut.

B. Skalierung

Zurzeit stellt sich vielmehr noch die Frage, welche Eigenschaften „Nanostrukturen“ tatsächlich haben. Gemeint ist hierbei weniger die Summeneigenschaft von einer großen Anzahl an Nanostrukturen in Form von Partikeln in Pulvern oder Sinterkörpern, sondern das Verhalten einer einzelnen Struktur.

Dazu lohnt es sich, zunächst einmal die Skalierung näher zu betrachten:

Annahme: alle Längen werden auf 1/10 verkleinert	$L' = L/10$
Folge für die Oberfläche	$O' = L'^2 = L^2/100$
und das Volumen / die Masse	$V' = L'^3 = L^3/1000$

Wird ein Bauteil z.B. auf $s = 1/10$ verkleinert, so reduziert sich die Oberfläche auf $s^2 = 1\%$, das Volumen aber schon auf $s^3 = 1\,‰$! Mit dem Volumen ändern sich alle damit verbundenen Eigenschaften wie z.B. die Masse (Dichte × Volumen) oder die Wärmekapazität (spezifische Wärmekapazität × Masse). Sie nehmen stärker ab als Oberflächeneffekte wie die Wärmeübertragung an der Oberfläche. Letztendlich wird jede physikalische Größe durch die Skalierung beeinflusst: Betrachten wir die Skalierung des elektrischen Widerstandes mit

$$R = \text{spez. Widerstand} \cdot \frac{\text{Länge}}{\text{Fläche}}$$

so wird schnell klar, dass der Widerstand mit 1/s skaliert, also ansteigt! Ein auf 1/10 in allen linearen Längen verkleinerter Widerstand hat einen 10fach höheren Widerstand. Dieser Effekt verbunden mit dem daraus resultierenden Anstieg der Signallaufzeit hat die Chipentwickler gezwungen, ein Material mit kleinerem spezifischen Widerstand als Aluminium zu verwenden, also Kupfer.

Ähnliche Betrachtungen lassen sich auf alle physikalischen Zusammenhänge anwenden. Es kommt zu überraschenden Effekten: Während die Masse praktisch bedeutungslos wird (siehe oben), nimmt die Wirkung von Effekten wie der Oberflächenspannung drastisch zu. Eine Schmierung mit Ölen wäre also äußerst kontraproduktiv: die Oberflächenspannung von Öl verhindert zuverlässig jegliche Bewegung.

In diesen skalierenden Eigenschaften liegt ein Teil der „Unberechenbarkeit" von Nanostrukturen: Sie verhalten sich oft völlig anders, als wir es aus unserer makroskopischen Erfahrung ableiten würden. Ein Beispiel ist Eisen: niemand käme auf die Idee, Eisen als brennbar zu bezeichnen, doch ist reines Eisenpulver bereits bei Partikelgrößen von wenigen Mikrometern höchst brennbar! Die extrem große Oberfläche der Partikel erlaubt bei Kontakt mit Wasser oder Luft unter Freisetzung von sehr viel Energie eine fast explosionsartige Oxidation des Eisens.

In der Regel ist jedes für uns ungewöhnliche Verhalten von kleinen Strukturen nur eine Folge unserer begrenzten Erfahrungswelt, die etwa 4 Größenordnungen oberhalb der Nanostrukturen endet: Das Verhalten lässt sich unter Anwendung der richtigen physikalischen Gesetze genau beschreiben, nur wenden wir oft nicht die relevanten Gesetze an. Die Mikroelektronik, die längst Nanoelektronik ist, hat über mehr als 5 Jahrzehnte gelernt, mit diesen Effekten umzugehen. Bislang ist es immer wieder gelungen, Grenzen der Skalierung zu überspringen. Diese systematische Erfahrung ist in anderen Bereichen der Nanotechnologie noch nicht soweit gediehen.

C. Messungen an Nanostrukturen

Nicht alle Eigenschaften von Nanostrukturen lassen sich aber durch rein theoretische Betrachtung der Skalierung ermitteln. Oft genug sind Messungen notwendig, da sich auch Material-„Konstanten" mit der Größe verändern können.

Aber wie vermisst man eine einzelne Nanostruktur? – Man kann sie nicht einmal sehen, nicht mit dem besten optischen Mikroskop. Dessen Auflösung endet auf Grund physikalischer Grenzen (Beugung) bei etwa 1 Mikrometer, also rund eine Größenordnung oberhalb der größten Nanostrukturen (< 100 nm). Es wird deshalb mit Verfahren gearbeitet, die zum einen solche Strukturen sichtbar machen (Elektronenstrahl-Mikroskopie, Transmissions-Elektronen-Mikroskopie) oder die zum anderen eine Abtastung von Oberflächen zulassen. Die Atomkraft-Mikroskopie (AFM) nutzt beispielsweise die Wechselwirkung zwischen Atomen an einer Oberfläche mit Nanostrukturen und einer extrem feinen Nadel, deren Durchmesser an der Spitze nur noch wenige nm beträgt, aus.

Doch wie bewegt man sich in einer solchen Welt? Oder wichtiger noch: wie findet man eine einmal gemessene Struktur überhaupt wieder? – Daran arbeiten an der TU Ilmenau zahlreiche Wissenschaftlerinnen und Wissenschafter aus unterschiedlichen Disziplinen: Im Rahmen des Sonderforschungsbereichs 622 „Nanopositionier- und Nanomessmaschine" (Jäger 2008, Jäger 2006: 291–298) wird erforscht, wie man in Nanometer-Dimensionen exakt messen und ein Werkzeug wie das AFM reproduzierbar an eine zu vermessende Position zurück bringen kann, um die Messung zu wiederholen oder mittels anderer Messverfahren eine Struktur genauer zu charakterisieren.

Es ist im Rahmen dieses Projektes gelungen, an einzelnen Nanodrähten die Leitfähigkeit zu vermessen (Niebelschütz et. al. 2007: 200–203) oder auch den Elastizitätsmodul eines Gold-Nanodrahtes zu bestimmen (Cimalla et. al. 2007).

D. Nanopartikel in der Kommunikations- und Informationstechnik

Zunehmend gewinnen auch Nanopartikel an Relevanz. In der Beleuchtung haben neue Halbleiter-Quellen dazu beigetragen, besonders energieeffiziente Leuchtmittel zu entwickeln. Dazu setzen viele weiße Licht-emittierende Dioden (LED) einen Leuchtstoff ein, der in Form von in Matrix gebundenen Nanopartikeln vorliegt. Leuchtstoffe erlauben es, aus der relativ energiereichen blauen LED-Strahlung einen für uns angenehmen „weißen" Farbton zu erzeugen. Der Effekt ist vergleichbar mit dem der Leuchtstoffröhre oder Energiesparlampe, in der auch der auf dem Glaskolben befindliche Leuchtstoff erst für das sichtbare Licht sorgt, während die Gasentladung im Inneren vorwiegend UV-Strahlung erzeugt.

Ein weiteres Material, das sich an der Grenze von der Nanostruktur zum Nanopartikel bewegt, findet sich in der mechanischen Montage von Silicium-Chips. Bereits seit einigen Jahren arbeitet die TU Ilmenau auf diesem Gebiet. Benutzt wird ein Effekt, der ursprünglich eher ein ungewollter Nebeneffekt im Trockenätzen von Silicium im Plasmaprozess war. Unter bestimmten Prozessbedingungen erzeugen die Ätzgase auch Polymere, die jedoch den Wafer nicht flächig bedecken, sondern sich lokal in Form von Nanoinseln abscheiden. Dazwischen findet das gewünschte Si-Ätzen statt, so dass nach einiger Zeit dichte Nadeln entstehen, da unter den Polymeren das Silicium stehen bleibt, während es dazwischen herausgeätzt wird. An der genauen Aufklärung des Initiierungsprozesses wird in Ilmenau derzeit intensiv geforscht. Der bekannte Name „Schwarzes Silicium" (Black Si) rührt von der charakteristischen Schwarzfärbung der Waferoberfläche her, die das sichtbare Licht vollständig absorbiert. Ein Anwendungsfeld ist deshalb auch die Effizienzsteigerung von Solarzellen, das jedoch in Ilmenau nicht im Fokus steht. Die Nadeldichte beträgt dann ca. 10 Mio. Nadeln je mm^2.

Ein anderer Basisprozess liefert eine Dichte von ca. 1 Mio. Nadeln je mm^2, die eher braun erscheint. M. Stubenrauch et al. haben jedoch neue Anwendungsfelder entwickelt (Stubenrauch et. al. 2006: 82–87): Sie konnten zeigen, dass sich zwei mit Schwarzem Si beschichtete Wafer zusammenstecken lassen wie ein Klettverschluss. Die Nadeln verhaken sich innig und die Wafer können nur mit großer

Kraft wieder getrennt werden. Anders als beim „echten“ Klettverschluss kommt es jedoch bei jedem Lösen zur Zerstörung großer Anteile von Nadeln. Nach ca. fünf Öffnungsvorgängen ist die Haltekraft nur mehr marginal. Es kommt zur Generation von „echten“ Nanopartikeln, bestehend aus ca. 100 nm dicken Si-Nadeln. In der üblichen Anwendung, in der zwei Chips einmalig gefügt und anschließend durch ein Polymer fixiert werden, ist dies praktisch bedeutungslos, da ein Endanwender die Chips nicht selbst trennen kann und auch dann alle Partikel in der Polymermatrix gebunden blieben. Weitere inzwischen erprobte Anwendungen sind der Einsatz zur Verbindung von Polymeren mit Silicium und von Keramiken mit Silicium (Stubenrauch et. al. 2007: 6–8). Hier sorgen jeweils die nanoskalig strukturierten Oberflächen für hohe Haltekräfte, die mit Klebeverbindungen oder anderen Bondprozessen nicht erreicht werden können. Der Form- und Kraftschluss der Nadeln mit dem Substrat aus Polymer oder Keramik ist sehr viel wirksamer als jede chemische Verbindung.

Anzumerken bleibt noch, dass auch die verwendete Keramik Nanopartikel in der Grünmasse verwendet, um einen innigen Kontakt zum Schwarzen Silicium zu erreichen. Nach dem Sintervorgang sind die Partikel durch die Glasmatrix jedoch dauerhaft gebunden bzw. selbst aufgeschmolzen zu einem dichten Film.

Um jedes Risiko auch in der Forschung auszuschließen, gelten in den Laboren der TU Ilmenau strenge Regeln im Umgang mit Schwarzem Silicium: Es wird nur unter Abzugsboxen bearbeitet und die Säge, auf der (unter Wasser) gesägt wird, wird ebenfalls abgesaugt, so dass auch partikelhaltige Aerosole den Bediener nicht gefährden können. Schwarzes Silicium wird nur mit einem deutlichen Gefahrenhinweis an Externe und nur zur Forschung weitergegeben. Allerdings zeigen Biokompatibilitätstests auch, dass Zellen z.B. die Nadeln durchaus besiedeln können. Darüber hinaus ist Silicium im Körper in gewissem Maße resorbierbar, anders als beispielsweise die chemisch viel stabileren Fasern des Asbests.

E. Zusammenfassung

In der Kommunikations- und Informationstechnik hat die Nanotechnologie längst Einzug gehalten. Sie verändert das tägliche Leben vielleicht mehr als die meisten anderen neuen Technologien der letzten Jahrzehnte. Doch liegen die Risiken hier eher auf Seiten der Anwendungen, denn Nanopartikel spielen – wenn überhaupt – nur in der Fertigung der Produkte eine Rolle (Leuchtstoffe, Si-Nadeln), der Endanwender hat keinen Zugang zu den Nanopartikeln, die überdies dauerhaft in einer Matrix gebunden sind. Darüber hinaus sind die verwendeten Mengen in der Mikrosystemtechnik im Vergleich zu Massenanwendungen z.B. in Farben oder Kosmetika verschwindend gering, so dass schon auf Grund der Mengen das Risiko eher klein bleibt.

Was die Zukunft allerdings noch bringen wird, kann keiner vorhersagen. Insbesondere die „nächste Technologie“ nach der Silicium-Mikroelektronik ist noch nicht erkennbar. Viele unterschiedliche Technologien befinden sich in den Forschungslaboratorien, doch wann welche Technologie das Silicium verdrängen wird, ist unklar. Ob es dann tatsächlich z.B. selbstorganisierende Nanopartikel sein werden, die die klassische Integration auf einem Substrat ablösen, bleibt ebenfalls offen.

F. Literatur

Cimalla, Volker et.al. (2007): Nanomechanics with nanowires and nano-electro-mechanical systems, International Workshop “NANOHARD 2007”, Proceedings, Bulgarian Academy of Science, Academic Publishing House “Martin Drinov”.

IBM (2008): Nanotechnologie auf der Webseite von IBM: http://domino.research.ibm.com/comm/research.nsf/pages/r.nanotech.html. *Intel* (2008): http://www.intel.com/technology/mooreslaw/index.htm

Jäger, Gerd/Hausotte, Tino/Manske, Eberhard/Büchner, Hans-Joachim/Mastyslav, Rostyslav/Dorohovets, Natalja/Füßl, Roland/Grünwald, Rainer (2006): “Progress on the wide scale Nano-positioning and Nanomeasuring Machine by Integration of Optical-Nanoprobes”, Fringe 2005, The 5th International Workshop on Automatic Processing of Fringe Patterns, Springer Berlin Heidelberg, 2006, S. 291–298.

Jäger, Gerd (2008): Webseite des SFB 622 Nanopositionier- und Nanomessmaschine: http://www4.tu-ilmenau.de/sfb622/.

Moore, Gordon E. (1965): “Cramming more components onto integrated circuits”, Electronics, Volume 38, Number 8, April 19, 1965, siehe auch: ftp://download.intel.com/research/silicon/moorespaper.pdf.

– (2003): http://download.intel.com/research/silicon/Gordon_Moore_ISSCC_021003.pdf.

Myung, Nosang (2007): “Nanotube-producing Bacteria Show Manufacturing Promise”, Newsroom der University of California (UC Riverside) vom 7. Dezember 2007, http://www.newsroom.ucr.edu/cgi-bin/display.cgi?id=1730.

Niebelschütz, Merten/Cimalla, Volker/Ambacher, Oliver/Machleidt, Torsten et.al. (2007): “Electrical performance of gallium nitride nanocolumns”, Physica E 37 (2007), 200–203.

Scharff, Peter (2008): Webseite des Fachgebietes Chemie (Forschung auf dem Gebiet der Carbon Nano-Tubes): http://www.tu-ilmenau.de/chemie/.

Stubenrauch Mike/Fischer, Michael/Kremin, Christoph/Stoebenau, Sebastian/Albrecht, Arne/Nagel, Ole (2006): “Black silicon – new functionalities in microsystems”, Journal of Micromechanics and Microengineering (2006) 16/6, S. 82–87.

Stubenrauch, Mike/Fischer, Michael/Kremin, Christoph/Hoffmann, Martin/Müller, Jens, (2007): “Bonding of silicon with filled and unfilled polymers based on black silicon”, in: Micro & Nano Letters, 2 (2007) 1, S. 6–8.

Nanotechnologie in der Textilindustrie – Stand der Technik und zukünftige Entwicklungen

Jan Beringer

A. Grundlagen

Die Nanotechnologie wird vielfach als Schlüsseltechnologie des 21. Jahrhunderts betrachtet – auch für die Textilindustrie. Die Funktionalisierung textiler Materialien, wobei es sich um Bekleidungs-, Heim- oder technische Textilien handeln kann, geschieht durch die nachträgliche Ausrüstung der textilen Warenbahn mit Nanopartikeln in einem konventionellen Beschichtungsprozess vor der Konfektion oder mittels Inkorporation von Nanopartikeln in die Fasermatrix von Chemiefasern beim Primärspinnprozess. Letzteres stellt die permanenteste Variante hinsichtlich der produktspezifischen Gebrauchsbeanspruchung (Scheuern, Waschen, Bewitterung etc.) dar. So entstehen neue, funktionelle Werkstoffe, die dann je nach Eigenschaften der verwendeten Nanopartikel dementsprechende Oberflächen- und/oder Volumeneigenschaften aufweisen. Im Folgenden wird auf die derzeit möglichen Funktionalisierungsmöglichkeiten von Textilien durch Nanotechnologie eingegangen und ein Ausblick auf mögliche zukünftige Anwendungsfelder gegeben.

B. Bionik bei der Textilherstellung

Vielfach steht die Natur Pate für innovative Ideen im Bereich der Nanotechnologie. Das Stichwort hierzu lautet Bionik. Bei der Entwicklung sog. „schmutzabweisender" oder „selbstreinigender" Oberflächen hat man sich z.B. am Blatt der Lotuspflanze orientiert, an dem Schmutzpartikel aufgrund der mikro-/nanorauhen Oberflächen nicht haften bleiben und einfach von Wasser weggespült werden können. Insofern sind hier die im Sprachgebrauch leider schon fest verankerten Begriffe „Schmutzabweisung“ und „Selbstreinigung“ nicht korrekt, da zur Schmutzentfernung immer bewegtes Wasser erforderlich ist.

Beispiele für den möglichen Einsatz von Nanopartikeln:

– Die Angaben erheben keinen Anspruch auf Vollständigkeit –

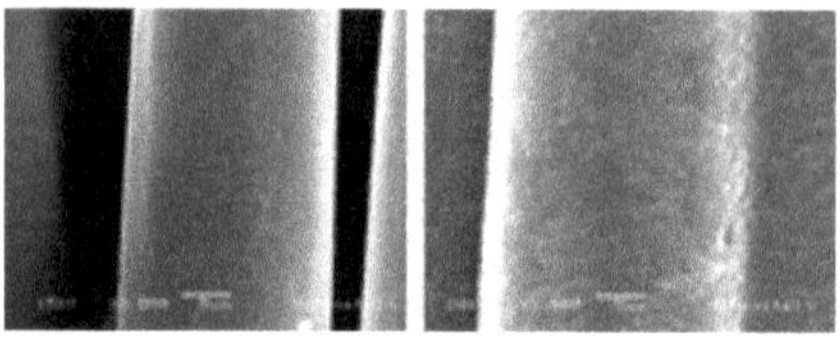

Für moderne UV-Schutzkleidung wird die Polyamid-Faser mit TiO_2-Nanopartikel (rechts) beschichtet, welche die schädigenden UV-Strahlen reflektieren. Im Vergleich dazu eine unbehandelte Faser (links).

Eine dreidimensionale topographische Oberflächendarstellung einzelner Nanopartikel gelingt mit Hilfe der Raster-Kraft-Mikroskopie (AFM). Hierdurch kann beispielsweise geklärt werden, ob die Nanopartikel innerhalb der Bindermatrix liegen oder aus deren Oberfläche herausragen (wichtig z.B. bei photokatalytischen Eigenschaften).

Durch schmutzabweisende Nanokomposit-Ausrüstungen können sich Schmutzpartikel nur oberflächlich an Textilfasern anlagern und wesentlich leichter mit Wasser abgespült werden (Quelle BASF AG).

Abb. 1

Die Herstellung der für diesen Effekt notwendigen sog. Lotusstrukturen kann mittels konventionellen Ausrüstungsprozessen erfolgen: Die erste Strukturdomäne im Mikrometerbereich ist schon seitens des Einzelfaserdurchmessers von Chemiefasern gegeben. Die zweite Strukturdomäne im nanoskaligen Bereich erreicht man durch Fixierung entsprechend dimensionierter Nanopartikel – aus Kostengründen häufig SiO_2 – mit geeigneten organischen Bindersystemen. Nach diesem Ausrüstungsschritt besitzt das textile Substrat bereits superhydrophobe Eigenschaften. Um darüber hinaus auch noch sehr gute olephobe Effekte zu erzielen, ist eine Absenkung der Oberflächenenergie der Strukturen notwendig. Dies geschieht in der Natur mittels Wachskristallen, in der Textilindustrie wird dies durch einen weiteren Ausrüstungsschritt mit perfluorierten Tensiden, sog. Fluorcarbonen, realisiert. Wie auch in der Natur, sind diese mikro-/nanorauhen Strukturen nicht dauerhaft beständig gegen mechanische Beanspruchungen wie Kratzen, Scheuern und Waschen, so dass bei einem Zerstören der Strukturen auch der Effekt deutlich nachlässt. Die Natur besitzt hierbei einen entscheidenden Vorteil: Sie kann diese Strukturen nachwachsen lassen, das Textil (noch) nicht.

Ein verwandter Effekt ist der sog. Rosenblüten Effekt (petal effect). Hier wird ebenfalls durch gezielte Mikro-/Nanostrukturierung der Natur ein superhydrophober Effekt bei gleichzeitig tropfengrößenabhängigen anhaftenden Eigenschaften erzeugt. Eine Realisierung auf Textil steht bislang noch aus.

Das schillernde Farbenspiel von Schmetterlingsflügeln oder Muschelperlmut diente als Vorlage für die Entwicklung von Nanopartikeldispersionen, mit denen sich die Farbe von Materialien abhängig vom Einfallswinkel des Lichtes scheinbar verändert und so quasi eine Farbgebung ohne Farbstoff aufgrund von physikalischen Interferenzeffekten ermöglicht. Effektpigmente für den Textildruck basieren beispielsweise auf stabilisierten nanoskaligen Glimmer- oder TiO_2-Pigmentdispersionen auf Wasserbasis, die diesen Effekt erzeugen.

Der „ultraschwarze“ Farbeindruck des Schmetterlingsflügels von Papillio Ulysses wird durch sog. Lichtfallen erzeugt, die aus wabenähnlichen Hohlraumstrukturen, die das einfallende Licht nahezu vollständig einfangen, bestehen. Im Textilsektor ist ein lang anhaltendes tiefes Schwarz durch die unweigerlich eintretende Waschvergrauung bislang nicht möglich. Hier könnte eine Strukturierung der Faseroberfläche mit diesen Lichtfallen in Zukunft möglicherweise den gewünschten Effekt zeigen.

Schwimmanzüge mit extrem niedrigem Strömungswiderstand für Hochleistungssportler sind der Haut von Haifischen nachempfunden, die durch eine raue Schuppenstruktur Mikrowirbel auf der Hautoberfläche erzeugen und so den Strömungswiderstand senken. Auf dem Textil wurde dies durch periodische Strukturen mit unterschiedlichen Reibungswiderständen realisiert, welche beispielsweise nachträglich aufgedruckt werden. Auch durch Verwendung unterschiedlich rauer Garne bereits beim Flächenbildungsprozess (Wirken, Weben) kommt man zu unterschiedlichen Reibungskoeffizienten, die die gewünschten Mikrowirbel erzeugen.

C. Hautschutz

Aufgrund veränderter Umweltbedingungen steigt auch in Mitteleuropa die Intensität der UV-Strahlung kontinuierlich an, was in steigenden Hautkrebsraten resultiert. Deswegen wird ein effektiver Hautschutz durch spezielle UV-Schutz Textilien immer wichtiger. TiO_2 Nanopartikel reflektieren und absorbieren UVA- und

UVB-Strahlung. In Chemiefasern wird Rutil-TiO_2 als Weißpigment zur Fasermattierung schon lange verwendet, weshalb Chemiefasern per se schon einen guten UPF[1] aufweisen und daher keine weiteren Verbesserungen durch funktionale Ausrüstungen erfordern. Cellulosische Naturfasern wie Baumwolle und Leinen besitzen aufgrund ihrer chemischen Molekularstruktur nur unzureichende Schutzeigenschaften gegenüber UV-Strahlung. Durch eine nachträgliche Ausrüstung mit einer TiO_2 Nanopartikeldispersion und polymeren Bindersystemen kann hier eine deutliche Erhöhung des UPF unter vollem Erhalt der Trage- und Gebrauchseigenschaften erreicht werden. Erste Produkte mit einer solchen anorganischen UV-Schutzausrüstung sind schon am Markt erhältlich.

TiO_2 in der Kristallmodifikation Anatas besitzt unter UV-Strahlung in Anwesenheit von Wasser und Sauerstoff photokatalytische Eigenschaften. Durch Ausrüstung lässt sich dieser Effekt ebenfalls auf ein textiles Substrat übertragen, wobei nanoskalige Partikel aufgrund der größeren verfügbaren Oberfläche vorteilhaft sind. Hierbei muss darauf geachtet werden, dass zum Schutz des Textils vor photokatalytischen Abbaureaktionen eine sog. Sperrschicht zwischen Textil und Partikel eingebracht wird. Des Weiteren müssen die Partikel so appliziert sein, dass ein Gasaustausch mit der Umgebung möglich ist. Textilien mit photokatalytischen Eigenschaften auf Basis von Anatas TiO_2 Nanopartikeln sind bereits auf dem Markt. Spezielle Dotierungen der TiO_2 Kristallstruktur mit Fremdatomen ermöglichen neuerdings sogar eine photokatalytische Aktivität mit sichtbarem Licht.

Ebenfalls bereits am Markt befindet sich Spezialwäsche für Neurodermitispatienten aus silberummantelten oder mit Silbernanopartikeln dotierten Fasern. Nanopartikel haben hier wiederum den Vorteil der größeren verfügbaren Oberfläche. Während des Tragens werden durch die Körperfeuchtigkeit vom metallischen Silber Silberionen abgegeben, die für die Reduktion schädlicher Bakterien (Sekundärinfektion) auf der Haut und damit eine Verbesserung des Krankheitsbildes sorgen. Silberionen wirken hierbei als Kontaktbiozid und zerstören durch Ladungseffekte die Zellmembran der Bakterien, das Bakterium platzt und läuft sozusagen aus. Auch immer mehr „normale" Bekleidungstextilien und Berufsbekleidung sowie Heimtextilien enthalten antibakterielle Funktionen auf Basis von nano Silber.

Die Sol-Gel-Technologie bietet eine weitere Möglichkeit, Textilien zu funktionalisieren. In die Sol-Gel Matrix aus anorganisch/organischen SiO_2 Precursoren können die unterschiedlichsten funktionellen Additive eingelagert werden, die ihre Funktion auf das ganze Textil übertragen. Am weitesten sind z.Z. antimikrobielle Effekte mit nano Silber als Additiv verbreitet. Keramische Nano-Beschichtungen mit haftungsvermindernden Partikeln auf einer Wundauflage verleihen dieser

1 Dies ist die Abkürzung für Ultraviolet Protection Factor und bezeichnet den textilen UV-Schutz Faktor der mit dem Lichtschutzfaktor (LSF) von kosmetischen Sonnenschutzmitteln identisch ist.

antiadhäsive Eigenschaften, so dass beim Verbandswechsel die frisch gebildete Haut auf der Wunde verbleibt.

Durch den Austausch des anorganischen Zentralatomes des Sol-Gel Matrixprecursors sind auch reine Funktionsschichten ohne Zuhilfenahme von Additiven möglich. Beispielsweise lässt sich durch den Austausch von Si gegen Ti eine reine TiO_2-Sol-Gel Schicht mit hohem UV-Schutz realisieren.

D. Anwendungen mit Wellnessbezug

Zur Funktionalisierung mit duftenden, pflegenden oder heilenden Substanzen für Wellness und medizinische Anwendungen eigenen sich Mikro- oder Nanokapselsysteme, welche nachträglich auf das fertig konfektionierte Textil in einem Beschichtungsprozess mit polymeren Bindersystemen aufgebracht werden. Durch die beim Tragen entstehende Reibung werden die inkorporierten Wirkstoffe freigesetzt.

Hinsichtlich molekularer Depotstrukturen für Geruchssubstanzen finden Cyclodextrine bereits breite Anwendung im Textilsektor. Cyclodextrine sind Verbindungen, die zu den cyclischen Oligosacchariden gehören. Sie stellen ringförmige Abbauprodukte von Stärke dar und bestehen aus α-1,4-glykosidisch verknüpften Glucosemolekülen mit 6 bis 9 einzelnen Glucosebausteinen. Dadurch entsteht eine toroidale Struktur mit einem zentralen Hohlraum. Diese nanoskaligen Depotstrukturen von Cyclodextrinen sind in der Lage, Geruchsmoleküle adsorptiv zu binden und bei der nächsten Wäsche wieder freizusetzen. Auch eine gezielte Beladung mit Duftsubstanzen im Weichspüler bei der Haushaltswäsche ist möglich. Eine Aufnahme von Geruchssubstanzen (wohl- oder übelriechend) kann nur so lange erfolgen, bis alle Hohlräume gefüllt sind.

E. Carbonnanotubes

Auch Carbonnanotubes (CNTs) spielen in zahlreichen Forschungsprojekten mit textilem Hintergrund eine Rolle. Durch Integration von CNTs in die Faserpolymermatrix einer Chemiefaser im Rahmen des Primärspinnprozesses lassen sich prinzipiell sämtliche bislang bekannte Eigenschaften von CNTs auf ein Textil übertragen. Am weitesten sind die Entwicklungsarbeiten zur Erzeugung von hochfesten CNT-Kompositfasern fortgeschritten. Hinsichtlich hochfester oder halbleiterartiger Fasern werden Carbon Nanotubes als Komposit- oder wünschenswerterweise in Form von Stapelfasern oder Endlosfilamenten als Reinmaterial in den nächsten Jahren eine unverzichtbare Rolle spielen.

F. Fazit

Damit eröffnet die Nanotechnologie Textilien vielfältige neue Einsatzbereiche und für Hersteller und Handel neue Zielgruppen und Umsatzchancen. Mit der weiteren Verbreitung gewinnt auch der Nachweis der gesundheitlichen Unbedenklichkeit an Bedeutung und ist Voraussetzung für eine nachhaltige Akzeptanz beim Verbraucher. Auch an Textilien ist es möglich, humantoxikologische in vitro Testsysteme anzuwenden, um die Wirkung von Nanopartikeln auf den Organismus sicher zu beurteilen. Anhand standardisierter Laboruntersuchungen lässt sich so die Gewebeverträglichkeit (Zytotoxität) belegen und etwaige Sensibilisierungs- und Irritationspotenziale sowie das Erbgut schädigende Potenziale (Genotoxizität) von textilen Ausrüstungen bestimmen.

Der Beleg über die Biokompatibilität einer Nano-Ausrüstung sollte neben dem Nachweis der erreichten zusätzlichen Funktion und deren Beständigkeit im Gebrauch Basis für die Entwicklung von mit Nanotechnologie funktionalisierten Textilien sein.

G. Literatur

Beringer et. al. (2007): Melliand Textilberichte, 1/2, 57–61; 4, 236–240; 5, 356–359.

Beringer/Höfer (2004): Melliand Textilberichte, 9, 698–699.

Feng et al. (2008): Langmuir, 24, 4114–4119.

http://www.dwd.de, Unterseite des Meteorologischen Observatoriums Hohenpeissenberg, Sektion Ozontrends.

	gewünschte Materialeigenschaft	Wirkprinzip
TEXTILIEN	**Superhydrophobierung** – d. h. extrem wasserabweisendes Verhalten Materialien	Nanopartikel: Siliciumdioxid (SiO_2) oder Sol-Gel
	UV-Schutz, Faserschutz,	Nanopartikel: Titandioxid (TiO_2 – Rutil) oder Zinkoxid (ZnO)
	Photokatalyse (Schadstoffe wie Formaldehyd oder andere organische Emissionen werden photokatalytisch zersetzt)	Nanopartikel: Titandioxid (TiO_2 – Anatas)
	Schmutzabweisende Funktion – vergleichbar mit der Lotusblüte	Mikroraue, dreidimensionale Oberflächenstruktur (SiO_2 und Fluorcarbone)
	Bindung von unangenehmen Gerüchen (physikalisch)	Cyclodextrine („Körbchenförmige" Stärkemoleküle)
	Inhibitierung von unangenehmen Gerüchen (bio-chemisch)	Nano-Silberpartikel
	Antimikrobielle Textilien (z. B. für Neurodermitiker)	Nano-Silberpartikel
	Elektromagnetische und Infrarot-Schutzkleidung (EM/IR)	Nanopartikel: Indium-Zinn-Oxid (InSnO)
	Stromleitende, magnetische Eigenschaften (Remote Heating) z. B. zur Wärmung von Outdoorkleidung	Nanopartikel: Eisen (Fe) und Eisenoxid (Fe_2O_2)
SONSTIGE	**Wundauflagen mit antiadhäsiver Wirkung**	Keramische Nano-Beschichtung (Sol-Gel-Verfahren)
	Interferenzfarben – bei denen der Farbeindruck ähnlich wie einem Schmetterlingsflügel oder dem Perlmut einer Muschel abhängig vom Einfallwinkel des Lichts wechselt	Kern-Schale (Core Shell)-Partikel mit Dimensionen im Bereich des sichtbaren Lichts; Nanoskalige Lichtfallen für ultraschwarze Effekte
	Interferenzfarben und andere **Veränderungen der optischen Eigenschaften**	Kristallisierte Nanodispersionen mit Dimensionen der Partikel im Bereich des sichtbaren Lichts (400–800 nm)
	Verbesserte **Abriebfestigkeit**	Keramische Nanopartikel: (Aluminiumoxid (Al_2O_3))

Nanotechnology at BASF – New possibilities for plastics and surfaces

Volker Warzelhan, Thomas Breiner

Die Nanotechnologie gilt weltweit als eine der wichtigsten Zukunftstechnologien und ermöglicht in der Produktentwicklung durch die kontrollierte Herstellung und Strukturierung von Materialien völlig neue Eigenschaften. Sie ist ein Innovationstreiber für viele Industriezweige. BASF ist eines der führenden Unternehmen auf dem Gebiet der chemischen Nanotechnologien. Das Unternehmen besitzt alle notwendigen Voraussetzungen, um das Potential der Nanotechnologien in seiner Breite zu erschließen: angefangen bei den speziellen Analysemethoden über die Expertise in Chemie, Physik und Biologie sowie den Ingenieurwissenschaften hin zu dem sicheren Umgang mit neuen Materialien (siehe Abb. 1).

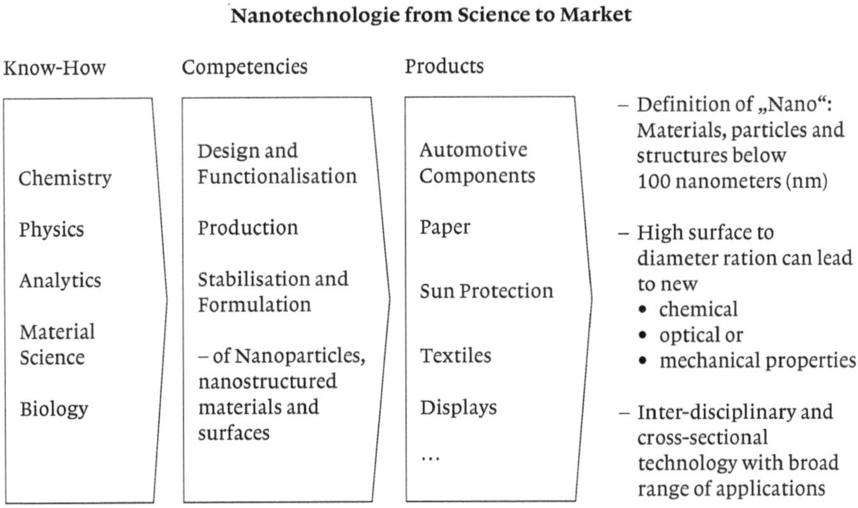

Abb. 1: Nanotechnology from science to market

Die Vorsilbe „Nano“ (griech. Zwerg) beschreibt eine Größenordnung: Ein Nanometer entspricht einem Milliardstel Meter. Ein Nanometer ist im Verhältnis zu einem Meter so groß wie ein Fußball zur Erdkugel. Unter dem Begriff Nanotechnologie werden Materialien, Strukturen und Systeme zusammengefasst, deren verbindendes Element die Herstellung oder das Vorhandensein einer Größendimension ist, die kleiner als hundert Nanometer ist. Darunter fallen zum Beispiel Nanopartikel oder dünne Schichten, aber auch gezielt hergestellte Strukturen und Oberflächen. Mit der kontinuierlichen Verbesserung der analytischen Methoden, die einen immer detaillierteren Einblick in die Welt der kleinsten Strukturen ermöglicht, wächst das Verständnis der Auswirkungen, die die Nanostruktur eines Stoffes auf dessen Eigenschaften hat.

Im Folgenden sollen einige aktuelle Forschungsergebnisse der BASF auf dem Gebiet der Nanotechnologie näher erläutert werden: Kunststoffschäume sind heutzutage allgegenwärtig in unserem Leben. Sie finden Verwendung als Dämmmaterialien für Gebäude oder auch in Haushaltsgeräten (Abb. 2, → S. 338 Farbabb.). Das BASF-Labor an der Universität Straßburg (ISIS, Institut de Science et d'Ingénierie Supramoléculaires) entwickelt Synthesewege für Kunststoffschäume mit Porengrößen im Bereich von einigen Hundert Nanometern. Die Nano-Poren reduzieren die Wahrscheinlichkeit, dass Gasmoleküle zusammenstoßen und vermindern damit die Wärmeleitung des Materials (Abb. 3 und 4).

Im Vergleich zu einem herkömmlichen Dämmstoff kann die Wärmeleitfähigkeit eines Nanoschaums deutlich herabgesetzt werden. Davon profitiert auch die Umwelt, denn der Nanoschaum führt zu niedrigerem Energieverbrauch. Er ist als Dämmstoff für Kühlgeräte, Gebäude, Autos oder auch Flugzeuge vorstellbar.

Die BASF nutzt Nanotechnologie auch in vielen etablierten Arbeitsfeldern, um bekannten Substanzklassen neue Eigenschaften zu verleihen. Ein Beispiel dafür sind wässrige Polymerdispersionen. Dort macht die neue Bindemittelgeneration COL.9® der BASF durch ihre Struktur Fassaden besonders widerstandsfähig gegen Witterungseinflüsse und Schmutz. Das Prinzip: Bei den COL.9® – Bindemitteln werden anorganische Nanopartikel in organische Polymerteilchen wässriger

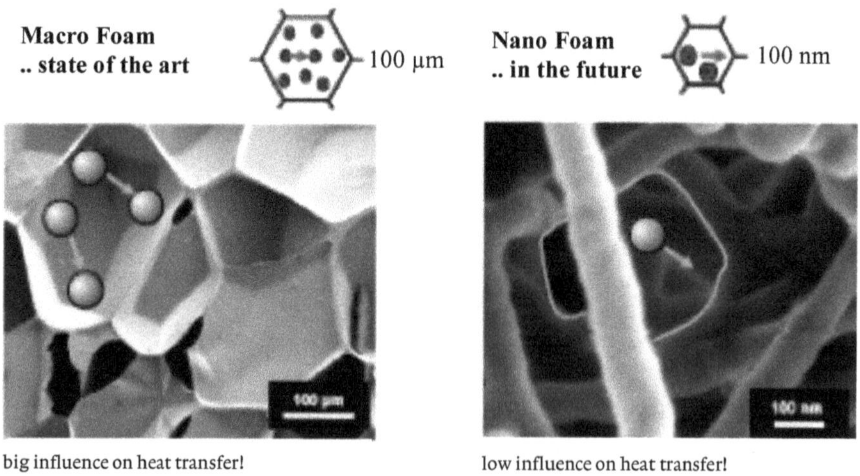

Abb. 3: Influence of cell size on thermal conductivity

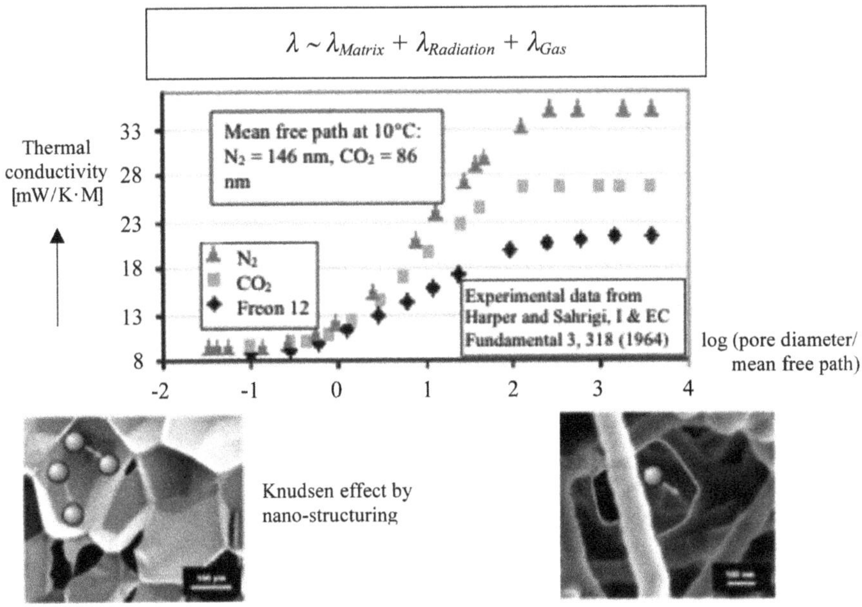

Abb. 4: Heat conduction in foams

Dispersionen eingearbeitet und fixiert (Abb. 5 und 6). Nach dem Auftragen und Trocknen der Farbe bilden die anorganischen Nanopartikel ein homogenes dreidimensionales Netzwerk, das nicht nur gegen Schmutz schützt, sondern auch die Farbe länger schön hält.

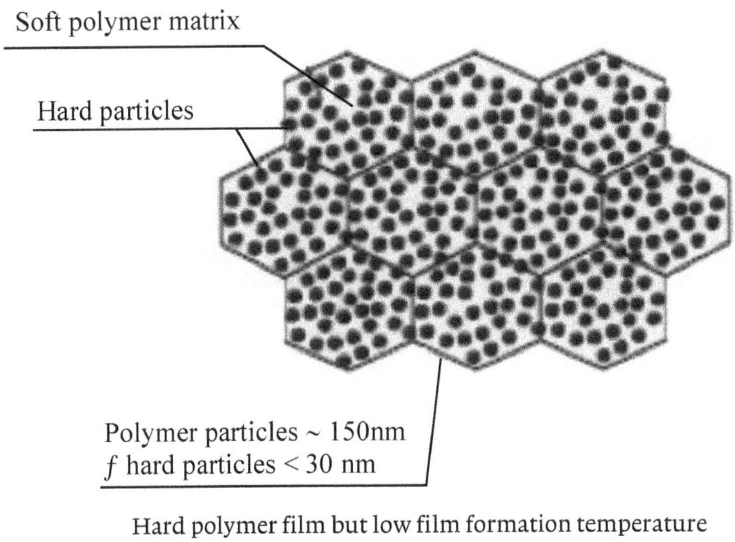

Abb. 5: Architectural coatings with enhanced properties

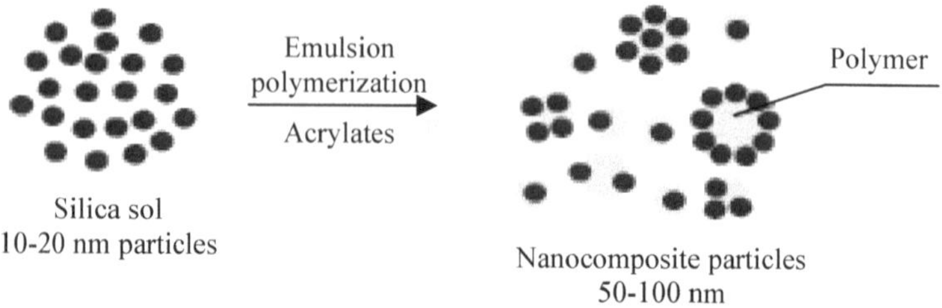

Composition

- Solids content 35 - 45 wt.-%
- Silica amount based on total solids 30 - 50 wt.-%
- Silica incorporation efficiency > 90 %

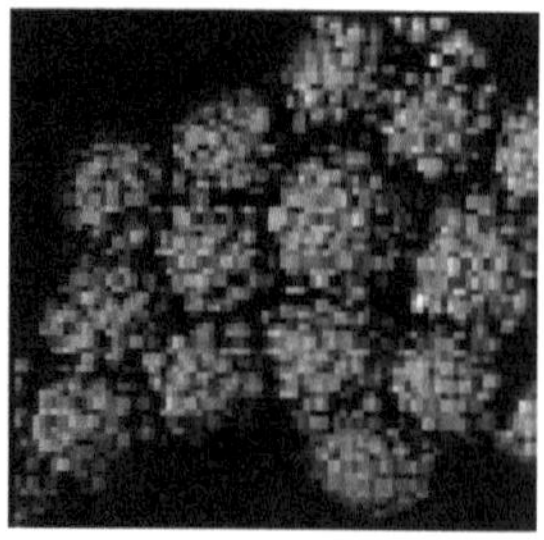

Abb. 6: Nanocomposite dispersions

Wie Nanotechnologie in der Textilindustrie erfolgreich eingesetzt werden kann, zeigt das BASF Produkt Mincor® TXTT: Die Textilbeschichtung enthält winzige Partikel von weniger als 100 Nanometern, die einen Selbstreinigungseffekt bewirken. Auf den mit Mincor® ausgerüsteten Textilien stehen Milliarden von Nanoteilchen so dicht nebeneinander, dass kein Staubkorn mehr dazwischen passt.

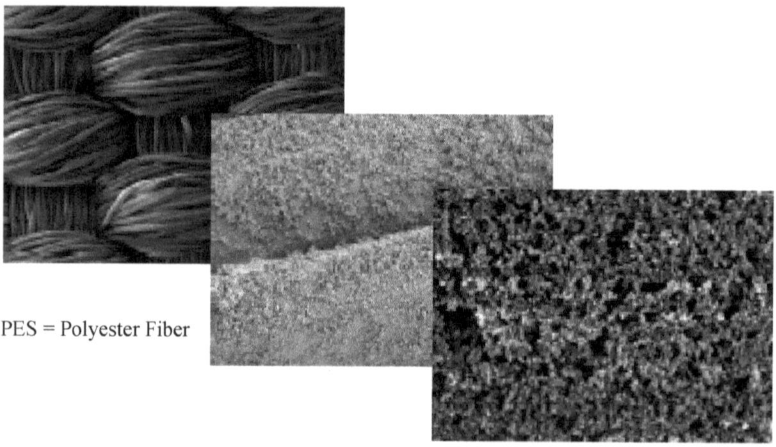

Abb. 7: Surfaces modification of technical textiles

Dieser Selbstreinigungseffekt basiert auf einem von der Lotuspflanze inspirierten Prinzip zum Schutz vor Verunreinigungen: Zwischen einem Fremdkörper, z. B. einem Schmutzpartikel, und der Oberfläche besteht eine Luftschicht, auf der die Verunreinigungen „schweben“. Beim nächsten Regen werden sie einfach weggespült. Schmutzabweisende Stoffe mit Mincor®-Beschichtung werden zu Markisen, Sonnenschirmen und Zelten verarbeitet.

Für Kunden im Automobilsektor oder im Elektronikbereich bietet Ultradur® High Speed, ein technischer Kunststoff auf Nanotechnologie-Basis, viele Vorteile. Durch die Zugabe eines nanopartikulären Additivs wird die Fließfähigkeit des

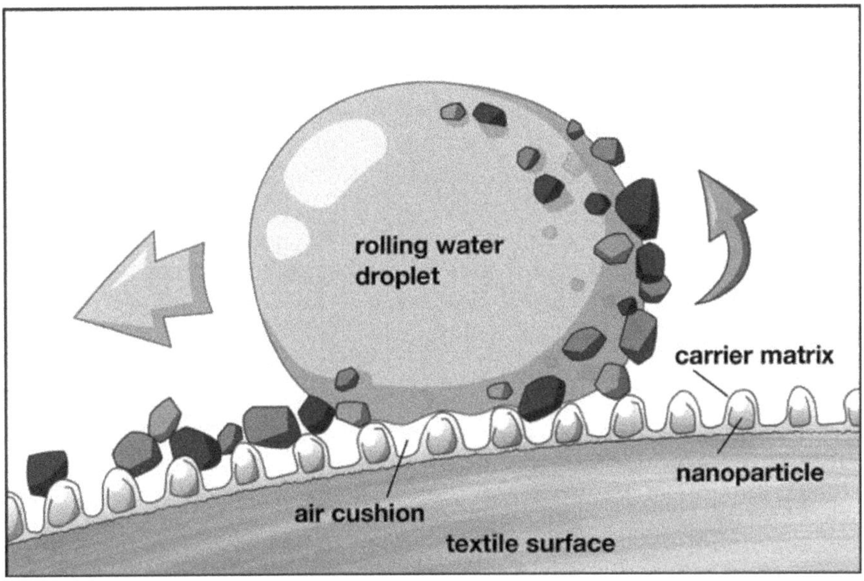

Abb. 8: Principle of the self-cleaning effect

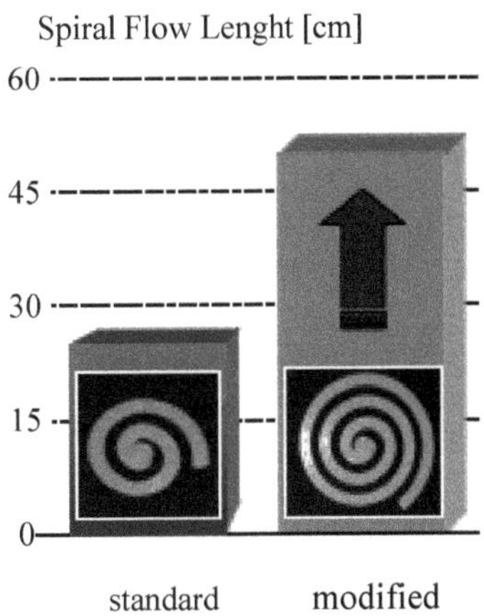

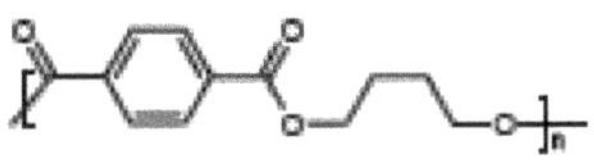

poly(butylene therephthalate): PBT, Ultradur®

- Reduce processing temperature
- Decrease cycle time
- Leave mechanical properties unchanged
- Add only low additional cost

Abb. 9: Challenges for standard thermoplastics

Kunststoffs deutlich verbessert – wobei seine mechanischen Eigenschaften erhalten bleiben.

Verarbeiter können mit Ultradur® High Speed die Massetemperatur absenken und dadurch die Zykluszeit um bis zu 20 % verringern, was zu einer höheren Produktionsleistung führt. Ultradur® High Speed hilft so, Energie zu sparen und Ressourcen zu schonen (Abb. 10 und 11, → S. 338 Farbabb.).

Nahezu alle Felder von Wissenschaft und Technik tragen heute zur Entwicklung der Nanotechnologie bei. Dass die BASF die neuesten wissenschaftlichen Erkenntnisse breit nutzen kann, ist Voraussetzung für ihren wirtschaftlichen Erfolg. Dafür bietet der Forschungsverbund des Unternehmens eine optimale Plattform. In zirka 1.400 Kooperationen arbeitet BASF mit führenden Universitäten, Instituten, Hightech-Start-ups und Partnern in der Industrie an neuen Problemlösungen. Zu den Forschungs- und Entwicklungseinheiten gehören weltweit über 8.300 Mitarbeiter – annähernd 5.100 davon in Ludwigshafen. Das Herz des BASF-Forschungsverbunds bilden die vier zentralen Technologieplattformen: Forschung und Technologie Chemikalien, Forschung Wirk- und Effektstoffe, Polymerforschung sowie Forschung Pflanzenbiotechnologie.

Verantwortungsvoller Umgang mit einer neuen Technologie

Neben der Herstellung von Nanopartikeln sowie der Untersuchung ihrer Eigenschaften stellt die Risikobewertung von Nanopartikeln einen weiteren Forschungsschwerpunkt der BASF dar. „Eine begleitende Sicherheitsforschung parallel zur dynamischen Entwicklung der Nanowissenschaften ist für deren nachhaltigen Einsatz unverzichtbar“, erklärt Prof. Dr. Rüdiger Iden, Nanotechnologie-Sprecher der BASF. Deshalb führt die BASF eigene toxikologische Studien durch. Außerdem ist das Unternehmen an einer Reihe von Forschungsprojekten beteiligt, die die Arbeitssicherheit untersuchen und eine wissenschaftlich fundierte Datenbasis zur Bewertung möglicher Risiken von Nanoteilchen erarbeiten. Auf nationaler Ebene arbeiten BASF-Experten in dem vom BMBF geförderten Projekt „NanoCare“ mit und auf europäischer Ebene in den Projekten „Nanosafe2“ und „CellNanoTox“.

Nanotechnologie in der Kosmetik – Nutzen und Risiko

Birgit Huber

A. Definition kosmetischer Mittel

Kosmetische Mittel werden in § 2 des Lebensmittel-, Bedarfsgegenstände- und Futtermittelgesetzbuchs (LFGB 2006) wie folgt definiert: „Kosmetische Mittel sind Stoffe oder Zubereitungen aus Stoffen, die ausschließlich oder überwiegend dazu bestimmt sind, äußerlich am Körper des Menschen oder in seiner Mundhöhle zur Reinigung, zum Schutz, zur Erhaltung eines guten Zustandes, zur Parfümierung, zur Veränderung des Aussehens oder dazu angewendet zu werden, den Körpergeruch zu beeinflussen. Als kosmetische Mittel gelten nicht Stoffe oder Zubereitungen aus Stoffen, die zur Beeinflussung der Körperformen bestimmt sind." Unter diese Definition fällt eine Vielzahl von Produkten wie Shampoo, Cremes, Body Lotion, aber auch z.B. Zahnpasta und Sonnenschutzmittel.

Im Anhang I der EG-Kosmetik-Richtlinie (EG-KRL 1976) ist eine beispielhafte Liste der Produkte veröffentlicht, die unter diese Definition fallen (Abb. 1):

Beispielhafte Liste der nach Gruppen geordneten kosmetischen Mittel

- Cremes, Emulsionen, Lotionen, Gelees und Öle für die Hautpflege (Hände, Gesicht, Füße usw.)
- Schönheitsmasken (ausgenommen Hautschälmittel)
- Schminkgrundlagen (Flüssigkeiten, Pasten, Puder)
- Gesichtspuder, Körperpuder, Fußpuder usw.
- Toilettenseifen, desodorierende Seifen usw.
- Parfums, Toilettenwässer und Kölnisch Wasser
- Bade- und Duschzusätze (Salz, Schaum, Öl, Gelee usw.)

- Haarentfernungsmittel
- Desodorantien und schweißhemmende Mittel
- Haarbehandlungsmittel
- Färbe und Entfärbemittel
- Wellmittel und Entkrausungsmittel, Festigungsmittel
- Wasserwellmittel
- Reinigungsmittel (Lotionen, Puder, Shampoos)
- Pflegemittel (Lotionen, Cremes, Öle)
- Frisierhilfsmittel (Lotionen, Lack, Brillantine)
- Rasiermittel, Vor- und Nachbehandlungsmittel
- Schmink- und Abschminkmittel für Gesicht und Augen
- Lippenpflegemittel und -kosmetika
- Zahn- und Mundpflegemittel
- Nagelpflegemittel und -kosmetika
- Mittel für die äußerliche Intimpflege
- Sonnenschutzmittel
- ohne Sonneneinwirkung bräunende Mittel
- Hautbleichmittel
- Antifaltenmittel

Abb. 1: Beispielhafte Liste kosmetischer Mittel

Das bereits genannte LFGB sowie die Kosmetik-Verordnung (KVO 1997) setzen in Deutschland die Anforderungen der EG-Kosmetik-Richtlinie um.

B. Anforderungen an die Sicherheit

Gemäß der gesetzlichen Vorgaben (Art. 2 der EG-Kosmetik-Richtlinie bzw. § 26 des Lebensmittel-, Bedarfsgegenstände- und Futtermittelgesetzbuches) müssen kosmetische Mittel sowohl für den privaten Endverbraucher als auch für Personen, die beruflich mit kosmetischen Mitteln in Kontakt kommen, sicher sein. Dieser Anspruch macht es erforderlich, den gesamten Lebenszyklus eines Produktes zu betrachten – von der Rohstoffauswahl über die Herstellung und die einzelnen Stufen der Vermarktung bis hin zur Lagerung und Verwendung durch den Verbraucher. Die Sicherheitsbewertung des kosmetischen Mittels – basierend auf dem toxikologischen Profil der Inhaltsstoffe – ist Bestandteil der so genannten Produktangaben. Sie muss zu Kontrollzwecken an einem Ort innerhalb der EU vorgehalten werden.

Entscheidend für die Sicherheit der Produkte ist die Auswahl toxikologisch gut charakterisierter Inhaltsstoffe unter Berücksichtigung der Konzentration im Fertigprodukt, die darauf aufbauende Bewertung des Fertigerzeugnisses sowie eine angemessene Verpackung zur Aufrechterhaltung der Produktqualität und zur Vermeidung von Missbrauch und Unfällen. Weiterhin sind die Kosmetik-GMP-Leitlinien (Good Manufacturing Practices), Qualitätskontrollen hinsichtlich mikrobiologischer oder chemischer Verunreinigungen, die Aufmachung des Produktes (einschließlich dessen Kennzeichnung und ggf. Hinweise zu dessen Verwendung, Entsorgung und zur Ersten Hilfe – wo erforderlich –) sowie angemessene Verfahren zur Marktbeobachtung und zur Erfassung von Nebenwirkungen vermarkteter Produkte wesentliche Elemente zur Gewährleistung von Produktsicherheit und -qualität.

Die toxikologische Absicherung von Inhaltsstoffen und Fertigerzeugnissen unterscheidet sich grundlegend. Während die Prüfung der Inhaltsstoffe das Erkennen des toxikologischen Potenzials einer Substanz zum Ziel hat, geht es bei der Absicherung von Fertigerzeugnissen um den Ausschluss von unerwünschten gesundheitlichen Beeinträchtigungen unter realistischen oder vorhersehbaren Anwendungsbedingungen. Die Sicherheitsbewertung eines kosmetischen Fertigerzeugnisses kann nur im Hinblick auf die möglichst exakt definierte Anwendung vorgenommen werden. Diese Frage ist deshalb so bedeutsam, weil durch die Art und Häufigkeit der Anwendung die Menge einzelner Inhaltsstoffe bestimmt wird, welche durch die Haut oder Schleimhaut resorbiert, nach Versprühen eingeatmet oder nach Auftragen auf die Lippen oder der Verwendung zur Mundhygiene verschluckt wird. Detaillierte Beschreibungen zu den Sicherheitsbewertungen von kosmetischen Mitteln sind in den Leitlinien des Wissenschaftlichen Komitees „Verbraucherprodukte" festgelegt, dem wissenschaftlichen Beratergremium bei der EU-Kommission betreffend kosmetische Mittel (SCCP 2006).

Da kosmetische Mittel äußerlich angewendet werden, sind Angaben zur perkutanen Resorption der toxikologisch bedeutsamen Inhaltsstoffe und gegebenenfalls zum Einfluss der Grundlagenbestandteile auf die Resorptionsrate unverzichtbar. Neben dem toxikologischen Profil der Inhaltsstoffe sind auch die Erfahrungen aus der Anwendung ähnlich zusammengesetzter Produkte beim Menschen als wichtige Grundlage der gesundheitlichen Bewertung zu sehen. Bei neuen Inhaltsstoffen fehlt diese Markterfahrung. In diesen Fällen muss der Sicherheitsbewerter die Kenntnislücken schließen, die er im Rahmen seiner Begutachtung aller verfügbaren Informationen festgestellt hat. Dies kann durch geeignete experimentelle Untersuchungen erfolgen oder durch Daten, die auf andere Weise, z.B. aus der Literatur oder von den jeweiligen Herstellern, beschafft worden sind. Erst dann ist die Freigabe des Produktes zur Vermarktung möglich.

C. Nanomaterialien in kosmetischen Mitteln

In jüngster Zeit wird in Diskussionen und Berichten aus der Fachwelt immer häufiger die Frage aufgeworfen, ob Stoffe und Teilchen, die mit Hilfe so genannter Nanotechnologien hergestellt wurden, für die menschliche Gesundheit unbedenklich sind. Dabei wird vielfach die Meinung geäußert, dass die möglichen gesundheitsrelevanten Auswirkungen von Nanomaterialien noch nicht ausreichend untersucht sind. Als Nanomaterialien (Nanoteilchen, Nanopartikel) werden Teilchen mit einem Durchmesser von weniger als etwa 100 Nanometern (1 Nanometer = 1 Milliardstel Meter) bezeichnet.

In kosmetischen Mitteln werden schon seit vielen Jahren vor allem zwei Stoffe verwendet, die diese Definition formal erfüllen – die beiden meist als UV-Filter in Sonnenschutzmitteln eingesetzten Pigmente Titandioxid und Zinkoxid. Darüber hinaus kommen in kosmetischen Mitteln auch Liposomen sowie die sogenannten Nanosomen zum Einsatz. Hierbei handelt es sich um kugelförmige Anordnungen aus Phospholipidschichten, die in ihrem Aufbau den biologischen Zellmembranen ähneln. Lipo- und Nanosomen dienen dazu, spezielle Wirkstoffe, die in diese Strukturen eingeschlossen werden, leichter in die Haut transportieren zu können. Lipo- bzw. Nanosomen könnten zwar aufgrund ihrer Abmessungen (100 bis 600 nm) prinzipiell auch als „Nanopartikel" angesehen werden. Im Gegensatz zu den oben erwähnten UV-Filter-Pigmenten, die aus unter physiologischen Bedingungen chemisch stabilen Feststoffpartikeln bestehen, handelt es sich bei den Lipo- bzw. Nanosomen um vergleichsweise locker gebundene Lipidkügelchen, die sich bereits in der obersten Hautschicht wieder in ihre Bestandteile auflösen und dabei den transportierten Wirkstoff freisetzen. Sie haben daher nur eine begrenzte Lebensdauer und fallen daher nicht unter die Definition eines „Nanopartikels".

Ähnliches gilt für so genannte Nanoemulsionen. Hierbei handelt es sich um einen Emulsionstyp, in dem die Größe der Partikel in der dispergierten Phase kleiner als 1000 Nanometer ist. Eine Nanoemulsion fällt somit ebenfalls nicht unter die Definition von „Nanopartikeln".

I. Vorteile von Titandioxid und Zinkoxid in Sonnenschutzmitteln

Seit mehr als zehn Jahren werden die so genannten Mikropigmente bzw. mikrofeinen Pigmente auf Basis von Titandioxid oder Zinkoxid als UV-Filtersubstanzen in Sonnenschutzmitteln verwendet. Diese Pigmente schirmen die Haut durch eine Kombinationswirkung von Reflexion, Streuung und Absorption vor einem Großteil der auftreffenden UV-Strahlung ab und sind dabei sowohl im UV-A-, UV-B- als auch im UV-C-Bereich wirksam (wobei UV-C-Strahlen beim natürlichen Sonnenlicht keine Rolle spielen).

Anfangs wurden vergleichsweise grobkörnige Pigmente mit Teilchengrößen über 0,2 Mikrometern (µm) eingesetzt (1 Mikrometer = 1 Millionstel Meter). Diese Pigmente hatten den Nachteil, dass sie einerseits einen unschönen „Weißeleffekt" (einen sichtbaren weißen Film) auf der Haut hervorgerufen haben, und dass andererseits die Sonnenschutzformulierungen mit steigendem Pigmentgehalt sehr zähflüssig wurden und damit in der Anwendung wenig attraktiv waren.

Die UV-Filter-Pigmente wurden seitdem stetig weiterentwickelt. Durch die Verkleinerung der Teilchen konnten der Weißeleffekt minimiert und die Anwendungseigenschaften optimiert werden. Unterschiedliche Beschichtungen auf der Oberfläche der Kristalle dienen unter anderem der Verbesserung ihrer Verarbeitungseigenschaften sowohl in wässrigen als auch in Lipid-basierten Rezepturgrundlagen. Mittlerweile ist eine Vielzahl verschiedener Titandioxide und Zinkoxide unterschiedlicher Größe, Modifikation, Partikelform und Oberflächenbeschichtung auf dem Markt erhältlich. Mikrofeines Titandioxid beispielsweise zeichnet sich nicht nur durch sein breites UV-Absorptionsspektrum, sondern auch durch andere positive Eigenschaften aus: eine sehr gute Photostabilität und Hautverträglichkeit.

Die Primärteilchengröße von mikrofeinem Titandioxid beträgt heute typischerweise 20 bis 50 Nanometer. Bedingt durch die geringe Teilchengröße wird das sichtbare Licht kaum noch gestreut, wodurch der oben erwähnte unerwünschte Weißeleffekt entfällt. Um aber die nicht sichtbare ultraviolette Strahlung, die eine nur wenig geringere Wellenlänge aufweist als sichtbares Licht, effektiv absorbieren bzw. reflektieren zu können, dürfen die Filterpigmente andererseits eine bestimmte Teilchengröße auch nicht unterschreiten. Mit der heute üblichen Primärteilchengröße von 20 bis 50 Nanometern wären die Pigmente eigentlich schon zu klein, um UV-Licht wirksam streuen zu können. Da die mikrofeinen Metalloxid-Partikel aber gar nicht als einzelne Primärteilchen vorliegen, sondern größere stabile Aggregate und Agglomerate mit Abmessungen von typischerweise 150 Nanometern bilden, bleibt die effektive Streuung der unerwünschten UV-Strahlung gewährleistet.

II. Kennzeichnung von Titandioxid und Zinkoxid

Alle Inhaltsstoffe kosmetischer Mittel werden in absteigender Reihenfolge ihrer Konzentration auf den Verpackungen gekennzeichnet. Hierzu wird für jeden Stoff eine international einheitliche Bezeichnung, die so genannte INCI-Nomenklatur, verwendet. Dies ermöglicht dem Allergiker, Produkte zu meiden, die einen Stoff enthalten, auf den er allergisch reagiert. Die INCI-Bezeichnungen für Titandioxid und Zinkoxid lauten „Titanium Dioxide“ und „Zinc Oxide“. Ist bei einem Sonnenschutzmittel mindestens eine dieser beiden Angaben im Rahmen der Inhaltsstoffliste angegeben, so enthält das kosmetische Mittel die Pigmente in Form von Nanopartikeln.

III. Sicherheit der Mikropigmente

Zu den genannten Mikropigmenten liegen umfangreiche Daten vor, die deren sichere Anwendung in kosmetischen Mitteln belegen. Die Sicherheit von Titandioxid-Mikropigmenten in Sonnenschutzmitteln wurde bereits im Jahre 2000 in einer Stellungnahme des SCCNFP (Scientific Committee for Cosmetic Products and Non-Food Products Intended for Consumers, damaliges wissenschaftliches

Beratergremium der Europäischen Kommission, jetzt SCCP) umfassend dokumentiert (SCCNFP 2000). Im Rahmen dieser Studien konnte insbesondere gezeigt werden, dass die Teilchen nicht in die Haut eindringen. Dies wird für Titandioxid und Zinkoxid durch aktuelle Studien erneut bestätigt (Gamer et al. 2006; Cross et al. 2007).

Auch die Kosmetik-Kommission am Bundesinstitut für Risikobewertung (BfR) hat im April 2005 dem Einsatz der beiden UV-Filter-Pigmente in kosmetischen Sonnenschutzmitteln ohne Bedenken zugestimmt (BfR 2006a). In einem Expertengespräch des BfR zum Thema Nanotechnologie im März 2006 wurde die Unbedenklichkeit der mikrofeinen Filterpigmente hinsichtlich einer möglichen Aufnahme über die Haut erneut bestätigt (BfR 2006b). Auch die australische Gesundheitsbehörde TGA kam nach einer umfassenden Bewertung der aktuellen Datenlage im Jahre 2006 zu der gleichen Schlussfolgerung (TGA 2006).

In Bezug auf die derzeitige Anwendung von Titandioxid und Zinkoxid als UV-Filter in Sonnenschutzmitteln bestätigt auch das SCCP in einer aktuellen Stellungnahme (SCCP 2007) im Wesentlichen die bisherigen Erkenntnisse, wonach die Anwendung dieser Filter auf der Haut sicher ist. Es werden lediglich einige weiterführende Untersuchungen empfohlen, mit denen ausgeschlossen werden soll, dass auch bei erkrankter bzw. geschädigter Haut (z. B. bei Psoriasis, Neurodermitis oder einem Sonnenbrand) keine Nanopartikel über die Haut aufgenommen werden können. Bislang gibt es aber aus toxikologisch-dermatologischer Sicht keinerlei Hinweise darauf, dass die Barrierefunktion der Haut gegenüber eindringenden Partikeln unter diesen Bedingungen verringert werden könnte. Experimentelle Untersuchungen aus dem Arzneimittelbereich (Günther et al. 1998) untermauern diese Einschätzung.

Um die Bewertung des Vorläufergremiums SCCNFP aus dem Jahre 2000 (SCCNFP 2000) zu Titandioxid auf den neuesten Stand bringen zu können, bittet das SCCP in seinem aktuellen Bericht (SCCP 2007) die Kosmetikindustrie auch um eine Zusammenstellung der seitdem neu hinzugewonnenen Erkenntnisse. Für Zinkoxid liegt dem SCCP bereits ein aktuelles Dossier zur Prüfung vor.

D. Zusammenfassung

Grundsätzlich muss die Sicherheit aller kosmetischen Mittel – unabhängig davon, ob die Produkte Inhaltsstoffe enthalten, die unter die Definition „Nanopartikel" fallen, oder nicht – immer im konkreten Einzelfall vom Hersteller geprüft und belegt werden (Sicherheitsbewertung gemäß Kosmetik-Verordnung). Die Hersteller tragen die Verantwortung dafür, dass die von ihnen angebotenen Produkte für den Verbraucher sicher sind. Die Sicherheit und die hervorragende Verträglichkeit der beiden UV-Filter-Pigmente werden nicht zuletzt auch durch ihre Unauffälligkeit in der langjährigen Marktbeobachtung dokumentiert.

E. Literatur

BfR (Bundesinstitut für Risikobewertung) (2006a): 69. und 70. Sitzung der vorläufigen Kommission für kosmetische Mittel am 18. November 2004 und 28. April 2005 in Berlin. Tagungsbericht vom 28. Februar 2006, in: http://www.bfr.bund.de/cm/206/69_und_70_sitzung_der_vorlaeufigen_kommission_fuer_kosmetische_mittel.pdf, 14.01.08.

– (2006b): Nanotechnologie – Einsatz, Trends und Risiken. Presseinformation vom 06.04.2006, in: http://www.bfr.bund.de/cms5w/sixcms/detail.php/7720, 14.01.08.

Cross, S. E./Innes, B./Roberts, M. S./Tsuzuki, T./Robertson, T. A./Mc Cormick, P. (2007): Human Skin Penetration of Sunscreen Nanoparticles: In-Vitro Assessment of a Micronised Zinc Oxide Formulation, in: Skin Pharmacology and Physiology 20, 148–154.

EG-KRL: Richtlinie 76/768/EWG des Rates vom 27.07.1976 zur Angleichung der Rechtsvorschriften der Mitgliedstaaten über kosmetische Mittel in der jeweils aktuellen Fassung.

Gamer, A. O./Leibold, E./v. Ravenzwaay, B. (2006): The in Vitro Absorption of Microfine Zinc Oxide and Titanium Dioxide Through Porcine Skin, in: Toxicology in Vitro 20, 301–307.

Günther, C./Kecskes, A./Staks, T./Täuber, U. (1998): Percutaneous Absorption of Methylprednisolone Aceponate following Topical Application of Advantan® Lotion on Intact, Inflamed and Stripped Skin of Male Volunteers, in: Skin Pharmacol. Appl. Skin Physiol. 11, 35–42.

KVO: Verordnung über kosmetische Mittel in der Fassung der Bekanntmachung vom 07.10.1997 (BGBl. I, S. 2410), zuletzt geändert durch Artikel 1 der Verordnung vom 10.09.2007 (BGBl. I, S. 2288).

LFGB: Lebensmittel-, Bedarfsgegenstände- und Futtermittelgesetzbuch in der Fassung der Bekanntmachung vom 26.04.2006 (BGBl. I, S. 945), zuletzt geändert durch Artikel 2 des Gesetzes vom 05.11.2007 (BGBl. I, S. 2558).

SCCNFP (Scientific Committee on Cosmetic Products and Non-Food Products Intended for Consumers) (2000): Opinion Concerning Titanium Dioxide, in: http://ec.europa.eu/comm/health/ph_risk/committees/sccp/documents/out135_en.pdf, 14.01.08.

SCCP (Scientific Committee on Consumer Products) (2006): The SCCP's Notes of Guidance for the Testing of Cosmetic Ingredients and Their Safety Evaluation, 6th Revision, in: http://ec.europa.eu/health/ph_risk/committees/04_sccp/docs/sccp_s_04.pdf, 14.01.08.

– (2007): Preliminary Opinion on Safety of Nanomaterials in Cosmetic Products, in: http://ec.europa.eu/health/ph_risk/committees/04_sccp/docs/sccp_o_099.pdf, 14.01.08.

TGA (Therapeutic Goods Administration) (2006): Safety of Sunscreens Containing Nanoparticles of Zinc Oxide or Titanium Dioxide, in: http://www.tga.gov.au/npmeds/sunscreen-zotd.htm, 14.01.08.

Sachstands- und Positionspapier „Nanotechnologie im Lebensmittelbereich“

Sieglinde Stähle

Die Nanotechnologie stellt eine bedeutende Technologie dar und hält derzeit Einzug in vielfältigen Anwendungsgebieten. Im Verbraucheralltag erscheinen zunehmend innovative „Nano-Produkte“ mit Einsatzmöglichkeiten in zahlreichen Lebensbereichen. Damit rückt eine Technologie aus dem Fokus der Forschung zusehends in das Interesse von Politik und Öffentlichkeit. Auch im Lebensmittel- und Bedarfsgegenständebereich ist die Anwendung dieser Technologie und die Verwendung daraus resultierender, neuartiger Materialien denkbar und könnte sowohl für die Verbraucher als auch die Hersteller Vorteile bringen. Gegenwärtig haben neue Produkte in diesem Bereich jedoch noch keine Marktbedeutung. Die Lebensmittelwirtschaft ist grundsätzlich an Forschung und Neuentwicklungen in diesem Bereich interessiert. Wichtige Prämisse ist die strikte Beachtung des regulatorischen Rahmens bezüglich der Lebensmittelsicherheit, wobei die geltenden rechtlichen Rahmenbedingungen ausreichen, um den künftigen Einsatz von Nanomaterialien effektiv zu bewerten und zu überwachen. Zusätzliche gesetzliche Regelungen sind derzeit nicht erforderlich. Schließlich befürwortet die Lebensmittelwirtschaft auch eine sachorientierte Kommunikation zum Thema Nanotechnologie.

A. Was ist Nanotechnologie?

Nanotechnologie ist ein Sammelbegriff für verschiedene – nicht nur neue – Technologien, die in Physik, Chemie und Biologie angewendet werden; gemeinsam ist diesen Technologien die Erforschung, Erzeugung und Verwendung von Strukturen und Materialien in einer Dimension von typischerweise kleiner als 100 Nanometer (1 nm = 10^{-9} m = 0,000000001m). Unter Nanomaterialien werden beabsichtigt hergestellte granuläre Partikel und aggregierte Strukturen (Röhren, Fasern) verstanden, die einen Durchmesser unter 100 nm aufweisen, aber auch extrem dünne Schichten und Poren werden hierzu gezählt.[1] An verbindlichen abgrenzenden Definitionen wird derzeit international gearbeitet.[2] Charakteristisch für Nanomaterialien ist, dass aus der Nanoskaligkeit veränderte physikalische Eigenschaften (z.B. Leitfähigkeit, Farbe, Dichte), andere chemische und physikalisch-chemische Eigenschaften (z.B. Reaktionsfähigkeit, Löslichkeit, Struktur) und andere biologische Eigenschaften (z.B. Membrangängigkeit, Diffusionseigenschaften) resultieren. Die Stoffklassen sind sehr unterschiedlich; typische Nanomaterialien sind hauptsächlich Kohlenstoff-Aggregate und anorganische Verbindungen wie Metalloxide.

Seit Jahren ist die Verwendung von neuartigen Nanomaterialien z.B. in Weiterentwicklungen aus den Bereichen der Energietechnik, der Sensortechnik, der Prozesstechnik, der Biotechnologie und Medizin üblich. Auch in vielen verbrauchernahen Produktbereichen haben sich innovative Anwendungen unter Verwendung nanoskaliger Materialien etabliert, so z.B. zur Veränderung der Oberflächenbeschaffenheit von Textilien und Leder (z.B. schmutzabweisende Beschichtungen), zur Verbesserung von Sonnenschutzmitteln und Kosmetika (z.B. UV-Schutz-Pigmente), nutzbringende Beschichtungen im Automobil- und Sanitärbereich (z.B. „Lotus-Effekt") sowie Haushaltsgegenstände oder Sportgeräte mit verbesserten Eigenschaften. Aufgrund der intensiven Grundlagenforschung und rasanter Produktentwicklungen bieten sich auf weiteren Feldern Anwendungsoptionen für Nanomaterialien an. Nicht unbeachtet bleiben dabei selbstverständlich die Fragen möglicher Risiken durch die neuen Stoffeigenschaften, sowie deren Relevanz für Umweltschutz, Arbeitssicherheit und den gesundheitlichen Verbraucherschutz.

B. Nanotechnologie im Lebensmittel- und Bedarfsgegenständebereich

Die Lebensmittelwirtschaft ist grundsätzlich offen und interessiert an Neuentwicklungen und vermarktungsfähigen Anwendungen. Unverzichtbare Prämissen der Lebensmittelwirtschaft sind jedoch – wie bei der Entwicklung und Vermarktung von Lebensmitteln allgemein – auch im Bereich der Nanotechnologie die verantwortungsbewusste Anwendung neuer Technologien, die strikte Beachtung des regulatorischen Rahmens und die Verantwortlichkeit der Lebensmittelunternehmer für die Produkt- bzw. Lebensmittelsicherheit. Für bislang nicht im Lebensmittelbereich verwendete Nanomaterialien mit neuer Funktionalität können sich grundsätzlich auch Anwendungsoptionen bei Lebensmitteln, bei lebensmittel-

1 „Ausgewählte Fragen und Antworten zur Nanotechnologie", Bundesinstitut für Risikobewertung, 15. November 2006.

2 ISO/TC 229/WG 1 "Terminology and nomenclature", ISO/TC 229/WG 2 "Measurement and characterization", ISO/TC 229/WG 3 "Health, Safety and Environmental Aspects of Nanotechnologies".

nahen Bedarfsgegenständen oder bei Herstellungsprozessen ergeben. Denkbar ist beispielsweise ein Potential zur Verbesserung bestehender Produkte bzw. Prozesse und zur Entwicklung neuartiger Produkte, die neben verbesserten technologischen Eigenschaften, wie z.B. der Fließfähigkeit, auch eine Verbesserung von Geschmack und Mundgefühl, oder eine gezielte Nährstofffreisetzung sowie eine Verlängerung der Haltbarkeit ohne Zusatz von Konservierungsstoffen aufweisen könnten. Um die laufende Diskussion zum Thema „Nanotechnologie im Lebensmittelbereich“ sachorientiert und realitätsnah führen zu können, ist klarzustellen, in welchen lebensmittelbezogenen Bereichen Nanotechnologien relevant sein können und welche Abgrenzungen diesbezüglich notwendig sind. Sachlich ist zu unterscheiden:

1. Unmittelbare Anwendung von neuartigen nanoskaligen Materialien in Lebensmitteln als funktionelle Zutaten (z.B. zur zielgerichteten Freisetzung von Nährstoffen). Im Fokus stehende Stoffe sind Siliciumdioxid (Kieselsäure) und Titandioxid als zugelassene Lebensmittelzusatzstoffe. SiO_2 ist für bestimmte Verwendungen als Rieselhilfsmittel bei Lebensmittelzutaten zugelassen und TiO_2 ist ein zugelassenes Überzugsmittel für bestimmte Lebensmittel. Diese Zusatzstoffe werden von den Lebensmittelherstellern in der zugelassenen Form im gesetzlich geregelten Zulassungsumfang verwendet. Entwickelt sind diese Stoffe auch in nanoskaliger Form; Anbieter derartiger Zutaten haben den Lebensmittelherstellern die Zulassung dieser neuartigen Formen zu gewährleisten. Marktreife und marktbedeutende Lebensmittel für Endverbraucher, die mit Hilfe von Nanotechnologien oder Nanomaterialien hergestellt werden, gibt es aktuell nicht. In den Medien häufig kolportierte „Nano-Lebensmittel“ sind Fiktion; die Annahmen beruhen möglicherweise auf einzelnen Patenterteilungen, die aber – wie bei vielen Patenten – nicht in praktische Produkte umgesetzt werden.

2. Verwendung von neuartigen nanoskaligen Materialien auf bzw. in Lebensmittelbedarfsgegenständen wie Verpackungsmaterialien (z.B. antimikrobielle Oberflächen, Packstoffe mit integrierten Indikatoren oder neuen Barriereeigenschaften) oder Prozessmaterialien (z.B. Verbesserung der Oberflächenbeschaffenheit und Reinigungsfähigkeit der Anlagen). Bereits anwendungsreife Produkte gibt es im Bereich der Packstoffe und Prozessmaterialien (sog. Lebensmittelbedarfsgegenstände); hier sind im Kunststoffbereich Lösungen mit Nanomaterialien entwickelt, die der Verbesserung der Qualität und dem Erhalt der Sicherheit der verpackten Lebensmittel dienen können: z.B. Kunststoffverpackungen mit Barrierewirkung bzw. mit Beschichtungen als Sperre für Feuchte, Sauerstoff, UV-Licht oder Dämpfe; antibakteriell ausgerüstete Packstoffe; Packstoffe mit verbesserten mechanischen und thermischen Eigenschaften und verbesserter Schutzwirkung. Der praktische Einsatz dieser Materialien hat strikt dem Gebot der Inertheit von Lebensmittelbedarfsgegenständen und den besonderen gesetzlichen Regelungen zu folgen, d.h., dass ein stofflicher Übergang von Nanomaterialien aus Packstoffen oder Prozessmaterialien auf Lebensmittel nicht erlaubt ist.

3. Darüber hinaus gibt es Anwendungen von Nanomaterialien bei der Lebensmittel- und Rohstoffuntersuchung (z.B. neue Verfahren der Analytik von pathogenen Mikroorganismen, Allergenen oder unerwünschten Stoffen).
4. Strikt abzugrenzen von neuen Nanomaterialien sind die in der Lebensmittelverarbeitung nicht unüblichen Technologien, die auf der Herstellung von Kleinstpartikeln beruhen. Auch gibt es Lebensmittelinhaltsstoffe, die naturgegeben in nanoskaliger Form vorliegen. Es handelt sich in solchen Fällen jedoch nicht um die Verwendung neuartiger nanoskaliger Materialien, sondern um bekannte Lebensmittelinhaltsstoffe bzw. bereits als Lebensmittel bekannte Substrate (z.B. mit Stärke- und Eiweißpolymere), die gegebenenfalls prozessbedingt in geänderter Dimensionierung verwendet werden. Insofern sind etablierte Technologien, die z.T. seit Jahrzehnten als sichere Verfahren der Lebensmittelherstellung angewandt werden, wie z.B. Emulgation und Homogenisierung sowie Verfahren, die auf den Eigenschaften von Kolloiden mit Teilchengrößen im nanoskaligen Bereich beruhen, korrekterweise nicht mit dem Begriff „Nanotechnologie“ zu bezeichnen.

C. Rechtliche Rahmenbedingungen für sichere Produkte

Entwickler und potenzielle Anwender von Nanomaterialien für den Lebensmittel- und Lebensmittelbedarfsgegenständebereich sind sich der ihnen obliegenden Verantwortung sowohl für den gesundheitlichen Verbraucherschutz als auch für den Umwelt- und Arbeitnehmerschutz, bewusst. Sie sind im Rahmen der Erfüllung ihrer Sorgfaltspflicht für die Einhaltung der lebensmittelrechtlichen Bestimmungen verantwortlich. Die allgemeinen und spezifischen lebensmittelrechtlichen Anforderungen des Lebensmittel- und Futtermittelgesetzbuches und der europäischen Verordnung (EG) Nr. 178/2002 gelten vollumfänglich auch im Hinblick auf Anwendung nanoskaliger Materialien und Verfahren unter Einsatz der Nanotechnologie. Ferner finden die Regelungen zu Lebensmittelzusatzstoffen sowie die Verordnung (EG) Nr. 258/97 über neuartige Lebensmittel und neuartige Lebensmittelzutaten hinsichtlich der gesonderten Sicherheitsbewertungen, Zulassungsvorbehalten und den Vorgaben zum Inverkehrbringen Anwendung, sofern ein Lebensmittel aufgrund eines nicht üblichen Herstellungsverfahrens eine bedeutende Veränderung seiner Zusammensetzung oder Struktur erfährt, die sich auf ihren Nährwert, ihren Stoffwechsel oder auf die Menge unerwünschter Stoffe auswirkt. Schließlich gelten für Lebensmittelbedarfsgegenstände die Regelungen der Verordnung (EG) Nr. 1935/2005 über die Beschaffenheit von Materialien und Gegenständen im Kontakt mit Lebensmitteln. Die Lebensmittelwirtschaft teilt insofern die Auffassung der Bundesregierung, dass keine zusätzlichen gesetzlichen Maßnahmen erforderlich sind.[3]

3 Antwort der Bundesregierung „Einsatz von Nanotechnologie in Lebensmitteln“, Bundestags-Drucksache 16/3981 vom 8. Dezember 2006 sowie Antwort der Bundesregierung „Verbraucherpolitische Zwischenbilanz“ Bundestags-Drucksache 16/6760 vom 23. Oktober 2007.

D. Forschung und Förderung

Die Chancen durch Nanotechnologie als ressourcenschonende Zukunftstechnologie erscheinen gesamtwirtschaftlich enorm. Grundsätzlich begrüßt auch die Lebensmittelwirtschaft das große Interesse und Engagement der nationalen und internationalen Forschungs- und Standardisierungspolitik und die gezielte Forschungsförderung in diesem Bereich. Eigene Forschungsaktivitäten der Lebensmittel- und Zulieferunternehmen und Suche nach potenziellen Anwendungen im Lebensmittelbereich können sich nur auf solide Grundlagen- und Risikoforschung über Auswirkungen von neuen Nanomaterialien auf Umwelt und Organismen, sowie auf abgestimmte Terminologien und Messverfahren stützen. Auch die auf politischer Ebene etablierten Expertenkommissionen unter Beteiligung der interessierten Kreise werden sehr begrüßt; so können einvernehmlich Handlungs- und Kommunikationsstrategien entwickelt werden, die auch kurzfristig der Akzeptanz in diesem Bereich dienen können. Die Lebensmittelwirtschaft wünscht sich deshalb – gestützt auf klare Begrifflichkeiten – einen stärkeren Meinungsaustausch mit allen Interessenvertretern und möchte sich in diesen Austausch aktiv einbringen.

E. Verbraucherkommunikation

Die Orientierung an Verbrauchererwartungen, ein offener Dialog und die Reaktion auf besondere Informationsbedürfnisse der Verbraucher sind für die Lebensmittelwirtschaft auch im Hinblick auf die Nanotechnologie wichtige Anliegen. Objektiver Diskurs und Kommunikation über Nutzen und Risiken der Anwendung moderner Nanotechnologie im Lebensmittelbereich setzen jedoch konkrete, diskussionswürdige Produkte voraus. Nur unter Berücksichtigung der definitorischen Festlegungen und anhand konkreter Entwicklungen lassen sich Nutzen und Risiken abschließend bewerten, kann über Fragen der Akzeptanz und Transparenz im Kräftefeld der Interessen von Politik, Wirtschaft und Verbraucherschaft sachgerecht diskutiert werden. Diesem Prozess wird sich die Lebensmittelwirtschaft nicht verschließen, sondern ihn aktiv begleiten.

Klein aber fein: Nanotechnologie für Medizinprodukte

Jörg Vienken

A. Einleitung

Sind es Hirngespinste, wenn man von U-Booten spricht, die sich als aktive Therapeutika ihren Weg in der Blutbahn bahnen? Oder von miniaturisierten Lasern, mit denen Krebszellen zerstört werden, von langlebigen diagnostischen Systemen im Innern von Blutbahnen oder Körperzellen, die ihre Daten mit Hilfe von Minisendern nach draußen übermitteln? Ist das heute Realität oder nur Phantasie? Isaac Asimov hatte damals diese Phantasie, als er im Jahr 1965 seinen Science Fiction Roman „Die phantastische Reise" veröffentlichte. Was bei Asimov noch unglaublich schien, ist heute – 40 Jahre später – bereits technisch möglich geworden.

Fast gleichzeitig mit Asimov, stellte der berühmte amerikanische Physiker und Nobelpreisträger Richard Feynman fest: „There is plenty of room at the bottom!". Innovative Materialien, so Feynman, hätten neue und unvorhersehbare Eigenschaften, wenn sie nur in Produkten mit atomaren oder molekularen Dimensionen eingesetzt würden.

Zu dieser Zeit hätten weder Asimov noch Feynman gedacht, dass sich ihre Vermutungen und Voraussagen so schnell bewahrheiten könnten.

Atome und Moleküle werden in Nanometern (nm) oder in millionstel Millimetern gemessen. Nanotechnologische Produkte sind nach Übereinkunft zwischen 10 und 100 nm groß und befinden sich damit in der gleichen Größenordnung, wie Proteine, Enzyme oder Viren (Abb. 1, → S. 50). Die nm-Dimension ist eine biologische Dimension und damit die ideale Voraussetzung für innovative Medizinprodukte und den damit verbundenen medizinischen Therapien. Das Ziel von Entwicklungsarbeiten und Anwendungen auf dem Gebiet der Nanotechnologie ist es daher, die Funktionalität von Komponenten so zu steigern, dass diese mit den Funktionsträgern des Körpers, den Proteinen und Zellen, aber auch mit Elektrolyten

Die Nanoskala – eine biologische Skala

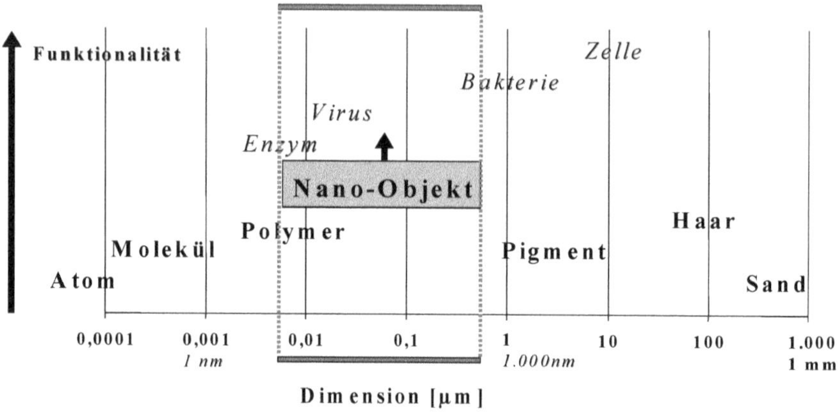

Abb. 1: (modifiziert nach J. Wendorff, Universität Marburg)

wechselwirken können. Die Folge davon ist jedoch leider immer eine erhöhte Systemkomplexität, die noch nicht vollständig beherrscht wird. Interessant ist in diesem Zusammenhang eine Beobachtung, die die Zeitschrift *Nature Nanotechnology* 2007 publiziert hat. Unter der Überschrift „Scientists worry about some risks more than the public" (Scheufele et al 2007) berichten die Autoren über die fast unkritische Akzeptanz der Nanotechnologie in der Öffentlichkeit, aber von vorsichtiger Skepsis bei Wissenschaftlern, denen die veränderten physikalischen und chemischen Eigenschaften von Komponenten in Nanodimensionen und deren Einfluss auf physiologische Mechanismen im Körper noch nicht genügend geklärt scheinen.

Nach der Entwicklung von immer kleineren Chips und Schaltkreisen für die Elektronik folgt nun die Medizintechnik dem Trend der Miniaturisierung. Eine stetig steigende Zahl von Patenten und Fachpublikationen über Anwendungen der NanoTech in den Lebenswissenschaften ist der Beleg dafür (Chen et al 2008).

Regierungen und Forschungsinstitutionen sind daher nur zu konsequent, wenn sie – wie in einem Goldrausch – Förderprogramme auflegen, um Grundlagen und Anwendungen der Nanotechnologie auf dem Gebiet der Materialwissenschaften, der Biotechnologie und der Lebenswissenschaften zu erarbeiten. Die damit verbundenen Umsatzerwartungen sind bereits heute beträchtlich. Für das Jahr 2015 werden sie auf mehr als 15 Mrd. US-$ weltweit geschätzt. Ist dieser Optimismus gerechtfertigt? Und wo sind heute die aktivsten Forschergruppen auf dem Gebiet der Nanotechnologie zu finden?

Die Zahl der für die NanoTech bis 2004 in den Lebenswissenschaften erteilten Patente beträgt, einer Analyse von Ernest & Young aus dem Jahr 2007 zufolge, in den

USA 5.340, in Europa 2.559 und in Asien 1.220 Patente. Die führenden Länder in Asien sind, wie zu erwarten ist, Japan und Korea. Wir können sicher annehmen, dass die Zahl der Patente in den kommenden Jahren weiter steigen wird. Interessant ist noch eine weitere Beobachtung: die Mehrzahl der auf dem Gebiet der Nanotechnologie tätigen Firmen sind kleine und mittelständische Unternehmen. Damit aber diese Unternehmen weiter erfolgreich sein können, sind große Anstrengungen im Bereich von Forschung und Entwicklung notwendig, damit kontinuierlich weitere Patentanmeldungen möglich sind.

B. Wer die Begriffe definiert, hat schon (fast) gewonnen!

„Die Nanowissenschaften beschäftigen sich mit Phänomenen und der Manipulation von Materialien in atomaren, molekularen und makromolekularen Maßstäben, wo sich deren Eigenschaften anders verhalten als bei normalen Maßstäben." und „Die Nanotechnologie bezieht sich auf das Design, die Charakterisierung und die Anwendung von Strukturen, Geräten und Systemen, bei denen man Form und Größe im Nanometerbereich kontrolliert!" Diese Definitionen der Royal Academy of Engineering in London entstanden bereits im Jahr 2004 und weitere Definitionen, sowie ein Syllabus mit Begriffsdefinitionen zur Nanotechnologie sind im Vereinigten Königreich bereits zugänglich. Begriffsdefinitionen sind die Grundlage und die unabdingbare Voraussetzung für eine Marktzulassung. Nanotechnologische Produkte sind wegen ihrer ungewöhnlichen Materialeigenschaften in kein bisher bekanntes Raster einzuordnen. Das bedeutet, dass Definitionen und Regeln für die biologische Sicherheit vorliegen und für diese der Einsatzort, die Dosis, die Bioverfügbarkeit von Nanoprodukten sowie entsprechende Kontrollverfahren definiert werden müssen. In Deutschland fehlt diese Voraussetzung zurzeit noch, sie werden allerdings in einer Reihe von Arbeitsgruppen erarbeitet. Die Bundesregierung und die deutsche Chemieindustrie haben daher in einem gemeinsamen Papier vereinte Anstrengungen angekündigt, mit denen auf Hinweise von Umweltschützern zu möglichen Gefahren der Nanotechnologie reagiert werden soll (Schwägerl 2007).

C. Nanotechnologische Produkte in der Medizintechnik: Wo werden diese bereits heute eingesetzt?

Die Anwendung von nanotechnologischen Produkten in der Medizintechnik konzentrieren sich im Wesentlichen auf drei Bereiche (Abb. 2, → S. 339 Farbabb.).

1. Arzneimittelapplikation (drug delivery) mit mehr als 50 %,
2. *in vitro* und *in vivo* Diagnostik mit ca 25 %
3. nanoskalige Implantationstechnologie mit ca. 20 %.

Zu berücksichtigen ist dabei immer, dass Effekte von Nanoprodukten auf dem enormen Zuwachs an relativer Oberfläche beruhen. So fällt das Volumen eines Partikels bei verringertem Radius stärker als seine Fläche (r^3 gegen r^2) aus.

Für die oben genannten Anwendungen stehen eine Reihe von nanoskaligen Werkzeugen und Verfahren bereit. Einige Beispiele sollen hier ohne Anspruch auf Vollständigkeit genannt werden.

Nanopartikel. Ausgereift und erprobt sind Liposome oder polymere Mizellen, die als Depotsysteme für Pharmaka dienen und verabreicht werden. Das Anwendungsspektrum solcher Liposomen kann enorm erweitert werden, wenn man deren Oberflächeneigenschaften verändert. Durch die Einführung von chemischen Gruppen, z. B. von konjugierten Liganden in Liposomen sind diese dazu geeignet, die Blut / Hirnschranke zu passieren (Béduneau et al 2007).

Eine weitere spezielle Form von Transportsystemen für die Arzneimittelapplikation sind die nach ihrem Entdecker Richard Fuller benannten „Fullerene" (Abb. 3, → S. 339 Farbabb.). Es sind dies regelmäßige, aus Fünf- und Sechsecken geformte nanoskalige Hohlkörper aus Kohlenstoffatomen, die einen Wirkstoff aufnehmen und je nach Zusammensetzung wieder kontrolliert freisetzen können.

Goldnanopartikel (GNPs), die mit Oligonukleotiden modifiziert wurden, eignen sich zum intrazellulären Gentransfer (Rosi et al 2006), da sie von biologischen Zellen nicht als toxisch erkannt werden. Sie sind auch gegenüber zellulären Enzymen weniger anfällig. Ihre Genladung wird in hohem Maße, zu 99 % in der Zielzelle aufgenommen.

„Quantum dots (QDs)" (Abb. 4, → S. 339 Farbabb.) sind der letzte Schrei in der investigativen Medizintechnik. QDs sind anorganische Farbstoffträger auf der Basis von Halbleitern (u.a. Cadmium, Selen, Tellur), an die Fluoreszenzfarbstoffe gekoppelt sind. Nach Bestrahlung emmitieren sie Licht unterschiedlicher, aber scharf definierter Wellenlängen im Bereich von Ultraviolett nach Infrarot. Proteine, Gene und kleine Moleküle können mit ihrer Hilfe über die für sie spezifischen Wellenlängen (Farben) und Intensitäten detektiert und im Rahmen von nicht invasiven diagnostischen Verfahren bestimmt werden (Jamieson et al 2007). Sie sind die idealen Werkzeuge für die Tumordiagnostik, für Medikamentenapplikationssysteme oder für die investigative Gesamtkörperscan-Technologie.

Nanofasern. Polymere Fäden mit Durchmessern im nm-Bereich sind die Stars unter den Nanowerkzeugen. Sie werden mit Hilfe eines speziellen elektrischen Verfahrens, dem Elektrospinnen gewonnen. Aus einer geladenen Düse spinnt man eine Polymerschmelze unter Druck in ein elektrisches Feld, wobei ultradünne Fäden beliebiger Länge entstehen (Abb. 5, → S. 53). Sie können, je nach Polymertyp bioabbaubar oder z.B. Lösungsmitteln gegenüber stabil sein. Sie sind die idealen Ausgangsmaterialien für Gerüststrukturen in Zellkulturen für Bioreaktoren. Sie dienen als Schienen für Blutgefäße, als bioabbaubare Abdeckungen zur Wundheilung, aber auch zur Oberflächenmodifikation von Materialien wie Stahl oder ähnlichen Metalllegierungen.

Wie macht man Nano-Fibers?
– Electrospinning – Technologie –

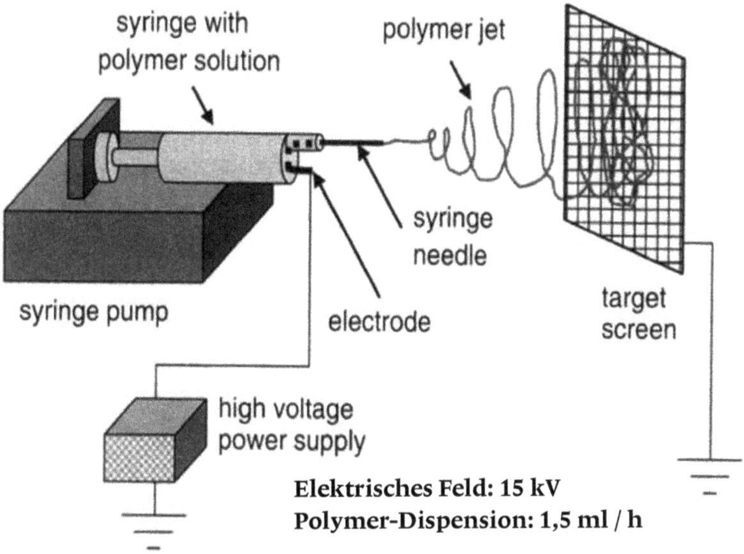

Abb. 5: Modifiziert nach: A Badami et al., Biomaterials, 27: 596–606 (2006)

Metallstents oder Implantate erhalten so eine blut- oder gewebsverträgliche Oberfläche. Mit Hilfe der Barbapapa-Technologie sind künstliche Blutgefäße herstellbar (Mathews et al 2002), die eine hervorragende Besiedelung mit Endothelzellen zulassen und deren Einsatz im Tierversuch bereits erfolgreich erprobt ist (Walpoth 2007).

Nanofibers sind wegen ihrer geringen Dimensionen ideal dazu geeignet, als Stützstrukturen für Zellen in Bioreaktoren eingesetzt zu werden. Biologische Zellen, wie z. B. Leberzellen, und Gewebszellen haben eine bessere Lebenserwartung, wenn sie in dreidimensionale Strukturen eingebunden werden, da sie dann eher eine realitätsnahe, körperähnliche Umgebung vorfinden. So haben z. B. Untersuchungen gezeigt, dass mit der Variation des Durchmessers von Nanofibers die Adhäsion von Zellen verbessert werden kann (Badami et al 2006). Vorteilhaft wirkt sich dann der Einsatz von bioabbaubaren Kunststoffen aus, deren Lebensdauer ebenfalls über die Wahl des Polymers und des Durchmessers der Nanofibers gesteuert werden kann (Noh et al 2006).

Oberflächenmodifikationen. Die Nanotechnologie bietet weiterhin vorteilhafte Verfahren für das Beschichten von Oberflächen, z. B. von Implantaten mit Nanopartikeln. Materialien, die für einen Langzeiteinsatz geeignet sind, z. B. bei chronischen Krankheiten, unterliegen besonderen Anforderungen in Bezug auf Biokompatibilität und Biostabilität. Dialysemembranen, Schlauchsysteme für die Medikamentenapplikation gehören dazu. Wird die Oberfläche solcher Medizinprodukte mit Nanopartikeln verschiedener Provenienz modifiziert, kann die Adsorption von Proteinen oder Bakterienzellen reduziert oder gar ganz unterbunden werden (Kunzler et al 2007).

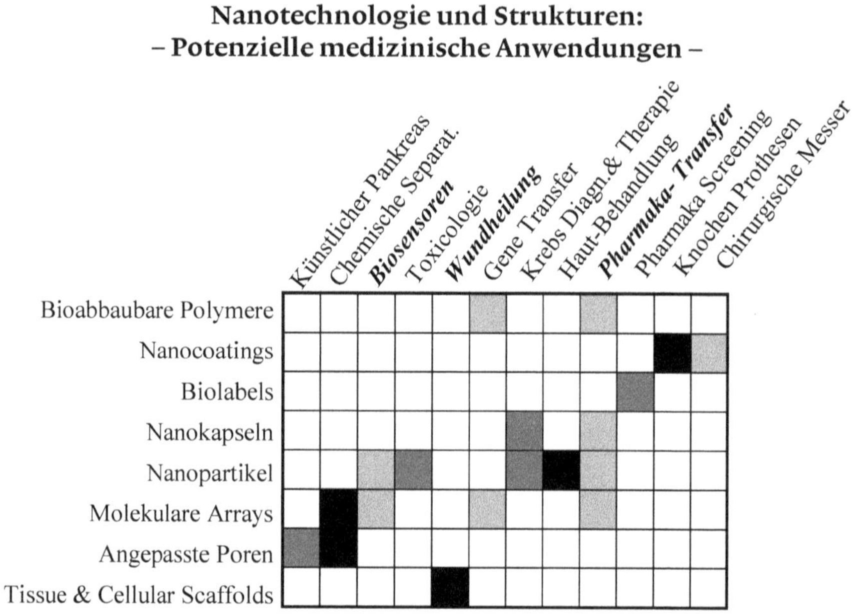

Abb. 6

Abbildung 6 zeigt eine Übersicht der Anwendungen der Nanotechnologie für verschiedene Einsätze in den Lebenswissenschaften. Der geneigte Leser mag bereits von den Vorteilen der Nanotechnologie in der Medizintechnik überzeugt sein, die hier an Hand von einigen wenigen Beispielen skizziert wurden.

Allerdings, und so viel versprechend diese Technologie auch sein mag, eine Reihe von offenen Fragen harren einer Antwort, ehe an eine allgemeine Anwendung dieser Technologie in der Medizin zu denken ist. Einige Punkte, die zurzeit auch kontrovers diskutiert werden, seien hier genannt.

Wie verhalten sich z.B. biologische Zellen in Gegenwart von Nanopartikeln? Werden solche Partikel durch Zellen spontan oder nur bei bestimmten physiologischen Randbedingungen aufgenommen, um danach mit intrazellulären Strukturen zu interagieren (Soler et al 2007)?

Hypothesen zum Mechanismus der Aufnahme von Nanopartikeln in Zellen gehen davon aus, dass dabei katalytisch-gesteuerte Prozesse im Zytoplasma der Zelle ablaufen. Die Aufnahme von Partikeln über Phagozytose – unabhängig von ihrer

Größe – ist generell mit oxidativen Prozessen verbunden. Diese, als oxidativer Stress bezeichnete Reaktion wird in der wissenschaftlichen Literatur unter anderen als der Auslöser für später ablaufende entzündliche Reaktionen angesehen. Pathologische Konsequenzen, besonders unter den Bedingungen einer Langzeitexposition, sind zurzeit noch weitgehend ungeklärt.

Fibrilläre Proteine entstehen möglicherweise auch nach Vorliegen von Nanopartikeln in Kristallisationskeimen. Die Bildung von toxischen Clustern, wie wir es bei der Bildung von Amyloidstrukturen her kennen, wäre eine Konsequenz, die zu klären ist. Beobachtungen zeigen auch, dass Reaktionen nicht eindeutig vorauszusagen sind. So können nanostrukturierte Oberflächenzonen eine Proteinassoziation auf Oberflächen provozieren, aber auch – je nach Zusammensetzung – verhindern, wie man es in *in vitro* Experimenten für Nervenzellen zeigen konnte (Linse et al 2007).

Eine vielversprechende Anwendung der Nanotechnologie besteht im Einsatz von magnetischen Nanopartikeln, die durch körperexterne Magnetfelder manipuliert werden können. Ein bereits erfolgreicher Ansatz besteht im Ausnutzen der Wärmeentwicklung bei der Orientierung von Nano-Stabmagneten in einem magnetischen Feld, das zur Behandlung von Tumoren bereits eingesetzt wird (Fa. Magforce, Berlin). Mit magnetischen Feldern können aber auch gezielt magnetische Nanopartikel, die mit Proteinen oder Pharmaka beschichtet wurden, in Zellen eingeschleust werden, um einen therapeutischen Effekt zu erzielen (Chen 2008).

Welche Schlussfolgerungen sind daraus für die praktische Anwendung von Nanostrukturen in der Medizintechnik zu ziehen?

Allgemeine Voraussagen sind wegen der Heterogenität der verschiedenen Reaktionen schwierig zu treffen. Zurzeit wird es in Bezug auf Toxizität und Nebenwirkungen nanoskaliger Produkte beim Menschen bei einer „Fall-zu-Fall"- Entscheidung bleiben müssen. Das erschwert natürlich ein gewünschtes allgemeines Zulassungsprocedere, besonders wenn man unter dem Gesichtspunkt der Sicherheit an die Langzeitanwendung beim Menschen denkt.

Leider fehlen derzeit auch noch die weltweit anerkannten Regeln für die Zulassung von nanostrukturierten Medizinprodukten. Voraussetzung dafür ist eine festgeschriebene Terminologie. Solange es keine klaren Definitionen von Nanoprodukten, deren Wirkungen und Nebenwirkungen gibt, sind auch keine Regeln für eine spätere Zulassung möglich. Hersteller verhalten sich immer zögerlich bei Neuinvestitionen, wenn es für das spätere Produkt keine klaren Zulassungsregeln gibt. Glücklicherweise sind inzwischen eine Reihe von Arbeitsgruppen, besonders in England und Deutschland, dabei, entsprechende Vorgaben zu erarbeiten. Es kann daher mit einer baldigen Lösung gerechnet werden.

Hans Christian Andersen schrieb im Jahr 1837 das Märchen „Des Kaisers neue Kleider". In dieser Erzählung überraschen zwei Gauner einen selbstgefälligen und eitlen Kaiser mit dem Angebot, ein Gewebe herstellen zu können, das so fein gesponnen sei, dass es für das normale Auge unsichtbar ist. Der Kaiser und sein Hofstaat wurden in ihrer Eitelkeit erst durch ein Kind entlarvt. Heute sind Nanofäden verfügbar, deren Dimension unter dem Auflösungsvermögen des nackten Auges liegt. Das Märchen von Andersen hat nach mehr als 170 Jahren doch noch einen kleinen Teil Wahrheit erkennen lassen.

D. Literatur

Badami, Anand/Kreke, Michelle/Thompson, Shane/Riffle, Judy/Goldstein, Aaron (2006): Effect of fiber diameter on spreading, proliferation, and differentiation of osteoblastic cells on electrospun poly(lactic acid) substrates. Biomaterials, 27: 596–606.

Béduneau, Arnaud/Saulnier, Patrick/Benoit, Jean-Pierre (2007): Active targeting of brain tumors using nanocarriers. Biomaterials, 28: 4947–4967.

Chen, Christopher (2008): Biotechnology: Remote control of living cells. Nature Nanotechnology, 3: 13–14.

Chen, Hsinchun/Roco, Mihail/Li, Xin/Lin, Yiling (2008): Trends in nanotechnology patents. Nature Nanotechnology, 3: 123–124.

Jamieson, Tymothy/Bakhshi, Raheleh/Petrova, Daniela/Pocock, Rachel/Imani, Mo/Seifalian, Alexander (2007): Biological applications of quantum dots. Biomaterials, 28: 4717–4732.

Kunzler, T. et al. (2007): Systematic study of osteoblast response to nanotopography by means of nanoparticle-density gradients. Biomaterials, 28: 5000–5006.

Linse, Sara/Cabaleiro-Lago, Celia/Xue, Wie-Feng/Lynch, Iseult/Lindman, Stina/Thulin, Eva/Radford, Sheena/Dawson, Kenneth (2007): Nucleation of protein fibrillation by nanoparticles. Proc Natl Acad Sci USA, 104: 8691–8696.

Mathews, Jamil A./Wnek, Gary E./Simpson, David G./Bowlin, Gary L. (2002): Electrospinning of collagen nanofibers. Biomacromolecules, 3: 232–238.

Noh, Hyung Kil/Lee, Sung Won/Kim, Jin-Man/Oh, Ju-Eun/Kim, Kyung-Hwa/Chung, Chong-Pyoung/Choi, Soon-Chul/Parkand, Won Ho/Min, Byung-Moo (2006): Electrospinning of chitin nanofibers: Degradation behavior and cellular response to normal human keratinocytes and fibroblasts. Biomaterials, 27: 3934–3944.

Rosi, Nathaniel/Giljohann, David/Thaxton, Shad/Lytton-Jean, Abigail/SuHan, Min/Mirkin, Chad (2006): Oligonucleotide-modified gold nanoparticles for intracellular gene regulation. Science, 312: 1027–1030.

Scheufele, Dietram/Corley, Elizabeth/Dunwoody, Sharon/Shih, Tsung-Jen/Hillback, Elliott/Guston, David (2007): Scientists worry about some risks more than the public. Nature Nanotechnology, 2: 732–734.

Schwägerl, C. (2007): Kein Stigma für die Nanotechnologie. Frankfurter Allgemeine Zeitung, vom 29.08.2007.

Soler, M. et al. (2007): Interaction of erythrocytes with magnetic nanoparticles. J Nanosci Nanotechnol, 7: 1069–1071.

Walpoth, Beat. (2007): Hospital Universitaire de Genève (HUG), personal communication.

3. Abschnitt:

Risikoforschung und Risikobewertung

Sicherheit von Nanomaterialien – Umwelt und Gesundheit

Harald F. Krug in Zusammenarbeit mit Torsten Fleischer, Peter Hocke, Hans Kastenholz, Christiane Quendt, Albena Spangenberg

Längst haben Produkte, die Nanomaterialien, Nanopartikel oder ähnliche Bestandteile enthalten, den Markt erobert. Insbesondere die Eigenschaften, die auf die spezielle Kleinheit der ursprünglichen Materialeinheiten zurückgehen, ermöglichen neue Anwendungen und geben Anlass zu der Annahme, dass die Nanotechnologie eine wesentliche Stütze der zukünftigen technologischen Entwicklung sein wird und den wirtschaftlichen Aufschwung weltweit aufrecht erhält. Allerdings sind die heutigen Gesellschaften nicht mehr uneingeschränkt gewillt, den Fortschritt um jeden Preis mit zu tragen. Es werden daher vermehrt Stimmen laut, die sich kritisch mit neuen Technologien auseinander setzen und gewisse Bedenken gegenüber neuen Materialien haben, da wir in der Vergangenheit verschiedentlich gerade gesundheitliche und umweltrelevante Belange nicht ausreichend beachtet haben (European Environment Agency 2001). Somit beginnt gerade am Beispiel der Nanotechnologie recht frühzeitig eine Diskussion um die möglichen Risiken für Umwelt und Gesundheit. Viele wissenschaftliche Tagungen und öffentliche Diskussionsveranstaltungen beschäftigen sich mittlerweile mit dem einhergehenden Risikopotenzial, das in der Verbreitung der Nanomaterialien enthalten sein könnte. Dabei stehen vor allem die biologischen Wirkungen der Nanomaterialien im Mittelpunkt des Interesses. In dem schnell wachsenden Umfeld neuer Produkte und Einsatzmöglichkeiten sehen sowohl Verbraucher als auch weitere gesellschaftliche Gruppen einen massiven Anstieg bei den einhergehenden Risiken. Deshalb muss die Frage erlaubt sein, inwieweit mögliche mit der Nutzung der Nanotechnologie einhergehende Risiken gesellschaftlich akzeptabel sind. Auf der anderen Seite ist es aber auch eine Binsenwahrheit, dass es eine Technologie ohne jedes Risiko nicht gibt. Daher sind Anstrengungen notwendig, solche Risiken zu erfassen und nach Möglichkeit für die Bevölkerung so zu minimieren, dass diese letztlich von den Chancen der Technologie weit übertroffen werden. Diese Anstrengungen müssen selbstverständlich von Experten unternommen werden, um die Nanotechnologie als solche akzeptabel zu gestalten und für alle nutzbar zu machen, jedoch mit dem entsprechenden gesellschaftlichen Auftrag. In den vergangenen Jahren hat sich auf der Basis dieser Diskussion bereits viel in der Hinsicht „Sicherheitsforschung" getan, und es sind sowohl national als auch international viele Forschungsprojekte gestartet worden, die sich den Themen Gesundheit und Umwelt im Zusammenhang mit der Nutzung der Nanotechnologie widmen. Dieses Kapitel soll eine Übersicht geben, inwieweit diese Aktivitäten ausreichend sind bzw. welche weiteren Maßnahmen seitens der Forschung notwendig sind, um die Voraussetzungen für eine nachhaltige Nutzung der Nanotechnologie zu erfüllen.

A. Welche Materialien sind relevant?

Die Diskussion um „neue" Materialien hat in den 90er Jahren des letzten Jahrhunderts begonnen. Ersten Arbeiten zur biologischen Wirkung von Fullerenen auf Lungenzellen wurde damals noch kaum Aufmerksamkeit geschenkt (Adelmann et al. 1994; Baierl et al. 1996; Baierl and Seidel 1996). Inzwischen hat sich die Situation aber entscheidend verändert. Mit dem Aufkommen einer Vielzahl von Anwendungen, die „neue" Nanomaterialien mit völlig neuen Eigenschaften enthalten, ist das Interesse nicht nur seitens der Wissenschaftler gestiegen, etwas zum möglichen Risiko in biologischen Systemen, aber auch in der Umwelt zu erfahren. Zu intensiv sind die weniger guten Erfahrungen mit anderen Technologien noch in Erinnerung, als dass die Wirtschaft bestehende Befürchtungen nicht ernst nehmen könnte und die Wissenschaft nicht ihrem gesellschaftlichen Auftrag nachkäme, die neuen Materialien genauestens zu prüfen. Dabei fällt eine Auswahl von Materialien, die mit Priorität untersucht werden sollten, nicht leicht, da die Zahl unterschiedlicher Nanopartikel enorm schnell steigt. Allerdings können Gruppen gebildet werden, die verwandte Materialien enthalten:

1. Metalloxide: z. B. TiO_2, SiO_2, ZnO, Fe_xO_y
2. Metalle: z. B. Silber, Gold, Platingruppenelemente
3. Neue Kohlenstoffmodifikationen: z. B. Fullerene (C60/70) und Kohlenstoffnanoröhrchen (CNT)
4. Keramische Materialien: z. B. ZrO_2
5. Organische Materialien: dendrimerisch oder anders verzweigte organische Substanzen, die im Wesentlichen für die biologische Anwendung entwickelt werden (Therapie und Medikamentierung)

Vertreter dieser Materialgruppen werden bereits in verschiedenen Produkten eingesetzt, so dass eine direkte Relevanz gegeben ist:

1. Kosmetika und andere Körperpflegeprodukte
2. Textilien, Kunststoffe und andere Kompositmaterialien
3. Katalysatoren, Abfallbeseitigung
4. Farben und Oberflächenbehandlungen
5. Energiespeicherung, elektronische Anwendungen

Beide Listen sind nur exemplarisch gedacht und sicher nicht vollständig. Dennoch vermitteln sie einen Eindruck, in welche Bereiche die neuen Materialien bereits vorgedrungen sind und wo es gilt, mit entsprechenden Untersuchungen anzusetzen.

Erfahrungen auf den Gebieten der Biologie und Medizin sind in vielerlei Hinsicht bereits vorhanden, da die Verwendung von Nanopartikeln zum einen nicht wirklich völlig neu ist und zum anderen auch andere Partikel in dieser Größenordnung in unserer Umwelt existieren, denen wir schon seit Jahrzehnten bzw. Jahrtausenden ausgesetzt sind. Zu den bereits im Gebrauch befindlichen Nanopartikeln gehört der Industrieruß (Carbon Black), der hauptsächlich für Autoreifen aber auch für Anwendungen wie Kopieren und Drucken seit Jahrzehnten hergestellt wird. Weiterhin sind wir seit der Entdeckung des Feuers gegenüber ultrafeinen Verbrennungspartikeln exponiert, was uns die bekannten Probleme der Feinstaubverbreitung verschafft. Das damit einhergehende Wissen zu Gesundheit und Umwelt ist direkt auf die Nanopartikel anwendbar, auch wenn hier gewisse Grenzen in der Übertragbarkeit gesetzt sind. Im vorliegenden Beitrag soll auf die beiden Schwerpunkte Gesundheit und Umwelt eingegangen werden. Sicher sind die Informationen dazu sehr unterschiedlich, daher fallen die beiden Teile durchaus verschieden aus. Andererseits macht dies aber auch deutlich, dass zu bestimmten Punkten ein erhöhter Wissensbedarf vorhanden ist, der in naher Zukunft unbedingt befriedigt werden sollte, wenn wir nicht frühere Fehler wiederholen wollen.

B. Gesundheitliche Aspekte von Nanomaterialien

Zu einer biologisch relevanten Wirkung von Chemikalien allgemein kann es nur kommen, wenn diese Substanzen oder Partikel zum einen an oder in den Organismus bzw. ein biologisches System gelangen und sie zum anderen in die biochemischen/zellbiologischen Abläufe eingreifen, also einen direkten oder indirekten Effekte auf das biologische System ausüben. Im Falle eines solchen Einflusses wäre dann ein gesundheitliches Risiko gegeben, das charakterisiert und abgeschätzt werden muss. Die Materialien, die exemplarisch betrachtet werden sollen, haben alle mehr oder weniger die Chance in ein biologisches System aufgenommen zu werden, somit ist eine Exposition gegeben. Derzeit gilt die Ansicht, dass für Nanopartikel oder Nanomaterialien der Aufnahmepfad über die Lunge als besonders kritisch anzusehen ist, während die Ingestion (Aufnahme über die Nahrung) oder die Applikation auf der Haut eher unkritisch erscheint. Allerdings mehren sich die Hinweise, dass bestimmte, eher „fettlösliche[1]" Nanopartikel auch über die Haut aufgenommen werden können, während Metalloxide, wie TiO_2 und ZnO, die in Sonnenschutzcremes enthalten sind, nachweislich nicht durch die Haut dringen können (Gamer et al. 2006; Gelis et al. 2003; Pflücker et al. 2001).

In unserem Atmungssystem sorgen verschiedene Schutzmechanismen dafür, dass eingeatmete Krankheitserreger und Fremdstoffe keinen Schaden anrichten können. Neben der mechanischen Ausschleusung (Husten, Niesen) spielen unspezifische und spezifische Immunabwehrprozesse sowie Entgiftungsmechanismen eine wichtige Rolle. Zur Bekämpfung von Bakterien und Viren oder zur Beseitigung nicht-infektiöser Partikel wird lokal eine Entzündungsreaktion ausgelöst oder werden die vor Ort anwesenden Immunzellen, (in Lungenbläschen sind das Alveolarmakrophagen) aktiviert. Dabei werden neben reaktiven Sauerstoffspezies auch Proteine und Lipide freigesetzt, die als chemische Botenstoffe (Mediatoren) auf andere Zelltypen wirken. Dadurch sind z.B. die Epithelzellen, welche die Lungenbläschen auskleiden, oder die Endothelzellen, welche die in unmittelbarer Nachbarschaft liegenden Blutgefäße auskleiden, betroffen. Die einsetzende Bekämpfung der eingedrungenen Fremdkörper kann auch gesundes Gewebe in Mitleidenschaft ziehen, das durch anti-inflammatorische Prozesse geschützt bzw. wieder repariert werden muss. Die Feinregulation (Homöostase) dieses Netzwerks von Mediatoren sorgt dafür, dass der Schaden für die Lunge oder den Organismus begrenzt wird. Eine Unter- oder Überregulierung bestimmter Mediatoren würde zu größeren Schäden und damit zur Verschlimmerung von Erkrankungen führen.

Die inflammatorische Antwort nach Inhalation von feinen und ultrafeinen Partikeln wurde am Menschen sowie mit Ratten eingehend untersucht (Übersicht bei: Oberdörster *et al.*, 2000; Oberdörster, 2001). Die mit der Einwanderung von Entzündungszellen verbundene Freisetzung von reaktiven Sauerstoffspezies und lysosomaler Enzyme schädigt auf Dauer das Lungenepithel, so dass die Fähigkeit zur Abwehr von Krankheitserregern beeinträchtigt werden kann. Als mögliche Ursache für eine zytotoxische Wirkung von Partikeln werden deren Oberflächeneigenschaften, das wesentlich ungünstigere Verhältnis von Oberfläche zu Volumen und das elektrokinetische Potential diskutiert. Auf der Basis der bisherigen Erkenntnisse mit umweltrelevanten Kohlenstoffpartikeln oder anderen partikulären Kontaminanten an Arbeitsplätzen haben wir die wesentlichen biologischen Endpunkte definiert, die für eine Schädigung in Betracht kommen:

1. Entzündung (Inflammation) – akute Toxizität
2. Oxidativer Stress

---

1 Selbstverständlich ist hier nicht wirklich ein „Auflösen" der Nanopartikel in fettreicher Umgebung gemeint, dann wäre kein wirkliches „Nanopartikel-spezifisches" Gesundheitsproblem vorhanden. Es handelt sich eher um ein so genanntes lipophiles Verhalten, d.h. in fetthaltiger Umgebung fühlen sich die Partikel „wohler" und wandern daher eher durch die fettreichen Schichten der Haut in tiefer gelegene Teile, wo sie dann auch Kontakt zu lebenden Zellen haben.

3. DNA-Schädigung
4. Schädigung des zentralen Nervensystems
5. Überschreiten und Schädigung von Gewebebarrieren (z.B. Blut-Hirn-Schranke, Luft-Blut-Schranke, Plazenta-Schranke)

Wie schon bei der Diskussion um Chemikalienwirkungen ist auch bei den Partikeln, speziell bei den Nanopartikeln, die Betrachtung ihrer Beständigkeit ein sehr wichtiger Aspekt. Denn über die Persistenz und davon abhängige Akkumulationsprozesse werden sicher auch bei den Nanopartikeln die Langzeitwirkungen bestimmt. Wie bereits bei umwelt- bzw. arbeitsplatzrelevanten Mineralfasern beobachtet werden konnte, spielt die Dauer des Verbleibes im Organismus eine mit entscheidende Rolle bei der Ausbildung der Pathogenese. Daneben kommt der Form der Partikel eine weitere wichtige Rolle zu. Kleine, runde Partikel können gut aufgenommen werden und können Gewebe besser durchdringen als längliche, faserähnliche Partikel. Das ist von großer Bedeutung, wenn es um die Betrachtung von Kohlenstoffnanoröhrchen geht. Die ausgewählten Materialien zeichnen sich alle durch eine mehr oder weniger gute Persistenz aus, wobei Metalle (z.B. Ag) durch Abgabe von Ionen und Metalloxide ohne Coating sicher nach und nach Material verlieren. Dieser Prozess ist aber generell von verschiedenen Umständen in der direkten Umgebung der Partikel abhängig:

1. pH-Wert des Zytosols oder der Organelle
2. Proteinadsorption oder Adsorption anderer biologischer Moleküle an die Oberfläche
3. Agglomeration vor und/oder nach Aufnahme in die Zelle
4. Ablagerung in fester biologischer Matrix (Knochen, Bindegewebe) oder Einkapselung im Gewebe (z. B. Granuloma, Silikose)

Unter Einbeziehung all dieser Gesichtspunkte sollen an exemplarisch ausgewählten Materialien die wichtigsten uns bekannten Studien herangezogen werden, um die möglichen Auswirkungen zu diskutieren und die Wissenslücken aufzudecken.

Einzelstoffbetrachtungen

SiO_2

Siliziumdioxid wird in seiner Form als amorphe Kieselsäure bereits seit Jahrzehnten in Lebensmitteln eingesetzt (E 551) und hat noch viele weitere Anwendungen in den unterschiedlichsten Produkten. Allerdings sind für alle bisherigen Anwendungen keinerlei größenabhängige Effekte eingesetzt worden oder spezielle Größenangaben erforderlich gewesen. Soweit keine kristallinen Formen erzeugt werden (quarzähnliche Wirkung), und im Bereich Nanomaterialien wird meist pyrogene amorphe Kieselsäure hergestellt, ist die amorphe Form als unkritisch zu betrachten. Da diese Partikel meist relativ gut löslich sind, ist die Persistenz auch eher nicht gegeben. Dennoch werden diese SiO_2 Nanopartikel häufig als Vergleichsmaterial verwendet. Aber an dieser Stelle sei eingehend darauf hingewiesen, dass diese Vergleichsmaterialien meist kristalline Formen sind (Baggs et al. 1997; Barrett et al. 1998; Barrett et al. 1999; Castranova 2004) während amorphes Silica als untoxisch eingestuft wird (Brunner et al. 2006). Sehr gut belegt wird dies durch eine Studie, die von Günter Oberdörster und seinen Mitarbeitern durchgeführt wurde (Johnston et al. 2000). Hier wurde ein direkter Vergleich zwischen kristallinem und amorphem Siliciumdioxid durchgeführt. Ratten wurden über die Lunge diesen beiden Formen des SiO_2 exponiert und die Entzündungsreaktionen sowie gentoxische Effekte analysiert. Es war eindeutig, dass die kristalline Form eine erhebliche Entzündung auslöste, die nicht abklingt, und des Weiteren auch gentoxische Effekte auftraten. Das amorphe SiO_2 dagegen löste in hoher Dosierung nur eine kurzzeitige Entzündungsreaktion aus und nach deren Abklingen traten keine weiteren Effekte mehr auf. Diese Ergebnisse werden durch weitere Studien bestätigt, die Effekte von amorphem SiO_2 auf die Verunreinigungen mit kristallinen Formen zurückführten (Merget et al. 2002) bzw. in zellulären Test keine Hinweise auf eine Toxizität fanden (Peters et al. 2004). Wichtige Studien zur Verstärkung einer thrombogenetischen Wirkung sind ebenfalls mit kristallinem Material durchgeführt worden (Nemmar et al. 2005) während *in vitro* nur ultrahoch dosierte amorphe Kieselsäure in Abhängigkeit von der Oberflächendosierung (Größe der Oberfläche pro g Material) einen leichten Effekt hervorrufen konnte (Wottrich et al. 2004).

TiO_2

Etwas anders stellt sich die Situation mit Titandioxid dar. Auch dieses Material ist seit langem in Gebrauch, sowohl in Lebensmitteln (E 171) als auch spezifisch in Nanoform in Sonnenschutzcremes. Viele Studien wurden mit diesem Material bisher durchgeführt, aber nur selten wurde zwischen den verschiedenen kristallinen und amorphen Formen unterschieden (Anatas/Rutil). Die meisten Ergebnisse zeigen keine oder nur eine geringe biologische Wirkung. Aber auch hier gilt die gleiche Regel, wie bei der Kieselsäure im Vergleich zum Quarz, die kristalline Form zeigt größere Effektivität als die amorphe Form (Sayes et al. 2006), wenn auch in dieser Studie generell nur eine niedrige Wirkung gefunden wurde. Mit TiO_2 hat jedoch Günter Oberdörster nachweisen können, dass die entzündungssteigernde Wirkung von der Oberfläche der Partikel abhängt, also kleinere Partikel bei gleicher Massendosis eine höhere Wirkung zeigen als die korrespondierenden größeren (Baggs et al. 1997; Oberdörster et al. 2000; Oberdörster 2001). In vielen Studien zeigen TiO_2 Nanopartikel keine entzündungsfördernde Wirkung (Dick et al. 2003; Hohr et al. 2002; Rehn et al. 2003) und keinen oxidativen Stress (Xia et al. 2006). Im Labor von Peter Gehr in Bern konnte allerdings auch gezeigt werden, dass ultrafeine TiO_2 Partikel nach Einatmung durchaus die Blut-Luft-Schranke überschreiten können und damit in den Organismus gelangen (Geiser et al. 2005; Kapp et al. 2004). Der Dosisanteil, der letztlich die Gewebsbarriere überwindet, scheint aber sehr gering zu sein. Bleibt festzuhalten, dass der derzeitige Kenntnisstand dahin deutet, dass die Applikation über die Haut oder den Magen-Darm-Trakt unkritisch, diejenige über die Lunge aber als kritisch angesehen werden muss.

ZnO

Zu Nanopartikeln aus ZnO gibt es nur wenige Studien, die brauchbare Daten zur Verfügung stellen. Da ZnO bisher hauptsächlich in Sonnenschutzcreme als UV-Blocker eingesetzt wird, war hier das Interesse groß, eine mögliche Translokation über die Haut in den Körper zu untersuchen. Die bisherigen Studien dazu zeigen jedoch keine solche Verlagerung in tiefere Hautschichten, in denen lebende Zellen mit diesem Material in Kontakt kommen könnten (Gamer et al. 2006; Gelis *et al.* 2003). Eine Publikation beschreibt allerdings, dass durch das ZnO in den Cremes andere Substanzen wie Pestizide leichter durch die Haut wandern könnten (Brand et al. 2003). Zu Zinkoxid muss außerdem festgehalten werden, dass Zink als essentielles Element speziell für unser Immunsystem von großer Bedeutung ist und wir täglich eine bestimmte Menge zur Deckung des Bedarfes aufnehmen müssen. Es ist aber auch bekannt, dass die Zinkkonzentration in unserem Körper ein Fenster besitzt, in dem wir uns wohl fühlen, darunter erleiden wir einen Mangel und darüber wird Zink schnell giftig und hat nachteilige Folgen (Beyersmann and Haase 2001). Daraus erklärt sich auch, dass Zink in hohen Dosierungen zu Entzündungen oder gar zum Zelltod führt, insbesondere, wenn es über die Lunge in den Körper gelangt (Gojova et al. 2007; Sayes et al. 2007b).

Eisenoxide

Eisenoxid und vor allem so genannte SPION (**s**uper**p**aramagnetic **i**ron**o**xide **n**anoparticles) werden häufig bei medizinischen Studien eingesetzt, da sie über externe Magnetfelder beeinflussbar sind. Entweder können die Partikel durch Wechselfelder erhitzt werden oder durch permanente Magnetfelder im Körper deponiert oder zielgerichtet verbracht werden. Allerdings ist auch in diesem Fall die Datenlage nicht ausreichend, um verschiedene Endpunkte bewerten zu können, aber einige Studien liefern bereits erste Hinweise auf ihre toxikologische Bewertung. Menschliche Stammzellen wurden über sehr lange Zeit mit diesen Eisenpartikeln behandelt und es zeigte sich keinerlei negative Beeinflussung (Arbab et al. 2003); vor allem bei den häufig beschichteten Partikeln ergaben sich keinerlei Hinweise auf eine toxische Wirkung (Auffan et al. 2006; Berry et al. 2004; Gupta and Curtis 2004; Gupta and Gupta 2005). In einigen Experimenten zeigte sich durch die Eisenoxide ein erhöhter oxidativer Stress, was allerdings bei den häufig verwendeten sehr hohen Konzentrationen nicht wundert, da Eisen ein oxidativ aktives Element darstellt und über die Oberflächenchemie der Partikel sicher mit Fenton-ähnlichen Reaktionen Sauerstoffradikale gebildet werden können (Arbab et al. 2003; Brunner et al. 2006). Aber auch für diesen Endpunkt gibt es Hinweise, dass beschichtete Partikel diese Reaktion nicht hervorrufen (Muller et al. 2007). Alle Ergebnisse zusammengenommen sind die Eisenoxidpartikel eher unkritisch. Zusätzlich gilt auch hier, was im Abschnitt zum Zinkoxid gesagt wurde, da Eisen ebenfalls ein essentielles Element ist und in noch größerem Maße täglich dem Körper zugeführt werden muss. Das toxische Wirkfenster liegt beim Eisen erheblich höher, da unser Körper über ausgezeichnete Transport- und Lagermöglichkeiten in Form von bestimmten Proteinen verfügt und daher eine Überdosierung nur in Extremfällen von Bedeutung ist. Wieder spielt im Wesentlichen der Aufnahmeweg eine große Rolle, da die Eisenpartikel vor allem in der Lunge einen erheblichen Schaden anrichten können, im Magen-Darm-Trakt dagegen so gut wie keine gesundheitlich negative Relevanz besitzen.

Metalle – Beispiel Silber

Silber ist gerade in jüngster Zeit in die Schlagzeilen geraten, da es vermehrt in Produkten eingesetzt wird, mit denen eine Exposition sowohl des Menschen aber auch in größerem Umfang eine Belastung der Umwelt in Bezug gesetzt werden kann. Neben mehreren Herstellern von Waschmaschinen, deren Trommeln mit Nanosilber beschichtet sind bzw. in denen Nanosilber-haltiges Waschmittel verwendet wird, kommen auch Seifen, Zahncremes, Textilien und andere Produkte auf den Markt, die eine längere Haltbarkeit und geringere Anfälligkeit gegenüber Bakterienbefall versprechen. Silber selbst ist über Jahrhunderte hinweg untersucht worden und seine toxischen Wirkungen sind weitgehend bekannt. In Säugetieren und Pflanzen zeigt es eine sehr niedrige toxische Wirkung, während es Bakterien gegenüber sehr wirksam ist. Dies wird insbesondere von den gelösten Silberionen ausgelöst, die von den Silbernanopartikeln abgegeben werden. Dennoch konnte kürzlich in einer Studie eine Wirkung auf die Mitochondrien der behandelten Zellen nachgewiesen werden (Hussain et al. 2005). Auch eingeatmete Silberpartikel fanden sich nach einiger Zeit überall im Körper wieder (Takenaka et al. 2001). Nanosilber ist durch den steigenden Verbrauch und Gebrauch sicher ein relevantes Problem, zu dem eine Diskussion gestartet ist (Brett 2006), aber zu wenige *in vitro* und *in vivo* Daten zur Verfügung stehen.

Kohlenstoffmodifikationen

Fullerene

Bereits in den 90er Jahren des letzten Jahrhunderts wurden im Forschungszentrum Karlsruhe einige Studien mit Fullerenen durchgeführt, die eine Toxizität nachweisen wollten. Allerdings wurden in primären Lungenmakrophagen keine oder nur schwache Reaktionen nachgewiesen (Adelmann et al. 1994; Baierl et al. 1996; Baierl and Seidel 1996). Dies wird für ähnliche Systeme auch in aktuellen Studien für unterschiedliche Modifikationen der Fullerene gefunden (Fiorito et al. 2006; Zhu et al. 2006), wobei jedoch die nicht modifizierten Fullerene in aquatischen Organismen (Daphnien, Fische) durchaus eine Wirkung zeigten, die weiter untersucht wurde (Oberdörster 2004; Oberdörster et al. 2006; Zhu et al. 2006). Es hat sich allerdings mittlerweile herausgestellt, dass die Lösungsmittel, in denen die nahezu völlig wasserunlöslichen Fullerene aufgenommen wurden, um sie den Tieren (Daphnien, Fische) zum Wasser hinzu zu geben, eher für die oxidative Wirkung verantwortlich waren, da die Peroxide im Tetrahydrofuran eine solche oxidative Wirkung auslösen (Spohn et al. 2008). Langwierig in Wasser gelöste Fullerene hatten einen solchen Effekt nicht mehr (Oberdörster et al. 2006; Spohn et al. 2008; Zhu et al. 2006). Nach wie vor gibt es aber auch zu diesem Material nicht genügend Daten, um eine Bewertung durchführen zu können. So wurde in einer Studie das antioxidative Potenzial der Fullerene nachgewiesen (Dugan et al. 1996), während eine andere Studie deren oxidative Schädigung der Zellmembranen zeigen konnte (Sayes et al. 2004). Dennoch hat auch Frau Oberdörster für Daphnien („Wasserflöhe") eine relativ niedrige Toxizität gefunden, da die höchste in Wasser lösliche Konzentration der Fullerene nicht genügte, um die LC_{50} im Test zu erreichen, also diejenige Konzentration, bei der mind. 50% der behandelten Tiere sterben. Jüngste Studien konnten, ohne Lösungsmitteleffekte zu wiederholen, zeigen, dass Fullerene anti-oxidativ wirken (Hu et al. 2007), in der Lunge durchaus toxisches Potential besitzen (Sayes et al. 2007a), auf Bodenbakterien einen negativen Effekt ausüben können (Tong et al. 2007) oder in bestimmten derivatisierten Formen auf die embryonale Entwicklung des Zebrafisches einwirken (Zhu et al. 2007). Bei diesem Material bleibt sicherlich noch viel zu tun, um die möglichen negativen Folgen für Umwelt und Gesundheit abzuschätzen.

CNTs

Zu den Kohlenstoff-Nanoröhrchen, kurz CNTs, gibt es mittlerweile eine Fülle von Studien, die sich mit der möglichen Toxizität dieses Materials beschäftigen, was die Situation für eine Bewertung ihrer Wirkungen aber nur oberflächlich betrachtet verbessert. Gerade die CNTs sind ein gutes Beispiel dafür, dass viele Studien nicht gleichbedeutend sind mit einer verbesserten Diskussionsgrundlage. Die Vielzahl der Experimente ist mit sehr verschiedenen biologischen Systemen durchgeführt worden, wobei häufig ganz verschiedene CNTs benutzt wurden. Diese gibt es in unterschiedlichen Formen, mit verschiedenen Verunreinigungen an amorphem Kohlenstoff und Katalysatormetallen und in unterschiedlichen Längen, so dass alle diese Studien wieder nur „Einzelergebnisse" sind.

Bei keiner anderen Stoffklasse sind die Widersprüche in den Ergebnissen dadurch auch so groß. So wird eine Dosis-abhängige Entzündungsreaktion gezeigt (Grubek-Jaworska et al. 2006; Huczko et al. 2005; Lam et al. 2004; Muller et al. 2005; Shvedova et al. 2005), während andere Gruppen keine Dosis-Abhängigkeit finden (Warheit et al. 2004) oder überhaupt keine toxische Wirkung nachweisen können (Dumortier et al. 2006; Fiorito et al. 2006; Pulskamp et al. 2007; Wörle-Knirsch et al. 2006). Auch bei der Induktion von reaktiven Sauerstoffspezies (ROS) durch CNTs verhält es sich mit den Ergebnissen genauso. Zum einen werden ROS gefunden (Shvedova et al. 2003; Shvedova et al. 2005), dann hängt die Produktion der

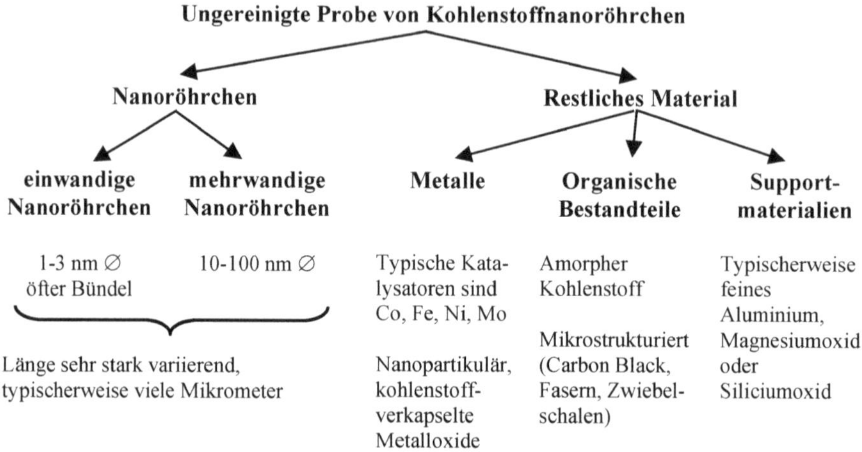

Abb. 1: Mögliche Bestandteile einer ungereinigten Probe von Kohlenstoffnanoröhrchen (nach Donaldson et al. 2006)

ROS von den Metallen in den CNT-Fraktionen ab (Kagan et al. 2006), oder es gibt gar keine ROS-Produktion (Pulskamp et al. 2007; Wörle-Knirsch et al. 2006). Auf jeden Fall bilden die CNTs eine Klasse neuer Materialien, der besondere Beachtung geschenkt werden sollte. Die wenigen *in vivo* Studien haben gezeigt, dass es eine Bildung von Granulomata in den Lungen von Ratten und Mäusen gibt (Lam et al. 2004; Warheit et al. 2004) und das konnte *in vitro* ebenfalls beobachtet werden (Wörle-Knirsch et al. 2006). Die Verteilung im Organismus und die Aufnahme durch Zellen ist daher von besonderem Interesse und dazu gibt es bisher nur sehr wenig Information (Kostarelos et al. 2007; Krug et al. 2006; Wang et al. 2004).

C. Umweltaspekte von Nanomaterialien

Wenn wir den Blick von der für den Menschen gesundheitlich relevanten Seite abwenden und ihn mehr auf die Umwelt richten, zeichnet sich für Nanomaterialien ein völlig anderes Bild ab. Hier beginnt die Schwierigkeit bereits damit, die Materialien genau zu definieren, um sie von den natürlichen Pendants zu unterscheiden. So gehören 4 wichtige chemische Elemente, aus denen Nanopartikel und Nanomaterialien gefertigt werden, zu den 10 häufigsten Elementen der Erdkruste (Tab. 1).

Auch weitere wichtige Vertreter der Erdkruste werden aktuell in verschiedenen Produkten eingesetzt bzw. befinden sich in der Entwicklung (Zirkon, 160 mg/kg; Zink, 70 mg/kg; Cer, 43 mg/kg). Diese Zahlen verdeutlichen, dass wir zwei wichtige Parameter berücksichtigen müssen, wenn wir ein mögliches Risiko durch das Einbringen der Nanopartikel in die Umwelt abschätzen wollen:

1. Wie hoch ist der Anteil der synthetisch hergestellten Materialien am natürlichen Hintergrund?

2. Wie relevant ist der synthetisch erzeugte Anteil, um die Exposition der in der entsprechenden Umgebung lebenden Organismen tatsächlich signifikant zu beeinflussen/erhöhen?

Tab. 1: Häufigste Elemente der Erdkruste (kursiv: liegen typischerweise als Oxide vor, vergleichbar zu synthetischen Nanopartikeln)

Element	% Anteil
Sauerstoff	47
Silizium	*28*
Aluminium	*8*
Eisen	*4,5*
Calcium	3.5
Kalium	2,5
Natrium	2,5
Magnesium	2
Titan	*0,5*
Wasserstoff	0,2
Kohlenstoff	0,2
Andere	< 1

Warum ist eine solche Überlegung wichtig? Für die direkte Exposition des Menschen z.B. am Arbeitsplatz ist leicht ersichtlich, dass damit eine Exposition gegenüber Materialien verbunden ist, denen er ansonsten und in dieser Form nicht begegnen würde. In der Umwelt jedoch sind gerade die Metalloxide in allen Varianten und Größenordnungen vorhanden. Die Organismen des Bodens oder der Gewässersedimente sowie auch die Pflanzen sind schon seit jeher mit diesen Partikeln konfrontiert und haben sich diesem Umstand angepasst. Erste Studien mit Eisennanopartikeln im Wasser haben daher auch ergeben, dass nur extrem hohe Mengen (> 50 mg/l freie Nanopartikel) einen negativen Einfluss auf Daphnien haben (persönliche Mitteilung E. Oberdörster). Somit stellt sich die Frage, inwieweit Nanomaterialien, die einen solchen natürlichen Hintergrund haben, für die Umwelt auch relevant sind, wie dies z.B. für Titandioxid oder Zinkoxid in Sonnenschutzcremes der Fall ist. Auch hier können wir wieder unterscheiden zwischen der direkten Exposition des Menschen, der diese Sonnenschutzcreme auf die Haut aufträgt und sich damit diesen Materialien direkt aussetzt, und der aquatischen Umwelt, in die die Creme abgewaschen wird und in der sich die Nanopartikel dann gleichmäßig verteilen. Die erste Frage zur direkten Exposition des Menschen ist eingehend in verschiedenen Projekten untersucht worden, und diese lassen alle den Schluss zu, dass die enthaltenen metalloxidischen Nanopartikel nicht durch die Haut in den Körper eindringen können und somit auch keine nachteiligen Folgen haben (Nanoderm, 2007). Im Gegenteil, durch die UV-absorbierende bzw. UV-reflektierende Wirkung schützen diese Nanopartikel wie erwünscht den Menschen vor UV-induziertem Hautkrebs. Was geschieht aber im Wasser, wohin gehen die Titandioxid- und Zinkoxidpartikel und was können sie bewirken? Hier gibt es bisher nur wenig brauchbare Information. Die Zahl der Studien zum direkten Einfluss von Nanomaterialien auf die Umwelt ist sehr klein und überschaubar (Adams et al. 2006a; Adams et al. 2006b; Doshi et al. 2008; Hund-Rinke and Simon 2006; Krug 2005; Lovern et al. 2007; Smith et al. 2007; Tong et al. 2007; Zhu et al. 2006; Zhu et al. 2007) und die Ergebnisse sind nur bedingt verwendbar, da hier nachvollziehbar methodische Fehler eine verlässliche Aussage stark einschränken. So wurde von Oberdörster in den ersten Experimenten zur Toxizität von Fullerenen auf Daphnien ein Lösungsmittel eingesetzt (Tetrahydrofuran, THF), das selbst zu starken toxischen Effekten geführt hat (Oberdörster 2004) und diese Ergebnisse mussten 2006 richtig gestellt werden (Oberdörster et al. 2006; Zhu et al. 2006). Auf der anderen Seite werden immer wieder Studien durchgeführt, die zeigen, dass die Titandioxidnanopartikel insbesondere gemeinsam mit UV-Bestrahlung zur so genannten „Photooxidation“ beitragen und damit in den so behandelten Zellen (z.B. Fischzellen, menschliche Hirnzellen) durch oxidativen Stress zum Tod der Zellen führen (Gurr et al. 2005; Long et al. 2006; Reeves et al. 2008; Theogaraj et al. 2007; Vileno et al. 2007). Dabei wird jedoch selten darauf hingewiesen, dass die Titandioxidpartikel im Körper, im Wasser oder im Fisch keinerlei UV-Licht ausgesetzt sein können, somit diese UV-induzierte Bildung toxischer Radikale im Organismus gar nicht stattfinden kann. Es ist an dieser kurzen Darstellung bereits zu erkennen, welche Schwierigkeiten sich ergeben, die publizierten Daten auch richtig zu interpretieren und daraus die richtigen Schlüsse zu ziehen.

Es gibt aber nicht nur Nanopartikel, die entsprechende natürliche Vertreter besitzen, sondern es werden vermehrt Materialien erzeugt, die völlig neue Strukturen darstellen und somit eine ganz neue Qualität in die Umwelt bringen, z.B. die Fullerene und die Kohlenstoffnanoröhrchen. Solche Produkte bringen daher ganz andere Aspekte in die Diskussion um die Gefährdungen durch Nanopartikel. Als Toxikologe unterscheide ich daher klar zwischen zwei sehr unterschiedlichen Situationen bzw. zwei verschiedenen Qualitäten der biologischen Beeinflussung:

1. Quantitative (Nano)Noxen

2. Qualitative (Nano)Noxen

Die quantitativen (Nano)Noxen (z.B. synthetische Eisenoxidpartikel, die zum natürlichen Hintergrund dazu kommen, wenn sie in die Umwelt eingebracht werden) erhöhen die sowieso schon vorhandene Belastung. Diese sind nur dann relevant, wenn sie einen „erheblichen“ Beitrag leisten, d.h. also große Mengen in die Umwelt gelangen, bzw. der natürliche Hintergrund im Verhältnis sehr niedrig ist. Anders verhält sich dies für die qualitativen (Nano)Noxen (z.B. Kohlenstoffnanoröhrchen), die in der Natur so nicht vorkommen. Hier würde jede Belastung, und sei diese noch so klein, einen deutlichen Beitrag zur Umweltbelastung leisten. Das bedeutet in jedem Fall, dass die qualitativen Belastungen mit erheblich größerer Sorgfalt getestet werden müssen, um einen negativen Effekt, auch langfristig, weitestgehend auszuschließen. Wir kennen diese Probleme von früheren Ereignissen (DDT, PCBs, siehe European Environment Agency 2001) und sollten viel dafür tun, dies in der Zukunft zu vermeiden.

Auch wenn für beide Gruppen durchaus verschiedene Regeln gelten, so ist doch zu fordern, dass neue Stoffe in jedem Einzelfall auf ihre möglichen Gefährdungen hin, sowohl die Gesundheit des Menschen als auch die Umwelt betreffend, getestet werden müssen. Da die chemische und physikalische Wirkung und damit auch die biologischen Folgen im wesentlichen auf der Zusammensetzung des Materials, der Größe der Partikel sowie den Oberflächeneigenschaften beruhen, ist eine Testung für jedes neue Material notwendig und eine dringend erforderliche Voraussetzung für deren Einsatz in Produkten oder auch direkt in der Umwelt.

Analogien

Untersuchungen zur biologischen Wirkung und zum Umweltverhalten synthetischer Nanopartikel legen einen Analogieschluss zu denjenigen ultrafeiner Stäube in der Umwelt nahe. Gerade zu Dieselruß gibt es eine Vielzahl von Untersuchungen und Ergebnissen, die sich unmittelbar mit solchen zu Industrieruß oder Carbon Black vergleichen lassen. Allerdings gehen die Experten davon aus, dass der Dieselruß eine höhere biologische Wirkung entfaltet, da er während des Verbrennungsvorganges zusätzlich mit Kohlenwasserstoffen beladen wird, und diese werden mit den ultrafeinen Partikeln in die Lunge transportiert und tragen dort erheblich zu den gesundheitlich relevanten Effekten bei. Ähnlich argumentierten auch die Experten bei einem Gerichtsverfahren in Baden-Württemberg, wobei die Klage gegen eine Produktionsanlage für Nanopartikel vor dem Bundesverwaltungsgericht zurückgewiesen wurde, unter Berufung auf die Aussagen, dass die erzeugten Nanopartikel zum einen erheblich geringere Auswirkung haben als umweltrelevante Feinstäube und die Rückhaltemaßnahmen zum anderen ausreichend konzipiert sind (Bundesverwaltungsgericht 2003). Dennoch ist zu erwarten, dass auch hier in jedem Einzelfall neu abgeschätzt werden muss, wie sich die Situation während der Produktion darstellt und mit welchen Emissionen gerechnet werden muss.

D. Resümee

Zu den dargestellten Beispielen von Nanomaterialien sind bereits viele Publikationen erschienen, die sich mit den biologischen Auswirkungen beschäftigen und daraus potenzielle Gefährdungen ableiten. Dennoch ist die Datenlage im Einzelfall meist sehr dürftig, da die Studien sehr häufig nicht direkt miteinander vergleichbar sind. Ebenfalls zu berücksichtigen ist der Umstand, dass in der Fachpresse üblicherweise nur „positive" Befunde veröffentlicht werden, also solche

Ergebnisse, die eine biologische Wirkung zeigen. Die vielen Studien, die keine Effekte der Nanopartikel finden, werden nicht veröffentlicht und tragen somit nicht zu den Überlegungen zur Risikoabschätzung bei. Bei einer jüngst abgehaltenen Tagung in Ascona waren sich die Experten einig darüber, dass die Zahl der nichtveröffentlichten „negativen“ Studien deutlich diejenige der publizierten Studien überwiegt, die einen biologischen Effekt beschreiben (Behra and Krug 2008; nanoECO, 2008). Somit erhalten wir beim Studium der Literatur ein verzerrtes Bild der möglichen Gefährdung durch Nanopartikel. Es wird also noch einige Jahre dauern, bis wir uns darüber klar werden können, mit welchen Gefährdungen tatsächlich in realistischer Weise zu rechnen sein wird.

Für die Studien, die in Zukunft durchgeführt werden, wird seitens der Experten eine Reihe von Forderungen erhoben, die bei der Erforschung der möglichen Risiken der Nanomaterialien unbedingt beachtet werden sollten (Behra and Krug 2008; Hund-Rinke and Simon 2006; Krug & Fleischer, 2007; Maynard et al. 2006; Sayes et al. 2007b; Tsuji et al. 2006; Warheit 2008):

1. Verlässliche und vergleichbare Methoden sind nicht vorhanden und müssen möglichst bald definiert werden.
2. Referenzmaterialien für die biologische Wirkung fehlen völlig und sollten bald zur Verfügung stehen, wobei unklar ist, wer diese produzieren soll und wer das finanziert.
3. Expositionsszenarien (z. B. am Arbeitsplatz) werden noch zu wenig untersucht.
4. Verschiedene biologische Effekte sind inzwischen gefunden und beschrieben worden, aber es fehlen immer noch wichtige Informationen insbesondere zur Toxikokinetik: Verteilung, Akkumulation, Deposition und Exkretion von Nanopartikeln.
5. Ökotoxikologische Aspekte sind in der aktuellen Forschung stark unterrepräsentiert.
6. Einige Fragen sind bisher überhaupt nicht adressierbar, da entsprechende Fälle (zum Glück) noch gar nicht eingetreten sind (z. B. Nanopartikel und Epidemiologie).

Außerdem bestehen in verschiedenen Wissensbereichen große Lücken, die dringend geschlossen werden müssen, um zu einer nachhaltigen Technologie im Zusammenhang mit der Nanowissenschaft zu kommen. Diese sind

1. Analytik und Methoden
2. Gesundheit
3. Umwelt
4. Arbeitssicherheit und -gesundheit
5. Technologiefolgen-Abschätzung und Kommunikation

Darüber hinaus zeichnen sich insbesondere für Umweltfragestellungen die folgenden Punkte ab, die ebenfalls in der nahen Zukunft besondere Aufmerksamkeit erhalten sollten und dringend einer Aufklärung bedürfen:

- Identifikation wichtiger Emissionsquellen
- Entwicklung von Modellen zur Vorhersage der Verteilung von Nanopartikeln in der Umwelt
- Verteilung von Nanopartikeln zwischen verschiedenen Umweltmedien (z.B. Wasser/Boden, Wasser/Klärschlamm, Boden/Luft)
- Verteilung, Akkumulation und Persistenz von Nanopartikeln in der Umwelt und in Umweltorganismen
- Chemische/physikalische Umwandlung von Nanomaterialien in der Umwelt
- Metabolisierung/Veränderung von Nanomaterialien durch Organismen (z.B. Veränderungen des Coatings) in der Umwelt
- Agglomerationsverhalten von Nanopartikeln in Boden, Wasser, Luft und Biota
- Bioverfügbarkeit von Nanopartikeln für Flora und Fauna
- Bioakkumulation und Biomagnifikation von Nanopartikeln in der Nahrungskette
- Entwicklung von Methoden und Modellen zur Prüfung der akuten und chronischen Wirkung auf Organismen bzw. sensitive biologische Systeme
- Untersuchungen zu möglichen Sekundäreffekten von Nanopartikeln (z.B. Erhöhung der Bioverfügbarkeit von an Partikel adsorbierenden Schadstoffen – Huckepack-Effekt)

In ihrer Arbeit zur Ökotoxikologie der Nanopartikel stellt Frau Hund-Rinke vier sehr wichtige Empfehlungen bzw. Fragen an das Ende, die nicht nur für die Studien zur Umwelttoxikologie von Bedeutung sind, sondern auch für die gesundheitlichen Untersuchungen bzw. toxikologische Experimente Anwendung finden sollten (Hund-Rinke and Simon 2006):

(I) Die Ursache der Toxizität: Ist die spezifische Oberfläche der Nanopartikel wichtig, ist es die kristalline Form die dominiert, oder ist der Aggregations-/Agglomerationszustand für die Experimente von Bedeutung?

(II) Eine eingehende Prüfung des Test-Designs (z.B. Stabilität der Dispersionen, Lichtquellen für Photokatalyse, kontinuierliche Beleuchtung im Versuch ohne die Testorganismen zu schädigen sowie realistische Versuchsbedingungen).

(III) Ausarbeitung von Testbatterien, die sich tatsächlich für die Verwendung bei der Untersuchung von Nanopartikeln eignen.

(IV) Eine vernünftige und eingehende Kontrolle der Resultate.

Diese vier Listen mit unterschiedlichen Anregungen, Forderungen und Empfehlungen zur Problematik der biologischen Wirkung von Nanopartikeln bzw. den umweltrelevanten Auswirkungen sollen verdeutlichen, dass wir zwar einen hohen Kenntnisstand aus einzelnen Studien besitzen, nach wie vor jedoch in vielerlei Hinsicht keine belastbaren Resultate vorweisen können, die sicher über eine Gefährdung Auskunft geben. Daher bleibt nach wie vor nur die Einzelfallprüfung, um eine gewisse Sicherheit im Umgang mit den Nanomaterialien zu erlangen. Weiterhin muss jedoch von allen Seiten darauf hingewirkt werden, dass sich die Experimentatoren an diese Empfehlungen halten und somit gemeinsam dafür Sorge tragen, dass alle neuen Ergebnisse untereinander vergleichbar werden und damit die statistische Sicherheit der Experimente zunimmt. Wir sind alle gemeinsam aufgefordert, zur nachhaltigen Nutzung der Nanotechnologie beizutragen und dabei weder zur Panikmache noch zur Beschwichtigung zu neigen, sondern auf der Basis realistischer Annahmen und aktueller Erkenntnisse unsere Schlüsse zu ziehen.

E. Literatur

Adams, Laura K./Lyon, Delina Y./Alvarez, Pedro J. J. (2006a): Comparative eco-toxicity of nanoscale TiO_2, SiO_2, and ZnO water suspensions. Water Res. 40: S. 3527–3532.

Adams, Laura K./Lyon, Delina Y./McIntosh, A./Alvarez, Pedro J. J. (2006b): Comparative toxicity of nanoscale TiO_2, SiO_2 and ZnO water suspensions. Water Sci. Technol. 54: S. 327–334.

Adelmann, P./Baierl, T./Drosselmeyer, E./Politis, C./Polzer, G./Seidel, A./Schwegler-Berry, D./Steinleitner, C. (1994): Effects of fullerenes on alveolar macrophages in vitro, in: Mohr, U./Dungworth, D. L./Maulderly, J./Oberdörster, Günter (Hrsg.), Toxic and carcinogenic effects of solid particles in the respiratory tract, ILSI Press, Washington DC.

Arbab, A. S./Bashaw, L. A./Miller, B. R./Jordan, E. K./Lewis, B. K./Kalish, H./Frank, J. A. (2003): Characterization of biophysical and metabolic properties of cells labeled with superparamagnetic iron oxide nanoparticles and transfection agent for cellular MR imaging. Radiology 229: S. 838–846.

Auffan, Melanie/Decome, Laetitia/Rose, Jerome/Orsiere, Thierry/De Meo, Michel/Briois, Valerie/Chaneac, Corinne/Olivi, Luca/Berge-Lefranc, Jean-Louis/Botta, Alain/Wiesner, Mark R./Bottero, Jean-Yyes (2006): In vitro interactions between DMSA-coated maghemite nanoparticles and human fibroblasts: A physicochemical and cyto-genotoxical study. Environ. Sci. Technol. 40: S. 4367–4373.

Baggs, R. B./Ferin, J./Oberdörster, Günter (1997): Regression of pulmonary lesions produced by inhaled titanium dioxide in rats. Vet. Pathol. 34: S. 592–597.

Baierl, T./Drosselmeyer, E./Seidel, A./Hippeli, S. (1996): Comparison of immunological effects of Fullerene C60 and raw soot from Fullerene production on alveolar macrophages and macrophage like cells in vitro. Exp. Toxicol. Pathol. 48: S. 508–511.

Baierl, T./Seidel, A. (1996): In vitro effects of fullerene C-60 and fullerene black on immunofunctions of macrophages. Fullerene Sci. Technol. 4: S. 1073–1085.

Barrett, Edward G./Johnston, Carl/Oberdörster, Günter/Finkelstein, Jacob N. (1998): Silica-induced chemokine expression in alveolar type II cells is mediated by TNF-alpha. Am. J. Physiol. 275: S. L1110–L1119.

– (1999): Silica-induced chemokine expression in alveolar type II cells is mediated by TNF-alpha-induced oxidant stress. Am. J. Physiol. 276: S. L979–L988.

Behra, Renata/Krug, Harald F. (2008): Nanoecotoxicology – Nanoparticles at large. Nature Nanotechnol. 3: S. 253–254.

Berry, Catherine C./Wells, Stephen/Charles, Stuart/Aitchison, Gregor/Curtis, Adam S.G. (2004): Cell response to dextran-derivatised iron oxide nanoparticles post internalisation. Biomaterials 25: S. 5405–5413.

Beyersmann, Detmar/Haase, Hajo (2001): Functions of zinc in signaling, proliferation and differentiation of mammalian cells. Biometals 14: S. 331–341.

Brand, Rhonda M./Pike, James/Wilson, Roselyn M./Charron, Anna R. (2003): Sunscreens containing physical UV blockers can increase transdermal absorption of pesticides. Toxicol. Ind. Health 19: S. 9–16.

Brett, David W. (2006): A discussion of silver as an antimicrobial agent: alleviating the confusion. Ostomy. Wound. Manage. 52: S. 34–41.

Brunner Tobias J./Wick, Peter/Manser, Pius/Spohn, Philipp/Grass, Robert N./Limbach, Ludwig K./Bruinink, Arie/Stark, Wendelin J. (2006): In vitro cytotoxicity of oxide nanoparticles: comparison to asbestos, silica, and the effect of particle solubility. Environ. Sci. Technol. 40: S. 4374–4381.

Bundesverwaltungsgericht (2003) Urteil vom 11.12.2003, http://lexetius.com/2003,3042.

Castranova, Vincent (2004): Signaling pathways controlling the production of inflammatory mediators in response to crystalline silica exposure: role of reactive oxygen/nitrogen species. Free Radic. Biol. Med. 37: S. 916–925.

Dick, Collin A./Brown, David M./Donaldson, Ken/Stone, Vicki (2003): The role of free radicals in the toxic and inflammatory effects of four different ultrafine particle types. Inhal. Toxicol. 15: S. 39–52.

Donaldson, Ken/Aitken, Robert/Tran, Lang/Stone, Vicky/Duffin, Roger/Forrest, Gavin/Alexander, Andrew (2006): Carbon Nanotubes: A Review of Their Properties in Relation to Pulmonary Toxicology and Workplace Safety. Toxicol. Sci. 92: S. 5–22.

Doshi, Reeti/Braida, Washington/Christodoulatos, Christos/Wazne, Mahmoud/O'Connor, Gregory (2008): Nano-aluminum: Transport through sand columns and environmental effects on plants and soil communities. Environ. Res. 106: S. 296–303.

Dugan, L. L./Gabrielsen, J. K./Yu, S. P./Lin, T. S./Choi, D. W. (1996): Buckminsterfullerenol free radical scavengers reduce excitotoxic and apoptotic death of cultured cortical neurons. Neurobiol. Dis. 3: S. 129–135.

Dumortier, Helene/Lacotte, Stephanie/Pastorin, Giorgia/Marega, Riccardo/Wu, Wei/ Bonifazi, Davide/Briand, Jean-Paul/Prato, MaurizioMuller, Sylviane/Bianco, Alberto (2006): Functionalized carbon nanotubes are non-cytotoxic and preserve the functionality of primary immune cells. Nano Lett. 6: S. 1522–1528.

European Environment Agency (2001): Late lessons from early warnings. Environmental issue report 22, EEA, Copenhagen, ISBN 92-9167-323-4.

Fiorito, S./Serafino, A./Andreola, F./Bernier, P. (2006): Effects of fullerenes and single-wall carbon nanotubes on murine and human macrophages. Carbon 44: S. 1100–1105.

Gamer, A. O./Leibold, E./van Ravenzwaay, B. (2006): The in vitro absorption of microfine zinc oxide and titanium dioxide through porcine skin. Toxicol. In Vitro 20: S. 301–307.

Geiser, Marianne/Rothen-Rutishauser, Barbara/Kapp, Nadine/Schurch, Samuel/Kreyling, Wolfgang/Schulz, Holger/Semmler, Manuela/Im Hof, Vinzenz/Heyder, Joachim/Gehr, Peter (2005): Ultrafine particles cross cellular membranes by nonphagocytic mechanisms in lungs and in cultured cells. Environ. Health Perspect. 113: S. 1555–1560.

Gelis, Christelle/Girard, Stephanie/Mavon, Alain/Delverdier, Maxence/Paillous, Nicole/Vicendo, Patricia (2003): Assessment of the skin photoprotective capacities of an organo-mineral broad-spectrum sunblock on two ex vivo skin models. Photodermatol. Photoimmunol. Photomed. 19: S. 242–253.

Gojova, Andrea/Guo, Bing/Kota, Rama S./Rutledge, John C./Kennedy, Ian M./Barakat, Abdul I. (2007): Induction of inflammation in vascular endothelial cells by metal oxide nanoparticles: effect of particle composition. Environ. Health Perspect. 115: S. 403–409.

Grubek-Jaworska, H./Nejmam, P./Czuminska, K./Przybylowski, T./Huczko, A./Lange, H./Bystrzejewski, M./Baranowski, P./Chazan, R. (2006): Preliminary results on the pathogenic effects of intratracheal exposure to one-dimensional nanocarbons. Carbon 44: S. 1057–1063.

Gupta, Ajay Kumar/Curtis, Adam S. (2004): Surface modified superparamagnetic nanoparticles for drug delivery: interaction studies with human fibroblasts in culture. J. Mater. Sci. Mater. Med. 15: S. 493–496.

Gupta, Ajay Kumar/Gupta, Mona (2005): Cytotoxicity suppression and cellular uptake enhancement of surface modified magnetic nanoparticles. Biomaterials 26: S. 1565–1573.

Gurr, Jia-Ran/Wang, Alexander S./Chen, Chien-Hung/Jan, Kun-Yan (2005): Ultrafine titanium dioxide particles in the absence of photoactivation can induce oxidative damage to human bronchial epithelial cells. Toxicology 213: S. 66–73.

Hohr, Doris/Steinfartz, Yvonne/Schins, Roel P./Knaapen, Ad M./Martra, Gianmario/Fubini, Bice/Borm, Paul J. (2002): The surface area rather than the surface coating determines the acute inflammatory response after instillation of fine and ultrafine TiO_2 in the rat. Int. J. Hyg. Environ. Health 205: S. 239–244.

Hu, Z./Guan, W./Wang, W./Huang, L./Xing, H./Zhu, Z. (2007): Synthesis of beta-alanine C60 derivative and its protective effect on hydrogen peroxide-induced apoptosis in rat pheochromocytoma cells. Cell Biol. Int. 31: S. 798–804.

Huczko, Andrzej/Lange, Hubert/Bystrzejewski, Micha/Baranowski, Piotr/Grubek-Jaworska, Hanna/Nejman, Patrycja/Przybylowski, Tadeusz/Czuminska, Katarzyna/Glapinski, Jaroslaw/Walton, D. R. M./Kroto, H. W. (2005): Pulmonary toxicity of 1-D nanocarbon materials. Fullerenes Nanotubes and Carbon Nanostructures 13: S. 141–145.

Hund-Rinke, Kerstin/Simon, Markus (2006): Ecotoxic effect of photocatalytic active nanoparticles (TiO_2) on algae and daphnids. Environ. Sci. Pollut. Res. Int. 13: S. 225–232.

Hussain, Saber M./Hess, Krista L./Gearhart, Jeff M./Geiss, K. T./Schlager, John J. (2005): In vitro toxicity of nanoparticles in BRL 3A rat liver cells. Toxicol. In Vitro 19: S. 975–983.

Johnston, Carl J./Driscoll, Kevin E./Finkelstein, Jacob N./Baggs, R./O'Reilly, Michael A./Carter, Janet/Gelein, Robert/Oberdörster, Günter (2000): Pulmonary chemokine and mutagenic responses in rats after subchronic inhalation of amorphous and crystalline silica. Toxicol. Sci. 56: S. 405–413.

Kagan, V. E./Tyurina, Y. Y./Tyurin, V. A./Konduru, N. V./Potapovich, A. I./Osipov, A. N./Kisin, E. R./Schwegler-Berry, D./Mercer, R./Castranova, V./Shvedova, A. A. (2006): Direct and indirect effects of single walled carbon nanotubes on RAW 264.7 macrophages: Role of iron. Toxicol. Lett. 165: S. 88–100.

Kapp, Nadine/Kreyling, Wolfang G./Schulz, Holger/Im Hoff, Vinzenz/Gehr, Peter/Semmler, Manuela/Geiser, Marianne (2004): Electron energy loss spectroscopy for analysis of inhaled ultrafine particles in rat lungs. Microsc. Res. Tech. 63: S. 298–305.

Kostarelos, Kostas/Lacerda, Lara/Pastorin, Giorgia/Wu, Wei/Wieckowski, Sebastien/ Luangsivilay, Jacqueline/Godefroy, Sylvie/Pantarotto, Davide/Briand, Jean-Paul/Muller, Sylviane/Prato, Maurizio/Bianco, Alberto (2007): Cellular uptake of functionalized carbon nanotubes is independent of functional group and cell type. Nature Nanotechnol. 2: S. 108–113.

Krug, Harald F. (2005): Auswirkungen nanotechnologischer Entwicklungen auf die Umwelt. UWSF – Z Umweltchem Ökotox 17: S. 223–230.

Krug, Harald F./Fleischer, Torsten (2007): Nanotechnologie – eine Bestandsaufnahme. Umwelt – Medizin – Gesellschaft 20 (1): S. 67–73.

Krug, Harald F/Kern, Katrin/Wörle-Knirsch, Jörg M./Diabaté, Silvia (2006): Toxicity of nanomaterials – new carbon conformations and metal oxides, in: Kumar C (ed) Impact of Nanomaterials on the Environment Wiley VCH, Weinheim, S. 153–185.

Lam, Chiu-Wing/James, John T./McCluskey, Richard/Hunter, Robert L. (2004): Pulmonary toxicity of single-wall carbon nanotubes in mice 7 and 90 days after intratracheal instillation. Toxicol. Sci. 77: S. 126–134.

Lecoanet, H. F./Wiesner, M. R. (2004): Velocity effects on fullerene and oxide nanoparticle deposition in porous media. Environ. Sci. Technol. 38: S. 4377–4382.

Long, Thomas C./Saleh, Navid/Tilton, Robert D./Lowry, Gregory V./Veronesi, Belinda (2006): Titanium dioxide (P25) produces reactive oxygen species in immortalized brain microglia (BV2): implications for nanoparticle neurotoxicity. Environ. Sci. Technol. 40: S. 4346–4352.

Lovern, Sarah B./Strickler, Rudi J./Klaper, Rebecca (2007): Behavioral and physiological changes in Daphnia magna when exposed to nanoparticle suspensions (titanium dioxide, nano-C60, and C60HxC70Hx). Environ. Sci. Technol. 41: S. 4465–4470.

Maynard, Andrew D./Aitken, Robert J./Butz, Tilman/Colvin, Vicki/Donaldson, Ken/Oberdörster, Günter/Philbert, Martin A./Ryan, John/Seaton, Anthony/Stone, Vicki/Tinkle, Sally S./Tran, Lang/Walker, Nigel J./Warheit, David B. (2006): Safe handling of nanotechnology. Nature 444: S. 267–269.

Merget, R./Bauer, T./Kupper, H. U./Philippou, S./Bauer, H.D./Breitstadt, R./Bruening, T. (2002): Health hazards due to the inhalation of amorphous silica. Arch. Toxicol. 75: S. 625–634.

Muller, Julie/Huaux, Francois/Moreau, Nicolas/Misson, Pierre/Heilier, Jean-Francois/Delos, Monique/Arras, Mohammed/Fonseca, Antonio/Nagy, Janos B./Lison, Dominique (2005): Respiratory toxicity of multiwall carbon nanotubes. Toxicol. Appl. Pharmacol. 207: S. 221–231.

Muller, Katrin/Skepper, Jeremy N./Posfai, Mihaly/Trivedi, Rikin/Howarth, Simon/Corot, Claire/Lancelot, Eric/Thompson, Paul W./Brown Andrew P./Gillard, Jonathan H. (2007): Effect of ultrasmall superparamagnetic iron oxide nanoparticles (Ferumoxtran-10) on human monocyte-macrophages in vitro. Biomaterials 28: S. 1629–1642.

Nanoderm (2007): Quality of skin as a barrier to ultra-fine particles. Final Report European Project, http://www.uni-leipzig.de/_nanoderm/Downloads/Nanoderm_Final_Report.pdf.

nanoECO (2008): Nanoparticles in the Environment – Implications and Applications, 2.–7. March, 2008, Centro Stefano Franscini, Monte Verità, Ascona, Switzerland.

Nemmar, Abderrahim/Nemery, Benoit/Hoet, Peter H./Van Rooijen, Nico/Hoylaerts, Marc F. (2005): Silica particles enhance peripheral thrombosis: key role of lung macrophage-neutrophil cross-talk. Am. J. Respir. Crit. Care Med. 171: S. 872–879.

Oberdörster, Eva (2004): Manufactured nanomaterials (fullerenes, C60) induce oxidative stress in the brain of juvenile largemouth bass. Environ. Health Perspect. 112: S. 1058–1062.

Oberdörster, Eva/Zhu, Shiqian/Blickley, Michelle T./McClellan-Green, Patricia/Haasch, Mary L. (2006): Ecotoxicology of carbon-based engineered nanoparticles: Effects of fullerene (C60) on aquatic organisms. Carbon 44: S. 1112–1120.

Oberdörster, Günter (2001): Pulmonary effects of inhaled ultrafine particles. Int. Arch. Occup. Environ. Health 74: S. 1–8.

Oberdörster, Günter/Finkelstein, J. N./Johnston, C./Gelein, R./Cox, C./Baggs, R./Elder, A.C. (2000): Acute pulmonary effects of ultrafine particles in rats and mice. 96, Health Effects Institute, Cambridge, MA.

Peters, Kirstin/Unger, Ronald E./Kirkpatrick James C./Gatti, Antonietta M./Monari, Emanuela (2004): Effects of nano-scaled particles on endothelial cell function in vitro: studies on viability, proliferation and inflammation. J. Mater. Sci. Mater. Med. 15: S. 321–325.

Pflücker, F./Wendel, V./Hohenberg, H./Gartner, E./Will, T./Pfeiffer, S./Wepf, R./Gers-Barlag, H. (2001): The human stratum corneum layer: an effective barrier against dermal uptake of different forms of topically applied micronised titanium dioxide. Skin Pharmacol Appl Skin Physiol 14 Suppl 1: S. 92–97.

Pulskamp, Karin/Diabate, Silvia/Krug, Harald F. (2007): Carbon nanotubes show no sign of acute toxicity but induce intracellular reactive oxygen species in dependence on contaminants. Toxicol. Lett. 168: S. 58–74.

Rehn, B./Seiler, F./Rehn, S./Bruch, J./Maier, M. (2003): Investigations on the inflammatory and genotoxic lung effects of two types of titanium dioxide: untreated and surface treated. Toxicol. Appl. Pharmacol. 189: S. 84–95.

Reeves, J. F./Davies, S. J./Dodd, N. J./Jha, A. N. (2008): Hydroxyl radicals (OH) are associated with titanium dioxide (TiO(2)) nanoparticle-induced cytotoxicity and oxidative DNA damage in fish cells. Mutat. Res. 640: S. 113–122.

Sayes, Christie M./Fortner, John D./Guo, Wenh/Lyon, Delina/Boyd, Adina M./Ausman, Kevin D./Tao, Yizhi J./Sitharaman, Balaji/Wilson, Lon J./Hughes, Joseph B./West, Jennifer L./Colvin, Vicki L. (2004): The differential cytotoxicity of water-soluble fullerenes. Nano Letters 4: S. 1881–1887.

Sayes, Christie M./Marchione, Alexander A./Reed, Kenneth L./Warheit, David B. (2007): Comparative pulmonary toxicity assessments of C60 water suspensions in rats: few differences in fullerene toxicity in vivo in contrast to in vitro profiles. Nano Lett 7: 2399–2406.

Sayes, Christie M./Reed, Kenneth L./Warheit, David B. (2007): Assessing toxicity of fine and nanoparticles: comparing in vitro measurements to in vivo pulmonary toxicity profiles. Toxicol Sci 97: S. 163–180.

Sayes, Christie M./Wahi, Rajeev/Kurian, Preetha A./Liu, Yunping/West, Jennifer L./Ausman, Kevin D./Warheit, David B./Colvin, Vicki L. (2006): Correlating nanoscale titania structure with toxicity: a cytotoxicity and inflammatory response study with human dermal fibroblasts and human lung epithelial cells. Toxicol. Sci. 92: S. 174–185.

Shvedova, Anna A./Castranova, V./Kisin, Elena R./Schwegler-Berry, Diane/Murray, Ashley R./Gandelsman, V. Z./Maynard, Andrew/Baron, Paul (2003): Exposure to carbon nanotube material: assessment of nanotube cytotoxicity using human keratinocyte cells. J. Toxicol. Environ. Health A 66: S. 1909–1926.

Shvedova, Anna A./Kisin, Elena R./Mercer, Robert/Murray, Ashley R./Johnson, Victor J./Potapovich, Alla/Tyurina, Yulia Y./Gorelik, Olga/Arepalli, Sevaram/Schwegler-Berry, Diane/Hubbs, Ann F./Antonini, James/Evans, Douglas E./Ku, Bon-Ki/Ramsey, Dawn/Maynard, Andrew/Kagan, Valerian E./Castranova, Vincent/Baron, Paul (2005): Unusual inflammatory and fibrogenic pulmonary responses to single-walled carbon nanotubes in mice. Am. J. Physiol Lung Cell Mol. Physiol 289: S. L698–L708.

Smith, C. J./Shaw, B. J./Handy, R. D. (2007): Toxicity of single walled carbon nanotubes to rainbow trout, (Oncorhynchus mykiss): respiratory toxicity, organ pathologies, and other physiological effects. Aquat. Toxicol. 82: S. 94–109.

Spohn, Phillip./Hirsch, Cordula/Halser, Franziska/Bruinink, Arie/Krug, Harald F./Wick, Peter (2008) C_{60} fullerene: a powerful antioxidant or a damaging nanonoxe? The importance of an in-depth material characterization prior to toxicity assays. Environm. Poll. submitted.

Takenaka, Shinji/Karg, Erwin/Roth, Christa/Schulz, Holger/Ziesenis, Axel/Heinzmann, Ulrich/Schramel, Peter/Heyder, Joachim (2001): Pulmonary and systemic distribution of inhaled ultrafine silver particles in rats. Environ. Health Perspect. 109 Suppl 4: S. 547–551.

Theogaraj, E./Riley, S./Hughes, L./Maier, M./Kirkland, D. (2007): An investigation of the photo-clastogenic potential of ultrafine titanium dioxide particles. Mutat. Res. 634: S. 205–219.

Tong, Zhonghua/Bischoff, Marianne/Nies, Loring/Applegate, Bruce/Turco, Ronald F. (2007): Impact of fullerene (C60) on a soil microbial community. Environ Sci Technol 41: S. 2985–2991.

Tsuji, Joyce S./Maynard, Andrew D./Howard, Paul C./James, John T./Lam, Chiu-Wing/Warheit, David B./ Santamaria, Annette B. (2006): Research strategies for safety evaluation of nanomaterials, Part IV: Risk assessment of nanoparticles. Toxicol. Sci. 89: S. 42–50.

Vileno, Betrand/Lekka, Malgorzata/Sienkiewicz, Andrzej/Jeney, Sylvia/Stoessel, Gabriela/Lekki, Janusz/Forro, Lalszlo/Stachura, Zbigniew (2007): Stiffness alterations of single cells induced by UV in the presence of nanoTiO2. Environ. Sci. Technol. 41: S. 5149–5153.

Wang, H./Wang, J./Deng, X./Sun, H./Shi, Z./Gu, Z./Liu, Y./Zhao, Y. (2004): Biodistribution of carbon single-wall carbon nanotubes in mice. J. Nanosci. Nanotechnol. 4: S. 1019–1024.

Warheit, David B. (2008): How meaningful are the results of nanotoxicity studies in the absence of adequate material characterization? Toxicol. Sci. 101:183–185.

Warheit, David B./Laurence, B. R./Reed, K. L./Roach, D. H./Reynolds, G. A./Webb, T. R. (2004): Comparative pulmonary toxicity assessment of single-wall carbon nanotubes in rats. Toxicol. Sci. 77: S. 117–125.

Wörle-Knirsch, Jörg M., Pulskamp, K., Krug, Harald F. (2006): Oops they did it again! Carbon nanotubes hoax scientists in viability assays. Nano Lett. 6: S. 1261–1268.

Wottrich, Ralf/Diabaté, Silvia/Krug, Harald F. (2004): Biological effects of ultrafine model particles in human macrophages and epithelial cells in mono- and co-culture. Int. J. Hyg. Environ. Health 207: S. 353–361.

Xia, T./Kovochich, M./Brant, J./Hotze, M./Sempf, J./Oberley, T./Sioutas, C./Yeh, J. I./Wiesner, M. R./Nel, A. E. (2006): Comparison of the abilities of ambient and manufactured nanoparticles to induce cellular toxicity according to an oxidative stress paradigm. Nano Lett. 6: S. 1794–1807.

Zhu, Shiqian/Oberdörster, Eva/Haasch, Mary L. (2006): Toxicity of an engineered nanoparticle (fullerene, C60) in two aquatic species, Daphnia and fathead minnow. Mar. Environ. Res. 62 Suppl: S. S5–S9.

Zhu, X./Zhu, L./Li, Y./Duan, Z./Chen, W./Alvarez, P. J. (2007): Developmental toxicity in zebrafish (Danio rerio) embryos after exposure to manufactured nanomaterials: buckminsterfullerene aggregates (nC60) and fullerol. Environ. Toxicol. Chem. 26: S. 976–979.

Aufnahme und Speicherung von Nanopartikeln durch die Haut

Tilman Butz

A. Einleitung

TiO_2 wird in großem Maßstab als Weißpigment verwendet, z.B. in Farben, Zahnpasta, Lippenstift, Kaugummi und Tabletten, um nur einige wenige Anwendungen aufzuzählen. Durch die Eigenschaft, ultraviolettes Licht zu absorbieren, ist es auch als physikalischer Sonnenschutzfilter interessant. Es kommt in Sonnenschutzmitteln als Nanopartikel zum Einsatz, da bei Dimensionen der Partikel um 20 nm der sogenannte Weiß-Effekt verschwindet, der für den Verbraucher unerwünscht ist. Die Kosmetikindustrie verweist auch darauf, dass die Spreitung der Formulierungen (die gleichmäßige Verteilung auf der Oberfläche), die solche Nanopartikel enthalten, besser ist. Nun erhebt sich die Frage, ob diese Nanopartikel durch die Haut in vitales Gewebe penetrieren können und möglicherweise systemisch werden sowie transloziert und vielleicht auch akkumuliert werden. Da TiO_2 als inert und biopersistent angesehen wird, könnten bei längerer Applikation gesundheitliche Schäden resultieren. Da TiO_2 photokatalytisch aktiv ist – es wird z.B. zur Abwasserreinigung eingesetzt – wird es für Anwendungen in Sonnenschutzmitteln gecoated, d.h. mit einem Überzug aus amorphem SiO_2 oder anderen Materialien versehen, der die Radikalreaktionen an der Oberfläche unterbindet.

Die Frage der Hautpenetration von Nanopartikeln wird immer noch kontrovers diskutiert. Dies liegt zum einen an den verwendeten Untersuchungsmethoden, zum anderen aber auch an der Interpretation der Ergebnisse. Im Folgenden wird ausschließlich von TiO_2-Nanopartikeln die Rede sein.

Eine weit verbreitete Methode ist das sogenannte Tape-Stripping: man kann durch wiederholtes Aufbringen von Klebestreifen (z.B. Tesafilm) und Abziehen die

Hornhaut, die aus Korneozyten[1] besteht, lagenweise abtragen und dann die auf die Korneozytenmenge normierte Menge von Ti bestimmen. Trägt man die Ti-Menge gegen die Streifenzahl auf, so wird ein Tiefenprofil suggeriert. Das Hauptproblem dieser Methode liegt darin, dass durch Hautfalten und Haarfollikel die Tiefeninformation grob verfälscht werden kann. Zudem kann man lediglich die Hornhaut abziehen, eine mögliche Penetration in vitales Gewebe kann nicht gemessen werden und muss durch Extrapolation erschlossen werden.

Eine weitere Methode ist die Franz-Diffusionszelle: ein Stück Haut wird explantiert, vom Fettgewebe getrennt, und als Membran über eine Zelle gespannt. Auf der Oberseite der Haut wird die zu untersuchende Substanz aufgebracht, auf der rückwärtigen Seite wird mit einer Pufferlösung gespült und in regelmäßigen Abständen werden Proben gezogen und analysiert. Die Ergebnisse stehen und fallen mit der Integrität der Hautmembran: wenn es Kanäle mit Durchmessern von 20 nm oder größer gibt, wird man immer eine gewisse Penetration beobachten. Solche Kanäle könnten z.B. abgeschnittene Haarfollikel sein. Kleinere Kanäle um 20 nm sind nur elektronenmikroskopisch visualisierbar, wofür die Haut aber vakuumtauglich präpariert werden muss und nicht mehr funktionsfähig ist. Es erhebt sich auch die Frage, ob Nanopartikel von 20 nm Durchmesser – das entspricht einem Molekulargewicht von etwa 1 MDa (10^6 Dalton entspricht in etwa 10^6 Wasserstoffatomen) – überhaupt über einen diffusiven Mechanismus transportiert werden. Generell wird als Obergrenze für molekulare Hautpenetration etwa 0,5–1 kDa (10^3 Dalton) angesehen. Zudem neigen die Nanopartikel massiv zu Agglomeration, d.h. sie liegen selten als Einzelpartikel vor. Problematisch ist auch das Spülen mit Pufferlösung, was weit weg von in-vivo Bedingungen ist. Beide Methoden sind „integrale" Methoden, d.h. sie geben keine ortsaufgelöste Information über mögliche Penetrationspfade, geschweige denn über Konzentrationsprofile, wie sie für Diffusion typisch wären.

Wohl eine der wichtigsten Methoden ist die hochauflösende Transmissions-Elektronen-Mikroskopie (HRTEM). Hierfür werden aus Hautproben, die durch Biopsien gewonnen werden, Ultradünnschnitte (z.B. 50–100 nm Dicke) präpariert und von Elektronen „durchleuchtet". Der Vorteil dieser Methode liegt darin, dass einzelne Nanopartikel visualisiert werden können. Zudem kann man auch über Elektronenmikrosonden deren Elementzusammensetzung bestimmen. Die Nachteile dieser Methode liegen zum einen darin, dass umfangreiche Präparationsschritte – z.B. Fixieren und Färben – erforderlich sind und damit die Gefahr von Präparationsartefakten steigt, zum anderen hat man nur ein sehr geringes Gesichtsfeld und muss durch eine Vielzahl von Proben sicherstellen, dass man auch repräsentative Ausschnitte untersucht hat.

---

1 Korneozyten = abgestorbene Hautzellen.

B. Das NANODERM-Projekt

In dem von der EU finanzierten Projekt NANODERM, an dem Dermatologen und Naturwissenschaftler beteiligt waren, wurden daher außer HRTEM vor allem Methoden der Ionen-Mikroskopie wie Particle Induced X-Ray Emission (PIXE), kombiniert mit Scanning Transmission Ion Microscopy (STIM) und Rutherford Backscattering Spectrometry (RBS) eingesetzt. Der Fokus liegt dabei auf der Visualisierung möglicher Penetrationspfade. Hier kommen Hautdünnschnitte von ca. 10–15 µm zum Einsatz, die mittels eines Cryo-Mikrotoms aus gefriergetrockneten Stanzzylindern gewonnen werden. Fixierung und Färbung sind nicht erforderlich, so dass die Gefahr von Präparationsartefakten geringer ist. Zudem lassen sich mögliche Artefakte über die Kombination von PIXE und STIM bzw. über Sekundärelektronenbilder identifizieren. Weiterhin kann man aus einem größeren Überblickbild in interessante Regionen zoomen. Nachteilig ist, dass die laterale Auflösung nicht zur Visualisierung einzelner Partikel ausreicht. Allerdings würde man mit PIXE auch Ti in molekularer Form nachweisen können, sollten die Nanopartikel sich auflösen.

Weiterhin wurden im NANODERM-Projekt mit ^{48}V radioaktiv markierte Nanopartikel zur Untersuchung von Hautexplantaten eingesetzt, die durch Zyklotronreaktionen in Pulvertargets hergestellt wurden. Die Positronenspuren wurden mit Kernmikroemulsionen sichtbar gemacht. Die Methode hat wohl die größte Empfindlichkeit, leidet aber deshalb auch darunter, dass man Kontaminationen bei der Präparation nicht völlig ausschließen kann.

Hautproben wurden durch Biopsien von Hausschweinen und gesunder Humanhaut von Freiwilligen (männlich, weiblich; kaukasisch, farbig; verschiedene Alter) gewonnen (Abb. 1, → S. 340 Farbabb.). Daneben wurden Proben von auf SCID-Mäuse transplantierter Humanvorhaut verwendet. Außerdem kamen für die Untersuchungen mit ^{48}V radioaktiv markierten Nanopartikeln Hautexplantate zum Einsatz. Schließlich wurden auch Proben von Patienten mit Psoriasis (Schuppenflechte) untersucht.

Die Haut wurde in aller Regel ohne Vorbehandlungen verwendet. Daneben wurden in einigen Fällen auch verschiedene Vorbehandlungen wie Reinigung mit Ethanol (entfettet), exzessive Wasserexposition („Waschfrauenhaut") und partielles Tape-Stripping angewandt. Verschiedene dermatologische Formulierungen (Carbomergel, Polyacrylatgel, hydrophobes Basisgel, Microemulsionen), die TiO_2-Nanopartikel enthielten (hauptsächlich Eusolex T-2000), sowie die kommerziellen Produkte Eucerin Micropigment Crème 15 (Beiersdorf), Eucerin Micropigment Lotion 25 (Beiersdorf), Avène 50 (Pierre Fabre) und Anthelios XP SPF60 (Roche Posay) wurden mit etwa 2 mg/cm^2 unter nicht-okklusiven bzw. semi-okklusiven und okklusiven Bedingungen auf die Haut aufgetragen. Die Expositionszeiten variierten zwischen 30 Minuten und 48 Stunden. Anschließend wurde die Haut mechanisch gereinigt, um überschüssige Formulierung zu entfernen; dann wurden die Biopsien genommen und in auf 77 K gekühltem Isopentan schockgefroren. Die weitere Bearbeitung der Proben erfolgte dann getrennt für die HRTEM und die Ionenmikroskopie. Die Cryo-Mikrotom-Schnitte erfolgten unter einem Winkel von ca. 45° von der Innenseite der Hautprobe nach außen, um Kontaminationen und das Abblättern der Hornhaut zu vermeiden.

C. Resultate

Die Ergebnisse aller Untersuchungen lassen sich wie folgt zusammenfassen. Mit Ausnahme von wenigen Fällen wurde bei gesunder Haut Ti auf dem *stratum corneum* und in den obersten Lagen des *stratum corneum disjunctum* gefunden. Die Nanopartikel waren häufig aggregiert (Abb. 2, → S. 340 Farbabb.). Liposomenformulierungen mit Nanopartikeln, die als „schnelle Transporter" bekannt sind, werden auf der Oberfläche zerlegt und transportieren die Nanopartikel nicht (Abb. 3, → S. 340 Farbabb.). Überraschenderweise war die Spreitung der Formulierungen äußerst heterogen (Abb. 3 und 4, → S. 340 f. Farbabb.). Dies bedeutet, dass auf einer Längenskala von Mikrometern ganze Areale überhaupt nicht gegen UV-Strahlung geschützt sind. Die trotzdem hohen erzielbaren Sonnenschutzfaktoren legen den Schluss nahe, dass offenbar zur Erzeugung einer Hautrötung (Sonnenbrand) deutlich größere Areale UV-exponiert sein müssen und die Haut mit der UV-Schädigung kleiner Areale gut zurechtkommt. Inwieweit diese Schlussfolgerung korrekt ist, muss sich erst erweisen.

In fast allen Fällen konnten einzelne Ti-Spots in vitalem Gewebe als Präparationsartefakte identifiziert werden. In keinem der etwa 500 Bilder wurden kohärente Pfade von Nanopartikeln beobachtet, ganz zu schweigen von Konzentrationsprofilen, wie sie für diffusiven Transport charakteristisch sind. Daraus schließen wir, dass die Nanopartikel durch mechanisches Einwirken in die obersten Korneozytenlagen eingebracht wurden und dass diffusiver Transport nicht stattfindet. Daher halten wir Franz-Diffusionszellen für Penetrationsstudien von Nanopartikeln für ungeeignet. Durch Abschilfern der Hornhaut – sie erneuert sich etwa alle 30 Tage – wird das eingebrachte TiO_2 wieder entfernt.

Es gibt auch Anzeichen dafür, dass die Penetration bei Mikroläsionen erhöht ist (Abb. 4, → S. 341 Farbabb.). Schließlich wurde Ti auch in Tiefen von ca. 400 µm in Haarfollikeln gefunden (Abb. 5, → S. 341 Farbabb.), wobei allerdings keine Penetration in vitales Gewebe vorlag.

Die Untersuchungen an psoriatischer Haut waren weniger aufschlussreich. Im Gegensatz zu gesunder Haut, bei der das *stratum corneum* typischerweise 15 µm dick ist, liegt bei psoriatischer Haut eine ca. 100 µm dicke Hornhaut vor, in der noch lebende Keratinozyten eingebaut sind. Hier gibt es keine Barriere mehr und Nanopartikel können in Kontakt mit lebenden Zellen kommen. Es gab allerdings keine Hinweise darauf, dass Nanopartikel systemisch werden können.

Mittels Static Secondary Ion Mass Spectrometry (S-SIMS) und Laser Modulated Mass Spectrometry (LMMS) wurde untersucht, ob sich bei gecoateten Nanopartikeln mit und ohne UV-Bestrahlung neue Spezies aus den Formulierungen bilden, die möglicherweise gesundheitsschädlich sein könnten. Das Ergebnis war negativ.

Um das Risiko gesundheitlicher Schäden abschätzen zu können, ist neben der Exposition auch das Gefahrenpotential, das sich aus einem möglichen Kontakt von Hautzellen mit Nanopartikeln ergibt, von Bedeutung. Daher wurde die Wechselwirkung von einer Reihe von Hautzellen mit gecoateten und ungecoateten TiO_2-Nanopartikeln in-vitro und in-vivo untersucht. Dabei kamen verschiedene immuno-histochemische Methoden und Atom-Kraft-Mikroskopie zum Einsatz. Der zelluläre Respons variierte stark von Zelltyp zu Zelltyp; es wurden verschiedene Endpunkte getestet. Die Elastizität der Zellen veränderte sich unter UV-Beleuchtung bei Kontakt mit ungecoateten TiO_2-Nanopartikeln. Bei Zugabe von Radikalfängern wurde keine Veränderung der Elastizität beobachtet. Inwieweit diese Ergebnisse gesundheitsrelevant sind, ist eine offene Frage, da die Exposition bei gesunder Haut verschwindend gering ist, falls sie überhaupt existiert. Jedenfalls sollte der direkte Kontakt von Sonnenschutzmitteln mit offenen Wunden vermieden werden. Vermutlich trifft das auch auf massiv sonnenbrandgeschädigte Haut zu.

D. Schlussfolgerung

Auf einen Nenner gebracht kann man sagen, dass bei der üblichen Anwendung von Sonnenschutzmitteln, die gecoatete TiO_2-Nanopartikel enthalten, auf gesunder Haut keine gesundheitlichen Effekte, die mit der Partikeleigenschaft zusammenhängen, zu erwarten sind.

Allerdings ist zu bedenken, dass jede Methode minimale Nachweisgrenzen hat. Bei HRTEM kann man nicht wirklich von Nachweisgrenzen sprechen, da prinzipiell jedes einzelne Partikel nachgewiesen werden kann. Allerdings muss man dazu auch den richtigen Ausschnitt präpariert haben. Bei der PIXE liegt die Nachweisgrenze etwa bei einem 20 nm großen Partikel in einem Volumen von 1 µm × 1 µm × 10 µm. Langzeitexpositionsstudien – z.B. 30 Tage – gibt es bisher nicht. Die größte Unsicherheit bei allen bisherigen statischen Untersuchungen liegt vielleicht darin, dass bei mechanisch gestreckter/gestauchter Haut in jüngsten Untersuchungen erhöhte Penetration bis in vitales Gewebe beobachtet wurde, allerdings unter extremen ex-vivo Bedingungen (Tinkle et al. 2003: 1202 ff.; Rouse et al. 2007). Hier wäre ein standardisiertes in-vivo Verfahren äußerst nützlich. Zudem handelte es sich um Nanopartikel, die nicht in kosmetischen Produkten enthalten sind.

E. Ausblick

Verwendung in kosmetischen Produkten findet unter anderem auch ZnO mit ähnlichen Dimensionen wie TiO_2. Bezüglich der mechanischen Einbringung in die obersten Korneozytenlagen der Hornhaut gibt es keine Unterschiede zu TiO_2.

Allerdings ist ZnO besser löslich und wird als zytotoxisch angesehen. Daher findet es bei einigen Firmen keine Anwendung mehr. Weniger in kosmetischen Produkten, aber als Zusatz in Nahrungsmitteln kommt röntgen-amorphes SiO_2 zum Einsatz. Es wird als völlig unschädlich angesehen, ganz im Gegensatz zu kristallinem SiO_2 (Quarz).

Außer diesen mineralischen Nanopartikeln sind auch Produkte mit Fullerenen und Fullersomen (was das genau ist, ist unklar, möglicherweise sind das funktionalisierte Fullerene) auf dem Markt, die exotisch anmuten und deren Wirkung unklar ist. Möglicherweise sollen sie als Radikalfänger wirken. Fullerene sind kleine Moleküle (unter 1 nm Durchmesser), die ausschließlich aus Kohlenstoff bestehen und wie ein Ball aufgebaut sind. Hier könnte es tatsächlich Penetration in vitales Gewebe geben, wie jüngste Studien gezeigt haben (Rouse et al. 2007).

Weit verbreitet sind Nanoemulsionen, Nanosomen, Nanokapseln und ähnliches mehr, die im wesentlichen Wirkstoffe „verpacken" und dadurch haltbarer machen, die jedoch nicht intakt sondern allenfalls molekular durch die Hornhaut penetrieren. Wenn die Wirkstoffe niedermolekular sind, können sie die Hautbarriere überwinden.

F. Literatur

Butz, Tilman/Reinert, Tilo/Pinheiro, Teresa/Moretto, Philippe/Pallon, Jan/Kiss, Árpad Z./Stachura, Jerzy/Dabrós, Wojciech/Stachura, Zbigniew/Lekki, Janusz/Lekka, Malgorzata/Hunyadi, Janos/Bíró, Tamás/Sticherling, Michael/Van Vaeck, Luc/Van Royen, Pieter/Surlève-Bazeille, Jean-Etienne: Schlussbericht des NANODERM-Projektes: http://www.uni-leipzig.de/~nanoderm/Downloads/Nanoderm_Final_Report.pdf, 11.04.2008.

Rouse, Jillian G./Yang, Jianzhong/ Ryman-Rasmussen, Jessica P./Barron, Andrew R./ Monteiro-Riviere, Nancy A.: Nano Letters 7(1), 2007, S. 155–160.

Scientific Committee on Consumer Products (SCCP): Directorate-General Health & Consumer Protection of the European Commission, 2007: Opinion on Safety of Nanomaterials in Cosmetic Products, http://ec.europa.eu/health/ph_risk/committees/04_sccp/docs/sccp_o_123.pdf, 11.04.2008.

Tinkle, Sally S./Antonini, James M./Rich, Brenda A./Roberts, Jenny R./Salmen, Rebecca/ DePree, Karen/Adkins, Eric J.: Environmental Health Perspectives 111 (2003), S. 1202–1208.

Der NanoDialog – Verantwortungsvoller Umgang mit Nanomaterialien

Uwe Lahl

A. Einleitung

Die Nanotechnologie gilt weltweit als Schlüsseltechnologie des 21. Jahrhunderts. Mehr als 40 Staaten haben Strategien zur Förderung und Entwicklung der Nanotechnologie erarbeitet. Deutschland ist als Innovationsstandort auf dem Feld der Nanotechnologie mit an der Weltspitze, Forschung und Industrie sind voll wettbewerbsfähig.

Eine zukunftsorientierte Innovationspolitik umfasst heute in den führenden Industrieländern nicht nur die Förderung von Forschung und Entwicklung. Es geht auch um die rechtzeitige Klärung und Vermeidung möglicher Risiken neuer Technologien für Mensch und Umwelt. Es geht um zukunftsorientierte Dialoge zwischen Wirtschaft, Wissenschaft und Gesellschaft, um Kommunikationsfehler – wie sie auf anderen Technikfeldern beobachtet wurden – zu vermeiden. Es geht auch um den Beitrag, den neue Technologien für eine zukunftsfähige und nachhaltige Entwicklung von Wirtschaft und Gesellschaft leisten können.

Das Bundesumweltministerium hat für die Bundesregierung Ende 2006 den NanoDialog gestartet. Ziel ist es, mit Hilfe der Nanokommission eine nachhaltige und zukunftsfähige Entwicklung und Nutzung der Nanotechnologie mit dem Schwerpunkt Nanomaterialien zu unterstützen. Auf diesem Gebiet hat die kommerzielle Nutzung der Nanotechnologie längst begonnen.

Zum Hintergrund: Von Nanomaterialien spricht man bei Materialien, die in mindestens einer Dimension kleiner als 100 nm (Nanometer) sind. Sie finden mehr und mehr Anwendung und dienen insbesondere der Verbesserung von Produkten und Anwendungen wie z.B. höhere Stabilität bei Sportgeräten, Einsatz beim Brandschutz, selbst reinigende Oberflächen oder UV-Schutz bei Sonnencremes. In der Nanodimension weisen Partikel bekannter Stoffe häufig neuartige Eigenschaften auf, die auch Auswirkungen auf Mensch oder Umwelt haben könnten.

In den Dialog über Chancen und Risiken von Nanomaterialien sind Vertreter aus Wissenschaft, Fachbehörden des Bundes, Wirtschaft und aus Umwelt- und Verbraucherschutzverbänden einbezogen. Die Ergebnisse sollen eine Grundlage für die Information der Öffentlichkeit bieten und bei Bedarf Handlungsempfehlungen an die Behörden ermöglichen.

B. Arbeitstrukturen – Die Nanokommission und ihre Arbeitsgruppen

Wolf-Michael Catenhusen, Staatssekretär a.D., leitet die Nanokommission. Beteiligt sind daran Wissenschaftler, Wirtschaft und deren Verbände (BASF, Henkel, Evonik, Nanogate, Verband der Chemischen Industrie, Bundesverband der Deutschen Industrie), Umwelt- und Verbraucherschutzverbände (BUND, Verbraucherzentrale Bundesverband), Arbeitnehmervertreter (Deutsche Gewerkschaftsbund) und staatliche Vertreter (Bundesumweltministerium, Bundesministerium für Bil-

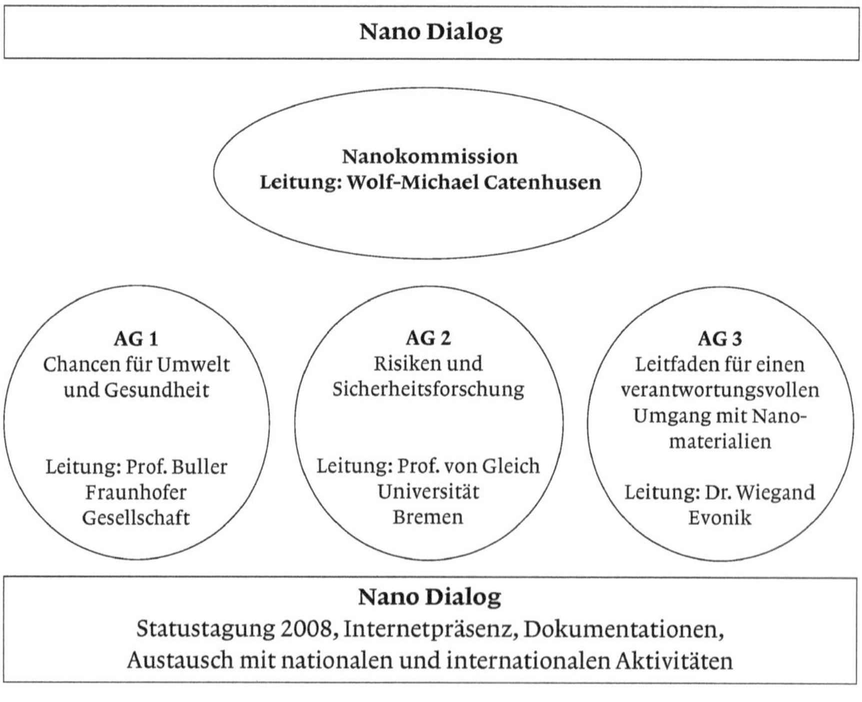

Abb: 1

dung und Forschung, Bund-/Länderausschuss für Chemikaliensicherheit). Thematische Arbeitsgruppen mit weiteren Experten und gesellschaftlichen Akteuren unterstützen die Arbeit der Nanokommission.

C. Themenfokus und Aufgaben

Die Nanokommission der Bundesregierung hat sich zunächst drei Aufgaben gestellt, für die Arbeitsgruppen gebildet worden sind:

I. Arbeitsgruppe 1: Chancen für Umwelt und Gesundheit

Die Kernfrage dieser Arbeitsgruppe lautet: Welcher Beitrag kann durch Nutzung von Nanomaterialien für eine nachhaltige Wirtschafts- und Gesellschaftsentwicklung in Deutschland geleistet werden, insbesondere für den Umwelt-/Gesundheits- und Verbraucherschutz? So versprechen Nanomaterialien in Photovoltaikanlagen, Energiespeichern oder Batterien eine erheblich bessere Energieausbeute. Weiter ist die Verbesserung von Filteranlagen mit Membrantechnik z. B. für Kläranlagen möglich. Spannende Zukunftsmärkte gerade für die deutsche Wirtschaft.

Das Ergebnis wird eine Beschreibung von Nano-Produkten oder Anwendungen sein, die einen besonderen Vorteil für die Umwelt oder den Verbraucherschutz bringen. Weil Nanomaterialien in vielen Bereichen noch in einem frühen Entwicklungsstadium sind, sollen darüber hinaus Zukunftspotenziale für den Standort Deutschland identifiziert werden. Zentrale Fragen sind: Welche positiven Effekte sind für Mensch und Umwelt durch Nanomaterialien zu erwarten? Welcher Beitrag kann insbesondere zum Klimaschutz geleistet werden? Welche besonderen Vorteile bieten Nanomaterialien im Vergleich zu herkömmlichen Techniken? Welche Risiken stehen diesen Chancen gegenüber und wie können sie bei der Technologieentwicklung ausgeschlossen bzw. kontrolliert werden? Die rechtzeitige Auseinandersetzung mit diesen Fragen wird zur Profilbildung Deutschlands auf diesen Zukunftsmärkten beitragen.

Fokus der Arbeitsgruppe 1 nach erster Zwischenbilanz im Überblick:

- Beispielhafte Anwendungen (vor allem in den Bereichen Energie, Wasser, Umwelttechnik) zeigen: Nanomaterialien können einen Beitrag zu Ressourceneffizienz und Umweltschutz leisten.
- Lebenszyklusbetrachtungen für ausgewählte Beispiele sollen „Licht“ in tatsächliche Beiträge für die Nachhaltigkeit bringen (Erste Forschungsprojekte dazu laufen).
- Es sollte eine weitergehende Fokussierung auf ausgewählte Handlungsfelder „Umwelt und Gesundheit“ für den Innovationsstandort Deutschland stattfinden (Erarbeitung realistischer Entwicklungsperspektiven).

II. Arbeitsgruppe 2: Risiken und Sicherheitsforschung

Die zweite Arbeitsgruppe hat ihre Arbeit unter der Fragestellung begonnen: Wo brauchen wir Beiträge einer interdisziplinären Risiko- und Sicherheitsforschung zur Klärung möglicher Auswirkungen des Umgangs mit Nanopartikeln auf Umwelt und Gesundheit? Sie beschäftigt sich mit möglichen Risiken von Nanomaterialien und identifiziert Wissenslücken, die prioritär geschlossen werden müssen. Erste Hinweise auf mögliche schädliche Wirkungen für Umwelt und Gesundheit müssen weiter erforscht werden. Ziel ist die Erarbeitung eines von den wesentlichen gesellschaftlichen Akteuren gemeinsam getragenen Programms für die zukünftige Sicherheitsforschung mit konkreten Projektvorschlägen.

Trotz Wissenslücken soll mit vorhandenen Daten und Informationen eine erste Bewertung ausgewählter Nano-Produkte hinsichtlich möglicher Risiken bei der Verwendung erfolgen. Im Fokus der Arbeit stehen Nanomaterialien in Anwendungsbereichen, in denen sie nicht fest in ein Produkt eingebunden sind und mit denen der Mensch z.B. durch Einatmen, über die Haut oder die Nahrung bzw. die Umwelt in Berührung kommen kann.

Test- und Bewertungsmethoden, die Hinweise auf mögliche Risiken durch Nanomaterialien geben, müssen teilweise neu entwickelt oder angepasst werden. Dabei geht es z.B. um Messmöglichkeiten von Nanopartikeln in den Umweltmedien (Boden, Wasser, Luft) oder im menschlichen Körper. Dies wird auch einen Beitrag zu der Diskussion um notwendige Änderungen oder Anpassungen von bestehenden Rechtsvorschriften auf Nanomaterialien und -partikel leisten.

Fokus der Arbeitsgruppe 2 nach erster Zwischenbilanz im Überblick:

- Risiken von Nanomaterialien müssen differenziert betrachtet werden. Befürchtungen gibt es bei Produkten und Anwendungen mit Nanomaterialien „nah“ an Mensch und Umwelt.
- Nanomaterialien werden sehr breit eingesetzt (Querschnittstechnologie). Um mehr als generelle Aussagen zu erhalten, wird der Fokus der Risikoabschätzung zunächst auf ausgewählte Beispiele gelegt, um daraus Schlussfolgerungen z. B. für die Forschung abzuleiten.
- (Vorsorge-) Kriterien sollen eine frühzeitige Einschätzung und Bewertung von Nanomaterialien ermöglichen. Es werden dazu „Besorgnis- und Entlastungskriterien“ erarbeitet.
- Die AG 2 formuliert Empfehlungen für Forschungsprioritäten und ggf. speziellen Forschungsbedarf, der sich bei der Bewertung der Beispiele ergibt.

III. Arbeitsgruppe 3: Leitfaden für einen verantwortungsvollen Umgang mit Nanomaterialien

Die Nanokommission steht für einen vom Prinzip der Vorsorge getragenen Umgang mit Nanomaterialien. Es kann daher nicht abgewartet werden, bis alle möglichen Risiken von Nanomaterialien wissenschaftlich vollständig untersucht wurden. In einer dritten Arbeitsgruppe arbeiten daher die wichtigen gesellschaftlichen Akteure zu Anforderungen an einen vorsorgenden Schutz von Arbeitnehmern, Verbrauchern und der Umwelt, die bereits heute umgesetzt werden können und sollen. Ziel ist ein „Leitfaden für einen verantwortungsvollen Umgang mit Nanomaterialien", der von möglichst vielen Hersteller- und Anwenderfirmen und weiteren verantwortlichen Akteuren in der Praxis angewendet wird.

Die Nanokommission wird auf diesem Gebiet mögliche Initiativen der OECD, der EU oder wichtiger Industrieländer in ihre Arbeit einbeziehen.

Fokus der Arbeitsgruppe 3 nach erster Zwischenbilanz im Überblick:

- Unternehmen sollten selbst im Sinne eines verantwortlichen Umgangs mit Nanomaterialien (Arbeits-, Umwelt- und Verbraucherschutz) aktiv werden. Die AG 3 erstellt ein übergeordnetes Prinzipienpapier für einen verantwortungsvollen Umgang mit Nanomaterialien und führt aus, wie ein Monitoring bzw. Reporting organisiert werden soll.
- Darauf aufbauend beginnt sie mit der Erarbeitung branchenspezifischer Leitfäden zur Konkretisierung der Prinzipien (bisher: Lackverband, Baubranche, Kosmetik, ggf. Lebensmittel).

Die Nanokommission wird ihren Abschlussbericht im November 2008 vorlegen. Der Abschlussbericht wird die Rahmenbedingungen der Arbeit der deutschen Nanokommission beschreiben, sich mit Definitionsfragen auseinander setzen und insbesondere Informationen zum Dialog zu Fragen der Nachhaltigkeit und Sicherheit in Bezug auf Nanomaterialien unterhalten. Ergebnisse der fachlichen Arbeitsgruppen und übergeordnete Empfehlungen der Nanokommission runden den Bericht ab.

Nanotechnologie und öffentliche Meinung – Die Wahrnehmung einer innovativen Technologie

René Zimmer

A. Einleitung

Nanotechnologie gilt als eine der wichtigsten Zukunftstechnologien. Die Hoffnungen und Erwartungen, die in sie als Motor für Innovation gesetzt werden, sind enorm. Sie birgt ein großes Potenzial für die Entwicklung von Materialien und Produkten mit vollkommen neuen Eigenschaften (vgl. BMBF 2007). Erkenntnisse aus der Nanotechnologie sollen zur Optimierung bestehender Produkte, aber auch zur Öffnung ganz neuer Märkte führen. Im Umweltbereich könnten nanotechnologische Entwicklungen beispielsweise zur schonenderen Verwendung von Ressourcen, zu Verbesserungen der Effizienz von Energieerzeugungssystemen und leistungsfähigeren Filtersystemen zur Luft-, Wasser- oder Bodenreinigung führen. Im medizinischen Bereich eröffnen sich neue Diagnostik- und Therapieverfahren. So wird z.B. erwartet, dass Diagnosen früher, Prävention sowie Behandlungsmethoden gezielter, Verfahren patientenschonender gestaltet werden können. Zudem hat die Nanotechnologie bereits Einzug in unseren Alltag gehalten. Ob sich selbst reinigende Keramikoberflächen oder nano-imprägnierte Kleidung, die einen wirkungsvollen UV-Schutz ermöglicht – die Nanotechnologie ist für eine unübersehbar große Anzahl neuer Produktideen gut. Derzeit sind über 600 Produkte auf dem Markt verfügbar, die Nanomaterialien enthalten (vgl. Woodrow Wilson International Center for Scholars 2007) und tausende weitere Produkte befinden sich derzeit in der Entwicklungsphase. Marktprognosen sehen langfristig ein Umsatzvolumen von 700 bis 800 Milliarden $ jährlich (Hullmann 2006; VDI Technologiezentrum 2004).

Trotz der Vielzahl von Produkten, bei deren Herstellung Nanomaterialien oder nanotechnologische Verfahren eingesetzt werden, handelt es sich bei der Nanotechnologie um eine so genannte „emerging technology". Doch nicht nur die Technologie selbst, auch die gesellschaftliche Debatte hat den „emerging"-Status – beide befinden sich in einem frühen Entwicklungsstadium. Die schnelle Entwicklung der Nanotechnologie und die zunehmende Bedeutung dieser Technologie für den Verbraucheralltag finden bislang eher unbeachtet von der Öffentlichkeit statt. Der gesellschaftliche und beim überwiegenden Teil der Bürger auch der individuelle Meinungsbildungsprozess zum Thema steht erst am Anfang. Eine breite, auch Risiken in das Blickfeld rückende öffentliche Diskussion wie etwa über die Nutzung von Atomenergie oder über den Einsatz der Gentechnologie hat bisher noch nicht stattgefunden. Die Debatten zur Nanotechnologie werden derzeit überwiegend von Experten in Fachzirkeln geführt. Bei Politik und Fachöffentlichkeit besteht jedoch Problembewusstsein dahingehend, dass eine so weit in die Zukunft reichende und so viele Bereiche des Alltagslebens tangierende Technologie wie die Nanotechnologie auch auf ihre Akzeptanz durch Nutzer und Verbraucher hin untersucht werden sollte.

Die sozialwissenschaftliche Technikforschung hat in den letzten Jahren nämlich gezeigt, dass der Erfolg eines Innovationsprozesses nicht nur von der technischen Innovation und den Diskussionen um eine Verbesserung der ökonomisch-institutionellen Rahmenbedingungen abhängt, sondern auch von der öffentlichen Akzeptanz (Lundvall 1988). Die Rolle von Nutzern in der Entwicklung und Verwendung von Technologien ist dabei wesentlich komplexer als häufig angenommen. So werden neue Technologien und Produkte von Nutzern nicht einfach passiv konsumiert, sondern aktiv angeeignet (Rohracher et al. 2001). Aktive Aneignung meint hier:

- die verschiedenen Arten, wie ein Produkt genutzt werden kann,
- die Besetzung von Technologien mit Bedeutung,
- die Art, wie sie in die Alltagspraxis integriert werden, aber auch
- was mit der Nutzung von Technologien symbolisch ausgedrückt wird.

Insbesondere die Zuschreibung von Bedeutungen und die Alltagspraxis sind wichtig für den Erfolg von Innovationen, denn die öffentliche Meinung bestimmt das Image der neuen Technologien und Produkte. Hier ist es gut zu wissen, welchen „Ruf" die Nanotechnologie bei Nutzern hat und welche Assoziationen mit neuen Produkten verbunden werden. Die Analyse der Wahrnehmung der Nanotechnologie in der Bevölkerung, speziell der Risikowahrnehmung, ist somit ein gesellschaftspolitisch notwendiger Begleitschritt für die erfolgreiche Implementierung nanotechnologischer Innovationen.

B. Was beeinflusst die individuelle Wahrnehmung?

Zur Technikakzeptanzforschung tragen verschiedene Forschungsrichtungen innerhalb der sozialwissenschaftlichen Forschung bei. Sichtet man die Literatur, so fallen vor allem drei Analysecluster auf, die ihre inhaltliche Ausrichtung bis heute prägen. Dies sind zum einen Meinungsumfragen zur Ermittlung von Technikeneinstellungen in der Bevölkerung, dann qualitative Untersuchungen zur Bedeutung von Technikrisiken und schließlich die Analyse der Medienberichterstattung über Technik. Diese Forschungsarbeiten haben gezeigt, dass Laien gerade die Risiken neuer Technologien oft anders einschätzen als Experten (Kemp 1993; Sjöberg et al. 1997; Torgersen 2004; Wilkinson et al. 2004). Jedoch ist weder bei Laien noch bei Experten von einheitlichen Wahrnehmungsmustern auszugehen, auf deren Grundlage Technik insgesamt oder einzelne Technologien positiv, ambivalent oder negativ bewertet werden könnten (Wiedemann & Mertens 2005). Vielmehr haben verschiedene Faktoren einen mehr oder weniger starken Einfluss auf die Wahrnehmung von Risiko- und Nutzendimensionen neuer Technologien.

Es ist als gesichert anzusehen, dass der Kontext der risikobehafteten Situation, Charakteristika des Schadens und individuelle Faktoren maßgeblich die Wahrnehmung von Technologien beeinflussen. Die individuelle Einstellung zu ausgewählten Techniken wird weitgehend durch drei Faktoren bestimmt, die in der Reihenfolge ihrer abnehmenden Bedeutung genannt werden (Hüsing et al. 2002):

1. Kognitive Bilanzierung von Nutzen und Risiken: Entscheidend ist hier jedoch nicht die Höhe der jeweiligen Risiken bzw. Nutzen, sondern die Risiko-Nutzen-Bilanz. Bestimmte Schadens- und Risikopotenziale werden also durchaus toleriert, wenn diesen nur ein entsprechend hoher Nutzen gegenüber steht. In die Bilanzierung gehen sowohl individuelle als auch gesellschaftliche Nutzen und Risiken ein.
2. Emotionale Beurteilung der Technik: Wie stark spricht die Technik die Emotionen an, wie stark löst sie Begeisterung oder Ängste aus, wie stark ist ihr symbolischer Wert?
3. Persönliche Nähe zur Technik: Diese kommt durch Interesse, Informiertheit und Begeisterungsfähigkeit („technophiles Einstellungssyndrom") zum Ausdruck.

Insbesondere die psychometrische Forschung hat eine ganze Reihe von qualitativen Faktoren aufgedeckt, die für die intuitive Beurteilung von Risiken von Bedeutung sind. Erlebt man beispielsweise einen sehr unwahrscheinlichen Unfall in unmittelbarer Umgebung, schätzt man das Risiko viel höher ein. Und umso fremdverantworteter Risiken sind, umso mehr empfindet man sie als aufgezwungen und umso größer ist die moralische Entrüstung. Dies gilt insbesondere bei emotional besetzten Themen (wie z.B. Kinder). Auch tendieren Menschen dazu, natürliche Risiken weniger stark zu gewichten als von Menschen verursachte. Weiterhin besitzt der Mensch kein natürliches Gefühl für sehr kleine, nur in Größenordnungen fassbare Risiken. Und wenn man selbst keine Erfahrungsbasis hat, um Risiken beurteilen zu können, verlässt man sich meist auf plausibel klingende Informationen.

Zudem wirken sich das Wissen über die jeweilige Technologie, kulturelle und psychologische Faktoren im Umgang mit Risiken sowie die Erfahrung aktueller Ereignisse auf die Wahrnehmung neuer Technologien aus.

C. Untersuchungsgegenstand

Um zu erfassen, wie Nanotechnologie in der Bevölkerung wahrgenommen wird, wurde in den letzten Jahren weltweit eine Reihe von repräsentativen Bevölkerungsbefragungen durchgeführt. Die nachfolgende Tabelle gibt einen Überblick über diese Repräsentativstudien.

Tabelle 1: Übersicht zu repräsentativen Bevölkerungsbefragungen zur Nanotechnologie

Erhebungszeitraum	Land	Quelle
10/2002	EU	Gaskell et al. 2003
01/2004	UK	BMRB 2004
04/2004	USA	Cobb & Macourbrie 2004
09/2004	Deutschland	Komm.Passion 2004
12/2004	Japan	Fujita & Abe 2005
12/2005	EU	Gaskell et al. 2006
06/2005	Australien	Elkins 2005
07/2006	Deutschland	Rosenbladt et al. 2007
08/2006	USA	Peter D. Hart 2006
12/2006	USA	Kahan et al. 2007
08/2007	USA	Peter D. Hart 2007
10/2007	Deutschland	Zimmer et al. 2008

Diese Studien sollen die Grundlage für die nachfolgende Analyse sein. Ziel der Sekundäranalyse ist es, die momentane Wahrnehmung der Nanotechnologie in der Bevölkerung einzuschätzen. Die Untersuchung orientiert sich dabei an den Faktoren, denen in der Literatur ein wichtiger Einfluss auf die Risikowahrnehmung zugeschrieben wird. Die nachfolgenden Einflussfaktoren werden im Verlauf dieses Beitrags kurz vorgestellt und an empirischen Daten zur Nanotechnologiewahrnehmung konkretisiert:

- Bekanntheit und Wissen
- Emotionen

- Risiko-Nutzen-Beurteilung
- Erfahrungen mit anderen Technologien
- Vertrauen in Institutionen.

D. Analyse der Bevölkerungsbefragungen

I. Bekanntheit und Wissen

Bekanntheit einer Sache, Person oder eines Vorgangs ist notwendig dafür, dass diese überhaupt zum Gegenstand öffentlicher bzw. individueller Meinungsbildung werden kann. Die Abfrage des Bekanntheitsgrades der Nanotechnologie in Bevölkerungssurveys sagt aber noch nichts über Einstellungen aus, sondern reflektiert, inwieweit das Thema Nanotechnologie bzw. mit dieser Technologie verbundene Anwendungen in der Bevölkerung bereits Betroffenheiten, im positiven wie negativen Sinne, erzeugt haben. Persönliche Betroffenheit ist wiederum einer der wichtigsten Einflussfaktoren auf die Wahrnehmung einer Technologie (Lion et al. 2002). Es ist allerdings nicht davon auszugehen, dass alle Bevölkerungsteile an Informationen zu Nutzen und Risiko der Nanotechnologie interessiert sind bzw. interessiert sein sollten.

Schaut man sich dieses Kriterium in den bislang vorliegenden Bevölkerungsbefragungen an, ist man über die große Einheitlichkeit der Ergebnisse erstaunt. Danach ist in den zwischen 2004 und 2006 durchgeführten Studien der Begriff Nanotechnologie etwa der Hälfte der Befragten unbekannt. Ca. ein Drittel hat den Begriff schon einmal gehört, kann ihn aber nicht genauer erklären. Nur zwischen 15 und 20 % der Bevölkerung können den Begriff auch spezifizieren. So war der Ausdruck „Nanotechnologie“ 52 % der Briten unbekannt (BMRB 2004). 29 % der Befragten hatten den Ausdruck schon einmal gehört und 19 % konnten auch definieren, was Nanotechnologie meint. In der australischen Studie von 2005 (Elkins 2005) war Nanotechnologie 50 % der Befragten unbekannt. 28 % der Australier hatten den Ausdruck schon einmal gehört, wussten aber nicht, was er bedeutet. Nur 19 % wussten, was der Ausdruck „Nanotechnologie“ meint und nur 4 % konnten auch erklären, wie Nanotechnologie funktioniert.

Die Ergebnisse der drei deutschen Bevölkerungsbefragungen zur Nanotechnologie (Komm.Passion 2004; Rosenbladt 2007; Zimmer et al. 2008) zeigen, dass der Ausdruck „Nanotechnologie“ in den letzten Jahren in der Bevölkerung deutlich bekannter geworden ist. 2004 konnten gerade einmal 15 % den Ausdruck „Nanotechnologie“ spezifizieren. 2006 waren es bereits 36 % und 2007 52 % der Befragten, die mit dem Ausdruck „Nanotechnologie“ etwas verbanden. Gleichzeitig sank der Anteil derjenigen, denen der Ausdruck „Nanotechnologie“ komplett unbekannt war, von 48 % im Jahr 2004 auf 33 % im Jahr 2007. Einen Überblick der Ergebnisse aus den drei deutschen Studien gibt Tabelle 2.

Tabelle 2: Bekanntheit der Nanotechnologie in den deutschen Bevölkerungsbefragungen

	09/2004 (Komm. Passion 2004)	07/2006 (Rosenbladt et al. 2007)[1]	10/2007 (Zimmer et al. 2008)
Ausdruck unbekannt	48 %	48 %	33 %
Bekannt ohne Spezifizierung	30 %	16 %	15 %
Bekannt mit Spezifizierung	15 %	36 %	52 %

Hinzu kommt noch das Ergebnis aus der Eurobarometerumfrage aus dem Jahr 2005 (Gaskell et al. 2006). Danach konnten 50 % der deutschen Bevölkerung etwas mit dem Ausdruck „Nanotechnologie" anfangen. Eine Differenzierung des Bekanntheitsgrades erfolgte in dieser Umfrage jedoch nicht.

Auf die Frage, was die Leute mit Nanotechnologie verbinden, wurden alles in allem Ausdrücke aus vier Clustern genannt. Die wichtigste Rolle spielten Ausdrücke wie „Miniaturisierung", „kleinste Teilchen" oder „Atome". Eine weitere Gruppe an Ausdrücken konzentrierte sich auf „Medizin", „Biologie" und „kleine Roboter im Blut". Häufig wurden aber auch Ausdrücke wie „Oberflächenbehandlung", „Lotuseffekt", „Reinigung" und „Materialien" genannt. Zur vierten Gruppe gehörten Ausdrücke wie „Computer", „Informatik" und „Kommunikation". Es fanden sich keine Assoziationen zur Funktionsweise von Nanotechnologie. Dies zeigt, dass sich die Aneignung des Themas fast ausschließlich auf der Produktebene (medizinische Produkte, Alltagsprodukte und Computer) vollzieht oder durch Vorstellungen über die Verkleinerung von ansonsten gleichen Produkten geprägt ist.

Neben der Bekanntheit wird in mehreren Studien auch nach der Menge des Wissens bzw. der Häufigkeit der Informationsaufnahme zur Nanotechnologie gefragt. Nach der Studie von Peter D. Hart (2006) hatten 10 % der US amerikanischen Bevölkerung eine Menge, 20 % etwas, 27 % ein bisschen und 42 % noch gar nichts zur Nanotechnologie gehört. Vergleichbare Ergebnisse lieferte die deutsche Studie von 2007 (Zimmer et al. 2008). Dort gaben 9 % der Befragten an, eine Menge gehört zu haben. Etwas bzw. überhaupt nichts hatten 68 % bzw. 23 % gehört. Hinsichtlich der Häufigkeit der Informationsaufnahme kam die japanische Studie von 2004 (Fujita & Abe 2005) zu dem Ergebnis, dass nur 6,6 % der japanischen Bevölkerung regelmäßig etwas von Nanotechnologie gehört hatte, 48,6 % hatten von Zeit zu Zeit etwas gehört, 15,8 % so gut wie gar nichts und 28,8 % noch gar nichts. Die Prozentangaben zum Wissensstand aus den genannten sowie weiteren Studien sind in der nachfolgenden Tabelle 3 übersichtlich zusammengestellt.

1 In der Publikation von Rosenbladt et al. (2007) erfolgte keine Differenzierung der Kategorien „Ausdruck unbekannt" und „Bekannt ohne Spezifizierung", die Daten wurden in der Studie aber getrennt erhoben. Die Prozentwerte für die beiden genannten Kategorien wurden mir freundlicherweise von Herrn Professor Dr. Jürgen Schupp übermittelt.

Tabelle 3: Umfang an bereits wahrgenommenen Informationen zur Nanotechnologie in der Bevölkerung[2]

	USA 04/2004 (Cobb & Macourbrie 2004)[3]	Japan 12/2004 (Fujita & Abe 2005)	USA 08/2006 (Peter D. Hart 2006)	USA 12/2006 (Kahan et al. 2007)	USA 08/2007 (Peter D. Hart 2007)	Deutschl. 10/2007 (Zimmer et al. 2008)
eine Menge	4 %	7 %	10 %	5 %	6 %	9 %
etwas / ein bisschen	45 %	64 %	47 %	42 %	50 %	68 %
gar nichts	52 %	29 %	42 %	53 %	42 %	23 %

Das Wissen über Nanotechnologie kann insofern ein wichtiger Faktor bei der Meinungsbildung sein, da das Verständnis von Zusammenhängen, von Ursachen und Wirkungen anfänglich vorhandene vage Einstellungen untermauern und festigen kann. So konnte die bisherige Forschung zeigen, dass ein Mehr an Wissen nicht notwendig auch zu höherer Akzeptanz einer Technologie führen muss, sondern genauso zu größerer Ablehnung führen kann (Gründl 2000; Zimmer 2002).

II. Emotionen

In der Literatur wird die Wahrnehmung von Technik gerne auf Prozesse der Risiko-Nutzen-Abwägung verengt. Technik spricht aber auch Emotionen an und kann Begeisterung oder Ängste auslösen – zumal wenn sie symbolische Bedeutung bekommt. So können z.B. wie bei der Kernenergie technische Risiken oder Katastrophenpotenziale oder wie bei der Gentechnik unzureichende Umweltverträglichkeit und fehlende ethische Legitimität Ängste hervorrufen (Zwick & Renn 1998). Diese negativen Assoziationen, die mit einer Technologie verknüpft werden, können sich stark in der Beurteilung einer Technik niederschlagen. Ebenso kann eine positive emotionale Grundhaltung dazu führen, dass Risiken besonders gering eingeschätzt werden (Alhakami & Slovic 1994). Den beiden Autoren zufolge ist die grundsätzliche emotionale Einstellung zu einem Objekt primär, die Risikowahrnehmung hingegen eher sekundär, weil von ersterer abgeleitet.

In der US-amerikanischen Studie von 2004 (Cobb & Macourbrie 2004) wurde die Bevölkerung gefragt, ob sie über die Entwicklungen in der Nanotechnologie besorgt sei. Nur 6 % antworteten, sie seien sehr besorgt, 14 % waren etwas besorgt,

2 Aufgrund von Antwortkategorien wie „weiß nicht", „keine Angabe" oder „bin mir unsicher" summieren sich die Prozentangaben in der Tabelle nicht in jedem Fall auf 100 %.

3 In der Publikation von Cobb & Macourbrie (2004) werden Prozentwerte für die Kategorien „Heard nothing" (51,8 %), „Heard a little" (31,8 %) und „Heard some" oder „A lot" (16,4 %) angegeben. In der Studie selbst wurden die Kategorien „Heard some" und „A lot" aber getrennt erhoben. Die für den Vergleich mit den anderen Studien notwendigen Einzelwerte für diese beiden Kategorien wurden mir freundlicherweise von Herrn Dr. Michael D. Cobb übermittelt.

aber 80 % waren überhaupt nicht besorgt. Ganz anders wurde diese Frage in Japan beantwortet (Fujita & Abe 2005). Hier waren zwar auch nur 5 % sehr besorgt, aber ebenfalls nur 5 % gar nicht besorgt. 49 % der japanischen Bevölkerung machten sich etwas Sorgen und 28 % kaum Sorgen. In der australischen Studie von 2005 (Elkins 2005) wurde danach gefragt, welches Gefühl die Australier gegenüber den potenziellen Auswirkungen der Nanotechnologie hätten. 14 % antworteten, sie seien begeistert und weitere 67 % antworteten, sie seien hoffnungsvoll gegenüber den Entwicklungen der Nanotechnologie. Nur eine Minderheit von 12 % war besorgt und nur 2 % waren beunruhigt. In der deutschen Befragung von 2007 (Zimmer et a. 2008) wurde etwas neutraler nach dem Gefühl zur Nanotechnologie gefragt. Dabei hatten nur 21 % der Befragten ein schlechtes und nur 1 % ein sehr schlechtes Gefühl, während 70 % ein gutes und 7 % ein sehr gutes Gefühl zur Nanotechnologie hatten.

In allen Studien ist nur eine kleine Minderheit sehr besorgt über die Entwicklungen in der Nanotechnologie bzw. hat ein sehr schlechtes Gefühl zur Nanotechnologie. Allein in Japan ist der Anteil der Bevölkerung, der sich etwas Sorgen über die Nanotechnologie macht größer. In den anderen Ländern überwiegt ein positives Gefühl deutlich. Zugleich ist der Faktor „Gefühl", die wichtigste Einflussgröße auf die individuelle Risikowahrnehmung zur Nanotechnologie. Das war das Ergebnis der zweiten US-amerikanischen Studie von 2006 (Kahan et al. 2007). Darin war versucht worden, mittels Regressionsanalyse den Einfluss verschiedener Faktoren auf die Risikowahrnehmung der Nanotechnologie abzuschätzen.

III. Risiko-Nutzen-Beurteilung

In risikobezogenen Entscheidungssituationen werden oft auch intuitive Risiko-Nutzen-Abwägungen vorgenommen (Leiss 1989). Entweder wird wie beim Zigarettenkonsum oder beim Autofahren das Risiko intuitiv heruntergespielt und die Nutzenkomponente betont oder der Nutzen wird heruntergespielt bzw. ignoriert und die Risikokomponente betont. Zur letzteren Form der Abwägung kommt es insbesondere dann, wenn der Nutzen nicht direkt auf der Hand liegt, sondern zeitlich bzw. räumlich entfernt auftritt, wie z.B. bei Pestiziden oder gentechnisch veränderten Lebensmitteln. Alhakami und Slovic (1994) verweisen in diesem Zusammenhang auf Theorien der kognitiven Konsistenz. Danach sind Menschen bemüht, in sich widersprüchliche Beurteilungen zu vermeiden (Abelson et al. 1968). Die Abfrage von Risiko-Nutzen-Beurteilungen ist Standard in repräsentativen Bevölkerungsumfragen zur Nanotechnologie. Sie ermöglichen selbst zu diesem frühen Zeitpunkt der gesellschaftlichen Debatte eine Abschätzung der gesellschaftlichen Akzeptanz dieser Technologie.

In allen bislang durchgeführten Bevölkerungsbefragungen sehen die Befragten eher Nutzenpotenziale in der Nanotechnologie als Risiken. Die höchste Zustimmung fand Nanotechnologie in der deutschen Befragung von 2007 (Zimmer et al.

2008) mit 67 %. In der Regel war der Anteil derjenigen, die glauben, der Nutzen der Nanotechnologie überwiegt ihre Risiken, zwei- bis dreimal größer als der Anteil derjenigen, die glauben, die Risiken der Nanotechnologie überwiegen ihre Nutzenpotenziale. Die Befragungen in den verschiedenen Ländern sind jedoch nicht direkt miteinander vergleichbar, da in verschiedenen Umfragen zusätzlich zu den Kategorien „Nutzen > Risiko" bzw. „Risiko > Nutzen" noch die Kategorien „Nutzen = Risiko" und eine „weiß nicht"-Kategorie abgefragt wurden. So weichen z.B. die Ergebnisse der beiden deutschen Studien deutlich voneinander ab, da in der Befragung von 2006 (Rosenbladt et al. 2007) eine 5er Skala und in der Befragung von 2007 (Zimmer et al. 2008) eine 4er Skala für die Einschätzung des Verhältnisses von Risiko und Nutzen vorgegeben war. Eine 5er Skala ermöglicht es den Befragten, die mittlere Antwortkategorie zu wählen, d.h. sich nicht zu entscheiden. Bei der Vorgabe einer 4er Skala wird den Befragten demgegenüber eine Entscheidung abverlangt.

Auch in den anderen Studien fällt auf, dass sobald den Befragten die Möglichkeit angeboten wird, ambivalent zu urteilen oder kein Urteil abzugeben, die Mehrheit diese Antwortkategorien nutzt. In der australischen Studie von 2005 waren dies 53 % (Elkins 2005), im deutschen Survey von 2006 65 % (Rosenbladt et al. 2007), in der US amerikanischen Studie von 2006 78 % (Peter D. Hart 2006) und in der US amerikanischen Befragung von 2007 76 % (Peter D. Hart 2007).

Ein gewisser Vergleich der Studien ist über die Berechnung eines Nutzen-Risiko-Koeffizienten[4] möglich. Den größten Optimismus gegenüber der Nanotechnologie findet man danach in Australien. Hier war der Anteil derjenigen, die in der Nanotechnologie eher einen Nutzen sehen, fast fünfmal so hoch wie der Anteil derjenigen, die in der Nanotechnologie eher ein Risiko sehen. Ansonsten lagen die Koeffizienten relativ nah beieinander und bewegten sich zwischen den Werten 1,5 und 3. Ein Überblick zu den Ergebnissen der Bevölkerungsbefragungen findet sich in Tabelle 4.

In der deutschen Befragung aus dem Jahr 2004 (Komm.Passion 2004) wurde nur nach dem Risiko, nicht aber die Abwägung von Risiko und Nutzen gefragt. 19 % der Befragten sahen kein Risiko in der Nanotechnologie und 10 % ein großes Risiko. Auch in dieser Befragung waren die Antwortkategorien, die keine Festlegung erforderten (neutral = 37 % und keine Angabe = 34 %) besonders stark besetzt, so dass die Autoren zu dem Schluss kamen, dass die Deutschen bei der Nanotechnologie noch nicht festgelegt sind. In der Bevölkerungsbefragung aus Japan (Fujita & Abe 2005) wurde hingegen nur nach dem Nutzen der Nanotechnologie für die Gesellschaft gefragt. 37 % fanden, dass die Nanotechnologie sehr nützlich für die Gesellschaft und 51 %, das sie etwas nützlich für die Gesellschaft sei. Die Kategorien „kaum nützlich" und „etwas nützlich" lagen zusammen bei unter 2 %.

---

4 Quotient aus den Kategorien „Nutzen > Risiko" und „Risiko > Nutzen"

Tabelle 4: Risiko-Nutzen-Abwägung zur Nanotechnologie in Bevölkerungsbefragungen[5]

	USA 04/2004 (Cobb/Macourbrie 2004)	Australien 06/2005 (Elkins 2005)	Deutschl. 07/2006 (Rosenbladt et al. 2007)	USA 08/2006 (Peter D. Hart 2006)	USA 12/2006 (Kahan et al. 2007)	USA 08/2007 (Peter D. Hart 2007)	Deutschl. 10/2007 (Zimmer et al. 2008)
Nutzen > Risiko	40 %	39 %	26 %	15 %	53 %	18 %	67 %
Nutzen = Risiko	38 %	35 %	26 %	35 %		25 %	
Risiko > Nutzen	22 %	8 %	9 %	7 %	36 %	6 %	33 %
Keine Angabe		18 %	39 %	43 %	11 %	51 %	
Nutzen-Risiko-Koeffizient	1,8	4,9	2,9	2,1	1,5	3,0	2,0

Insgesamt ergibt sich auch unter Berücksichtigung der übrigen Untersuchungen, dass die Nanotechnologie als positiv und Nutzen bringend wahrgenommen wird. Der Anteil derjenigen, die ein großes Risiko sehen, ist gering. Doch worin sehen die Befragten nun den Nutzen der Nanotechnologie?

Den mit Abstand größten Nutzen der Nanotechnologie sahen die Befragten in verbesserten medizinischen Behandlungsmöglichkeiten, gefolgt von verbesserten

Tabelle 5: Einsatzgebiete, in denen die Nanotechnologie den größten Nutzen verspricht

	USA 04/2004 (Cobb/Macourbrie 2004)[6]	Japan 12/2004 (Fujita & Abe 2005)[7]	Australien 06/2005 (Elkins 2005)	Deutschl. 10/2007 (Zimmer et al. 2008)
verbesserte medizinische Behandlungsmöglichkeiten	57 %	86 %	76 %	41 %
verbesserte Umwelttechnologien	16 %	80 %	15 %	25 %
verbesserte Schutz- und Sicherheitstechnologien	12 %	18 %	5 %	18 %
verbesserte Verbraucherprodukte	4 %	29 %	3 %	12 %
verbesserte Lebensmittel			3 %	4 %

5 Zur besseren Vergleichbarkeit der Werte wurden in einigen Befragungen die Kategorien „Der Nutzen der Nanotechnologie wird die Risiken bei weitem übertreffen" und „Der Nutzen der Nanotechnologie wird etwas größer sein als die Risiken" sowie die Kategorien „Die Risiken der Nanotechnologie werden den Nutzen bei weitem übertreffen" und „Die Risiken der Nanotechnologie werden etwas größer als der Nutzen sein" zusammengefasst.

6 Als weitere Kategorie wurde in dieser Studie noch „Physical and mental improvements for humans" abgefragt.

7 In der japanischen Studie waren Mehrfachantworten möglich.

Umwelttechnologien. Der Nutzen des Einsatzes der Nanotechnologie zur Verbesserung von Verbraucherprodukten oder zur Verbesserung der Sicherheitstechnik war von geringerer Bedeutung. Und nur eine verschwindend kleine Minderheit in der Bevölkerung sah den größten Nutzen der Nanotechnologie in der Verbesserung von Lebensmitteln (siehe Tabelle 5).

IV. Erfahrungen mit anderen Technologien

Bei Technologien, deren Risiken noch unbekannt oder in ihrer Kausalität umstritten sind, orientieren sich Personen an indirekten Indikatoren, so genannten Heuristiken (Gigerenzer 1999; Tversky & Kahneman 1974). Solche oft einfachen, aber schnellen Problemlösungsverfahren ermöglichen es Menschen, in Alltagssituationen Entscheidungen unter Zeitdruck, bei unzureichenden Informationen oder begrenzten kognitiven Fähigkeiten zu treffen. Heuristiken ermöglichen eine effizienten Umgang mit Unsicherheit, sind aber fehleranfällig und oft die Ursache für Fehleinschätzungen. Die Einschätzung der Wahrscheinlichkeit für das Eintreten eines Ereignisses wird z.B. auf Basis der Erinnerung an ähnliche Ereignisse in der Vergangenheit getroffen. Und unbekannte Risiken werden oft in Analogie zu besser bekannten Risiken beurteilt (Visschers et al. 2007). Aus diesem Grund lohnt sich ein Blick auf die subjektive Risiko-Nutzen-Beurteilung der Nanotechnologie im Vergleich zu anderen Technologien. Wird bei der Bewertung der Nanotechnologie beispielsweise auf Erfahrungen mit Risikotechnologien wie der Kernkraft oder der Gentechnik zurückgegriffen oder eher an Alltagstechnologien wie die Informations- und Kommunikationstechniken angeknüpft? Der Vergleich mit anderen Technologien hilft zu ermitteln, an welcher Stelle die Nanotechnologie in die individuelle bzw. gesellschaftliche Risikolandkarte eingeordnet wird.

Eine wichtige Quelle für die Bewertung mehrerer Technologien im Vergleich sind die Eurobarometerumfragen. In der Umfrage von 2005 (Gaskell et al. 2006) war Nanotechnologie die Technologie mit dem viertbesten Optimismus/Pessimismus-Quotienten. Achtmal mehr Leute in Europa glaubten, dass Nanotechnologie unser Leben in den nächsten 20 Jahren verbessern wird (40 %), als dass Nanotechnologie unser Leben verschlechtern wird (5 %). Damit wurde die Nanotechnologie ähnlich gut bewertet wie Windenergie, Solarenergie und Informations- und Kommunikationstechnologie und deutlich besser als Gentechnik und Kernenergie. Vergleichbare Ergebnisse brachte die deutsche Bevölkerungsbefragung von 2004 (Komm.-Passion 2004). Danach wurde Nanotechnologie ähnlich positiv bewertet wie die Verbrennungstechnologie, also eine Technologie, die wir selbstverständlich in unserem Alltag nutzen. Nur 10 % der Befragten sahen bei der Nanotechnologie und 11 % bei der Verbrennungstechnologie größere Risiken. Hingegen glaubten 47 %, dass die Kernenergie, und 39 %, dass die Gentechnik große Risiken mit sich bringen wird.

Nanotechnologie wird nach den bislang vorliegenden Studien derzeit nicht in den Kontext der „Risikotechnologien" Gentechnik und Kernenergie gestellt, sondern eher in den Kontext der Alltags- bzw. umweltfreundlichen Technologien eingeordnet.

V. Vertrauen in Institutionen

In verschiedenen Studien konnte gezeigt werden, dass das Vertrauen in die Problemlösungskapazitäten von Institutionen Einfluss auf die Höhe der Risikowahrnehmung hat: umso größer das Vertrauen in die Institution, desto geringer wird das Risiko eingeschätzt und umgekehrt (Flynn et al. 1992; Siegrist 2000). Vertrauen in Institutionen wird v.a. dann zu einer wichtigen Komponente bei der Beurteilung von Technik, wenn Menschen (was die Regel ist) nicht direkt in die Entwicklung neuer Technologien einbezogen sind oder die Komplexität neuer Technologien die eigene Fachkompetenz bei weitem übersteigt. In diesen Fällen sind sie auf die Einschätzung anderer Akteure angewiesen. Durch fehlendes Vertrauen beispielsweise in die Handlungsmacht der Regierung könnten sich Gefühle von Ohnmacht verstärken und sich sowohl die affektive als auch die Risiko-Nutzen-Einschätzung erheblich verändern. Schütz (2008) kam in einer Sekundäranalyse von Studien, die sich mit Vertrauen und Risikowahrnehmung beschäftigen, allerdings zu dem Ergebnis, dass der Faktor Institutionenvertrauen zwar einen moderaten Einfluss auf die Risikowahrnehmung hat, aber nicht von so herausragender Bedeutung ist, wie zwischenzeitlich oft propagiert wurde.

Institutionenvertrauen ist eine Kategorie, die in relativ vielen Bevölkerungsbefragungen zur Nanotechnologie abgefragt wurde. Bereits 2004 wurde in der Studie von Cobb & Macourbrie (2004) für die USA abgefragt, welches Vertrauen die Bevölkerung hat, dass Wirtschaftsvertreter die Risiken der Nanotechnologie minimieren werden. 60 % der Befragten antworteten, sie hätten „nicht viel" Vertrauen. In der deutschen Studie von 2004 (Komm.Passion 2004) stimmten 50 % der Befragten dem Statement zu, dass das Risiko groß sei, dass Wirtschaftsunternehmen die Nanotechnologie unverantwortlich einsetzen werden. Auch in den US Studien von Peter D. Hart (2006 und 2007) wurde gefragt, welches Vertrauen die Bevölkerung in Regulierungsbehörden und die Wirtschaft hat, die mit neuen Technologien verbundenen Risiken zu minimieren und Nutzenpotenziale zu maximieren. In der Studie von 2007 hatten zwischen 57 und 59 % der Befragten Vertrauen in die drei US Behörden Food and Drug Administration (FDA), Department of Agriculture (USDA) und die Environmental Protection Agency (EPA), aber nur 44 % in die Wirtschaft.

In mehreren Bevölkerungsbefragungen werden verschiedene Institutionen den Befragten zur vergleichenden Bewertung präsentiert. In der japanischen Studie von 2004 wurde nach dem Vertrauen in verschiedene Informationsgeber gefragt. Das größte Vertrauen wurde Wissenschaftlern entgegen gebracht (54 %), die zweithöchsten Vertrauenswerte bekamen die Medien (37 %) und 34 % der Befragten vertrauten Nichtregierungsorganisationen. Die niedrigsten Vertrauenswerte erhielten Wirtschafts- und Regierungsvertreter (29 bzw. 23 %). Auffällig an den japanischen Ergebnissen ist das über alle Akteure hinweg niedrige Vertrauensniveau. Allein gegenüber Wissenschaftlern war das Vertrauen größer als das Misstrauen. In der australischen Befragung von 2005 (Elkins 2005) wurde gefragt, wem der Verbraucher vertraut, verantwortlich über die Risiken der Nanotechnologie zu informieren. Die höchsten Werte erhielten mit 75 % die Wissenschaftler. Mit großem Abstand, aber diesmal nicht an letzter Stelle folgten Regierungsvertreter (40 %). Und am wenigsten vertraute man in Australien der Wirtschaft (28 %).

In der deutschen Studie von 2007 (Zimmer et al. 2008) wurde an zwei Stellen nach dem Institutionenvertrauen gefragt. Nur ein Drittel (34 %) der Befragten stimmte dabei dem Statement zu, dass man darauf vertrauen kann, dass die Regierung die Öffentlichkeit vor Umweltrisiken und vor technischen Risiken der Nanotechnolo-

Tabelle 6: Vertrauen in verschiedene, in die Entwicklung der Nanotechnologie involvierte Personengruppen bzw. Institutionen (angegeben ist die Summe aus den Antwortkategorien volles Vertrauen und etwas Vertrauen).

	USA 04/2004 (Cobb/Macourbrie 2004)	Deutschl. 09/2004 (Komm. Passion 2004)	Japan 12/2004 (Fujita & Abe 2005)	Australien 06/2005 (Elkins 2005)	USA 08/2006 (Peter D. Hart 2006)	USA 08/2007 (Peter D. Hart 2007)	Deutschl. 10/2007 (Zimmer et al. 2008)
Wissenschaftler			54 %	75 %			92 %
NGOs			34 %				92 % 76 %[8]
Ärzte							84 %
Regulierungsbehörden					69 % 61 % 54 %[9]	59 % 58 % 57 %[10]	82 %
Medien			37 %				
Wirtschaftsvertreter	40 %	50 %	29 %	28 %	49 %	44 %	32 %
Regierungsvertreter			23 %	40 %			23 %

8 Der erste Wert bezieht sich auf Verbraucherorganisationen wie Stiftung Warentest oder Verbraucherzentralen und der zweite Wert auf Umweltorganisationen wie Greenpeace oder Foodwatch.

9 Der erste Wert bezieht sich auf die Food and Drug Administration (FDA), der zweite Wert auf das Department of Agriculture (USDA) und der dritte Wert auf die Environmental Protection Agency (EPA).

10 Der erste Wert bezieht sich auf die Food and Drug Administration (FDA), der zweite Wert auf das Department of Agriculture (USDA) und der dritte Wert auf die Environmental Protection Agency (EPA).

gie schützt. Zugleich bestanden erhebliche Unterschiede in der Vertrauenswürdigkeit von Personengruppen und Institutionen. Eine herausragende Stellung hatten die Verbraucherorganisationen. Diese Organisationen hatten bei über 90 % der Bevölkerung zumindest etwas Vertrauen, bei mehr als 50 % sogar absolutes Vertrauen. Ähnlich hohe Werte wie die Verbraucherorganisationen hatten die Wissenschaftler. Zu Ärzten, Umweltorganisationen sowie Gesundheits- und Arbeitsschutzbehörden hatten ca. ein Drittel der Teilnehmer absolutes Vertrauen und ca. die Hälfte etwas Vertrauen. Die Werte der Führungskräfte aus der Wirtschaft und der Regierungsvertreter fielen im Vergleich zu den anderen Gruppen und Institutionen deutlich ab. Zu den Führungskräften aus der Wirtschaft hatte nicht mal ein Drittel und zu den Vertretern der Regierung nicht mal ein Viertel der Befragten zumindest etwas Vertrauen. Einen Überblick über alle genannten Studien gibt Tabelle 6.

Die weltweit durchgeführten Bevölkerungsbefragungen zur Nanotechnologie kommen relativ einhellig zu dem Ergebnis, dass Wissenschaftlern, Nichtregierungsorganisationen und Ärzten am meisten vertraut wird und Wirtschafts- und Regierungsvertretern am wenigsten. Die bedenklichen Vertrauenswerte, die Regierungsvertreter erhalten, werden etwas durch die akzeptablen Werte für staatliche Regulierungsbehörden aufgewogen. Das allgemeine Vertrauensniveau gegenüber den gesellschaftlichen Akteuren, die in die Entwicklung der Nanotechnologie involviert sind, kann sich länderspezifisch, wie das Beispiel Japan zeigt, relativ stark unterscheiden.

E. Fazit

Wie eingangs dargelegt, hängt der Erfolg von Innovationen von der technischen Innovation selbst, der Verbesserung der ökonomisch-institutionellen Rahmenbedingungen und der öffentlichen Akzeptanz ab. Nanotechnologie hat das Potenzial als Querschnittstechnologie in einer Vielzahl von Forschungs- und Anwendungsbereichen eingesetzt zu werden. Dieses Potenzial wurde auch von politischer Seite erkannt und mit einer Vielzahl an Förderprogrammen aktiv unterstützt (BMBF 2006). Offen war bislang, wie sich die öffentliche Akzeptanz der Nanotechnologie entwickeln wird. Hier geben repräsentative Bevölkerungsbefragungen, aber auch erste Dialogverfahren wie die Bürgerkonferenz zur Nanotechnologie (Zimmer et al. 2007) wichtige Anhaltspunkte.

Die Analyse der Ergebnisse von Bevölkerungsbefragungen zur Nanotechnologie zeigt, dass der Ausdruck Nanotechnologie in den letzten Jahren in der Bevölkerung deutlich bekannter geworden ist. Dies könnte mit der Zunahme im Alltag verfügbarer Nanoprodukte bzw. nanotechnologischer Dienstleistungen zusammenhängen. Dafür spricht auch, dass das Wissen, das die Befragten zur Nanotechnologie haben, überwiegend mit Produkten aus den Bereichen Alltag, Medizin und Informationstechnologie zusammenhängt. Bei der Nanotechnologie können

Menschen somit anders als bei der Gentechnik bereits in der ersten Produktgeneration Erfahrungen mit konkreten Produkten sammeln und sich so auch eine eigene Meinung dazu bilden. Der tatsächliche Wissensstand zur Nanotechnologie ist aber weiterhin sehr niedrig und eine Mehrheit in der Bevölkerung hat sich noch keine Meinung zu diesem Thema gebildet.

Trotz des geringen Wissensstands wird Nanotechnologie in der Öffentlichkeit mit positiven Gefühlen verbunden. Nur eine sehr kleine Minderheit macht sich Sorgen über die Entwicklungen der Nanotechnologie. Dieses Ergebnis ist wichtig, da die affektive Komponente als wichtigster Einflussfaktor auf die Wahrnehmung der Nanotechnologie identifiziert werden konnte. Auch in der Abwägung von Risiko und Nutzen wird die Nanotechnologie klar unter Nutzenaspekten wahrgenommen. Der Anteil derjenigen, die ein großes Risiko in der Nanotechnologie sehen, ist gering. Und im Vergleich mit anderen Technologien wird die Nanotechnologie eher in den Kontext von Alltags- und Umweltschutztechnologien gestellt als in den Kontext so genannter Risikotechnologien wie Gentechnik oder Kernenergie.

Obwohl in der allgemeinen Wahrnehmung der Nanotechnologie Alltagsprodukte häufig genannt werden, ist der Einsatz der Nanotechnologie in diesem Bereich aus Sicht der Bevölkerung nur von geringerer Bedeutung. Die größten Nutzenpotenziale werden für nanotechnologische Anwendungen in den Bereichen Medizin und Umweltschutz erwartet. In der Verbesserung von Lebensmitteln sehen Verbraucher hingegen keinen Nutzen. Dieses Ergebnis passt zu einem anderen Resultat aus der deutschen Befragung von 2007 (Zimmer et al. 2008), wonach 86 % der Befragten Produkte kaufen würden, bei denen Nanotechnologie zur Oberflächenversiegelung eingesetzt wurde, 75 % würden Nano-Textilien kaufen, aber nur 20 % Nano-Lebensmittel. Im Lebensmittelbereich könnte es somit schwierig werden, die potenziell vorhandenen Anwendungen in Produkte umzusetzen, die Akzeptanz in der Bevölkerung finden.

Bei der Informationsvermittlung an Verbraucher ist es von entscheidender Bedeutung, von wem die Informationen kommen, denn die verschiedenen Akteure genießen unterschiedlich hohes Vertrauen in der Bevölkerung. Am ehesten wird Wissenschaftlern und Nichtregierungsorganisationen vertraut, dass sie gut und unabhängig informieren. Das geringste Vertrauen wird Wirtschafts- und Regierungsvertretern entgegen gebracht. Das geringe Vertrauen in die Effizienz gerade der staatlichen Risikopolitik lässt vermuten, dass sich die insgesamt positive Einschätzung der Nanotechnologie im Falle von Meldungen über Risiken deutlich verändern könnte.

F. Literatur

Abelson, Robert P./Aronson, E./McGuire, E. J./Newcomb, T. M./Rosenberg, M. J./Tannenbaum, P. H. (Hrsg.), (1968): Theories of cognitive consistency: A sourcebook. Chicago.

Alhakami, Ali Siddiq/Slovic, Paul (1994): A psychological study of the inverse relationship between perceived risk and perceived benefit, in: Risk Analysis 14, 1085–1096.

Bainbridge, William Sims (2002): Public Attitudes toward Nanotechnology. Journal of Nanoparticle Research 4: 561–570.

BMRB Social Research (2004): Nanotechnology: Views of the General Public. Prepared for The Royal Society & The Royal Academy of Engineering.

Bundesministerium für Bildung und Forschung (BMBF) (2006): Nano-Initiative – Aktionsplan 2010.

– (2007): Nanotechnologie – Eine Zukunftstechnologie mit Visionen. URL: http://www.bmbf.de/de/nanotechnologie.php.

Cobb, Michael D./Macourbrie, Jane (2004): Public perceptions about nanotechnology: Risks, benefits and trust. Journal of Nanoparticle Research 6: 395–405.

Elkins, N. (2005): Nanotechnology: A national survey of consumers. Report prepared for Dandolo Partners.

Flynn, James/Burns, William/Mertz, C. K./Slovic, Paul (1992): Trust as a determinant of opposition to a high-level radioactive waste respository: Analysis of a structural model. In: Risk Analysis 12, 417–429.

Fujita, Y./Abe, S. (2005): Questionnaire survey report on nanotechnology and society. Report des Nanotechnology Research Institute.

Gaskell, George/Allansdottir, Agnes/Allum, Nick/Corchero, Cristina/Fischler, Claude/Hampel, Jürgen/Jackson, Jonathan/Kronberger, Nicole/Mejlgaard, Niels/Revuelta, Gemma/Schreiner, Camilla/Stares, Sally/Torgersen, Helge/Wagner, Wolfgang (2006): Europeans and Biotechnology in 2005 – Patterns and Trends. Eurobarometer 64.3. A report to the EC Directorate General for Research.

Gaskell, George/Allum, Nick/Stares, Sally (2003): Europeans and Biotechnology in 2002. Eurobarometer 58.0. A report to the EC Directorate General for Research. URL: http://europa.eu.int comm/public_opinion/archives/eb/ebs_177_en.pdf.

Gigerenzer, Gerd (1999): Simple heuristics that make us smart. New York.

Gründl, Martin (2000): Risikowahrnehmung und Risikoakzeptanz am Beispiel gentechnisch veränderter Nahrungsmittel. Diplomarbeit Universität Regensburg.

Hüsing, Bärbel/Bierhals, Rainer/Bührlen, Bernhard/Friedewald, Michael/Kimpeler, Simone/Menrad, Klaus/Wengel, Jürgen/Zimmer, Rene/Zoche, Peter (2002): Technikakzeptanz und Nachfragemuster als Standortvorteil. Abschlussbericht an das Bundesministerium für Bildung und Forschung, Karlsruhe: Fraunhofer ISI.

Hullmann, Angela (2006): The economic development of nanotechnology – An indicators based analysis. European Commission, DG Research, Unit „Nano S&T – Convergent Science and Technologies", Version: 28. November 2006.

Kahan, Dan M./Slovic, Paul/Braman, Donald/Gastil, John/Cohen, Geoffrey (2007): Nanotechnology risk perceptions: The influence of affect and values. Conducted by the Cultural Cognition Project at Yale Law School.

Kemp, R. (1993): Risikowahrnehmung: Die Bewertung von Risiken durch Experten und Laien – ein zweckmäßiger Vergleich, in: Bayerische Rückversicherung (Hrsg.): Risiko ist ein Konstrukt, 109–127.

Komm.Passion GmbH (2004): Wissen und Einstellungen zur Nanotechnologie (Güttler & Klewes).

Leiss, W. (1989): Applying risk communication and risk perception research to the understanding of disagreements about risk, in: Risk Abstracts 6 (4), 179–186.

Lion, R./Meertens, R./Bot, I. (2002): Priorities in information desire about unknown risks. Risk Analysis, 22 (4), 765–776.

Lundvall, B.-Å. (1988): "Innovation as an interactive process: from user-producer interaction to the national system of innovation", in: Technical Change and Economic Theory. Vol. 1988. Edited by Giovanni Dosi et al., London/New York.

Macoubrie, Jane (2005): Informed Public Perceptions of Nanotechnology and Trust in Government. Woodrow Wilson International Center for Scholars.

Palmer C. G. S. (1996): Risk perception. An empirical study of the relationship between worldview and the risk construct. Risk Analysis 16, 717–723.

Peter D. Hart Research Associates, Inc. (2006): Report findings. Conducted on behalf of: Project on Emerging Nanotechnologies, The Woodrow Wilson International Center for Scholars. URL: http://www.nanotechproject.org/file_download/98.

– (2007): Awareness of and attitudes toward nanotechnology and federal regulatory agencies. A report of findings conducted on behalf of: Project on Emerging Nanotechnologies, The Woodrow Wilson International Center for Scholars.

Rohracher, Harald/Kukovetz, Brigitte/Ornetzeder, Michael/Zelger, Thomas/Enzensberger, Gerhard/Gadner, Johannes/Zelger, Josef/Buber, Renate (2001): Akzeptanzverbesserung bei Niedrigenergiehaus-Komponenten. Projektbericht des Interuniversitären Forschungszentrum für Technik, Arbeit und Kultur (IFZ) im Auftrag des Bundesministeriums für Verkehr, Innovation und Technologie, Graz.

Rosenbladt, B. v./Schupp, J./Wagner, G. G. (2007): Nanotechnologie in der Bevölkerung noch wenig bekannt, in: Wochenbericht des DIW Berlin Nr. 45, 673–677.

Scheufele, Dietram A./Lewenstein, Bruce (2006): The public and nanotechnology: How citizens make sense of emerging technologies, Journal of Nanoparticle Research 7 (6): 659–667.

Schütz, Holger (2008): Risikokommunikation – eine Sache des Vertrauens, in: EMVU und Wahrnehmung, Newsletter 1/2008, 10–19.

Siegrist, Michael (2000): The influence of trust and perception of risks and benefits on the acceptance of gene technology, in: Risk Analysis 20, 195–203.

Sjöberg, L./Oskarsson, A./Bruce, A./Darnerud, P. O. (1997): Riskuppfattning hos exporter inom omradet kost och hälsa. Rapport 24/97, Livsmedelsverket/National Food Administration, Sweden.

Torgersen, H. (2004): The real and perceived risks of genetically modified organisms, in: EMBO reports 5, 17–21.

Tversky, Amoas/Kahneman, Daniel (1974): Judgement under uncertainty – Heuristics and biases, in: Science 185, 1124–1131.

VDI Technologiezentrum (2004): Nanotechnologie als wirtschaftlicher Wachstumsmarkt, Düsseldorf.

Visschers, V./Meertens, R./Passchier, W./de Vries, N. (2007): How does the general public evaluate risk information? The impact of associations with other risks, in: Risk Analysis 27 (3), 715–727.

Wiedeman, P./Mertens, J. (2005): Sozialpsychologische Risikoforschung. In Technikfolgenabschätzung – Theorie und Praxis 3, 38–45.

Wilkinson, Susan B. T./Rowe, Gene/Lambert, Nigel (2004): The risk of eating and drinking, in: EMBO reports 5, 27–31.

Woodrow Wilson International Center for Scholars (2007): A nanotechnology consumer products inventory. Stand 02.10.2007 URL: http://www.nanotechproject.org.

Zimmer, Rene (2002): Bürgerkonferenz „Streitfall Gendiagnostik". Meinungsbildung im Rahmen partizipativer Technikfolgenabschätzung, in: Technikfolgenabschätzung – Theorie und Praxis 3/4, 149–154.

Zimmer, Rene/Domasch, Silke/Scholl, Gerd/Zschiesche, Michael/Petschow, Ulrich (2007): Nanotechnologien im öffentlichen Diskurs: Deutsche Verbraucherkonferenz mit Votum, in: Technikfolgenabschätzung – Theorie und Praxis 3, 98–101.

Zimmer, Rene/Hertel, Rolf F./Böl, Gaby-Fleur (Hrsg.), (2008): Repräsentative Bevölkerungsbefragung zur Wahrnehmung der Nanotechnologie. BfR-Wissenschaft 05/2008.

Zwick, Michael M./Renn, Ortwin (1998): Wahrnehmung und Bewertung von Technik in Baden-Württemberg. Eine Präsentation der Akademie für Technikfolgenabschätzung in Baden-Württemberg.

– (2002): Wahrnehmung und Bewertung von Risiken. Ergebnisse des „Risikosurvey Baden-Württemberg 2001". Gemeinsamer Arbeitsbericht der Akademie für Technikfolgenabschätzung und der Universität Stuttgart, Nr. 202.

4. Abschnitt:
Rechtliche Regulierung

Nanopartikel und Risiko – ein Fall für das Vorsorgeprinzip?

Betrachtungen aus der Perspektive der Technikfolgenabschätzung

Michael Decker

A. Einleitung

Nanotechnologie gilt als eine der Schlüsseltechnologien des 21. Jahrhunderts. Die Forschungsförderung aus öffentlicher Hand wächst seit Mitte der 1990er Jahre sowohl in Nordamerika als auch in Europa und Asien stetig an. Die Anzahl der Patente im Bereich der Nanotechnologie in den USA steigt seitdem annähernd exponentiell (Economist 2007). Dabei ist es „von außen" betrachtet nicht einfach zu bestimmen, was die Nanotechnologie „im Innersten" zusammenhält.[1] Zumindest ist

---

1 Damit ist beispielsweise die Perspektive der Forschungsförderung gemeint, die darüber entscheiden können muss, ob ein bestimmtes Forschungsprojekt zur Nanotechnologie zu zählen ist oder nicht, wenn sie proklamiert, nanotechnologische Forschung fördern zu wollen. Auch die Technikfolgenforschung muss ihren Gegenstandsbereich eingrenzen, wenn sie die nicht-intendierten Folgen dieser Technologie erforschen möchte. Im Gegensatz dazu ist es wahrscheinlich für den einzelnen Nanoforscher oder die einzelne Nanoforscherin im Forschungsalltag („von innen") weniger von Bedeutung, ob er oder sie nun an Nanotechnologie forscht oder nicht. Das ändert sich dann erst in anderen Zusammenhängen, wie beispielsweise der Beantragung von Fördergeldern.

es ungewöhnlich, dass eine Technologie im Wesentlichen durch die Angabe einer Größenordnung (10^{-9} m bzw. 1 Nanometer) beschrieben wird.

Eine Durchsicht einschlägiger Definitionen zur Nanotechnologie bringt hervor, dass auch in diesen Definitionen der Bezug zur Größenordnung fest verankert ist (Decker 2006). Allerdings wird sie in diesen Definitionen um den Hinweis ergänzt, dass es in der Nanotechnologie um *neue* chemische, physikalische und/oder biologische Phänomene geht, die in diesem Größenordnungsbereich auftreten.[2] Oder, umgekehrt formuliert, um Phänomene, die im makroskopischen Bereich nicht vorkommen. In einer anderen Definition (Schmid et al. 2003) werden konkrete „neue" Phänomene beschrieben. So können neuartige Effekte in diesem Größenordnungsbereich daher rühren, dass es sich (1) um so genannte Quanteneffekte handelt, also um Effekte, die einer gänzlich anderen physikalischen Beschreibung bedürfen, oder (2) um Phänomene, die durch Oberflächen-Effekte dominiert werden,[3] oder schließlich (3) um Effekte, die daraus resultieren, dass nur eine kleine Anzahl von Konstituenten vorhanden ist, so dass eine statistische Beschreibung nicht mehr adäquat ist. „Das Neue" der Nanotechnologie wird also, vereinfacht ausgedrückt, in dieser Definition aus der Perspektive der fortwährenden Miniaturisierung betrachtet: Wenn bei der fortwährenden Miniaturisierung neue Phänomene auftreten, dann aus einem der obigen drei Gründe. Insofern kann eine solche Definition prinzipiell dazu herangezogen werden zu entscheiden, ob ein bestimmtes Phänomen zur Nanotechnologie zu zählen ist oder nicht.[4]

Aus diesem „Neuen" der Nanotechnologie resultieren Produkte mit neuartigen Eigenschaften, wie eine extrem verbesserte Speicherdichte in elektronischen Medien, kratzfeste Oberflächen oder „maßgeschneiderte Materialien", in denen bisher als gegensätzlich geltende Eigenschaften, wie beispielsweise gute Haftreibung und geringer Verschleiß bei Autoreifen, gleichzeitig optimiert werden können.

---

2 Als Beispiel sei hier eine in Deutschland gebräuchliche Definition zitiert: „Gegenstand der Nanotechnologie ist die Herstellung und Anwendung von Strukturen, molekularen Materialien, inneren Grenzflächen und Oberflächen mit kritischen Dimensionen oder Fertigungstoleranzen von einigen 10 nm bis zu atomaren Abmessungen. Ziel ist die Präparation materialabhängiger Festkörpereigenschaften, -dimensionen und neuer Funktionen basierend auf neuen physikalisch-chemisch-biologischen Wirkprinzipien, deren Ursache im submikroskopischen bzw. im atomaren und molekularen Bereich (...) begründet sind. Nanotechnologie beschäftigt sich mit Systemen, deren neue Funktionen und Eigenschaften nur allein von den nanoskaligen Effekten ihrer Komponenten abhängig sind." (Bachmann 1998: 1)

3 Dieser Effekt hängt mit der Miniaturisierung zusammen: Der prozentuale Anteil der Atome oder Moleküle, die an der Oberfläche eines Materieblocks liegen, wird größer, je kleiner der Materieblock ist. Bei einem Würfel der Kantenlänge 1 µm sitzen nur 0,6 % aller Atome an der Würfeloberfläche und können somit reaktiv sein. Dagegen besteht ein Würfel der Kantenlänge 1 nm aus ca. 1000 Atomen, und davon sind 541 (54,1 %) an der Würfeloberfläche.

4 Die Autoren dieser Definition demonstrieren das, indem sie sie auf verschiedene Effekte anwenden, die gemeinhin als Nanotechnologie betitelt werden. Mit ihrer Definition „sortieren" sie so prominente Effekte wie den Lotus-Effekt aus, weil es sich nach ihrer Ansicht um ein Verlaufsgesetz handelt, also einen Effekt, den es auch im Makroskopischen gibt, der aber umso deutlicher wird, je kleiner die Strukturen werden.

Der Economist (2007) berichtet Ende November 2007 von mehr als 600 Produkten, die von sich behaupten, dass sie Nanotechnologie verwenden. Am bekanntesten sind dabei sicherlich Sonnencremes mit Titandioxid-Partikeln. Diese lassen sichtbares Licht durch während UV-Strahlung geblockt wird. Dadurch wurden erstmals transparente „Sunblocker" möglich. Oder auch der Einsatz von Silberpartikeln in Nanogröße, die anti-mikrobiell wirken, hat in Produkten wie Waschmaschinen, Bettlaken, Teddybären etc. inzwischen eine weite Verbreitung gefunden.

Als ein Problem hat sich im Bereich der Nanotechnologie die möglicherweise toxische Wirkung von Nanopartikeln herausgestellt. Es zeigt sich, dass sich die zum größten Teil bekannten Eigenschaften makroskopischer Stoffe nicht auf nanoskalige Partikel *desselben* Stoffs übertragen lassen, ja nach obiger Definition der Nanotechnologie ist diese gerade auf der Suche nach diesen Änderungen der Eigenschaften, um sie für neue technische Effekte nutzbar zu machen. Aus toxikologischer Sicht stellt sich das Problem in zweierlei Hinsicht dar: Es ist erstens nicht absehbar, welche Eigenschaften eines Stoffes sich ändern, noch ist es zweitens offensichtlich, bei welcher Größe diese „neue" Eigenschaft auftritt. Die Toxikologen stehen somit vor einem gewaltigen Forschungsauftrag: Sie müssen Nanopartikel aus vielen Stoffen und Stoffkombinationen in mehreren Größenbereichen auf ihre toxischen Eigenschaften hin untersuchen. Die Beiträge der Toxikologen in diesem Band zeigen, dass mit dieser Arbeit begonnen wurde. Sie zeigen aber gleichzeitig, dass bisher nur ein kleiner Bruchteil der dafür notwendigen toxikologischen Untersuchungen durchgeführt wurde. Dazu kommt, wie bei jeder Anwendung von etablierten wissenschaftlichen Methoden in einem neuen Anwendungsbereich, dass noch nicht abschließend überprüft ist, welche toxikologischen Verfahren im nanoskaligen Bereich überhaupt eingesetzt werden können. Vicky Colvin wird mit den Worten zitiert: „Wenn man fünf Forschergruppen mit Fördergeldern ausstattet, um die toxische Wirkung von Nano-Tubes zu erforschen, und diese finden fünf unterschiedliche Resultate, dann „schmerzt" das die Forschungsförderung, weil damit die Unsicherheit steigt." (Economist 2007, Übersetzung MD) Und dabei, so kann ein Wortbeitrag[5] von Harald Krug gedeutet werden, wäre es zunächst nicht klar, ob sich die Resultate unterscheiden, weil einige der toxikologischen Verfahren im nanoskaligen Bereich ungenügend sind oder weil die überprüften Nano-Tubes tatsächlich jeweils unterschiedliche Eigenschaften haben.

Vor diesem Hintergrund haben einige Nichtregierungs-Organisationen (NGOs), als erste die kanadische etc-group (etc 2003), ein Moratorium für Nanopartikel mit der Begründung gefordert, dass solange die toxikologische Wirkung von Nanopartikeln nicht erforscht ist, diese auch nicht in großem Maßstab produziert und in Produkten eingesetzt werden sollten. Die britische Royal Society empfahl in ihrer Studie (Royal Society 2004), dass Nanopartikel grundsätzlich als „neue" Substanzen angesehen werden sollen und somit jeweils neu zugelassen werden müssen.

---

5 In der Diskussion während der Veranstaltung, auf die diese Veröffentlichung zurückgeht.

Diese kurze Darstellung der Nanotechnologie möge an dieser Stelle genügen,[6] um als Hintergrund für die eigentliche Fragestellung dieses Beitrags zu dienen. Es soll der Frage nachgegangen werden, ob oben skizzierte Gesamtsituation eine Grundlage für die Anwendung des Vorsorgeprinzips sein könnte. Zu diesem Zweck wird im Folgenden zunächst das Vorsorgeprinzip erläutert, in dem die rechtlichen und politischen Bezugspunkte dargelegt und die einzelnen Schritte seiner Umsetzung vorgestellt werden. Durch den Vergleich des risikobasierten Ansatzes mit dem unsicherheitsbasierten Ansatz als Grundlage eines Regulierungsrahmens zum Vorsorgeprinzip wird dieser Teil des Beitrags abgeschlossen. Mit diesem „Rüstzeug" ausgestattet, soll dann schließlich – in hier gebotener Kürze nur holzschnittartig – das Fallbeispiel der Nanopartikel als ein mögliches Anwendungsfeld des Vorsorgeprinzips analysiert werden.

B. Das Vorsorgeprinzip

I. Politisch-rechtliche Rahmenbedingungen

Das Vorsorgeprinzip ist im politischen Umfeld der Europäischen Union fest verankert. Im EG-Vertrag von 2002 (EGV) wird im Artikel 174 explizit auf Vorsorge in Zusammenhang mit der Umweltpolitik Bezug genommen. Dort heißt es:

> „(2) Die Umweltpolitik der Gemeinschaft zielt unter Berücksichtigung der unterschiedlichen Begebenheiten in den einzelnen Regionen der Gemeinschaft auf ein hohes Schutzniveau ab. Sie beruht auf den Grundsätzen des Vorsorgeprinzips."

Darüber hinaus weist die Europäische Kommission darauf hin, dass – auch wenn im EG-Vertrag das Vorsorgeprinzip nur zum Schutz der Umwelt Erwähnung findet – in der Praxis ein deutlich größerer Anwendungsbereich existiert. Das Vorsorgeprinzip soll insbesondere angewendet werden, wenn auf Basis einer objektiven wissenschaftlichen Bewertung berechtigter Grund für die Annahme besteht, dass mögliche Gefahren für die Umwelt, die Gesundheit von Menschen, Tieren oder Pflanzen bestehen (COM 2000 (1): 2). Dieser weitere Anwendungsbereich über die Umwelt hinaus kann beispielsweise durch Bezug auf Artikel 95 Absatz 3 EGV, belegt werden, in dem von einem hohen Schutzniveau nicht nur im Bereich Umwelt, sondern auch in den Bereichen Gesundheit, Sicherheit und Verbraucherschutz die Rede ist.

Mit der Orientierung am Vorsorgeprinzip schließt der EG-Vertrag nahtlos an politische Entscheidungen auf globaler Ebene an. In der so genannten Erklärung von Rio de Janeiro (UNCED 1992; BMU 1992) wurde das Vorsorgeprinzip als einer der

---

6 Diese Darstellung wird für den Leser durch die Beiträge im 2. und 3. Abschnitt dieses Bandes verdichtet.

Grundsätze vereinbart, in denen die Rechte und Pflichten der nationalen Staaten festgelegt werden. Im 15. Grundsatz heißt es:

> „Zum Schutz der Umwelt wenden die Staaten den Vorsorgeansatz entsprechend ihren Möglichkeiten umfassend an. Angesichts der Gefahr erheblicher oder irreversibler Schäden soll fehlende vollständige Gewissheit nicht als Grund dafür dienen, kostenwirksame Maßnahmen zur Verhinderung von Umweltschäden hinauszuzögern."

Mit einem Hinweis, dass das Vorsorgeprinzip auch in der europäischen Rechtsprechung bereits verankert ist, soll diese kurze Darstellung der rechtlichen Rahmenbedingungen des Vorsorgeprinzips abgeschlossen werden.[7] Der Europäische Gerichtshof hatte über die Gültigkeit der Entscheidung der Europäischen Kommission zu richten, die Ausfuhr von Rindfleisch aus dem Vereinigten Königreich zu verbieten, um das Risiko einer Übertragung von BSE zu beschränken. Dazu führte der Gerichtshof aus:

> „Wenn das Vorliegen und der Umfang von Gefahren für die menschliche Gesundheit ungewiss ist, können die Gemeinschaftseinrichtungen Schutzmaßnahmen ergreifen, ohne abwarten zu müssen, dass das Vorliegen und die Größe der Gefahren klar dargelegt sind." (5. Mai 1998, Urteile in den Rechtssachen C-157/96 und C-180/96)

II. Die Operationalisierung des Vorsorgeprinzips

1. Die Entscheidung: Handeln oder Nicht-Handeln?

Am Anfang der Operationalisierung des Vorsorgeprinzips[8] steht entweder ein bereits vorhandenes Regelwerk, wie zum Beispiel die EG-Richtlinien und Bestimmungen über genetisch veränderte Organismen (GVO) (EU 2001), nach dessen Vorgabe das Vorsorgeprinzip angewendet wird bzw. seine Anwendung gefordert werden kann, oder eine *politische* Entscheidung. Die politische Entscheidung nämlich, ob das Vorsorgeprinzip in einem bestimmten Gebiet, wie beispielsweise dem Klimaschutz, zum Schutz der Ozonschicht etc. angewendet werden *soll*. Es geht, das wurde in den Zitaten des politisch-rechtlichen Rahmens des Vorsorgeprinzips deutlich, um das Rechtfertigen sofortiger Handlungen, ohne auf eine bereits fundierte Wissensbasis rekurrieren zu können. Insofern weist die Europäische Kommission zu Recht darauf hin, dass diese grundlegende Entscheidung bereits den ersten Schritt eines Risikomanagements (COM 2000: 13 f.) darstellt, und das unabhängig davon, wie die Entscheidung ausgeht. Auch die Entscheidung (zunächst) nicht zu handeln, also das Vorsorgeprinzip nicht anzuwenden, stellt den Beginn

7 Eine ausführlichere Darstellung findet sich in COM 2000 (1): 9 ff. sowie im Anhang I und II.

8 Die Darstellung der einzelnen Schritte der Operationalisierung folgt hier dem Vorschlag von René von Schomberg (2006).

eines Risikomanagements dar, zumindest wenn man unterstellt, dass die Entscheidung wohl begründet getroffen wurde. In dieser Begründung sollen folgende Aspekte berücksichtigt werden:

a) Mögliche negative Folgen

Die Ermittlung möglicher negativer Folgen eines Phänomens steht am Anfang der Erarbeitung einer Entscheidungsgrundlage. Das umfasst sowohl die Analyse der Art negativer Folgen bzw. Gefahren, die drohen, als auch die Beantwortung der Frage, für wen oder was diese Folgen in welchem Ausmaß eine Gefahr darstellen. Dass gerade auch letztere Frage keineswegs trivial zu beantworten ist, kann man sich an den Beispielen Klimaveränderung und Schutz der Ozonschicht verdeutlichen. Bei beiden Phänomenen sind die Folgen in verschiedenen Regionen der Erde extrem unterschiedlich, ja es lassen sich sogar große Regionen identifizieren, die von einer Klimaerwärmung profitieren würden, für die eine Klimaveränderung positive Folgen hätte. Es kann also keinesfalls a priori von einer Gleichverteilung der Folgen ausgegangen werden.

Auch wenn mit dem Vorsorgeprinzip die Intention verbunden ist, schon Schutzmaßnahmen ergreifen zu können, wenn Gefahren zunächst nur vage identifiziert wurden und somit ein Schwerpunkt auf die Erforschung der möglichen negativen Folgen gelegt wird, so ist es doch politisch rational, auch positive Folgen bzw. intendierte Effekte ins Kalkül zu ziehen. So wurden die Fluorchlorkohlenwasserstoffe (FCKW), die sich später als Ozonkiller herausstellten, gerade deswegen für den Einsatz in Kühlschränken ausgewählt, weil sie als „inert" galten und somit keine Schäden an den im Kühlschrank befindlichen Lebensmitteln zu erwarten waren. Gesetzt den Fall, man hätte die FCKWs in ihrer Funktion als Kühlmittel nicht so ohne Weiteres technisch substituieren können, dann hätte die politische Entscheidung um die Frage „Vorsorge zum Schutz der Ozonschicht" vor dem Hintergrund der möglichen Abschaffung von Kühlschränken stattfinden müssen.

b) Wissenschaftliche Bewertung der Folgen

In einem zweiten Schritt sind diese Folgen wissenschaftlich zu bewerten. Dabei soll eine Datenbasis erarbeitet werden, die Aussagen über die Möglichkeit des Eintritts einer Gefahr, die Schwere ihrer Auswirkungen auf die Umwelt oder die Gesundheit einer bestimmten Bevölkerungsgruppe erlaubt. In diese Datenbasis sollen darüber hinaus der Umfang möglicher Schäden, die Dauer des Schadensereignisses, die Möglichkeit einer Schadensbeseitigung und die Analyse von Spätfolgen einfließen. Dabei geht es weniger um eine umfassende Risikobewertung[9]

---

9 Zu der in Zusammenhang mit dem Vorsorgeprinzip hilfreichen Unterscheidung zwischen Risiko und Unsicherheit siehe unten 6. (S. 124 ff.).

als um das Zusammenfassen des heute bereits vorhandenen Wissens zu einem bestimmten Phänomen, also um den aktuellen Wissensstand. Dabei sollen, weil dieser Aspekt auch Hinweise für den dritten Schritt (bei der Erstellung der Datenbasis) liefert, auch Themen für weitere Forschung angegeben werden.

c) Beurteilung der wissenschaftlichen Unsicherheit

Im letzten Schritt wird über diesen Stand des Wissens reflektiert in der Art, dass man sich ein Bild über die Sicherheit bzw. Unsicherheit dieses Wissensstands machen möchte. Dabei hinterfragt man die Aussagekraft der ausgewählten Kenngrößen und Variablen, beurteilt die Adäquatheit der bereits durchgeführten Experimente, unterzieht die verwendeten Modelle einer kritischen Bewertung, analysiert die angegebenen Kausalzusammenhänge auf Stichhaltigkeit etc. In diesem Reflexionszusammenhang treten dann wissenschaftliche Kontroversen hervor, die sich typischerweise ebenfalls auf diese grundlegenden Kriterien beziehen. Ziel dieser Reflexionsbemühungen ist die Abschätzung der Unsicherheit des aktuellen Wissensstands, ein zentrales Element bei der Entscheidung über vorsorgende Maßnahmen.

Kommen wir nun auf den Punkt zurück, was denn am Anfang der Operationalisierung des Vorsorgeprinzips steht, so könnte die Antwort auch lauten, dass die in diesen drei Schritten beschriebene Erhebung der wissenschaftlichen Datenbasis als Grundlage für die Entscheidung den eigentlichen Anfang kennzeichnet. Berücksichtigt man dabei aber die Rahmenbedingungen, unter denen das Vorsorgeprinzip angewendet werden soll, dann können wir davon ausgehen, dass ein Phänomen gemeinhin zumindest auch aus außerwissenschaftlichen Gründen auf die politische Agenda kommt. Das heißt, es gibt bereits eine gesellschaftliche Diskussion und damit verbunden entsprechende Forderungen aus der Gesellschaft, die auf ein Phänomen hinweisen, in dem das Vorsorgeprinzip angewendet werden könnte. Insofern sei hier die anstehende politische Entscheidung über die Frage „Handeln auf der Basis des Vorsorgeprinzips oder nicht“ an den Anfang der Operationalisierung gestellt, zu deren Beantwortung dann oben genannter Dreischritt zur Generierung der Entscheidungsgrundlage auszuführen ist.

2. Auswahl des Schutzniveaus als Bezugsgröße

In seiner grundlegenden Argumentationsfigur ist das Vorsorgeprinzip untrennbar mit dem Schutz vor möglichen Gefahren verbunden. Die Gesundheit der Menschen oder auch die Umwelt sollen geschützt werden, obwohl es nach heutigem Stand des Wissens noch keine Beweise dafür gibt, dass diese überhaupt gefährdet sind. Damit wird das Vorsorgeprinzip bzw. seine Anwendbarkeit in einen weiteren Zusammenhang gestellt, nämlich den Bezug zu einem bestimmten, politisch angestrebten, gesellschaftlich erwünschten etc. Schutzniveau. Die politisch-rechtlichen Rahmenbedingungen wie der EG-Vertrag geben in dieser Hinsicht nur den Hinweis, dass ein „hohes Schutzniveau“ angestrebt werden soll. Gleichzeitig ist jeder Staat durch internationale Vereinbarungen wie beispielsweise das WTO-Übereinkommen explizit befugt, sein eigenes Schutzniveau zu bestimmen. Diese Souveränität der Einzelstaaten soll es deren Entscheidungsträgern ermöglichen, bei der Festlegung dieses Schutzniveaus die wirtschaftliche Lage des Staates und dessen sozialpolitische Prioritäten zu berücksichtigen. Das heißt, dass mit einer internationalen Vereinbarung, das Vorsorgeprinzip anzuwenden, keine konkreten Normen im Sinne beispielsweise der Anwendung bestimmter Umweltschutz- oder auch Gesundheitsvorschriften verbunden sind.

Dennoch ist mit den internationalen Vereinbarungen, das Vorsorgeprinzip anzuwenden, eine normative Kraft verbunden, die sich aus einer Konsistenzforderung speist. Hat sich ein Staat für ein bestimmtes Schutzniveau – unter Berücksichtigung seiner wirtschaftlichen Lage und seiner soziopolitischen Prioritäten – entschieden, dann legt er für sich damit eine Art Standard fest, auf den „von außen" (beispielsweise von der EU) Bezug genommen werden kann. So könnte die EU anmahnen, dass ein Staat bezogen auf ein anderes Phänomen bereits ein deutlich höheres Schutzniveau angestrebt habe, welches er nun, aus Konsistenzgründen, auch für das aktuelle Phänomen anstreben solle. „Nach innen" ist mit der Wahl des Schutzniveaus die Frage verbunden, welches (Rest-)Risiko für eine Gesellschaft akzeptabel ist. Das Schutzniveau ist damit untrennbar mit dem Risikoniveau verbunden, das man für die Bürgerinnen und Bürger für zumutbar hält. Die politische Brisanz liegt dann in einer möglichen Diskrepanz zwischen der Höhe dieses von der Politik für akzeptabel erachteten Risikos und dem faktisch akzeptierten Risikolevel, das die Bürgerinnen und Bürger in einem bestimmten Zusammenhang einzugehen bereit wären.

Damit gibt der politisch-rechtliche Rahmen mit dem Hinweis, ein hohes Schutzniveau anzustreben, *die Richtung der Debatte* vor, wie sie die EU geführt sehen will (von Schomberg 2006: 25). In der Diskussion darum, ob für ein konkretes Phänomen das Vorsorgeprinzip Anwendung finden soll oder nicht, wird das allgemeine Schutzniveau zu einer Art Bezugspunkt. Die Proponenten, die die Anwendung des Vorsorgeprinzips fordern, müssen zeigen, dass sie dieses Schutzniveau verletzt sehen. Die Opponenten werden versuchen, in ihrer Argumentation darzustellen, dass das politisch angestrebte Schutzniveau eingehalten ist.

3. Erarbeiten eines geeigneten Regulierungsrahmens

Im bisher über das Vorsorgeprinzip Dargelegten wird immer wieder deutlich, dass es letztendlich „nur" ein formaler Grundsatz ist. Damit ist verbunden, dass es in Abhängigkeit von dem konkreten Gebiet, in dem es angewendet werden soll, zu völlig unterschiedlichen umweltpolitischen oder gesundheitspolitischen Konsequenzen bzw. entsprechenden Vorschriften führt. Das Vorsorgeprinzip erlaubt vorsorgliches, proaktives Handeln, aber der Handlungsspielraum ist groß und darüber hinaus auch implizit mit Nebenbedingungen derart verbunden, dass die zu treffenden Maßnahmen mit Maßnahmen in ähnlichen Zusammenhängen abgestimmt sein müssen, dass keine Diskriminierung stattfinden darf und dass eine Verhältnismäßigkeit der Mittel gewahrt sein muss.

Gerade weil dieser Handlungsspielraum so groß ist, hat sich die Europäische Kommission entschlossen, Leitlinien für die Anwendung des Vorsorgeprinzips herauszugeben (COM 2000: 17 ff.). In den Vorüberlegungen zu diesen Leitlinien wird explizit darauf hingewiesen, dass Handlungen nach dem Vorsorgeprinzip nicht zwingend Rechtsakte sind, deren Rechtswirkung im Zweifelsfalle gerichtlich geprüft werden kann. Auch der Entschluss, beispielsweise ein Forschungsprogramm aufzulegen und zu finanzieren oder verstärkt die Öffentlichkeit über die möglichen negativen Folgen zu informieren, kann adäquat sein. In jedem Falle ist diese Adäquatheit entsprechend zu begründen. In ihren Leitlinien weist die Kommission darauf hin, dass neben den bereits erwähnten Grundsätzen der Verhältnismäßigkeit und des Diskriminierungsverbots auch die anderen Kriterien eines „normalen" Risikomanagements berücksichtigt werden sollen: Das Kohärenzgebot, der Grundsatz der Abwägung der mit einem Handeln bzw. Nicht-Handeln verbundenen Vor- und Nachteile und der Grundsatz der Verfolgung der wissenschaftlichen Entwicklung. Diesen Grundsätzen stimmte der Europäische Rat (2000) explizit zu. Sie werden im Folgenden an gegebener Stelle aufgerufen.

Die Gestaltung eines geeigneten Regulierungsrahmens liegt somit immer noch im Bereich der politischen Entscheidung. Unverrückbar ist dabei nur festgehalten, dass bei der Abwägung der Kosten und Nutzen einer bestimmten (Nicht-)Handlung der Schutz der Gesundheit Vorrang vor wirtschaftlichen Interessen hat. Diese Abwägung muss über eine rein wirtschaftliche Kosten-Nutzen-Analyse hinausgehen. Diese kann ohnehin nur sehr begrenzt eingesetzt werden, da mögliche nachteilige Wirkungen, deren Umfang und Folgen, ja gerade (noch) nicht quantifizierbar sind und daher nicht in eine Kosten-Nutzen-Analyse eingestellt werden können. Dennoch wird klar darauf hingewiesen, dass eine solche – möglichst umfassende – Analyse stattfinden soll. Der Europäische Rat formuliert dazu (Europäischer Rat 2000, Anhang III/21):

> „Diese Prüfung muss den sozialen und ökologischen Kosten der verschiedenen möglichen Optionen sowie deren Akzeptanz seitens der Bevölkerung Rechnung tragen und, soweit dies machbar ist, eine wirtschaftliche Analyse einschließen, wobei davon ausgegangen wird, dass den Anforderungen des Gesundheitsschutzes, einschließlich der Umwelteinwirkungen auf die öffentliche Gesundheit, Vorrang einzuräumen ist".

Als ein Beispiel für einen solchen Regulierungsrahmen kann der Vorschlag angesehen werden, der in die GVO (EU 2001) Eingang gefunden hat. Dort wurde für den Umgang mit dem Problem, dass die Freisetzung von GVO möglicherweise irreversible Schäden in der natürlichen Vegetation oder Resistenzen von Unkraut mit sich bringen kann, folgender „case-by-case and step-by-step"-*Prozess* vorgeschlagen. Danach muss jede einzelne Freisetzung wissenschaftlich bewertet werden. Wird nach dieser „case-by-case"-Analyse entschieden, mit einer Freisetzung zu beginnen, dann findet dieses schrittweise statt. Das heißt beispielsweise, dass die Marktzulassung nur über das schrittweise Durchlaufen der Stufen „Treibhaus", „kleiner Feldversuch" und „großer Feldversuch" zu erhalten ist. Durch die Darstellung dieses Prozesses wird keine Aussage über die Annehmbarkeit einzelner GVO-Freisetzungen gemacht. Aber sie werden als potenziell gefährlich eingestuft und in den Prozess wird eine Beweislastumkehr eingeführt.[10] Der Antragsteller für eine Marktzulassung muss den Nachweis der Sicherheit erbringen.

Des Weiteren bildet ein solcher prozessorientierter Regulierungsrahmen die Grundlage für eine Lernpraxis: Man kann Einzelfälle für eine konkrete Anwendung, einen festen Zeitraum, vielleicht auch unter strengen Monitoringauflagen genehmigen und somit Erfahrungen sammeln.

4. Die Auswahl geeigneter Maßnahmen

Die Auswahl der geeigneten konkreten Maßnahmen soll nach den oben genannten Grundsätzen aus den Leitlinien der Europäischen Kommission geschehen (COM 2000: 19). Diese Grundsätze wurden vom Europäischen Rat in seiner Entschließung über die Anwendbarkeit des Vorsorgeprinzips übernommen (Europäischer Rat 2000: 17–21). Da die Technikfolgenabschätzung in einem solchen Zusammenhang gegebenenfalls damit befasst wäre, nach diesen Grundsätzen zu agieren, seien sie im Folgenden nach ihrer zeitlichen Abfolge gegliedert:

a) Abwägung der mit einem Handeln oder Nicht-Handeln verbundenen Vor- und Nachteile

Hiermit kommen wir zurück auf eine ähnliche Perspektive wie im ersten Punkt, als es um das Handeln oder Nicht-Handeln auf politischer Ebene ging, allerdings nun in Bezug auf konkrete Handlungen, das heißt Maßnahmen zur Umsetzung des Vorsorgeprinzips. Auch hier gilt es, gleichermaßen die Folgen von Handlungen und deren Nicht-Ausführung darzustellen und zu bewerten. Diese Analyse soll um eine Abschätzung der mit den (Nicht-)Handlungen verbundenen Gesamtkosten ergänzt werden. Das gesamte Bündel der Vorsorgemaßnahmen soll dazu beitragen können, das Risiko „auf ein zumutbares Niveau zu senken" (COM 2000: 21).

Die Prüfung der Vor- und Nachteile sollte, wenn möglich, eine wirtschaftliche Kosten-Nutzen-Analyse beinhalten. Allerdings wird explizit darauf hingewiesen, dass diese breiter angelegt sein und auch andere als wirtschaftliche Erwägungen berücksichtigen soll. Beispielsweise wird angeführt, dass es unter Umständen interessant sein kann, die faktische Akzeptanz einer bestimmten Schutzmaßnahme in

10 Die Umkehrung der Beweislast ist eine konkrete Maßnahme in den Leitlinien der EU (COM 2000: 23).

der Gesellschaft zu erforschen, da sich daraus ergeben könnte, dass die Bürgerinnen und Bürger das Interesse haben, zum Schutz ihrer Gesundheit ein größeres Opfer zu erbringen. Diese Überlegungen sind unmittelbar mit dem folgenden Punkt verbunden.

b) Der Verhältnismäßigkeitsgrundsatz

Die Forderung nach der Verhältnismäßigkeit der Maßnahmen rückt wiederum die – breiter gefasste – Kosten-Nutzen-Analyse in den Mittelpunkt. Dabei geht es nicht darum, den (im ersten Entscheidungsschritt gefassten) Beschluss, das Vorsorgeprinzip anzuwenden, an dieser Stelle wieder auszuhebeln, indem man alle Maßnahmen als unverhältnismäßig disqualifiziert. Es geht vielmehr darum, die Maßnahmen zu identifizieren, die angemessen und notwendig sind, um die im Rahmen der Vorsorge angestrebten Ziele zu erreichen. Daraus folgt zum Beispiel, dass, wenn mehrere Maßnahmen für adäquat befunden wurden, eine kostengünstige zu wählen ist – wenn auch nicht zwingend die kostengünstigste (von Schomberg 2006: 27).

Konkret weist die Europäische Kommission darauf hin, dass als Referenzpunkt für die Verhältnismäßigkeit wieder das Schutzniveau heranzuziehen ist. Mit der Verletzung dieses Schutzniveaus lassen sich auf der Maßnahmenebene strikte Verbote rechtfertigen. Oft ergeben sich aber auch alternative Maßnahmen zur Senkung eines Risikos, wie beispielsweise Verstärkung von Kontrollen, einstweilige Beschränkungen, Empfehlungen für besondere Risikogruppen etc. Auch ein Ausweichen auf ähnliche Produkte oder Verfahren kann eine Alternative darstellen, mit der ein Verbot umgangen werden kann. Ausdrücklich weist die Kommission darauf hin, dass die Verhältnismäßigkeit der Maßnahmen langfristig überprüft werden muss. Das ist insbesondere wichtig, als die kurzfristigen Folgen oft detaillierter erfasst und beurteilt werden können, das Vorsorgeprinzip ja aber gerade den Bezug zu einer Langzeitverantwortung beinhaltet und Handeln erlauben soll, auch wenn die Kausalzusammenhänge für langfristige Folgen nicht lückenlos darstellbar sind.

c) Das Kohärenzgebot und das Diskriminierungsverbot

Diese beiden Grundsätze stellen weitere Anforderungen an zur Alternative stehende Maßnahmen. Während der Verhältnismäßigkeitsgrundsatz auf ein Abschätzen von (Nicht-)Handlungen im entsprechenden Kontext unter Berücksichtigung der dort auftretenden Folgen abzielt, ermöglicht das Kohärenzgebot, auf andere Kontexte zu schauen. Der gemeinsame Bezugspunkt ist wieder das vereinbarte Schutzniveau. Man geht davon aus, dass die zu treffenden Maßnahmen in ihrer Tragweite den getroffenen Maßnahmen in ähnlichen Vorsorgekontexten entsprechen sollen. Es ist offensichtlich, dass in Anbetracht der Vielschichtigkeit der Betrachtungsweisen in diesen Prozessen eine Vergleichbarkeit mit in der Vergangenheit getroffenen Maßnahmen in „ähnlichen“ Zusammenhängen nur schwer herzustellen ist. Dennoch kann man sich vorstellen, auf einer höheren Betrachtungsebene wie beispielsweise Dosis-Wirkungs-Relationen, der Gefährdung einer abgrenzbaren Bevölkerungsgruppe oder ähnlicher Umweltschäden gewisse Analogieschlüsse zu ziehen.

Das Diskriminierungsverbot unterstreicht in diesem Zusammenhang, dass diese Analogieschlüsse gerechtfertigt sein müssen, indem es besagt, dass „gleiche Sachverhalte nicht unterschiedlich und unterschiedliche Sachverhalte nicht gleich behandelt werden dürfen, es sei denn, eine solche Behandlung wäre objektiv gerechtfertigt.“ (COM 2000: 20) Auch hier ist das Schutzniveau die entscheidende Bezugsgröße, anhand derer eine mögliche Diskriminierung begründet werden könnte.

5. Die Verfolgung der wissenschaftlichen Entwicklung

Betrachtet man den ersten Grundsatz als eine konkrete Aufgabe, die erledigt werden muss, nämlich die Vor- und Nachteile eines (Nicht-)Handelns zu erforschen, dann kann man die anderen drei Grundsätze als Kriterien ansehen, die die für dieses Handeln vorgesehenen Maßnahmen erfüllen müssen. Der letzte Grundsatz stellt wieder eine Aufgabe dar: Das Vorsorgeprinzip sieht explizit vor, dass die wissenschaftlichen Entwicklungen auf dem Gebiet, für das nun das Vorsorgeprinzip angewendet wird, entsprechend verfolgt werden. Dieser Grundsatz trägt der Tatsache Rechnung, dass das Vorsorgeprinzip ja gerade die Basis dafür herstellt, bereits Maßnahmen ergreifen zu können, bevor eine umfassende und auch konsensuale wissenschaftliche Erörterung vorliegt. Das heißt aber im Umkehrschluss, dass bei einem Vorliegen neuer wissenschaftlicher Daten die getroffenen Maßnahmen unter Umständen geändert oder auch aufgegeben werden müssen. Die Kommission stellt fest, dass die Forschungsarbeiten fortgeführt werden müssen, damit später eine bessere oder vollständigere Analyse der Folgen und deren Bewertung stattfinden kann. Auch die Umsetzung der Maßnahmen soll einem ständigen Monitoring unterliegen, um die angestrebte Wirkungsweise überprüfen zu können. Zusammenfassend wird mit diesem Grundsatz darauf hingewiesen, dass die aktuellen Maßnahmen immer in Bezug zu dem aktuellen Stand des Wissens gerechtfertigt sind. Mit neuen wissenschaftlichen Erkenntnissen kommen auch diese Maßnahmen auf den Prüfstand.

6. Zentrale Unterscheidungen: Risiko und die Unsicherheit des Wissens

In den bisher dargestellten vier Operationalisierungsebenen des Vorsorgeprinzips wird jeweils auf mögliche Gefahren bzw. Risiken Bezug genommen, über die noch keine hinreichenden wissenschaftlichen Erkenntnisse vorliegen. Diese sollen anhand einer Klassifizierung des Risikos relativ zum Stand der Wissenschaft dargestellt werden. Für diesen Zweck könnten unterschiedliche Risikoklassifizierungen herangezogen werden. Für die hier angestrebten Ziele, nämlich eine Entscheidungshilfe über die Adäquatheit des Vorsorgeprinzips zu erhalten, sollte eine einfache, nicht zu kleinteilige Klassifizierung gewählt werden, damit die Argumentation darstellbar bleibt. Stirling (1999: 31) weist mit Renn und Klinke darauf hin, dass die Risikoeigenschaften räumliche Ausdehnung, Reversibilität, mögliche zeitliche Verzögerung des Schadenseintritts, Dauer der Schädigung sowie das Potenzial der Mobilisierung großer Gruppen (als politisches Risiko) sich aus Praktikabilitätsgründen auf die drei grundlegenden Kriterien zur Klassifizierung von Risiken reduzieren lassen: Schadensgröße (hoch, niedrig), Schadenseintrittswahrscheinlichkeit (hoch, niedrig) und quer dazu „Unsicherheit" (der Eintrittswahrscheinlichkeit bzw. der Schadenshöhe). Als „Fälle" für die mögliche Anwendung des Vorsorgeprinzips werden dann die der Kategorie „unsicher" identifiziert. Das heißt, dass entweder die Schadenshöhe oder die Eintrittswahrscheinlichkeit (oder beide) nur unsicher bestimmt werden können. In ähnlicher Weise, aber m.E. noch besser als Entscheidungshilfe „Vorsorge ja oder nein" geeignet, strukturiert eine Klassifizierung von Schomberg (2006: 29 f.). Diese unterscheidet vier Risikokategorien:

a) Bekanntes Risiko

Ein bekanntes Risiko zeichnet sich dadurch aus, dass die Folgen bzw. Wirkungen als hinreichend bekannt gelten und dass man auch wissenschaftlich fundierte Aussagen über die Eintrittswahrscheinlichkeit machen kann. Ein Risikomanagement setzt dann an einem etablierten Schutzniveau an und identifiziert Schwellenwerte, die die Einhaltung dieses Schutzniveaus sicherstellen. Das grundlegende Prinzip des Risikomanagements in diesem Fall ist, das Risiko „as low as reasonably achievable" zu halten (ALARA-Prinzip).

b) Nicht quantifizierbares Risiko

In diesem Fall sind zwar die Wirkungen bzw. die Folgen bekannt, aber die Ursache-Wirkungszusammenhänge sind noch nicht hinreichend geklärt. Daher lassen sich auch keine Schadenseintrittswahrscheinlichkeiten festlegen.

c) Erkenntnistheoretische Unsicherheit

In dieser Kategorie speist sich die Unsicherheit aus noch nicht endgültig belastbarem wissenschaftlichen Wissen. Innerhalb der Wissenschaft herrscht Uneinigkeit über die zu erwartenden Wirkungen, den Schweregrad und/oder die Art der Folgen. Es sind zum aktuellen Stand der wissenschaftlichen Debatte nur qualitative Aussagen über das Risiko möglich. Als ein Beispiel dieser Kategorie kann der oben skizzierte Fall der GVO angesehen werden.

d) Hypothetisches Risiko/imaginäre Wirkung

Hier sind Argumente im Spiel, denen eine wissenschaftliche Grundlage gänzlich fehlt. Es handelt sich um reine Mutmaßungen.

Legt man diese vier Kategorien zugrunde, dann ist die Anwendung des Vorsorgeprinzips für die Kategorien zwei und drei eine denkbare Strategie des Risikomanagements. Während für die erste Kategorie das ALARA-Prinzip greift, ist bei der vierten Kategorie keine Anwendung des Vorsorgeprinzips angezeigt, da hier die wissenschaftliche Analyse der Folgen, die ja am Anfang einer möglichen Entscheidung „Handeln oder Nicht-Handeln" steht, (noch) nicht möglich ist.

Das Vorsorgeprinzip bzw. genauer die Anwendung desselben wurde hier als eine Form eines Risikomanagements vorgestellt. Dieses unterscheidet sich in seinen regulatorischen Zielsetzungen aber deutlich von einem klassischen Risikomanagement. Abschließend seien hier die Unterschiede zwischen einem klassischen „risikobasierten" Ansatz und einem „unsicherheitsbasierten" Standard dargestellt.

Im risikobasierten Ansatz wird von einem identifizierbaren Risiko ausgegangen, welches gegenüber einem „Standard für annehmbare Risiken" bewertet wird. Schadenshöhen werden definiert und die Eintrittswahrscheinlichkeit möglicher Wirkungen ermittelt. Das politische Ziel ist dann die Minimierung der Risiken und das Ergreifen vorbeugender Maßnahmen zur Vermeidung von Langzeitfolgen. Dieser „Ablaufplan" eines klassischen Risikomanagements birgt in seiner konkreten Umsetzung verschiedene Hürden. So ist die Abschätzung von Risiken zum Zwecke des Vergleichs mit einem Risikostandard eine methodische Herausforderung. Aber dennoch ist durch die Quantifizierbarkeit und, allgemeiner, die Belastbarkeit der zu Grunde liegenden Datenbasis eine Gesamtsituation gegeben, die sich über ebenfalls quantifizierbare Maßnahmen (beispielsweise eine weitere Sicherungsschleife) „managen" lässt.

Der unsicherheitsbasierte Ansatz muss von einem gegebenen Wissensstand und der Bewertung der (Un-)sicherheit dieses Wissens ausgehen. Bezugspunkt für diese Bewertung sind dann annehmbare Unsicherheiten, die mit einem entsprechenden Schutzniveau korrelieren und als eine Art Standard angesehen werden können. Mögliche (Neben-)Folgen müssen in ihrer Wirkung anhand von Plausibilitätsüberlegungen bewertet werden. Vor dem Hintergrund dieser unsicheren Datenbasis ist es das politische Ziel, diese Unsicherheit zu reduzieren und gegebenenfalls auch über sie zu informieren. Darüber hinaus soll eine Lernpraxis (wie beispielsweise die oben beschriebene „Schritt für Schritt"-Methode) ermöglicht werden. Da Langzeitfolgen auf Grund der Unsicherheit des Wissens kaum abzuschätzen sind, beinhaltet ein unsicherheitsbasiertes Risikomanagement typischerweise Monitoringaktivitäten der vorsorglich erlaubten Handlungen, die auch die Aufgabe haben, mögliche Langzeitfolgen zu identifizieren.

Mit diesem Rüstzeug des Risikomanagements ausgestattet, soll nun der Fall „Nanopartikel" als ein konkretes Risiko, das aktuell im Bereich der Nanotechnologie diskutiert wird, untersucht werden.

C. Das Fallbeispiel Nanopartikel

Dass mit Nanopartikeln ein gewisses Risiko verbunden ist, ist kein Geheimnis mehr und in den Medien dargestellt worden. Arie Rip sieht die Nanotechnologie als Ganzes in einem „Spannungsverhältnis zwischen Fiktion und Vorsorge" (Rip 2006, Übersetzung MD). Allerdings führt er zu Nanopartikeln aus, dass diese auf Grund der Diskussionen um die mit ihnen verbundenen Risiken ein Phänomen darstellen, das die Anwendung des Vorsorgeprinzips nahe legt. Auch die Royal Society empfiehlt konkret die Anwendung des Vorsorgeprinzips als eine regulatorische Maßnahme (Royal Society 2004). Ähnlich wird in dem Weißbuch zur „Nanotechnology Risk Governance" argumentiert, allerdings ohne explizit auf das Vorsorgeprinzip Bezug zu nehmen (Renn/Roco 2006). In diesem Bericht werden zwei Risikobereiche in der Nanotechnologie unterschieden: Zum einen die passiven Nanostrukturen, zu denen Nanopartikel gehören, und zum anderen aktive Nanostrukturen und -systeme. Die für den ersten Bereich vorgeschlagenen Maßnahmen zielen auf ein vorsorgliches Handeln ab, wobei die Frage eher darauf fokussiert, wie viel Vorsorge denn nötig ist. Entsprechend verweist das „International Risk Governance Council" der Schweiz in seinen auf dem „Weißbuch" basierenden Empfehlungen an die Politik darauf, zur Vermeidung von Konflikten folgende Frage zu prüfen (IRGC 2007: 25):

> "Can potential conflicts between advocates of and opponents to nanotechnology be managed? How much precaution in the development, regulation, and use of nanomaterials is necessary to achieve an optimal balance between technological progress and effective and transparent risk management?"

In einer Studie der Europäischen Akademie zur Erforschung von Folgen wissenschaftlich-technischer Entwicklungen wird ebenfalls eine Vorsorgestrategie als ein gangbarer Weg zu einem Risikomanagement des Umgangs mit Nanopartikeln dargestellt. Begründet wird diese Empfehlung mit dem Hinweis, dass das Vorsorgeprinzip ja gerade entwickelt wurde, um eine flexiblere, dem konkreten Fall gerecht werdende Vorgehensweise zu ermöglichen, als es Hans Jonas in „Das Prinzip Verantwortung" (1979) vorschlug. Er mahnte an, dass man entsprechend einer Heuristik der Furcht der schlechten Prognose den Vorrang geben und somit im Zweifelsfall Handlungen respektive neue Technologien verbieten solle. Das Institut für ökologische Wirtschaftsforschung (IÖW) kam ebenfalls zu dem Schluss, dass eine Vorsorge geleitete Strategie im Zusammenhang mit Nanopartikeln adäquat ist (Haum et al. 2004).

Ermutigt durch diese Empfehlungen soll nun – entsprechend der im vorherigen Kapitel dargestellten schrittweisen Abfolge – der Frage nachgegangen werden, ob ein vorsorgendes Handeln im Sinne eines adäquaten Risikomanagements für den Umgang mit Nanopartikeln geboten ist:

a) Die Entscheidung: Vorsorgehandeln ja oder nein?

Entsprechend des oben dargestellten Dreischritts ist zur Beantwortung dieser Frage mit der Identifikation möglicher (Neben-)Folgen zu beginnen. Dies kann hier in verkürzter Weise geschehen, weil andere Beiträge in diesem Band sich diesem Thema ausführlich widmen. Während das Eindringen von Nanopartikeln durch die Haut bisher nicht nachgewiesen werden konnte (detailliert dazu Butz in diesem Band, S. 81 ff.), gilt der Zugang von Nanopartikeln über die Lunge als leicht möglich. Laut Krug (in diesem Band, S. 59 ff.) ist das Einatmen von Nanopartikeln und das Überwinden der Luft-/Blutschranke in der Lunge der entscheidende Pfad für eine Risikoanalyse. Nanopartikel, die auf diesem Wege in den Körper gelangten, wurden bereits im Tierversuch in verschiedenen Organen wieder gefunden, unter anderem auch im Gehirn. Ebenfalls vorstellbar ist ein Eindringen über die Nasenschleimhäute unmittelbar beim Einatmen. Die im Sinne einer Technikfolgenabschätzung abzuschätzende „Folge" eines möglichen Eindringens der Nanopartikel in den menschlichen Körper ist also gegeben.

Der zweite Schritt unserer Entscheidungsfindung, die wissenschaftliche Bewertung dieser Folge, ist nicht abschließend durchführbar. Es ist nicht eindeutig erwiesen, ob und wenn ja, was die Nanoteilchen im Körper bewirken. Zunächst sind sie zu klein, um von den Abwehrzellen des Körpers als Eindringling wahrgenommen zu werden. Die wissenschaftliche Erforschung ihrer toxischen Wirkung steht aber noch am Anfang. Die mit der geringen Größe der Teilchen verbundene Neuartigkeit ihrer physikalischen, chemischen, biologischen Eigenschaften ist – entsprechend unserer Definition – gerade das, was man sich in der Nanotechnologie positiv zu Nutze machen möchte. Bezogen auf eine mögliche toxische Wirkung dieser Partikel kennzeichnet aber dieser Sachverhalt gerade das Problem. Erkenntnisse über einzelne Stoffe, das heißt auch deren Klassifizierung nach vorhandenen Normen wie beispielsweise Chemikaliengesetzen, lassen sich nicht auf nanoskalige Partikel desselben Stoffs übertragen. Dabei ist nicht im Vorhinein klar, bei welcher Partikelgröße eine neue Eigenschaft auftritt, die möglicherweise auch mit einer Änderung der toxischen Eigenschaften einherginge. Das bedeutet, dass eine Aussage der Art: „Dieser Stoff ist auch im Nanometermaßstab nicht toxisch." erst nach Tests an Partikeln verschiedener Größe desselben Stoffs gemacht werden kann. Die toxikologische Forschung steht also vor der Aufgabe, für jeden Stoff, der im Nanomaßstab eingesetzt werden soll, eine Vielzahl von Tests durchführen zu müssen. Berücksichtigt man dann noch, dass toxische Wirkungen auf verschiedene Weisen (oxidativer Stress, Zytotoxizität etc.) auftreten, dann kann man sich leicht die Gesamtanzahl der einzeln durchzuführenden Tests errechnen. Die toxikologische Forschung steht also vor einer gewaltigen Forschungsaufgabe, mit deren Bearbeitung – wenn auch durchaus weltweit und in größerem Stil – erst begonnen wurde.

Der dritte Schritt bezieht sich auf die Bewertung der Unsicherheit des Wissens. Beschreibt man den im zweiten Schritt erforschten Status Quo unter diesem Gesichtspunkt, so kann man das (noch) Nicht-Wissen bezüglich der Stoffe, zu denen noch keine toxikologischen Tests durchgeführt wurden, hier anführen. Darüber hinaus kommen aber noch methodische Unsicherheiten hinzu, wie sie für eine Wissenschaft – hier die Toxikologie – in einem neuen Anwendungsbereich typisch sind. Etablierte toxikologische Untersuchungsmethoden sind für den makroskopischen Bereich optimiert worden. Nanopartikel mit ihren neuen, teilweise unerwarteten Eigenschaften stellen somit eine methodische Herausforderung dar. Manche bewährten Tests werden an Grenzen ihrer Anwendbarkeit stoßen, andere werden weiterhin, vielleicht mit Modifikationen, einsetzbar bleiben. Neue Tests werden entwickelt. Harald Krug berichtet in diesem Band (S. 59 ff.) von einem solchen Phänomen, einem Fall, bei dem die toxische Wirkung von einem Lösungsmittel und nicht von dem zu prüfenden Stoff ausging. Hier gilt es festzuhalten, dass es sich dabei nicht um schlechte wissenschaftliche Arbeit handelt, sondern um das (normale) Optimieren der Methodik einer wissenschaftlichen Disziplin auf einen neuen Objektbereich, nämlich die Nanopartikel, hin.

Im bisher Gesagten lag der Fokus auf der Bewertung der eventuellen toxischen Wirkung von Nanopartikeln für Menschen und Tiere. Erweitert man diese Perspektive um Umweltwirkungen im Allgemeinen, dann nehmen die Unsicherheit des Wissens und auch das „gewusste Nichtwissen" zu. Harald Krug berichtete in seinem Vortrag mit Bezug auf Oberdörster (et al. 2005, Abb. 1, → S. 342 Farbabb.) von verschiedenen Wegen, die Nanopartikel in der Umwelt zwischen den unterschiedlichen Kompartimenten nehmen können. Für die hier zu bewertende Unsicherheit des Wissens sind die schwarzen gestrichelten Linien relevant. Hier handelt es sich um Pfade, die noch nicht untersucht bzw. noch nicht nachgewiesen wurden, die aber zunächst so plausibel sind, dass man sie für untersuchenswert hält. Sie tragen somit zur Unsicherheit des Status Quo-Wissens bei. Wenn Nanopartikel bei der Herstellung, dem Gebrauch, bei oder nach der Entsorgung von Produkten in die Umwelt gelängen, wüsste man wenig darüber, wie sich selbige in der Umwelt „verhalten".

Zusammenfassend kann man sicherlich festhalten, dass es bezogen auf die (Neben-)Folgen konkrete Hinweise zur toxischen Wirkung von Nanopartikeln gibt, dass die Bewertung des aktuell vorhandenen Wissens aber allein schon wegen der gewaltigen Anzahl der zu prüfenden „Fälle" große Lücken aufweist und dass somit auch eine nicht unerhebliche Unsicherheit bezüglich dieses Wissens besteht. Vor dem Hintergrund, dass darüber hinaus noch nicht erforscht ist, auf welchen Pfaden sich Nanopartikel in der Umwelt „bewegen" können, kommt eine weitere „Unsicherheits-Dimension" hinzu. Diese Konstellation aus ersten wissenschaftlichen Indizien auf konkrete Folgen und einem lückenhaften Status Quo des Wissens, der darüber hinaus auch noch verschiedene Unsicherheiten aufweist, kann als eine Grundlage für die Anwendung des Vorsorgeprinzips ausgelegt werden.

b) Das Schutzniveau

Die politische Debatte über das angemessene Schutzniveau wurde von der etc-Group (2003) eröffnet. Sie forderte ein Moratorium für die Produktion von Nanopartikeln, bis deren Unschädlichkeit erwiesen sei. Dieser Vorschlag orientiert sich an der Heuristik der Furcht, das heißt, man unterlässt Handlungen mit noch ungewissen Folgen. Demgegenüber kamen andere Studien eher zu der Einsicht, dass zwar Vorsicht geboten sei, dass aber die Indizien, die bisher gefunden wurden, eine solch harte Reglementierung, nämlich ein Verbot, kaum rechtfertigen könnten. Zu diesem Schluss kommen, jeweils den Vorschlag für ein Moratorium der etc-Group diskutierend, mehrere Studien (Brune et al. 2004; Royal Society 2004; Haum et al. 2004). Stellvertretend sei hier Haum (2004: 16) zitiert:

> "Taking into account our present-day knowledge, there is, with regard to nano-specific effects (excluding self-organisation effects and cumulative effects of mass production), no reason for particular great concern about global and irreversible effects of a specific technology "per se", with it being on par with the justifiable apprehension concerning nuclear technology and genetic engineering."

In diesem Zitat gibt Haum nebenbei auch zwei Hinweise, an denen man sich für die Festlegung eines Schutzniveaus orientieren könnte: Das Schutzniveau, welches bei der Kerntechnik bzw. bei der Gentechnik angewendet wurde. Da es sich hierbei um Analogieschlüsse handelt, sei an dieser Stelle auch ein anderer Vergleich genannt, der allerdings nach dem wissenschaftlichen Beweis zu einem strikten Verbot führte. Der Vergleich der Form einiger Nanopartikel, wie beispielsweise Nanoröhren, mit Asbestfasern ist häufig in der Diskussion zu finden (Brune et al. 2004; Royal Society 2004; Renn/Roco 2006), jeweils mit dem Hinweis, dass eine solche Katastrophe (Gee/Greenberg 2002) verhindert werden müsse.[11]

Erinnern wir uns an die normative Kraft der Festlegung des Schutzniveaus, so kann der aktuelle Stand der Diskussion so zusammengefasst werden, dass im Umgang mit Nanopartikeln ein hohes Schutzniveau angestrebt werden soll. Der aktuelle Stand des Wissens wird so gedeutet, dass einigen Nanopartikeln (z.B. Nanoröhren) das Potenzial zugeschrieben wird, dieses Schutzniveau „verletzen" zu können, dass aber die Ergebnisse der bisher durchgeführten Studien nicht als Rechtfertigung eines Verbots von Nanopartikeln herangezogen werden können.

c) Der Regulierungsrahmen

Chemische Stoffe sind bereits über konkrete Zulassungsverfahren reguliert. Im Dezember 2006 kam eine über sieben Jahre andauernde Verhandlung in der Euro-

---

11 Erste toxikologische Untersuchungen zu Nanotubes wurden durchgeführt, und bisher konnten noch keine Effekte nachgewiesen werden, die den durch Asbestfasern hervorgerufenen ähneln.

päischen Union zu einem endgültigen Ergebnis, welches eine europaweite Basis für die Zulassung chemischer Stoffe darstellt. Diese Verordnung wurde unter dem Akronym REACH[12] veröffentlicht. Die Registrierung neuer Stoffe ist ein wichtiger Aspekt in der REACH-Verordnung. Zukünftig dürfen Stoffe als solche, wie auch in Zubereitungen oder in Erzeugnissen, nur dann in der Europäischen Union hergestellt oder in Verkehr gebracht werden, wenn sie nach den Bestimmungen der Verordnung registriert worden sind. Im Rahmen dieser Registrierung muss ein Dossier des Stoffes erstellt werden, in dem verschiedene physikalisch-chemische Daten sowie toxikologische und ökotoxikologische Informationen dargestellt sein müssen. Der Umfang der einzureichenden Informationen richtet sich nach der jährlichen Menge, in welcher der Stoff vom jeweiligen Antragsteller produziert oder importiert wird. Dieser Regulierung von „normalen" Chemikalien steht ein besonderes Zulassungsverfahren für die Verwendung von Stoffen mit besonders besorgniserregenden Eigenschaften (wie z.B. krebserzeugend, erbgutverändernd, fortpflanzungsgefährdend oder persistent, bioakkumulierend und toxisch (PBT)) gegenüber. Hersteller bzw. Verwender solcher Stoffe können einen Zulassungsantrag bei der Chemikalienagentur stellen, den die Agentur innerhalb bestimmter Fristen bearbeiten und bescheiden muss. Eine Zulassung wird erteilt, wenn eine *Verwendung* ausreichend kontrolliert ist, das bedeutet insbesondere, wenn vorhandene Schwellenwerte eingehalten werden. Wenn keine Schwellenwerte festgelegt werden können oder PBT-Eigenschaften vorliegen, wird die Zulassung nur erteilt, wenn der sozioökonomische Nutzen die Risiken überwiegt und es keine geeigneten Alternativen gibt.

REACH wäre ein mögliches Zulassungsverfahren, das zur Anwendung käme, wenn, wie beispielsweise die Royal Society (2004: 71 ff.) empfiehlt, Nanopartikel grundsätzlich als neue Chemikalien zu betrachten sind. Ein nanoskaliger Stoff würde jeweils neu nach REACH registriert bzw. wenn besonders besorgniserregende Eigenschaften vorliegen, ein verwendungsbezogenes Zulassungsverfahren vorgeschaltet. Renn und Roco (2004: 98) empfehlen ebenfalls, Nanopartikel wie neue Stoffe zu betrachten. Diese Empfehlungen schlagen durch die Beweislastumkehr ein „step-by-step"-Vorgehen vor und sind sicherlich vor dem Hintergrund der gerade europaweit etablierten Chemikalienverordnung nahe liegend. Darüber sollte aber nicht vergessen werden, dass dies REACH durch den Stoffbezug zunächst gerade nicht vorsieht. Das Wort „Nano" kommt in REACH nicht vor. Darüber hinaus ist in REACH die jährliche Produktionsmenge in Tonnen pro Jahr die

12 Verordnung (EG) Nr. 1907/2006 des Europäischen Parlamentes und des Rates vom 18. Dezember 2006 zur Registrierung, Bewertung, Zulassung und Beschränkung chemischer Stoffe (REACH), zur Schaffung einer Europäischen Agentur für chemische Stoffe, zur Änderung der Richtlinie 1999/45/EG und zur Aufhebung der Verordnung (EWG) Nr. 793/93 des Rates, der Verordnung (EG) Nr. 1488/94 der Kommission, der Richtlinie 76/769/EWG des Rates sowie der Richtlinien 91/155/EWG, 93/67/EWG, 93/105/EG und 2000/21/EG der Kommission. Die REACH-Verordnung wurde am 30. Dezember 2006 im Amtsblatt der Europäischen Union (L 396) veröffentlicht.

Größe, über die verschiedene Registrierungskriterien geregelt werden. Die Intervalle sind 1–10 t/a, 10–100 t/a, 100–1000 t/a, >1000 t/a. Die gewichtsbezogene Staffelung kann für Nanoteilchen ein prinzipielles Problem darstellen, weil bereits immense Partikelanzahlen erreicht werden, ohne dass ein nennenswertes Gesamtgewicht damit verbunden ist. Hier könnte es gut sein, dass ein Großteil der Nanopartikelherstellung sich unterhalb einer Tonne bewegt bzw. im untersten durch REACH regulierten Intervall, in dem vereinfachte Registrierungsanforderungen bestehen. Des Weiteren muss in diesem Zusammenhang auch die Unsicherheit bezüglich der Methoden der toxikologischen Bewertung von Nanopartikeln berücksichtigt werden. Die Registrierung nach REACH setzt hier auf übliche, im Makromaßstab etablierte Stoffeigenschaften. Diese könnten sich im Nanomaßstab als weniger relevant herausstellen, umgekehrt könnten im Nanomaßstab entscheidende Kriterien fehlen.

Zusammenfassend kann REACH, gerade auch wegen der europaweiten Abstimmung und der Aktualität, als ein Bezugspunkt für den Regulierungsrahmen von Nanopartikeln herangezogen werden. Allerdings sind nano-spezifische Aspekte wie große Teilchenzahlen bei kleinem Gewicht und Unsicherheiten der Anwendbarkeit von im Makrobereich etablierten Verfahren entsprechend zu berücksichtigen.

d) Auswahl geeigneter Maßnahmen

Mit der Feststellung, dass ein moderat hohes Schutzniveau angestrebt werden soll, sind scharfe Maßnahmen wie etwa ein Verbot der Herstellung von Nanopartikeln kaum zu rechtfertigen. Dennoch soll ein dem Schutzniveau angepasstes „zumutbares" Risikoniveau erreicht werden. Gerade vor dem Hintergrund des als sehr hoch eingestuften Innovationspotenzials von Nanopartikeln, zum Beispiel für die Materialentwicklung, sind auch die bei der Wahl der Maßnahmen zu berücksichtigenden Kosten-Nutzen-Überlegungen ein Argument für eine Regulierung, die ein Fortführen der Forschung an und Entwicklung von Nanopartikeln angebracht erscheinen lassen. Dieser Gedanke ist in REACH bei der Regulierung der besorgniserregenden Stoffe bereits vorgesehen. Dort wird gefordert, dass im Falle besorgniserregender Stoffe der sozioökonomische Nutzen die Risiken überwiegen muss und Aussagen über mögliche Alternativstoffe, Substitute, gemacht werden müssen. Aus ökologischer Perspektive sind die Kosten-Nutzen-Überlegungen auch daraufhin zu prüfen, dass verschiedene Anwendungen der Nanotechnologie und der Materialforschung für sich reklamieren, auch nach Nachhaltigkeitsgesichtspunkten „bessere" Produkte liefern zu können (Fleischer 2003; Steinfeld 2004). Die Einbeziehung von möglichen Alternativen in die Betrachtung und die Berücksichtigung der doch beachtlichen Chancen sind unter Aspekten der Verhältnismäßigkeit ebenfalls ein Argument für moderate Maßnahmen der vorsorglichen Regulierung von Nanopartikeln. In die Forderung nach Verhältnismäßigkeit von konkreten Maßnahmen spielt auch die Kohärenzüberlegung hinein. Einige Studien verweisen auf andere Kontexte, aus denen sich Aussagen über das Schutzniveau gewinnen lassen: Kerntechnik und Gentechnik wurden bereits genannt. Im Falle der GVO ist ein Regulierungsrahmen vorhanden (s.o.), auf den man sich in der Formulierung konkreter Maßnahmen beziehen könnte. In Brune et al. ist eine kurze Darstellung zur analogen Betrachtung von Nanopartikeln und GVO zu finden (Brune et al. 2006: 377 f.; auch Haum et al. 2004: 6). Die im Folgenden vorgeschlagenen Maßnahmen zielen nach dem bisher Ausgeführten nicht auf drastische Regulierung, sondern setzen einen Schwerpunkt auf die Verfolgung der wissenschaftlichen Entwicklung als festen Bestandteil der Anwendung des Vorsorgeprinzips. Sie sind in Übereinstimmung mit empfohlenen Maßnahmen aus anderen Studien (Haum et al. 2004; Brune et al. 2004; Royal Society 2004) und gehen an einigen Stellen darüber hinaus:

- Nanopartikel sind als neue Stoffe neu zu klassifizieren.
- Oben skizzierten Unsicherheiten bezüglich der wissenschaftlichen Methoden dieser Klassifizierung ist durch die Verbesserung dieser Methoden und die Entwicklung neuer Methoden entgegenzuwirken.
- Die Wissensbasis der Toxikologie bezüglich der Beurteilung von Nanopartikeln ist auszuweiten.
- Für bereits in der Anwendung befindliche Nanopartikel sind Screening-Methoden zu entwickeln.
- Lebenszyklusanalysen für Produkte, in denen Nanopartikel eingesetzt werden, erlauben Aussagen über deren Verbleib bei Produktion, Nutzung und Entsorgung. Sie sollten verstärkt durchgeführt werden.
- In Bezug auf die gewaltige Anzahl der durchzuführenden toxikologischen Tests soll der Versuch einer Gruppierung von ähnlichen Nanopartikeln unternommen werden.
- Die Etablierung einer Institution, in der die Erkenntnisse über Nanopartikel und deren Risiken gesammelt werden, ist sinnvoll.
- Leitlinien und ggf. auch Standards für den vorsichtigen Umgang mit Nanopartikeln sollen entwickelt werden.
- Ein Dialog mit der Öffentlichkeit und der Industrie soll initiiert werden, um Diskrepanzen in der Risikoeinschätzung frühzeitig erkennen zu können.
- Über den aktuellen Wissensstand soll in transparenter Form berichtet werden.
- …

Diese Liste von Maßnahmen ist darauf optimiert, das Gesamtmonitoring der wissenschaftlichen Aktivitäten zu ermöglichen und möglichst effizient durchzuführen. Die Zulassung von Nanopartikeln wird nach dem Einzelfallprinzip geregelt. Versuche der Kategorisierung der Nanopartikel nach ihren Wirkungen erleichtern dieses Monitoring.

D. Schluss/Ausblick

Das mit Nanopartikeln verbundene Risiko für die Gesundheit und die Umwelt kann aktuell nach dem Vorsorgeprinzip „gemanagt" werden. Es gibt wissenschaftliche Indizien für toxische und ökotoxische Effekte. Der wissenschaftliche Status Quo weist allerdings noch große Lücken auf. Auch Unsicherheit bezüglich des bereits vorhandenen Wissens kann konstatiert werden, weil verschiedene wissenschaftliche Kontroversen über experimentelle Ergebnisse und deren Deutung geführt werden, die für eine junge wissenschaftliche Teildisziplin normal, ja sogar wichtig sind.

Betrachtet man die Maßnahmen, die aufgrund von Vorsorgeüberlegungen, die gerade nicht einer Heuristik der Furcht folgen sollen, sondern stattdessen unter Berücksichtigung von ökonomischen Abwägungen und auch unter Gesichtspunkten der Verhältnismäßigkeit getroffen werden sollen, so kann man festhalten, dass viele der vorgeschlagenen Maßnahmen bereits angelaufen sind. Und das, ohne dass eine bindende politische Entscheidung getroffen wurde. Verschiedene Forschungsprojekte auf nationaler und europäischer Ebene erforschen derzeit die toxischen Wirkungen von Nanopartikeln. Gleichzeitig wird in diesen Projekten Wert darauf gelegt, die Ergebnisse in einer transparenten und öffentlich zugänglichen Weise darzustellen. Das vom BMBF geförderte Projekt „NanoCare" zum Beispiel dient zum einen dem Zweck, neue wissenschaftliche Erkenntnisse über mögliche gesundheitliche Auswirkungen von Nanopartikeln zu generieren. Zum anderen soll eine strukturierte und interpretierte Informationsbasis erstellt werden, in die zusätzlich auch aktuelle Forschungsergebnisse anderer wissenschaftlicher Gruppen eingebunden werden. Des Weiteren wird darauf hingewiesen, dass die Informationen in für die Öffentlichkeit verständlicher Form angeboten werden, um dem wachsenden Informationsbedarf auf dem Gebiet der Nanotechnologie Rechnung zu tragen. Unterstützt wird dies durch einen aktiven Dialog, in dem frühzeitig verschiedene gesellschaftliche Akteure in die Diskussion um mögliche Risiken eingebunden werden (Krug 2007). Einer ähnlichen Aufgabe stellt sich das EU-finanzierte Projekt „NanoSafe",[13] in dessen Teilprojekt „Health and Hazard Effects" eine Datenbank mit toxikologischen Daten erarbeitet werden soll. In einem anderen Teilprojekt von „NanoSafe" werden Nachweis- und Monitoring-Methoden für den Einsatz bei der Produktion von Nanopartikeln entwickelt. Bei diesen Projekten handelt es sich um so genannte Verbundprojekte, in die auch Industriepartner eingebunden sind.

Überhaupt scheint die Industrie in Zusammenhang mit Nanotechnologie an einem Strang zu ziehen. Die chemische Industrie hat unter dem Dach der Dechema[14] eine Fachsektion „Nanotechnologie" gegründet.[15] In deren Arbeitsaus-

---

13 http://www.nanosafe.org.

14 Gesellschaft für Chemische Technik und Biotechnologie e.V.

15 http://processnet.org/processnet/Chemische+Reaktionstechnik/Nanotechnologie/Selbstdarstellungen.html (5.2.2008).

schuss „Chemische Nanotechnologie“ sind unter anderem die Information der Fachwelt, Öffentlichkeit und Politik über Nanotechnologie und die Entwicklung von Handlungsempfehlungen für die Politik, z. B. im Hinblick auf Fördernotwendigkeiten, erklärte Ziele. Im Arbeitskreis „Responsible Production and Use of Nanomaterials“ der gleichen Sektion werden Chancen und Risiken von Nanomaterialien, insbesondere von Nanopartikeln und Nanoröhren, abgeschätzt.

Auch der Dialog mit der Öffentlichkeit wurde bereits initiiert: So ist er eine methodische Komponente in Forschungsprojekten, wenn es beispielsweise um die Kriterien für eine zielgruppenorientierte Informationsplattform geht. Im Projekt „NanoCare“ wurden zu diesem Zweck Fokusgruppen durchgeführt, in deren Verlauf offensichtlich wurde, dass in der Öffentlichkeit wenig zwischen der Nanotechnologie als solcher und einzelnen Aspekten der Nanotechnologie, wie beispielsweise die Problematik von Nanopartikeln, unterschieden wird (Fleischer/Quendt 2007). Auch die Information der Öffentlichkeit über Nanotechnologie hat begonnen. Im Deutschen Museum in München wurde ein Zentrum Neue Technologien eröffnet, das wie folgt beschrieben wird:

> „Neue Technologien verändern unsere Welt. Ergebnisse der Bio- und Nanotechnologie werfen weit reichende Fragen auf, für die die Gesellschaft oft noch keine Antwort hat. Kontrovers diskutierte Fragen und neueste Forschung zeigt das Zentrum Neue Technologien. Reisen Sie mit dem Rastertunnelmikroskop in die Nanowelt. Analysieren Sie Ihre DNA. Sehen Sie einem Nanoforscher bei der Arbeit zu. Nur wer Bescheid weiß, kann Einfluss nehmen“.[16]

Bemerkenswert ist an dieser Kurzbeschreibung, dass die gesellschaftliche Dimension, mögliche Kontroversen über Technik, bereits mitgedacht werden. Ja, es wird sogar der Hinweis gegeben, dass Einflussnahme möglich sei, auch wenn unklar bleibt, auf welche Weise.

Insofern stellt sich die Gesamtsituation so dar, dass sich bezogen auf die Entwicklung von Nanopartikeln und ihrer technischen Anwendungen bereits ein vorsorgliches Handeln eingestellt hat. Entsprechend einer fortwährenden wissenschaftlichen Begleitung dieses Prozesses, die ein grundlegendes Element des Vorsorgeprinzips darstellt, ist auch die Technikfolgenabschätzung in der Pflicht: Zum einen in ihrem „Kerngeschäft“, nämlich der Aktualisierung des interdisziplinären Wissensstands und darauf aufbauend der Erforschung der (Neben-)Folgen, deren wissenschaftlicher Bewertung und schließlich auch der Beurteilung der Unsicherheit dieses Wissens; zum anderen aber auch durch ein Monitoring der Gesamtheit aller Aktivitäten, die sich in diesem Feld abspielen. Wenn die verschiedenen Datenbanken mit Ergebnissen aus der toxikologischen und ökotoxikologischen Forschung gefüllt und erste „Evidenz-Bewertungen“ erstellt sind, müssen konkrete

---

16 http://www.deutsches-museum.de/ausstellungen/.

Handlungsempfehlungen für die Politik erst noch erarbeitet werden. Dafür kann das Vorsorgeprinzip als erster Schritt eines Risikomanagements als Argumentationsbasis dienen.

E. Literatur

Bachmann, Gerd (1998): Innovationsschub aus dem Nanokosmos, Düsseldorf: VDI-TZ.

BMU – Bundesministerium für Umwelt, Naturschutz und Reaktorsicherheit (1992): Konferenz der Vereinten Nationen für Umwelt und Entwicklung in Rio de Janeiro. BMU, Dokumente, Bonn.

Brune, Harald/Ernst, Holger/Grunwald, Armin/Grünwald, Werner/Hofmann, Heinrich/Krug, Harald/Janich, Peter/Mayor, Marcel/Rathgeber, Wolfgang/Schmid, Günter/Simon, Ulrich/Vogel, Viola/Wyrwa, Daniel (2006): Nanotechnology, Assessment and Perspectives, Berlin, Heidelberg.

COM (2000): Mitteilung der Kommission der Europäischen Gemeinschaften COM 2000 (1) die Anwendbarkeit des Vorsorgeprinzips, Brüssel.

Decker, Michael (2006): Eine Definition von Nanotechnologie: Erster Schritt für ein interdisziplinäres Nanotechnology Assessment, in: Nordmann, Alfred/Schummer, Joachim/Schwarz, Astrid (Hrsg.), Nanotechnologien im Kontext, Philosophische, ethische und gesellschaftliche Perspektiven, Berlin, S. 33–48.

Economist (2007): A little risky business. The Economist print edition 22.11.2007.

etc-group (2003): The Big Down: From Genoms to Atoms, etc-group.

Europäischer Rat (2000): Europäischer Rat, Nizza, Dezember 2000, Anhang 3.

EU – Europäische Union (2001): Richtlinie 2001/18 des Europäischen Parlaments und des Rates über die absichtliche Freisetzung genetisch veränderter Organismen (GVO) in die Umwelt, Amtsblatt der Europäischen Gemeinschaften.

EU-Vertrag (2002): Consolidated Versions of the treaty on European Union and of the treaty establishing the European Community, (2002/C 325/01).

Fleischer, Torsten (2003): Technikgestaltung für mehr Nachhaltigkeit – Nanotechnologie, in: Coenen, Reinhard/Grunwald, Armin (Hrsg.), Nachhaltigkeitsprobleme in Deutschland, Analyse und Lösungsstrategien, Berlin, S. 356–373.

Fleischer, Torsten/Quendt, Christiane (2007): Unsichtbar und unendlich – Bürgerperspektiven auf Nanopartikel, Ergebnisse zweier Fokusgruppen-Veranstaltungen in Karlsruhe. Wissenschaftliche Berichte, FZKA 7337, Forschungszentrum Karlsruhe.

Gee, David/Greenberg, Morris (2002): Asbestos: from "magic" to malevolent mineral, in: Harremoës, Poul/Gee, David/MacGarvin, Malcolm/Stirling, Andy/Keys, Jane/Wynne, Brian/Guedes Vaz, Sofia (Hrsg.), The precautionary principle in the 20th Century, Late lessons from early warnings, European Environment Agency, S. 49–63.

Haum, Rüdiger/Petschow, Ulrich/Steinfeldt, Michael/von Gleich, Armin (2004): Nanotechnology and Regulation within the Framework of the Precautionary Principle, Schriftenreihe des IÖW 173/04, Berlin.

IRGC (2007): Policy Brief. Nanotechnology Risk Governance Recommendations for a global, coordinated approach to the governance of potential risks, The International Risk Governance Council, Geneva.

Jonas, Hans (1979): Das Prinzip Verantwortung, Versuch einer Ethik für die technologische Zivilisation, Frankfurt a. M. Neuauflage 1984.

Krug, Harald (2007): The NanoCare project – introduction and overview, EuroNanoForum, Nanotechnology in Industrial Applications – European and International Forum on Nanotechnology, Proceedings, European Commission, Brüssel.

Oberdörster, Günter/Oberdörster, Eva/Oberdörster, Jan (2005): Nanotoxicology: An Emerging Discipline Evolving from Studies of Ultrafine Particles, in: Environmental Health Perspectives 113, no. 7, S. 823–839.

Renn, Ortwin/Roco, Mike (2006): Nanotechnology Risk Governance, White paper No 2, The International Risk Governance Council, Geneva.

Rip, Arie (2006): The tension between fiction and precaution in nanotechnology, in: Fischer, Elizabeth/Jones, Judith/von Schomberg, René (Hrsg.), Implementing the Precautionary Principle, Perspectives and Prospects, Cheltenham, S. 270–283.

Royal Society (2004): Nanoscience and nanotechnologies: opportunities and uncertainties, Plymouth.

Schmid, Günter/Decker, Michael/Ernst, Holger/Fuchs, Harald/Grünwald, Werner/Grunwald, Armin/Hofmann, Heinrich/Mayor, Marcel/Rathgeber, Wolfgang/Simon, Ulrich/Wyrwa, Daniel (2003): Small Dimensions and Material Properties. A Definition of Nanotechnology. Graue Reihe Nr. 35, Bad Neuenahr-Ahrweiler.

Schomberg, René von (2006): The precautionary principle and its normative challenges, in: Fischer, Elizabeth/Jones, Judith/Schomberg, René von (Hrsg.), Implementing the Precautionary Principle, Perspectives and Prospects, Cheltenham, S. 19–41.

Steinfeldt, Michael (2004): Nachhaltigkeitseffekte durch Herstellung und Anwendung nanotechnologischer Produkte. Technikfolgenabschätzung – Theorie und Praxis, 13. Jg., Nr. 2, S. 34–41.

Stirling, Andrew (1999): On Science and Precaution, In the Management of Technological Risk, ESTO Project Report, European Commission – JRC Institute Prospective Technological Studies, Seville, EUR 19056 EN.

UNCED (1992): Agenda 21 and the UNCED-Proceedings, Bd. 1, New York.

Regulierung von Nano-Materialien im Umweltrecht

Analyse und Gestaltungsoptionen

Martin Führ

A. Einleitung

Angesichts der Konfliktlage zwischen erwartetem Nutzen und unsicheren Risiken, die aus dem Einsatz von Nano-Technologien resultieren, drängt sich die Frage auf, welchen rechtlichen Anforderungen die Nanotechnologie unterliegt. Das Umweltbundesamt gab deshalb im Frühjahr 2006 ein Rechtsgutachten[1] in

1 Führ et al.: Rechtsgutachten Nanotechnologien (ReNaTe: Bestehender Rechtsrahmen, Regulierungsbedarf sowie Regulierungsmöglichkeiten auf europäischer und nationaler Ebene – FKZ 363 01 108), erstellt unter der Leitung des Autors von der *Sonderforschungsgruppe Institutionenanalyse – sofia* an der Hochschule Darmstadt unter Mitwirkung von Stefanie Merenyi (Rechtsanwältin in Schöneck bei Frankfurt und Dipl.-Informationswirtin Chemie) und in Zusammenarbeit mit dem Ökoinstitut e.V. in Freiburg und Darmstadt (Andreas Hermann, Martin Möller und Katja Moch). Download unter http://www.umweltdaten.de/publikationen/fpdf-l/3198.pdf, so am 19.2.2008. Das Gutachten floss ein in den „Bericht der Bundesregierung zum Veränderungs-

Auftrag, dessen wesentliche Ergebnisse Grundlage dieses Beitrags bilden. Die Untersuchung gliedert sich in drei Schritte: Zunächst ist der derzeitige Rechtsrahmen im Umweltrecht daraufhin zu untersuchen, inwieweit im Hinblick auf den Regelungsgegenstand „Nano-Technologien" Regelungslücken auf europäischer und nationaler Ebene zu identifizieren sind (Abschnitt D). Mögliche Regulierungsansätze sind Gegenstand des zweiten Schrittes (E), bevor abschließend Empfehlungen zum weiteren regulatorischen Vorgehen zu formulieren sind (F).

B. Beurteilungsmaßstab

Will man Anforderungen an eine rechtliche Bewältigung möglicher Risiken von Nano-Materialien formulieren, bedarf es einer normativen Orientierung in Gestalt eines Beurteilungsmaßstabes. Dieser lässt sich mangels expliziter gesetzlicher Vorgaben auf zweierlei Wegen gewinnen: Zum einen kann man auf primäres Gemeinschaftsrecht bzw. nationales Verfassungsrecht zurückgreifen; zum anderen kann in einer Art von Parallelbetrachtung die legislative Zielorientierung in ähnlich gelagerten Regelungskontexten herangezogen werden.

Aus dem Gemeinschaftsrecht ist hier vor allem Art. 174 Abs. 2 Satz 2 EGV (mit den Grundsätzen zu Ursprungsbekämpfung, Verursacheranlastung sowie Vorsorge und Vorbeugung), ergänzt um die Zielbestimmung in Art. 2 EGV sowie die Querschnittsklausel in Art. 6 EGV heranzuziehen.[2] Aus dem Grundgesetz sind in der Schutzperspektive in erster Linie die Grundrechte aus Art. 2 II, 12 und 14 sowie Art. 20a GG einschlägig. Aber auch die Nutzung von Nano-Materialien kann sich auf das Grundgesetz berufen: In der Förderperspektive können die verschiedenen Nutzungsmöglichkeiten der Nano-Technologien verfassungsrechtlich fundierten Gemeinwohlbelangen und Grundrechtspositionen zu Gute kommen (darunter ebenfalls solche aus den Art. 2 II, 12 und 14 sowie Art. 20a GG).

Die Parallelbetrachtung zu anderen Regelwerken stützt sich letztlich auf das „Postulat von der Rationalität des Rechts" (siehe Führ 1999), welches auf eine grundsätzliche Widerspruchsfreiheit der Rechtsordnung abzielt. Dementsprechend ist davon auszugehen, dass – ebenso wie in anderen Regelwerken – der Vorsorgegrundsatz (Lübbe-Wolff 1998; Calliess 2006) auch bei Nano-Materialien zur Anwendung gelangt. Da die Risiken auf den spezifischen stofflichen Eigenschaften der Nano-Materialien beruhen, erscheint es sinnvoll, die materielle Zielbestimmung der Chemikalienverordnung REACh[3] auch hier zugrunde zu legen, wonach

---

bedarf des bestehenden Rechtsrahmens für Anwendungen der Nanotechnologie" vom 30.08. 2007, Drucksache 16/6337, 2 ff. Auch die Europäische Komission hat auf der Basis u.a. dieser Untersuchung den Anpassungsbedarf im Gemeinschaftsrecht überprüft; siehe die nach Fertigstellung dieses Beitrags veröffentlichte Mitteilung der Europäischen Kommission (2008).

2 Zu sich daraus ergebenden Anforderungen siehe Europäische Kommission 2000; Calliess 2003; Köck 2003 sowie Führ/Merenyi 2005 und Calliess/Lais 2005.

3 Verordnung (EG) Nr. 1907/2006, berichtigte Fassung vom 29.5.2007, ABl. L Nr. 136/3.

„Hersteller, Importeure und nachgeschaltete Anwender sicherstellen müssen, dass sie Stoffe herstellen, in Verkehr bringen und verwenden, die die menschliche Gesundheit und die Umwelt nicht nachteilig beeinflussen. Ihren Bestimmungen liegt das Vorsorgeprinzip zugrunde". (Art. 1 Abs. 3 REACh).

Bei der instrumentellen Umsetzung erscheint ebenfalls eine Parallel-Betrachtung sinnvoll. Dementsprechend ist darauf zu achten, dass die Handlungslasten nicht – wie beim bisherigen Altstoffrecht – primär auf Seiten der Behörden liegen,[4] sondern in Anwendung des Grundsatzes „Umweltbeeinträchtigungen mit Vorrang an ihrem Ursprung zu bekämpfen" (Art. 174 Abs. 2 EGV) in erster Linie bei den Unternehmen, die mit Nano-Materialien umgehen. Ein solcher Regelungsansatz steht im Einklang mit dem auf Eigen-Verantwortung basierenden Grundsatz von REACh (Führ et al. 2005; Führ/Lahl 2006; Rehbinder 2008; Führ 2008).

C. Definition des Begriffs Nano-Materialien

Untersuchungsgegenstand des Berichts sind Nano-Materialien (NM). Im Einklang mit anderen Definitionen[5] – sind darunter zu verstehen:

- Strukturen anthropogenen Ursprungs (z. B. Partikel, Schichten[6], Röhren), die in mindestens einer Dimension kleiner als 100 nm sind (1nm = 10^{-9} m).
- Diese Strukturen müssen neue Funktionalitäten oder Eigenschaften besitzen, die so in der Makrowelt nicht realisierbar wären und gezielt zur Entwicklung neuer Produkte und Anwendungen genutzt werden.

Soweit es um die Beurteilung der chemikalienrechtlichen Regulierung ging, war weiteres Kriterium, dass die in diesem Kontext betrachteten NM den für diese Rechtsmaterie zentralen Begriff des *Stoffs* erfüllen. Dieser ist definiert als „chemisches Element oder chemische Verbindung, wie sie natürlich vorkommt oder hergestellt wird, einschließlich der zur Wahrung der Stabilität notwendigen Hilfsstoffe und der durch das Herstellungsverfahren bedingten Verunreinigungen, mit Ausnahme von Lösungsmitteln, die von dem Stoff ohne Beeinträchtigung seiner Stabilität und ohne Änderung seiner Zusammensetzung abgetrennt werden können".[7] Bei den betrachteten NM handelt es sich um chemische Elemente und chemische Verbindungen i.d.S. in Form von Nano-Partikeln, -Schichten oder -Röhren, so dass sie generell unter diese Definition fallen.

---

4 Für eine Darstellung des bisherigen Systems der Altstoff-Regulierung siehe Führ/Merenyi 2005.

5 Ähnlich die Definition des BMBF (vgl. http://www.bmbf.de/de/677_7097.php) und des Umweltbundesamtes (2206).

6 Nach dem derzeitigen Kenntnisstand liegt bei Schichten kein Besorgnispotential vor, welches Anlass zu regulatorischen Aktivitäten geben würde.

7 So die Definition in § 3 Nr. 1 Chemikaliengesetz (ChemG); fast wortgleich Art. 3 Nr. 1 REACh.

D. Analyse des bestehenden Rechtsrahmens

Die Darstellung der bestehenden umweltrechtlichen Regulierung[8] folgt dem „Lebenszyklus-Ansatz“, beginnend mit der Forschung und Entwicklung (Abschnitt I). Es folgen die Herstellung und industrielle Verwendung der Nano-Materialien (II), die Vermarktung der Stoffe bzw. Produkte (Abschnitt III), der Gebrauch (Abschnitt IV) sowie die Entsorgung (Abschnitt V).

I. Forschungs- und Entwicklungstätigkeit

In der Marktwirtschaft sind Innovationen der Motor für den unternehmerischen Erfolg. Forschung und Entwicklung mit dem hier verfolgten Ziel der „Invention“ sind wiederum die Quelle der Innovation. Der Rechtsrahmen ist dementsprechend im Regelfall darauf angelegt, Forschung und Entwicklung möglichst großen Freiraum zu geben. Aus Umweltperspektive[9] sind Forschungs- und Entwicklungsaktivitäten nur ausnahmsweise Gegenstand gesonderter rechtlicher Regulierung, etwa im Bereich der Gentechnik. Die Besonderheit gentechnisch veränderter Organismen besteht in ihrer Vermehrungsfähigkeit. Auch schon kleine, im Labormaßstab verwendete Mengen können daher erhebliche unerwünschte Wirkungen nach sich ziehen. Nano-Materialien sind nicht in der Lage, sich selbst zu vermehren.

Besondere Vorschriften des Anlagenrechts greifen erst dann ein, wenn der bloße Labormaßstab überschritten wird und das Stadium der Erprobung im Technikum erreicht wird: Vom immissionsschutzrechtlichen Genehmigungserfordernis sind gemäß § 1 Abs. 6 4. BImSchV seit 1997 generell freigestellt Anlagen im Labor- und Technikumsmaßstab. Jenseits dessen greift für die im Anhang zur 4. BImSchV genannten Anlagen die Genehmigungspflicht; allerdings reicht nach § 2 Abs. 3 4. BImSchV bei „Versuchsanlagen“ ein vereinfachtes Genehmigungsverfahren (ohne Beteiligung der Öffentlichkeit) aus. Die materiellen Anforderungen unterscheiden sich für die Versuchsanlagen nicht von der für die eigentlichen Produktionsanlagen, weshalb auf die Ausführungen im folgenden Abschnitt verwiesen werden kann.

Soweit eine Genehmigungspflicht nach §§ 4 ff. BImSchG nicht eingreift, benötigen Labor- und Technikumsanlagen eine Baugenehmigung. Im Baugenehmigungsverfahren sind die Anforderungen aus §§ 22 ff. BImSchG mit zu prüfen (Roßnagel 2001: Rn. 161 ff.). Bei der Prüfung, ob schädliche Umwelteinwirkungen durch Luftverunreinigungen zu erwarten sind, ist die TA Luft mit ihren Vorgaben in

---

8 Aufgrund der gemeinschaftsrechtlichen Dimension der Fragestellung, die sich nicht zuletzt aus dem EG-rechtlich bestimmten Stoffrecht ergibt, wird primär das Gemeinschaftsrecht untersucht. Wo das nationale Recht keine Besonderheiten aufweist, wird es im Text nicht erläutert.

9 Anders ist die Situation im Bereich des Arbeitsschutzes, weil hier die Gesundheit der Beschäftigten in den F&E-Abteilungen im Vordergrund steht.

Nr. 4 analog heranzuziehen (Nr. 1 Abs. 6 TA Luft). Auch insoweit ist daher auf die Ausführungen im folgenden Abschnitt zu verweisen.

Im Übrigen sind im Bereich von Forschung und Entwicklung die Vorschriften des Wasser- und des Abfallrechts zu beachten. Besonderheiten in rechtlicher Hinsicht bestehen insoweit nicht. Hingegen dürfte es – schon wegen der in diesem Stadium des Lebensweges (nochmals) geringeren Mengen – in tatsächlicher Hinsicht schwierig sein, Stoffeinträge aus der Forschung und Entwicklung von Nano-Materialien zu erfassen.

II. Produktion

1. Industrieanlagen-Recht

Die Herstellung und industrielle Verwendung von Nano-Materialien fällt auf nationaler Ebene in den Gegenstandsbereich des Bundes-Immissionsschutzgesetzes. Anders als der Titel des Gesetzes vermuten lässt, handelt es sich nicht um ein bloßes Luftreinhalte-Gesetz; vielmehr hat es – für den Bereich der genehmigungspflichtigen Anlagen – den Charakter eines umfassenden Industrieanlagen-Zulassungsgesetzes und führt damit die Tradition der Gewerbeordnung fort (Führ 1994: Rn. 9 ff.). In den letzten Jahren tritt ein integrativer Ansatz stärker in den Vordergrund. Verantwortlich dafür ist die IVU-Richtlinie 96/61/EG, die gemeinsam mit weiteren Vorgaben des Gemeinschaftsrechts die Rechtslage in Deutschland bestimmt.[10] Die folgende Darstellung beschränkt sich daher weitgehend auf die IVU-Richtlinie.

a) Genehmigungspflicht

Die IVU-Richtlinie gilt für die in ihrem Anhang I genannten Anlagen. Der Anhang ist – ähnlich wie die 4. BImSchV – nach Branchen geordnet. Art. 4 und 12 IVU-Richtlinie stellen sicher, dass sowohl die Neuerrichtung von Anlagen als auch Änderungsmaßnahmen erfasst sind.

Genehmigungspflichtig ist die Gewinnung von Nano-Materialien nach Nr. 4 des Anhangs 1 zur IVU-Richtlinie immer dann, wenn dies in einer „Anlage" erfolgt und es dabei zur „Herstellung der in den Nummern 4.1 bis 4.6[11] genannten Stoffen oder Stoffgruppen durch chemische Umwandlung in industriellem Umfang" kommt.

---

10 Siehe etwa – für den Bereich der Anlagen-Änderung – Führ 2006, § 16 Rn. 85–134.

11 Die dort aufgeführten Stoffe bzw. Stoffgruppen sind lediglich beispielhaft zu verstehen („wie ..."; engl.: „such as ..."). Auch die Herstellung solcher Nano-Partikel, die nicht von der Aufzählung in den Buchstaben der Nr. 4.1 bis 4.5 erfasst werden, ist damit genehmigungspflichtig nach der IVU-Richtlinie sobald ein industrieller Umfang erreicht ist.

Der Anlagenbegriff ist – ebenso wie der Stoffbegriff[12] – durchweg erfüllt.[13] Entscheidend ist folglich, ob die Herstellung der Nano-Materialien mittels einer „chemischen Umwandlung“ erfolgt. Diese Frage ist für die meisten Herstellungsverfahren zu bejahen. Lediglich rein mechanische Herstellungsmethoden werden nicht erfasst.

Neben der Herstellung könnte auch die weitere Verwendung der Nano-Materialien in den Stufen der jeweiligen Wertschöpfungskette der Genehmigungspflicht unterliegen. In Betracht kommen etwa Verfahren der Oberflächenbehandlung, wie sie in Nr. 4 des Anhangs 1 zur IVU-Richtlinie aufgeführt sind.

Entscheidendes Kriterium ist dabei allerdings nicht die „Nano-Eigenschaft“ der Oberflächenbeschichtung, sondern etwa Art und Menge der verbrauchten Lösemittel. Wenn etwa im Rahmen einer Oberflächenbehandlung Nano-Partikel zum Einsatz kommen, so greift gleichwohl die Genehmigungspflicht erst beim Überschreiten der Mengenschwellen der genannten Lösemittel. Eine Genehmigungspflicht, die spezifisch die Risiken von Nano-Materialien in den Blick nimmt, gibt es nicht.

b) Materielle Anforderungen

Die IVU-Richtlinie formuliert – analog zu § 5 BImSchG – in Art. 3 Grundpflichten („Allgemeine Prinzipien der Grundpflichten der Betreiber“). Die Anlage ist so zu betreiben, dass es immissionsseitig nicht zu „erheblichen Umweltverschmutzungen“ kommt und emissionsseitig Vorsorge unter Einsatz der „besten verfügbaren Technik“ betrieben wird.

Diese Anforderungen sind von den Behörden in Genehmigungsauflagen nach Art. 9 IVU-Richtlinie zu überführen. Dabei sind für alle relevanten Schadstoffe Emissionsgrenzwerte aufzunehmen.

Heranzuziehen sind dabei die „besten verfügbaren Techniken“, wie sie in den „Best Reference Documents“ (BREF) dokumentiert sind.[14] Darüber hinaus sind in der Genehmigung weiträumige und grenzüberschreitende Umweltverschmutzungen weitestgehend zu vermeiden und insgesamt ein hohes Schutzniveau für die Umwelt sicherzustellen. Zu gewährleisten ist schließlich nach Art. 9 Abs. 5 IVU-Richtlinie eine adäquate Überwachung. Nano-spezifische Vorgaben gibt es dabei bislang nicht.

---

12 Art. 2 Nr. 1 IVU-RL definiert „Stoff“ als: chemische Elemente und ihre Verbindungen.

13 Art. 2 Nr. 3 IVU-RL: „ortsfeste technische Einheit“; § 3 Abs. 5 BImSchG: „Betriebsstätte“ oder „sonstige ortsfeste Anlage“

14 Siehe dazu den Informationsaustausch nach Art. 16 sowie die vom „Sevilla-Büro“ (European IPPC Bureau) auf dieser Grundlage herausgegebenen Referenz-Dokumente („BREF“); siehe dazu die Übersicht unter http://eippcb.jrc.es/pages/FActivities.htm.

Art. 10 stellt schließlich eine Bindung des Genehmigungsinhaltes an (immissionsseitige) Umweltqualitätsnormen her.

- In Betracht kommt hier etwa der Partikel-Grenzwert für Fein- bzw. Feinststaub, wie er im EG-Luftqualitätsrecht verankert ist. Dieser liegt noch immer um einige Größenordnungen über den Dimensionen der Nano-Partikel. Er ist daher nicht geeignet, die spezifischen Risiken von Nano-Partikeln adäquat zu bewältigen.
- Art. 2 Nr. 7 IVU-Richtlinie definiert als *Umweltqualitätsnorm* „die Gesamtheit von Anforderungen, die zu einem gegebenen Zeitpunkt in einer gegebenen Umwelt oder einem bestimmten Teil davon nach den Rechtsvorschriften der Gemeinschaft erfüllt werden müssen“. Ob zu diesen Rechtsvorschriften auch die zukünftig nach REACh im Rahmen des stoffbezogenen Risikomanagements heranzuziehenden PNEC[15]-Werte gehören, ist bislang noch offen.[16] Immerhin handelt es sich um Qualitäts-Werte, die auf der Grundlage einer EG-Verordnung und nach einem gemeinschaftsrechtlich vorgegebenen Verfahren abgeleitet wurden.[17]

Vorgaben, die darauf abzielen, „Gefahren bei schweren Unfällen mit gefährlichen Stoffen“ zu beherrschen, enthält die Richtlinie 96/82/EG (Seveso II Richtlinie)[18]; in Deutschland umgesetzt durch die 12. BImSchV.

Die Richtlinie findet Anwendung, wenn bestimmte Mengenschwellen in „Betriebsbereichen“ überschritten werden können. Sie zeichnet sich also – in weitgehender Abkehr von ihrem früheren Anlagenbezug – durch eine primäre stoffliche Orientierung aus. Die Mengenschwellen sind allerdings so hoch gewählt (meist im vier- bis sechsstelligen Kilobereich), dass Nano-Materialien davon nicht erfasst werden. Dies gilt sowohl für die Mengenschwellen, die an Gefährlichkeitsmerkmale anknüpfen, als auch für solche, die für Einzelstoffe festgelegt sind.

Inhaltlicher Kern der Richtlinie ist die Forderung nach einem „Konzept zur Verhinderung von Störfällen“ (Art. 7 Seveso II-Richtlinie, § 8 12. BImSchV). Dieses Konzept hat der Betreiber vor Inbetriebnahme schriftlich auszuarbeiten, umzusetzen und – sofern es sich um einen Betrieb handelt, der den Grundpflichten unter-

---

15 Predicted No Effect Concentration; siehe Anhang I Nr. 3 zur REACh-Verordnung sowie das Glossar zu den Begriffen aus REACh unter http://www.reach-helpdesk.info/reach-ergeb.0.html.

16 Auch die Erwägungsgründe tragen nicht zu einer Klärung bei: Erwägungsgrund 19 lautet: „Macht eine Umweltqualitätsnorm strengere Auflagen erforderlich, als sie mit der besten verfügbaren Technik erfüllbar sind, so sind insbesondere in der Genehmigung zusätzliche Auflagen enthalten, unbeschadet sonstiger Maßnahmen, die im Hinblick auf die Einhaltung der Umweltqualitätsnormen getroffen werden können.“

17 Zu weiteren Ausführungen hinsichtlich dieses „Schnittstellen-Problems“ siehe Führ/Merenyi 2006 sowie dieselben 2006. Ungeklärt ist darüber hinaus auch, ob solche Qualitätsnormen heranzuziehen sind, die zwar von nicht-staatlichen Stellen erarbeitet wurden, auf die das Gemeinschaftsrecht aber – etwa im Rahmen der neuen Konzeption – Bezug nimmt.

18 ABl. EU Nr. L 10, 13. Geändert durch Richtlinie 2003/105/EG (ABl. EU Nr. L 345, 97).

liegt – für die Behörden verfügbar zu halten. Betriebe, die den erweiterten Pflichten unterliegen, haben die Erfüllung dieser Anforderung im Sicherheitsbericht zu dokumentieren (Moch/Stephan 2002; BMU 2004).

Nach Art. 13 IVU-RL haben die Behörden die Aufgabe, die „Genehmigungsauflagen regelmäßig zu überprüfen und gegebenenfalls auf den neuesten Stand zu bringen". Anlass dafür können etwa Überschreitungen der Qualitätswerte, aber auch neue Entwicklungen im Stand der Emissionsminderungstechnik sein.

Wenn die Vorschrift in der Praxis greifen soll, bedarf es einer Konkretisierung sowohl der Immissionsvorgaben als auch derjenigen zum Stand der Technik.

c) Nationale Ebene

Für genehmigungspflichtige Anlagen gelten die materiellen Grundpflichten des Immissionsschutzrechts aus § 5 BImSchG.[19] Rechtsverordnungen nach § 7 sowie die nach § 48 erlassenen Verwaltungsvorschriften konkretisieren diese Grundpflichten. Auf § 17 BImSchG lassen sich nachträgliche Anordnungen stützen.

Die Grundpflichten des § 5 erfassen die von einer Anlage ausgehenden Wirkungen auf die Schutzgüter des Gesetzes. Soweit es um Emissionen[20] auf dem Luftpfad geht, greifen die Vorgaben aus den Durchführungsverordnungen zum Bundes-Immissionsschutzgesetz[21] sowie aus der TA Luft, die jedoch durchweg keine besonderen Vorgaben im Hinblick auf Nano-Partikel enthalten.

In dem vom Verwaltungsgerichtshof Baden-Württemberg entschiedenen[22] Fall der Anlage zur Herstellung unterschiedlicher Nano-Pulver hat die Behörde dann auch gegenüber den Anforderungen der TA Luft deutlich strengere Vorgaben in den Bescheid aufgenommen. Ob sie dazu von Rechts wegen verpflichtet gewesen wäre, bleibt auch nach dem Urteil offen, weil die Genehmigung lediglich von einem Drittbetroffenen angegriffen wurde. Dessen Klage blieb ohne Erfolg, weil er nicht belegen konnte, dass von den Nano-Pulvern „schädliche Umwelteinwirkungen" im Sinne des Gesetzes ausgingen. In dem Gerichtsverfahren wurde mit Hilfe eines Gutachtens von Prof. Greim (München) dargelegt, dass die Immissionsbelastung unter 1 % des vom LAI für tolerabel gehaltenen Immissionswertes von Dieselruß

---

19 Außerdem kommen (§ 6 Abs. 1 Nr. 2 BImSchG) auch die Vorschriften des Arbeitsschutzrechts zum Tragen; wie etwa jene der Gefahrstoffverordnung (siehe Abschnitt D. III. 4).

20 Der Emissionsbegriff des Bundes-Immissionsschutzgesetzes ist enger als derjenige nach der IVU-Richtlinie, der Freisetzungen in alle Umweltmedien umfasst (Art. 2 Nr. 5. „Emission" die von Punktquellen oder diffusen Quellen der Anlage ausgehende direkte oder indirekte Freisetzung von Stoffen, Erschütterungen, Wärme oder Lärm in die Luft, das Wasser oder den Boden).

21 So etwa die immissionsbezogenen Anforderungen aus der 22. BImSchV sowie die Anforderungen an den Anlagenbetrieb etwa aus folgenden Verordnungen: 13., 17. und 31. BImSchV.

22 Urteil vom 18. Dezember 2001, Az: 10 S 2184/99 (juris). Siehe dazu auch die Revisionsentscheidung BVerwGE 119, 329; dazu in Abschnitt F. I.

(Länderausschuss für Immissionsschutz 1992 und 2005) bleiben werde. Die darauf gestützte Begrenzung, die von Seiten des Betreibers zudem im Rahmen des Rechtsmittelverfahrens noch einmal durch Verzichtserklärung um den Faktor 100 reduziert wurde, blieb auch in der Revisionsentscheidung des Bundesverwaltungsgerichts unbeanstandet:[23]

> „Fehlt es an naturwissenschaftlich feststellbaren Wirkungsschwellen, ist es frei von Willkür, wenn der Irrelevanzbetrachtung mangels besserer Erkenntnis die in der LAI-Studie ‚Krebsrisiko durch Luftverunreinigungen' (1991) entwickelten Beurteilungsmaßstäbe für kanzerogene Wirkungen vergleichbarer Stoffe als Orientierungswerte zugrunde gelegt werden. Jenseits einer solchen Irrelevanzgrenze, die den Bereich des unausweichlichen Restrisikos markiert, ist die immissionsschutzrechtliche Schutz- und Abwehrpflicht gegenstandslos."

Im Ergebnis war damit eine Verletzung der (allein drittschützenden) Schutz- und Abwehrpflicht aus § 5 Abs. 1 Nr. 1 BImSchG zu verneinen. Es wäre aber verfehlt, aus der Entscheidung ableiten zu wollen, die bisherigen Kenntnisse zu den Wirkungen von Nano-Materialien seien zufrieden stellend bzw. die rechtliche Ausgestaltung des Anlagenrechts sei nicht verbesserungsbedürftig oder -fähig. Das Gericht hat lediglich festgehalten, dass die Behördenentscheidung „frei von Willkür" sei. Möglicherweise waren die emissionsbegrenzenden Maßnahmen entweder deutlich zu streng; vielleicht aber auch – gemessen an der (nicht drittschützenden) Vorsorgepflicht – nicht weitreichend genug.

Festhalten lässt sich damit, dass die Behörde auf der Grundlage der materiellen Betreiberpflichten durchaus in der Lage ist, den spezifischen Gefahren von freigesetzten Nano-Partikeln zu begegnen. Allerdings muss sie dazu eigenständig das Risiko ermitteln und bewerten. Hilfestellungen im untergesetzlichen Regelwerk gibt es bislang nicht. Heranziehen kann die Behörde lediglich Auslegungshilfen des LAI zu krebserzeugenden Luftschadstoffen („TA Krebs"). Diese erlauben eine – risikobasierte – Analogbetrachtung, ohne allerdings die spezifischen Wirkungen von Nano-Materialien selbst genauer zu adressieren. Dies ist deshalb problematisch, weil die gesundheitlichen Wirkungen von Nano-Materialien keineswegs nur in einem krebsauslösendem Potential liegen müssen (Umweltbundesamt 2006, 12 ff.).

d) Nicht genehmigungsbedürftige Anlagen

Wie bereits unter Abschnitt D.I. ausgeführt, formuliert das Bundes-Immissionsschutzgesetz auch Anforderungen für Anlagen, die nicht der immissionsschutzrechtlichen Genehmigungspflicht unterliegen. Im Rahmen der Baugenehmigung sind dann die Anforderungen nach §§ 22 ff. BImSchG zu beachten. Eine dem entsprechende Regelung auf EG-Ebene gibt es bislang nicht (Führ/Merenyi 2005).

---

23 BVerwG vom 11.12.2003 – 7 C 19/02 – E 119, 329/334.

e) Ergebnis

Festhalten lässt sich damit, dass die IVU-Richtlinie für die von ihr erfassten Anlagen neben einer Genehmigungspflicht vorschreibt, dass Vorgaben zur Emissionsbegrenzung erfolgen und die Umweltqualitätsstandards eingehalten werden. Gemeinschaftsrechtlich weitgehend unreguliert sind Anlagen außerhalb des Anwendungsbereiches der IVU-Richtlinie.

Die Seveso II-Richtlinie enthält stoffbezogene Vorgaben zur Verhinderung betrieblicher Störungsfälle.

Alle genannten Regelungen sind allerdings nicht auf die spezifische Risiko-Situation von Nano-Materialien zugeschnitten.[24]

2. Wasserrecht

Wenn Nano-Materialien industriell hergestellt oder verarbeitet werden, sind die wasserrechtlichen Vorgaben[25] zur Einleitung von Stoffen in Gewässer (Punktquellen) zu beachten. Daneben können Nano-Partikel auch aus diffusen Quellen, z.B. während des Gebrauchs von Produkten mit Nano-Materialien in Gewässer gelangen.

a) Eröffnungskontrolle

Emissionen von Nano-Partikeln in Gewässer aus den in Anhang I der IVU-Richtlinie benannten industriellen Tätigkeiten unterliegen der Genehmigungspflicht nach Art. 8 IVU-Richtlinie. Eine generelle Genehmigungspflicht für das Einleiten von Nano-Partikeln in Gewässer durch nicht in der IVU-Richtlinie aufgeführte Tätigkeiten oder diffuse Quellen besteht auf EG-Ebene nicht.

Eine Ausnahme bildet die indirekte Ableitung von Stoffen der Liste II in das Grundwasser. Für diese besteht nach Art. 4 der Grundwasser-Richtlinie[26] eine Genehmigungspflicht.

Nach deutschem Wasserrecht ist für jede direkte und indirekte Einleitung von Nano-Partikeln in ein Gewässer eine wasserrechtliche Genehmigung erforderlich.

---

24 Das in Fn. 1 genannte Gutachten fasst die Ergebnisse jeweils noch einmal detailliert tabellarisch zusammen; darauf wurde hier aus Platzgründen verzichtet.

25 Die Darstellung in diesem Abschnitt sowie in den Abschnitten D.II.3, D.IV, D.V, E.III und E.IV stützt sich auf die von *Andreas Hermann* (Öko-Institut e.V.) erstellten Teile des Rechtsgutachtens aus Fn. 1.

26 Richtlinie 80/68/EWG des Rates vom 17. Dezember 1979 über den Schutz des Grundwassers gegen Verschmutzung durch bestimmte gefährliche Stoffe vom 26. Januar 1980 (ABl. Nr. L 20, S. 43); geändert durch die Richtlinie 91/692/EWG (ABl. L 377 vom 31.12.1991, S. 48).

b) Materielle Anforderungen

Für die Einleitung von Schadstoffen, die in einer nicht abschließenden Liste in Anhang VIII der Wasserrahmen-Richtlinie 2000/60/EG (WRRL)[27] aufgeführt sind[28], haben die Mitgliedstaaten gemäß Art. 10 WRRL die Emissionen auf der Grundlage der besten verfügbaren Technologien oder von einschlägigen Emissionsgrenzwerten zu begrenzen. Weiterhin enthält Art. 16 WRRL die Pflicht, für bestimmte in Anhang IX genannte prioritäre Stoffe Qualitätsnomen einzuhalten.[29] Weder der Anhang VIII noch die alle vier Jahre zu aktualisierende Liste der prioritären Stoffe berücksichtigen bislang Stoffe im Nano-Format oder nano-spezifische Stoffeigenschaften.

Soweit die Nano-Partikel nicht zu den prioritären Stoffen der WRRL zählen, sind die Grenzwerte für die Liste-II-Stoffe der Gewässerschutz-Richtlinie 76/464/EWG[30] zu beachten, die bis spätestens 2013 durch die WRRL außer Kraft gesetzt wird. Die Liste II enthält Grenzwerte für „klassische“ Schadstoffe, wie z.B. Metalloide, Metalle und ihre Verbindungen, berücksichtigt aber nicht explizit Nano-Partikel. Die Beschreibung der in Anhang VIII der WRRL aufgeführten Schadstoffe, z.B. als Stoffe und Zubereitungen oder deren Abbauprodukte, deren karzinogene oder mutagene Eigenschaften im Wasser erwiesen sind (Nr. 4), persistente Kohlenwasserstoffe (Nr. 5), Metalle und Metallverbindungen (Nr. 7) oder Schwebstoffe (Nr. 10) sind so allgemein gehalten, dass darunter auch Nano-Partikel fallen können.[31] Eine Konkretisierung der Grenzwerte für diese Schadstoffe enthält auf der EG-Ebene die Richtlinie 91/271/EWG[32] über die Behandlung von kommunalem Abwasser für die Parameter „Phosphate“ und „Nitrate“, ohne jedoch nano-spezifische Merkmale zu erfassen.

Für die Einleitung von Nano-Materialien lässt sich feststellen, dass es für sie auch im Wasserrecht weder emissions- noch immissionsseitig spezifische Vorgaben

---

27 Richtlinie 2000/60/EG des europäischen Parlaments und des Rates vom 23.10.2000 zur Schaffung eines Ordnungsrahmens für Maßnahmen der Gemeinschaft im Bereich der Wasserpolitik, Abl. L 327 vom 22.12.2000, S. 1.

28 Die Liste in der WRRL ersetzt die Liste-1-Stoffe des Art. 6 der Gewässerschutz-Richtlinie 76/464/EWG, vgl. Art. 22 Abs. 2 und 3 WRRL.

29 In die Liste der prioritären Stoffe sind bislang 10 der 18 Stoffe aus der Liste I der Richtlinie 76/464/EWG übernommen worden. Die Qualitätsnormen und Emissionsbegrenzungen für die weiteren 8 Stoffe der Liste I werden vermutlich aufgehoben, siehe http://www.umweltbundesamt.de/wasser/themen/stoffhaushalt/wrrl.htm (15.2.2008).

30 Richtlinie Nr. 76/464/EWG des Rates der Europäischen Gemeinschaften betreffend die Verschmutzung infolge der Ableitung bestimmter gefährlicher Stoffe in die Gewässer der Gemeinschaft vom 4. Mai 1976 (Abl. L 129, S. 23); zuletzt geändert am 31. Dezember 1991 (Abl. L 377, S. 48).

31 Die genannten prioritären Stoffe sind identisch mit den in Anhang III der IVU-Richtlinie unter „Wasser“ aufgeführten Stoffen.

32 Richtlinie 91/271/EWG über die Behandlung von kommunalem Abwasser vom 21.05.1991, Abl. L 135, S. 4; geändert durch Richtlinie 98/15/EG der Kommission vom 27.02.1998, Abl. L 67, S. 29.

gibt. Weiterhin müssten verfügbare Technologien zur Begrenzung der Einleitung von Nano-Partikeln in Gewässer soweit vorhanden in die BREFs (siehe dazu bereits in Abschnitt D.II.1.b)) aufgenommen oder neu entwickelt werden.

3. Abfallrecht

a) Beseitigung von Abfällen

Bei der Herstellung und der Verwendung von Nano-Materialien im Rahmen von industriellen Tätigkeiten des Anhangs I der IVU-Richtlinie gilt die Grundpflicht zur Vermeidungen von Abfällen gemäß Art. 3 Abs. 1 lit. a Abfallrahmen-Richtlinie 2006/12/EG entsprechend (vgl. den Verweis des Art. 3 lit. c IVU-Richtlinie).[33] Können Abfälle mit Nano-Materialien nicht vermieden werden, sind sie vorrangig zu verwerten (§ 5 Abs. 2, S. 2 KrW-/AbfG) oder wenn die Verwertung nicht ordnungsgemäß und schadlos möglich ist, zu beseitigen (§ 5 Abs. 3 KrW-/AbfG). Sind Abfälle aus der Herstellung und Verarbeitung von Nano-Materialien in ihrer Zusammensetzung nicht bekannt, ist in jedem Einzelfall zu prüfen, ob eine ordnungsgemäße und schadlose Verwertung möglich ist. Sollte eine schadlose Verwertung entsprechend § 5 Abs. 3 KrW-/AbfG nicht möglich sein, sind diese Abfälle gemäß § 10 Abs. 1 KrW-/AbfG gemeinwohlverträglich zu beseitigen.

b) Verwertung von Abfällen

Werden Abfälle, die Nano-Materialien enthalten, in der Müllverbrennungsanlage entsorgt, ist neben der IVU-Richtlinie die Abfallverbrennungs-Richtlinie 2000/76/EG zu beachten, in Deutschland umgesetzt in der 17. BImSchV. Hier bestehen die gleichen Defizite wie bei anderen industriellen Anlagen.[34]

III. Vermarktung

Wer Nano-Materialien auf den Markt bringen will, muss die stoffrechtlichen Vorgaben einhalten, soweit die Vermarktung vom Anwendungsbereich des Stoffrechts umfasst ist.[35] Die folgenden Überlegungen konzentrieren sich auf die umweltbezogenen Elemente des „originären Stoffrechts“. Als „originäres Stoffrecht“ zu bezeichnen sind solche Bestimmungen, die durch besondere Mechanismen (etwa spezifische Prüfvorgaben) darauf abzielen, stoffliche Gefährdungen systematisch

33 Richtlinie 2006/12/EG des europäischen Parlaments und des Rates über Abfälle vom 5. April 2006 (ABl. EU, L 114, S. 9).

34 Zu prüfen wäre, inwieweit die Staub-Grenzwerte und ihre messtechnische Überwachung in der Lage sind, nanoskalige Freisetzungen zu erfassen; vorausgesetzt, diese werden in nennenswertem Umfang emittiert.

35 Ausgenommen hiervon ist z.B. die Verwendung von Stoffen in Human- und Tierarzneimitteln.

zu identifizieren, wie etwa §§ 7, 9 und 9a ChemG.[36] Dahinter steht die Absicht des Gesetzgebers, die Stoffe zu einem frühen Zeitpunkt zu erfassen.[37]

Von diesem auf Datengewinnung ausgerichteten „originärem Stoffrecht" unterscheidet sich das „abgeleitete Stoffrecht" dadurch, dass es – gestützt auf die Daten des originären Stoffrechts – Vorgaben dazu enthält, Gefährdungen bei einzelnen Verwendungen zu identifizieren und durch entsprechende Maßnahmen zu „verhüten" (§ 8 GefStoffV) bzw. die Risiken zu „beherrschen" (so die Formulierung in der REACh-Verordnung).

1. Einordnung der Nano-Materialien im Stoffrecht

Die stoffrechtliche[38] Einordnung von Nano-Materialien ist umstritten: Sie können als Neustoff anzumelden sein (RL 67/548/EWG[39]); im Übrigen unterfallen sie der Altstoffverordnung (EWG) Nr. 793/93.[40] Ob ein (nano-skaliger) Stoff dem alt- oder dem neustoffrechtlichen Regime unterfällt, ist abhängig davon, ob der jeweilige Stoff im Altstoffregister EINECS[41] aufgeführt ist.[42] Diese Unterscheidung steuert auch die Mechanismen aus der REACh-Verordnung.

Die Einordnungsschwierigkeiten beginnen bereits bei der Frage, ob Nano-Materialien einen eigenständigen „Stoff" im rechtlichen Sinne darstellen. Dabei sind zwei Fallgestaltungen zu unterscheiden:

- Nano-Materialien können ausschließlich in ihrer geringen Partikelgröße und damit exklusiv in dieser Erscheinungsform auftreten (*exklusive Nano-Materialien*). Dieser Fall dürfte für solche Stoffe vorliegen, die im Rahmen neuerer Forschungen gezielt und ausschließlich in dieser besonderen Partikelgröße herge-

---

36 Die zitierten Normen des ChemG resultieren aus der Umsetzung von Art. 7 Abs. 1 1. Spiegelstrich iVm. Anhang VII A, Abs. 2 2. und 3. Spiegelstrich iVm. Anhang VIII der Richtlinie 67/548/EWG zur Angleichung der Rechts- und Verwaltungsvorschriften für die Einstufung, Verpackung und Kennzeichnung gefährlicher Stoffe, Abl. 196 vom 16.08.1967 S. 1–98, zuletzt geändert durch Richtlinie 1999/33/EG, Abl. L 199 vom 30.07.1999, S. 57–58.

37 Rehbinder/Kayser/Klein 1985: § 3 Abs. 1 ChemG Rn. 4.

38 Die Ausführungen zum Stoffrecht stützen sich auf die von RAin und Diplominformationswirtin (Chemie) *Stefanie Merenyi* (sofia, Darmstadt) erstellten Teile des Rechtsgutachtens aus Fn. 1.

39 Richtlinie 67/548/EWG zur Angleichung der Rechts- und Verwaltungsvorschriften für die Einstufung, Verpackung und Kennzeichnung gefährlicher Stoffe, ABl. 196 vom 16.08.1967 S. 1–98, zuletzt geändert durch Richtlinie 1999/33/EG, ABl. L 199 vom 30.07.1999, S. 57–58.

40 Verordnung (EWG) 793/93 vom 23. März 1993 zur Bewertung und Kontrolle der Umweltrisiken chemischer Altstoffe, ABl. L 84 vom 05/04/1993 S. 1–75.

41 European Inventory of Existing Commercial Substances: Es verzeichnet alle in der Zeit zwischen dem 01.01.1971 und 18.09.1981 auf dem europäischen Markt gehandelten Stoffe (Anzahl: 100.195).

42 Das Vorhandensein eines Stoffes in diesem Register führt gemäß Art. 2 e) der Altstoffverordnung zu seiner Behandlung als Altstoff, das Nicht-Vorhandensein zu seiner Behandlung als Neustoff.

stellt werden und zum Einsatz kommen (z.B. die sog. Carbon Nano Tubes (CNTs)[43] und Fullerene[44]).

– Aus stoffrechtlicher Sicht hiervon zu unterscheiden ist der Fall, dass Nano-Materialien eine mit neuer Funktionalität ausgestattete zusätzliche Erscheinungsform zu einer daneben existierenden, nicht-nanoskaligen Erscheinungsform des – aus chemischer, auf die Molekülstruktur gerichtete Sicht – identischen Stoffes darstellen (*nicht exklusive Nano-Materialien*). Fälle dieser Art sind dadurch gekennzeichnet, dass ein Stoff bereits seit geraumer Zeit im Nicht-Nanoformat verwendet wurde, seine nanoskalige Erscheinungsform aber erst in jüngerer Zeit realisiert und zum Einsatz gebracht wurde. Eine solche neue Anwendungsform eines bereits lange bekannten Stoffes dürfte z.B. die von Titandioxid (TiO_2) in der Größenordnung von 60 nm in Sonnenschutzmitteln sein.[45]

Hinsichtlich der letztgenannten Variante müsste das Stoffrecht Mechanismen bereitstellen, mit denen die aus unterschiedlichen Erscheinungsformen eines Stoffes ggf. resultierenden unterschiedlichen Risiken (wie im Fall des Titandioxids) adäquat gehandhabt werden können.

Eine genauere Betrachtung der stoffrechtlichen Einordnung im bisherigen Alt- und Neustoffrecht sowie unter REACh (Merenyi/Führ/Ordnung 2007) führt zu folgenden Ergebnissen:

a) Exklusive Nano-Materialien

Für die Frage, ob exklusive Nano-Materialien als Alt- oder Neustoff einzustufen sind, ist entscheidend, ob sie im Altstoffregister EINECS enthalten sind. Dort sind allerdings keine ausschließlich nanoskaligen Stoffe verzeichnet. Exklusive Nano-Materialien sind demnach stets als Neustoffe zu behandeln. Soweit sie unter dem bisherigen Stoffrecht nicht als Neustoffe angemeldet sind, unterfallen exklusive Nano-Materialien mithin der Registrierungspflicht nach REACh.

Zu beachten sind jedoch mehrere Einschränkungen. Zunächst hat das Stoffrecht eine Reihe von Stoffen generell für nicht regelungsbedürftig erachtet. Dabei handelt es sich um die in Anhang II der Altstoff-Verordnung genannten Stoffe, darunter auch Kohlenstoff und Graphit. Hintergrund für die Befreiung der hier gelisteten Substanzen war seinerzeit die Annahme, dass „aufgrund ihrer Eigenschaften nur solche Risiken von ihnen ausgehen, die allgemein nur als minimal eingestuft

---

43 Röhrenförmige Gebilde mit einem Durchmesser zwischen 1 und 50 nm, ausschließlich aufgebaut aus Kohlenstoffatomen, wobei diese eine wabenartige Struktur mit Sechsecken einnehmen.

44 Sphärische Moleküle, die ausschließlich aus Kohlenstoffatomen aufgebaut sind und z.B. – wie im Fall des C-60 – die Struktur eines Fußballs aufweisen.

45 TiO_2-Partikel dieser Größenordnung werden als UV-Absorber (z.B. Nohynek 2006, Eusolex(r); Tinosorb oder etwa TEGO SUN Z 500/800) in Sonnenschutzprodukten z.B. etwa der Marke L'Oreal verwendet.

werden“ (Erwägungsgrund 7 zur Altstoff-Verordnung). Die Liste findet sich auch als Anhang IV zu REACh, da – so Art. 2 Abs. 7 lit. a REACh – „ausreichende Informationen über diese Stoffe vorliegen, so dass davon ausgegangen wird, dass sie wegen ihrer inhärenten Stoffeigenschaften ein minimales Risiko verursachen“. Diese Annahme mag für die Stoffe im Makro-Format zutreffend sein; für Nano-Materialien lässt sich dies jedoch nicht sagen.

Zu beachten sind auch die Mengenschwellen. Lagen diese bislang für Neustoffe bei 10 kg/Jahr, so greift die Registrierungspflicht nach REACh erst bei 1 t/Jahr je Hersteller bzw. Importeur (siehe Abschnitt D.III.2.a).

b) Nicht exklusive Nano-Materialien

Im Fall eines nicht exklusiven NM, also eines Stoffes, der sowohl im Nanoformat als auch im Nicht-Nanoformat auftritt, schlägt die *Working Group on Nanomaterials (2006)*[46] folgende Unterscheidung vor: *“Substances in nanoform which are in EINECS (e.g. titaniumdioxide) shall be regarded as existing substances. Substances in nanoform which are not in EINECS (e.g. carbon allotropes other than those listed in EINECS) shall be regarded as new substances”*.[47] Der Wortlaut dieser Empfehlung ist unglücklich gewählt, da er die notwendige Unterscheidung zwischen exklusiven NM und nicht exklusiven NM nicht explizit zum Ausdruck bringt und zusätzlich von *„substances in nanoform which are in EINECS“* spricht, obwohl im Altstoffverzeichnis nanoskalige Stoffe nicht verzeichnet sind. Die Formulierung dürfte daher so zu verstehen sein, dass im Altstoffverzeichnis enthaltene Stoffe auch in ihrer nanoskaligen Erscheinungsform als Altstoffe zu behandeln sein sollen, womit sie unter REACh als „Phase-in-Stoffe“ zu behandeln sind. Für diese ist der Faktor Zeit zusätzlich zu beachten: Die Übergangsregelungen in Art. 23 REACh können dazu führen, dass im Mengenband zwischen 1 und 10 Jahrestonnen die Registrierungspflicht erst 2018 eingreift.

Es findet sich keine Regelung die gewährleistet, dass das Test-Programm bei nicht exklusiven Nano-Materialien *alle vermarkteten Erscheinungsformen* eines Stoffes erfasst.

Im Übrigen gelten die gleichen Einschränkungen wie bei exklusiven Nano-Materialien.

---

46 Hierbei handelt es sich um einer Arbeitsgruppe der zuständigen Behörden der EG-Mitgliedstaaten sowie der Kommission. Die Empfehlung der *Working Group* wurde – mit kleinen Änderungen – durch Beschluss des CA-Meetings in das Manual of Decisions for implementation of the 6th and 7th amendments to Directive 67/548/EEC vom 03.07.2006 aufgenommen.

47 Manual of Decisions for implementation of the 6th and 7th amendments to Directive 67/548/EEC vom 03.07.2006, EUR 22311, Kap. 5.1.3, S. 64.

c) Beispiele: Nanopowder und Carbon-Nanotubes

Ein als Altstoff zu behandelnder nano-skaliger Stoff wäre etwa Kohlenstoff, im EINECS verzeichnet als „Formelzeichen C, CAS-Nr. 7440-44-0, EINECS-Nr. 231-153-3", wenn dieser Stoff nunmehr im Nano-Format (d.h. Partikelgröße im nm-Bereich) hergestellt/vertrieben würde. In dieser speziellen Form wird Kohlenstoff derzeit z.B. als sog. „Nanopowder" hergestellt und vertrieben.[48] Als Neustoffe zu behandeln wären demgegenüber z.B. solche im Nano-Format produzierten Kohlenstoffverbindungen, die nicht im EINECS verzeichnet sind, so z.B. Fullerene wie etwa C-60- oder C-70-Verbindungen. Man könnte aber auch die Auffassung vertreten (Kitzinger 2006: 7), Carbon-Nanotubes seien synthetische Graphite und sie wiesen die für den Altstoff Graphit (CAS 7782-42-5) charakteristische Schichtenstruktur auf; dann wären sie dem Altstoff Graphit zuzuordnen.

d) Ergebnisse hinsichtlich Alt- und Neustoffrecht

Als Ergebnis lässt sich zunächst festhalten, dass bei der rechtlichen Handhabung von Nanoverbindungen nach dem Altstoff- wie dem Neustoffrecht eine systematische Beurteilung der von diesen Stoffen ausgehenden Risiken für Mensch und Umwelt erst gefordert ist, wenn bestimmte Mengenschwellen erreicht sind. Auch wenn diese im Neustoffrecht mit 10 kg deutlich geringer ist als im Altstoffrecht (10 t), stellt sich mit Blick auf die sehr geringen Vermarktungsvolumina die Frage, ob diese Anforderung ausreichend ist. In Betracht kommt hier, nano-spezifische Mengenschwellen einzuführen.

Weiterhin besteht Klärungsbedarf hinsichtlich der Kriterien, nach denen eine Substanz dem Alt- oder Neustoff-Regime zugewiesen wird (siehe Abschnitt E.I.1.b)).

2. Nano-Materialien unter REACh

Zukünftig werden bei der Vermarktung von Nano-Materialien die Anforderungen aus REACh einzuhalten sein. Bleibt es bei der im Manual of Decisions vorgeschlagenen Zuordnung von Stoffen im Nano-Format zu Alt- und Neustoffen (siehe Abschnitt 1), werden die den Altstoffen zugeordneten Nanoverbindungen unter REACh zu sog. Phase-in-Stoffen nach Art. 3 Nr. 20 Abs. a) REACh, für die hinsichtlich der Registrierungspflicht die besonderen Übergangsbestimmungen nach Art. 23 ff. REACh gelten. Ergänzend zu den bereits vorstehend erörterten Aspekten sind noch folgende Punkte zu beachten:

---

48 So z.B. von Sigma-Aldrich unter der Bezeichnung Kat.-Nr. 633100 „Carbon nanopowder: Amorphous materials formed by laser techniques"; Quelle: www.sigma-aldrich.com, 04.06.2006.

a) Registrierungspflicht

Zur Erreichung des in Art. 5 REACh verankerten Prinzips „Ohne Daten kein Markt“, hat ein Hersteller oder Importeur, der einen Stoff als solchen oder in einer oder mehreren Zubereitungen in einer Menge von mind. 1 Tonne pro Jahr herstellt oder einführt, gemäß Art. 6 Abs. 1 REACh bei der Agentur ein Registrierungsdossier einzureichen. Diese Verpflichtung besteht gemäß Art. 7 Abs. 1 REACh auch dann, wenn Erzeugnisse hergestellt oder eingeführt werden, in denen ein Stoff in einer Menge von insgesamt mehr als 1 Tonne pro Jahr und Produzent enthalten ist, soweit dieser Stoff unter normalen oder vernünftigerweise vorhersehbaren Bedingungen freigesetzt werden soll. Hinsichtlich Nano-Materialien besteht diese Verpflichtung folglich erst dann, wenn es Regulierungsobjekt unter REACh ist und als solches oder in Zubereitungen oder Erzeugnissen im genannten Umfang hergestellt oder eingeführt wird.

b) Risikoermittlung

Der Umstand, dass ein Registrierungsdossier eingereicht wird, bedeutet allerdings noch nicht, dass damit auch gewährleistet ist, dass die umwelt- und gesundheitsrelevanten Eigenschaften der Nano-Materialien auch tatsächlich ermittelt werden. Der Detailgrad der im Rahmen der Registrierung vorzulegenden Daten steigt mit zunehmender Produktionsmenge (Art. 12 REACh): Ein detaillierter Stoffsicherheitsbericht (Art. 14 Abs. 1 REACh) ist erst ab einer Herstellungs-/Einfuhrmenge von 10 Tonnen pro Jahr und Hersteller erforderlich. Bei Stoffen im Nano-Format braucht es entsprechend länger, diese Schwelle zu erreichen. Bei einzelnen Substanzen – etwa Carbon Black und Titandioxid – dürfte sie aber bereits jetzt überschritten sein.

Unklar ist zudem, welche Tests mit welcher Erscheinungsform eines Stoffes durchzuführen sind. REACh spricht immer von „dem Stoff“. In der „Nano-Welt“ können die Eigenschaften aber deutlich von denen in der Makro-Welt abweichen. Sie differieren zum Teil auch in verschiedenen Größenskalen innerhalb der „Nano-Welt“.

Ob die Standard-Testvorgaben aus REACh wirklich geeignet sind, nanospezifische Risiken zu erfassen, erscheint zweifelhaft, denn die Testverfahren sind konzipiert für Wirkungen im Makro-Format.[49] In manchen Bereichen fehlt es bislang offenbar an aussagekräftigen Testmethoden, mit denen sich nanospezifische Risiken ermitteln lassen.[50]

---

49 SCENHIR 2006, Kap. 3.8.5, S. 34: “… the safety evaluation of nanoparticles and nanostructures cannot rely on the toxicological and ecotoxicological profile of the bulk material that has been historically determined.”

50 So auch SCENHIR 2006, S. 59, 60. Erste Ansätze hierfür mag es aus einem Projekt der EMPA, Schweiz, geben, in dem ein Zellkulturtest entwickelt werden soll; siehe die Mitteilung vom 09.04.2006 unter http://www.chemlin.de/news/mai06/nanorisk.htm, so am 19.2.2008.

Eine Auffangklausel fehlt in REACh. Bei der Beschreibung der vorzulegenden „Standard-Daten" heißt es am Ende von Anhang VII lediglich: „Sind weitere relevante Daten zu den physikalisch-chemischen Eigenschaften, zur Toxizität und zur Ökotoxizität vorhanden, so sind sie vorzulegen." Eine explizite Verpflichtung, *zusätzliche* Tests im Hinblick auf nanospezifische Wirkungen durchzuführen, lässt sich REACh mithin nicht entnehmen.

c) Aktualisierungspflicht

Art. 22 Abs. 1 REACh sieht die Verpflichtung des Registranten vor, aus eigener Initiative seine Registrierung unverzüglich zu aktualisieren, sofern Änderungen zu den dort genannten Parametern auftreten (z.B. Änderung der Zusammensetzung des Stoffes, Änderung der jährlichen Herstellungsmenge, etc.). Diese Verpflichtung besteht allerdings zunächst einmal nur für Nano-Materialien, die als Neustoffe registriert sind, da sie nach dem Wortlaut der Norm („nach der Registrierung") eine solche zwingend voraussetzt. Allenfalls eine ebenfalls nur bei Neustoffen denkbare Anmeldung gemäß Richtlinie 67/548/EWG, die gemäß Art. 24 Abs. 1 REACh einer solchen Registrierung gleichgestellt ist, käme als ausreichende Voraussetzung für diese Aktualisierungsverpflichtung in Frage.

Die für Altstoffe bestehende Aktualisierungsverpflichtung des Art. 7 Abs. 2 Altstoff-VO greift daher nach dem 1.6.2008 nicht mehr (Art. 139 REACh). Bis zum Eingreifen der Registrierungspflicht für die Phase-in-Stoffe fallen die Anforderungen aus REACh hinter die bisherige Rechtslage zurück.

3. Ergebnisse und Regelungsbedarf

Nano-Materialien sind Stoffe; sie unterfallen damit den Regelungen des Stoffrechts.[51] Das ist so ungefähr alles, was sich mit Bestimmtheit sagen lässen. Die Einordnung (Neu-/Alt-/Phase-in-Stoff) ist ebenso ungeklärt wie die Frage nach den geeigneten und angemessenen Test-Verfahren.

Lücken bei der stoffrechtlichen Erfassung von Nano-Materialien existieren sowohl im bestehenden Recht als auch in der REACh-Verordnung, wo insbesondere fraglich ist, ob die eine Registrierungspflicht erstmals auslösenden Mengenschwellen

51 So auch die Aussage der Europäischen Chemikalienagentur (ECHA 2.07: 5): Bezeichnend sind die unspezifischen Aussagen zu den Rechtsfolgen: "Do substances at nano-scale fall under the scope of REACH? Yes and their health and environment properties must be assessed following the provisions of the REACH Regulation. Potential registrants should first consider whether they have obligations under REACH, irrespective of the size of the substances. Once it is established that the substance falls within the scope of REACH, further investigation of the detailed provisions of REACH may indicate that different provisions apply according to the hazard properties associated with the size of the substances. The evolving science of nanotechnology may necessitate further requirements in the future to reflect the particular properties of nano particles".

angesichts der extrem geringen Einzelmengen, in denen Nano-Materialien teilweise derzeit vermarktet werden,[52] erreicht werden.

Grundsätzlich bleibt aber aufgrund der Tatsache, dass derselbe Stoff im Nano-Format andere Eigenschaften aufweisen kann als im Nicht-Nano-Format, festzuhalten, dass insbesondere bei der Risikoermittlung eine dementsprechend differenzierte Betrachtung dieser verschiedenen „Stoffvarianten" zu erfolgen hat.

4. Regulierung durch die Gefahrstoffverordnung?

Auch die Vorschriften der Gefahrstoffverordnung[53] können die vorgenannten Defizite nicht kompensieren. Ursache dafür ist zunächst, dass die Gefahrstoffverordnung im Wesentlichen dem Arbeitsschutz dient[54] und – anders als es die Formulierung in § 1 Abs. 1 2. Halbsatz GefStoffVO vermuten lassen könnte, wonach die Verordnung auch gilt „zum Schutz der Umwelt vor stoffbedingten Schädigungen" – nur sekundär und nur sehr punktuell dem Umweltschutz. Beispielhaft sei auf § 8 Abs. 6 und 7 GefStoffVO verwiesen, wo es spezifisch darum geht, Gefährdungen der Umwelt zu begegnen, die durch die Lagerung von Gefahrstoffen entstehen können.[55] Umfassend – etwa in der Weise, wie REACh dies beabsichtigt – deckt die Gefahrstoffverordnung daher den Schutz der Umwelt nicht ab.

Die Gefahrstoffverordnung ist aber auch deshalb nicht in der Lage, die beschriebenen Lücken zu füllen, weil sie dem „abgeleiteten Stoffrecht" zuzuordnen ist: Es fehlt nämlich eine Verpflichtung im Sinne des „originären Stoffrechts", Stoffe im Nano-Format systematisch und umfassend hinsichtlich möglicher von ihnen ausgehender Gefahren für Mensch und Umwelt zu analysieren. Die Gefahrstoffverordnung baut vielmehr auf den Ergebnissen des originären Stoffrechts auf. Sie beinhaltet jedoch kein stoffspezifisches Prüfprogramm. Wenn keine Daten verfügbar bzw. zugänglich sind, laufen die Pflichten des „abgeleiteten Stoffrechts" auch hinsichtlich des Arbeitsschutzes ins Leere.

---

52 Jedenfalls trifft dies für die betrachteten Fullerene zu.

53 Verordnung zum Schutz vor Gefahrstoffen (Gefahrstoffverordnung) vom 23.12.2004, BGBl. I, S. 3758, zuletzt geändert am 23. Dezember 2004 (BGBl. I, 3855) sowie durch Art. 2 der 10. Chemikalienrechtsänderungsverordnung vom 11.7.2006 (BGBl. I, 1575).

54 Amtliche Begründung zur Novelle der Gefahrstoffverordnung, S. 1 ff.; auch der Länderausschuss für Arbeitsschutz und Sicherheitstechnik (LASI 2006: 5) die Gefahrstoffverordnung diene den „Schutzzielen des Arbeitsschutzgesetzes" (siehe auch die Ausführungen zum Anwendungsbereich auf S. 8 ff.). Vgl. auch Schäfer, StoffR 2005, 35 ff.

55 Siehe auch den Änderungsbeschluss des Bundesrates (unter A 1) auf den die Neufassung des § 1 GefStoffVO zurückgeht (BR-Drs. 413/04, 1).

IV. Gebrauch

Nano-Materialien können auch während der Gebrauchsphase auf sehr unterschiedliche Weise in die Umwelt gelangen. Die vermutlich wichtigsten Emissionspfade betreffen dabei Produkte, in denen Nano-Partikel nicht in einer festen Produkt-Matrix eingebunden sind. So können Nano-Materialien aus Kosmetika oder Sonnencremes durch Abwaschung oder Abrieb in die Umwelt, z.B. Badegewässer gelangen. Emissionen in das Haushaltsabwasser sind aus unterschiedlichsten Quellen denkbar: Nichtabbaubare Nano-Materialien aus Medikamenten können vom Körper ausgeschieden werden, Waschmittel können selektiv wirkende Nano-Materialien enthalten. Für Nano-Materialien, die in das Haushaltsabwasser oder den Hausmüll gelangen, ist auf die Ausführungen in den Abschnitten D.II.2 und D.V.1 zu verweisen.

Das in der Gebrauchsphase von Nano-Materialien betroffene Regelwerk umfasst verschiedenste verbraucherschutzrechtliche Vorschriften,[56] z.B. die europäische Richtlinie 2001/83[57] über Humanarzneimittel, die Verordnung (EG) Nr. 178/2002[58] über allgemeine Grundsätze und Anforderungen des Lebensmittelrechts oder die Richtlinie 76/768/EWG[59] über kosmetische Mittel. Diese Vorschriften werden hier nicht untersucht, da sie nicht in den Fokus des Berichts, Emissionen von Schadstoffen in die Umweltmedien, fallen.[60] Die Vorschriften haben vielmehr das Ziel, den gesundheitlichen Verbraucherschutz zu fördern, z.B. durch Stoffbeschränkungen und -verbote für den Inhalt der Produkte und Kennzeichnungspflichten der Produkte. Auch für diese Stoffe (wie z.B. Lebensmittelzusatzstoffe, Materialien und Gegenstände, die mit Lebensmitteln in Berührung kommen können, Medikamente oder bestimmte Inhaltstoffe für Kosmetikprodukte) gilt, dass

56 Eine Übersicht über mögliche Nano-Produkte und die entsprechenden europäischen Regelungen, die in der Gebrauchsphase Anwendung finden, findet sich in der Studie von Chaudhry (2006: S. 92).

57 Richtlinie 2001/83/EG des Europäischen Parlaments und des Rates vom 6. November 2001 zur Schaffung eines Gemeinschaftskodexes für Humanarzneimittel, ABl. Nr. L 311 vom 28.11.2001, S. 67, bzw. in Deutschland das Gesetz über den Verkehr mit Arzneimitteln vom 24. August 1976 (BGBl. I 1976, S, 2445). Neu gefasst durch Bekanntmachung vom 12.12.2005, BGBl. I, S. 3394.

58 Verordnung (EG) Nr. 178/2002 des Europäischen Parlaments und des Rates vom 28. Januar 2002 zur Festlegung der allgemeinen Grundsätze und Anforderungen des Lebensmittelrechts, zur Errichtung der Europäischen Behörde für Lebensmittelsicherheit und zur Festlegung von Verfahren zur Lebensmittelsicherheit; ABl. Nr. L 031 vom 1.2.2002, S. 1; Vgl. das deutsche Lebensmittel-, Bedarfsgegenstände- und Futtermittelgesetzbuch vom 1. September 2005, BGBl. I 2005, S. 2618.

59 Richtlinie 76/768/EWG des Rates vom 27. Juli 1976 zur Angleichung der Rechtsvorschriften der Mitgliedstaaten über kosmetische Mittel, ABl. Nr. L 262 vom 27.9.1976, S. 169. Vgl. die deutsche Verordnung über kosmetische Mittel vom 16. Dezember 1977 (BGBl. I 1977, S. 2589). Neu gefasst durch Bekanntmachung v. 7.10.1997 (BGBl. I, S. 2410); zuletzt geändert am 13.12.2005, BGBl. I, S. 3479.

60 Ebenfalls nicht untersucht werden Fragen unzulässiger Werbung mit dem Begriff „Nano".

von ihnen Risiken für die Umwelt ausgehen können, auch wenn sie auf ihre Risiken für die menschliche Gesundheit getestet worden sind.

Handelt es sich bei Nano-Materialien um Detergenzien, für Detergenzien bestimmte Tenside oder andere Produkte, die zu Detergenzien zählen, so ist die EG-Verordnung Nr. 648/2004 über Detergenzien bzw. ergänzend das WRMG anwendbar. Ebenso wie alle „klassischen" Tenside müssen auch Nano-Materialien als Tenside vollständig biologisch abbaubar, entsprechend den Vorgaben in Anhang III der EG-Verordnung, sein. Zu überprüfen ist, ob durch die für „klassische" Tenside anzuwendenden Prüfverfahren gemäß Anhang III EG-Verordnung sowie die Rate der biologischen Abbaubarkeit (innerhalb von achtundzwanzig Tagen mindestens 60 %) auch die möglichen Risiken von Nano-Materialien hinreichend erfasst werden. Soweit es sich bei den Nano-Materialien um organische Inhaltsstoffe von Detergenzien handelt, die nicht zu den Tensiden gehören, werden diese nicht von der EG-Verordnung erfasst. Besteht Grund zur Annahme, dass Nano-Materialien in Detergenzien ein unvorhergesehenes Risiko für die Umwelt hervorrufen, hat das Umweltbundesamt durch eine Beschränkung oder das Verbot des Inverkehrbringens des betreffenden Detergens eine ausreichende Handlungsmöglichkeit, um Risiken für die Umwelt abzuwenden. Hilfreich wären in diesem Zusammenhang die Aufrechterhaltung des Produktregisters und die Meldung der Rezeptur beim Umweltbundesamt, sofern sich aus der Rezeptur auch die Verwendung von Nano-Materialien ergibt.

Sofern die Risikobewertung von Nano-Materialien in Kraftstoff-Additiven ergibt, dass von ihnen Gefahren für die Umwelt ausgehen können, sollten die Mindestanforderungen der Richtlinie 98/70/EWG im Hinblick auf die eingesetzten Nano-Materialien angepasst werden.

V. Nach-Gebrauch/Entsorgung

In der Nach-Gebrauchs-Phase sowie bei der Entsorgung von Produkten, bei deren Herstellung Nano-Materialien verwendet wurden, steht das Abfallrecht im Fokus der Untersuchung. Soweit das Wasserrecht betroffen ist, sei auf die Ausführungen in Abschnitt D.II.2 hingewiesen.

1. Allgemeines Abfallrecht

Es ist bislang nicht geklärt, ob und wie die einzelnen Nano-Materialien in der Form von flüssigen, festen oder schlammigen Abfällen nach dem europäischen Recht als gefährliche oder nicht gefährliche Abfälle einzustufen sind. Die Einstufung ist dabei für jeden einzelnen Abfall durch eine Normativeinstufung entsprechend dem Europäischen Abfallverzeichnis[61] durchzuführen, was in Deutschland

61 2000/532/EG: Entscheidung der Kommission vom 3. Mai 2000 zur Ersetzung der Entscheidung 94/3/EG über ein Abfallverzeichnis gemäß Artikel 1 Buchstabe a) der Richtlinie

in der Abfallverzeichnis-Verordnung (AVV)[62] umgesetzt worden ist. Abfälle, die in Anhang I oder II der Richtlinie 91/689/EWG aufgenommen sind, gelten EU-weit als gefährlich. Bei der Auflistung in den Anhängen I und II (Abfälle mit einer gefahrrelevanten Eigenschaft, Herkunftsart oder einem gefährlichen Bestandteil nach Anhang III, wie z.B. Arzneimittel oder Druckfarben) bleiben nano-spezifische Eigenschaften bislang unberücksichtigt. Dies ist jedoch insoweit nicht bedenklich als die Einstufung der Abfälle auf das Gefahrstoffrecht Bezug nimmt (siehe Nr. 5 im Anhang der Entscheidung 2000/532/EG über ein Abfallverzeichnis).[63] So sind die zur Prüfung anzuwendenden Methoden in der jeweils aktuellsten Fassung des Anhangs V der Richtlinie 67/548/EWG[64] enthalten. Ein gefährlicher Abfall muss gemäß Art. 1 IV der Richtlinie 91/689/EWG zumindest eines der im Anhang III der Richtlinie 91/689/EWG aufgeführten Gefährlichkeitsmerkmale aufweisen, also insbesondere die gefahrenrelevanten H-Kriterien, wie z.B. mutagen oder ökotoxisch. Nano-spezifische Gefahren können insoweit bei der Einstufung berücksichtigt werden als die Stoffe/Bestandteile in den Anhängen I und II gefahrrelevante Eigenschaften des Anhangs III der Richtlinie 91/689/EWG aufweisen. Dies kann auch für Produktionsabfälle mit Nano-Materialien zutreffen. Entscheidend wird es hier sein, dass nano-spezifische Gefahren im Chemikalienrecht tatsächlich ermittelt werden, damit sie bei einer Einstufung nach dem Abfallrecht auch berücksichtigt werden können.

Sofern die Bewertungen nach dem Gefahrstoffrecht bzw. die Einstufung nach dem Abfallrecht nicht vorliegen oder Abfälle aus Nano-Materialien anfallen, die nicht einem bestehenden Abfallschlüssel zugewiesen werden können, bietet sich die Möglichkeit an, diese unter das „Auffang-Kapitel“ 16 des Abfallverzeichnisses zu subsumieren. Insbesondere für Abfälle aus Nano-Materialien mit einem erheblichen Besorgnispotenzial erscheint die getrennte Erfassung in einem eigenen Abfallschlüssel und eine sichere Entsorgung notwendig, solange eine entsprechende Einstufung nach dem Gefahrstoffrecht nicht existiert.

75/442/EWG des Rates über Abfälle und der Entscheidung 94/904/EG des Rates über ein Verzeichnis gefährlicher Abfälle im Sinne von Artikel 1 Absatz 4 der Richtlinie 91/689/EWG über gefährliche Abfälle, Abl. L 226 vom 6.9.2000, S. 3.

62 Verordnung über das Europäische Abfallverzeichnis (Abfallverzeichnis-Verordnung – AVV) vom 10. Dezember 2001 (BGBl. I S. 3379) zuletzt geändert am 24. Juli 2002 (BGBl. I S. 2847).

63 Vgl. auch Art. 6 Abs. 7 Entscheidung 2000/532/EG: „Die Einstufung sowie die R-Nummern beziehen sich auf die Richtlinie 67/548/EWG des Rates vom 27. Juni 1967 zur Angleichung der Rechts- und Verwaltungsvorschriften für die Einstufung, Verpackung und Kennzeichnung gefährlicher Stoffe (ABl. L 196 vom 16.8.1967, S. 1) und ihre späteren Änderungen. Die Konzentrationsgrenzwerte sind diejenigen, die in der Richtlinie 88/379/EWG des Rates vom 7. Juni 1988 zur Angleichung der Rechts- und Verwaltungsvorschriften der Mitgliedstaaten für die Einstufung, Verpackung und Kennzeichnung gefährlicher Zubereitungen (ABl. L 187, 16.7.1988, S. 14) und ihren späteren Änderungen festgelegt wurden“; vgl. fürs deutsche Recht auch die Ausführungen in der Nr. 3 des Anhangs zur AVV.

64 Richtlinie 67/548/EWG des Rates vom 27. Juni 1967 zur Angleichung der Rechts- und Verwaltungsvorschriften für die Einstufung, Verpackung und Kennzeichnung gefährlicher Stoffe, ABl. L 196 vom 16.8.1967, S. 1.

Nach dem deutschen Kreislaufwirtschafts- und Abfallgesetz (KrW-/(AbfG)[65] kann für Abfälle zur Verwertung gemäß § 5 Abs. 2 Satz 4 KrW-/AbfG ein Getrennthaltungsgebot erlassen werden. Die dabei einzuhaltenden Maßstäbe sind in §§ 4, 5 KrW-/AbfG geregelt und haben insbesondere das Ziel, eine schadlosen und ordnungsgemäße Verwertung zu gewährleisten.[66] Für Abfälle zur Beseitigung ergibt sich ein Getrennthaltungsgebot aus § 11 Abs. 2 KrW-/AbfG, wobei hinsichtlich der Reichweite und der Beschränkung des Getrennthaltungsgebotes auf die Maßstäbe in § 10 KrW-/AbfG verwiesen wird. Eine Getrennthaltung für Abfälle, die nicht verwertet werden können, ist danach erforderlich, soweit es für einen dauerhaften Ausschluss der Abfälle von der Kreislaufwirtschaft und zur Wahrung einer gemeinwohlverträglichen Abfallbeseitigung notwendig ist (§ 10 Abs. 1 KrW-/AbfG). Zudem hat das Bundesverwaltungsgericht[67] auch ein sog. „interkategoriales Getrennthaltungsgebot" bejaht. Dies betrifft die Vermischung zwischen Abfällen zur Beseitigung sowie Abfällen zur Verwertung und richtet sich ebenfalls nach §§ 11 Abs. 2, 10 KrW-/AbfG. Soweit über die Zusammensetzung und Gefährlichkeit von Abfällen aus der Herstellung oder Verwendung von Nano-Materialien keine Erkenntnisse vorliegen (insbesondere bei Forschungs- und Entwicklungstätigkeiten, siehe die Ausführungen in Abschnitt D. I.) und zugleich ein erhebliches Besorgnispotenzial besteht, sollten diese sowohl am Anfallort als auch in der weiteren Entsorgung getrennt gehalten werden. Damit besteht die Möglichkeit, die entsprechenden Abfälle bis zum Vorliegen weiterer Kenntnisse aus dem Stoffkreislauf auszuschließen und in Abhängigkeit von der Wirtschaftlichkeit des Entsorgungsweges auf einer Deponie so zu beseitigen, dass sie im Fall einer Gefahr für das Grundwasser einer sicheren Beseitigungsweise zugeführt werden. Zudem kann eine Andienungs- und Überlassungspflicht für bestimmte gefährliche Abfälle mit Nano-Materialien gemäß § 41 Abs. 1 und 2 KrW-/AbfG angedacht werden.

2. Verwertung von Klärschlamm (Klärschlamm-Verordnung)

Zu einem Problem können Nano-Materialien führen, die sich im Klärschlamm aus Abwasserbehandlungsanlagen für Haushaltsabwässer befinden. Zwar wird ein großer Teil des Klärschlamms in Deutschland mittlerweile verbrannt und die Aufbringung auf landwirtschaftliche Nutzflächen geht zurück.[68] Solange es aber kein

65 Gesetz zur Förderung der Kreislaufwirtschaft und Sicherung der umweltverträglichen Beseitigung von Abfällen (Kreislaufwirtschafts- und Abfallgesetz – KrW/AbfG) vom 27. September 1994 (BGBl. I S. 2705); zuletzt geändert durch Art. 2, § 3 Abs. 3 des Gesetzes vom 1. September 2005 (BGBl. I Nr. 55, S. 2618).

66 Vgl. Kunig, in: Kunig/Versteyl/Paetow 2003: § 7 KrW/AbfG, Rn. 11. Siehe dazu auch die entsprechenden Regelungen der Verordnung über die Entsorgung von gewerblichen Siedlungsabfällen und von bestimmten Bau- und Abbruchabfällen (Gewerbeabfallverordnung – GewAbfV) vom 19. Juni 2002 (BGBl. I S. 1938); zuletzt geändert durch Art. 2 des Gesetzes vom 25. Juli 2005 (BGBl I, S. 2252).

67 BVerwG – 3 C 4/00 – vom 15.06.2000, Rn. 19 (NVwZ 2000, 1178).

68 Im Jahr 2003 wurden in Deutschland 56 % des Klärschlamms in der Landwirtschaft und dem Landschaftsbau entsorgt, 3 % deponiert, 38 % verbrannt und 3 % gingen in eine sonstige Verwertung (Durth 2005).

generelles Aufbringungsverbot gibt – wie z.B. in der Schweiz[69] – oder die Kompostierung von Klärschlamm möglich ist, können Nano-Materialien von im Handel erhältlichen Kosmetika und Pflege- und Reinigungsmitteln in das Haushaltsabwasser und von dort über den Klärschlamm in das Grundwasser gelangen.[70] Wie sich Nano-Materialien in der Kläranlage verhalten und welche Abbauprodukte entstehen, ist bislang noch nicht erforscht.

Die Klärschlamm-Verordnung des Bundes, welche die EG Klärschlamm-Richtlinie[71] umsetzt, ermöglicht es aufgrund ihrer Zielsetzung, den möglichen Gefahren von Nano-Materialien im Klärschlamm aus Haushaltsabwässern regulatorisch zu begegnen. Die konkreten Anforderungen der Klärschlamm-Verordnung weisen aber insoweit Defizite auf, als die Beprobung des Klärschlamms zur Untersuchung der Aufbringungsflächen (§ 3 II bis VI AbflKlärV) und zur Beschränkung der Höchstgehalte von Schadstoffen im Klärschlamm oder den Aufbringungsflächen (§ 4 VIII bis XIII AbfKlärV) keine nano-spezifischen Eigenschaften berücksichtigen. Hier ist insbesondere an mögliche Carrier-Effekte von Nano-Materialien wie Fullerenen zu denken, die Nähr- und Schadstoffe aus dem Boden in das Grundwasser eintragen könnten.

E. Gestaltungsoptionen

Die Analyse der einzelnen Rechtsgebiete hat deutlich gemacht, dass hinsichtlich der spezifischen Eigenschaften von Nano-Materialien an vielen Stellen Lücken im sektoralen Umweltrecht bestehen. Die Existenz einer Regelungslücke allein, dies sei noch einmal hervorgehoben, bedeutet noch nicht, dass von Rechts wegen der Erlass von lückenschließenden Bestimmungen geboten ist. Dem Gesetzgeber kommt hier vielmehr ein beträchtlicher Gestaltungsspielraum zu (siehe dazu auch Abschnitt F.I.).

Aufgabe der folgenden Abschnitte ist es vor diesem Hintergrund, Gestaltungsoptionen aufzuzeigen. Darin liegt noch keine Aussage, dass der Gesetzgeber von dieser Option – jetzt oder später – Gebrauch machen solle. Dementsprechend berücksichtigen die Gestaltungsoptionen nicht allein gesetzgeberisches Handeln auf europäischer oder nationaler Ebene, sondern auch administrative Aktivitäten und

---

69 Bis spätestens Herbst 2008 darf Klärschlamm nicht mehr als Dünger verwendet werden und muss verbrannt werden.

70 Die EU plant die EG Klärschlamm-Richtlinie 86/278 zu novellieren. In diesem Zusammenhang hat die Kommission ein Arbeitspapier „Klärschlamm und Bioabfall" vom 18. Dezember 2003 erstellt, wonach die Verwertung von Klärschlämmen in der Landwirtschaft und im Landschaftsbau weiterhin möglich sein soll, gleichzeitig sollen aber bestehende Grenzwerte u.a. für Schwermetalle verschärft werden.

71 Richtlinie 86/278/EWG des Rates vom 12. Juni 1986 über den Schutz der Umwelt und insbesondere der Böden bei der Verwendung von Klärschlamm in der Landwirtschaft, ABl. L 181 vom 4.7.1986, S. 6.

untergesetzliche Standards (etwa in Form technischer Regelwerke[72] oder anderer nicht hoheitlicher Aktivitäten). Empfehlungen für ein stufenweises Vorgehen finden sich in Abschnitt E.III.

I. Stoffrecht

1. Eigenständige „Nano-Regulierung"?

Vor dem Hintergrund der aufgezeigten Lücken im Stoffrecht (siehe Abschnitt D.III.) stellt sich zunächst die generelle Frage, ob man das bestehende Chemikalienrecht anpasst oder aber für Nanospezifika eine eigenständige Regelung erarbeitet. Gegen eine gesonderte Regelung sprechen folgende Überlegungen: als chemische Elemente und chemische Verbindungen in Form der Nano-Partikel[73] werden sie vom geltenden Chemikalienrecht erfasst und sollten, einem einheitlichen Regulierungsansatz entsprechend, auch hier verortet werden. Auf eine spezielle „Nano-Regelung" zu verzichten, liegt auch im Interesse der Regelungsadressaten, weil diese dann alle Vorgaben in einem Regelwerk auffinden können. Soweit sich neue Risiken aus dem Auftreten eines bisher bereits bekannten Stoffes allein daraus ergeben, dass er nunmehr im nanoskaligen Format gehandhabt wird (wie im Fall des Titandioxids), ist sicherzustellen, dass diese durch das Regulierungssystem erkannt und ihrer Unterschiedlichkeit entsprechend behandelt werden. Mit Blick auf die pauschale Zuordnung nanoskaliger Altstoffe zur Stoffgruppe der Altstoffe entsprechend den Festlegungen im Manual of Decisions ist die Ermöglichung einer solchen Erkennung fraglich.

a) Abgrenzung Altstoff versus Neustoff

Soweit man an dem im Manual of Decisions festgeschriebenen Abgrenzungskriterium der EINECS-Listung festhalten will (siehe D.III.1.b), wäre es sinnvoll, die dort gegebene Definition in die Begriffsbestimmungen des Art. 3 REACh aufzunehmen. Dafür spricht, dass so der für Nano-Materialien spezifische Zusammenhang zwischen den bisherigen Regelungen und REACh deutlich wird, insbesondere, da mit REACh die gewohnte Begrifflichkeit von Alt- und Neustoffen zugunsten von Phase-in-Stoffen und angemeldeten Stoffen aufgegeben wird. Auch würde eine solche Definition klar erkennen lassen, dass auch Stoffe im nanoskaligen Bereich dem „originären Stoffrecht" (REACh) unterfallen, so dass die Einhaltung aller entsprechenden Vorschriften vom jeweiligen Stoffverantwortlichen zu prüfen ist.

---

72 Sowohl auf ISO-Ebene (TC 229) als auch im Rahmen von CEN (TC 352) hat man mit der Standardisierung grundlegender Aspekte (u.a. Klassifizierung, Terminologie und Nomenklatur, Mess- und Kalibrierverfahren) begonnen; siehe die Darstellung bei Lottes 2006.
73 So klarstellend Kitzinger 2006, zu Nr. 5.3.2.2, S. 10.

b) Nano-Erscheinungsformen als eigenständiger Stoff?

Die im Rahmen dieses Berichts zu analysierenden Rechtsfragen beruhen auf den spezifischen Eigenschaften und Wirkungen, die bei nano-skaligen Materialien gegeben sein können, welche man für bestimmte Funktionen oder Verwendungen nutzbar machen möchte. Wie bei allen technischen Entwicklungen können einige dieser Wirkungen aber auch unerwünscht sein. Im Sinne des Grundsatzes der Vorsorge empfiehlt es sich daher, vorab entsprechende Daten systematisch zu erfassen. Vor diesem Hintergrund stellt sich die Frage, wie Nano-Materialien in die Systematik des (originären) Stoffrechts zu integrieren sind.

Zentraler Anknüpfungspunkt des Chemikalienrechts ist der Stoff (s. Abschnitt D.III.1.). Dessen rechtliche Ausformung bestimmt damit zugleich Gehalt und Reichweite der entsprechenden Pflichten. Definiert wird ein Stoff durch die ihm eigenen und damit für ihn charakteristischen physikalischen und chemischen Eigenschaften, wobei man bisher davon ausging, dass diese von seiner Größe und Gestalt unabhängig sind.[74] Mit Blick auf die vorliegenden Kenntnisse über Stoffe im Nano-Format – insbesondere das stark veränderte Oberflächen-Volumenverhältnis und die daraus ggf. resultierenden Besonderheiten – erscheint jedoch diese Annahme als überholt.[75] Mithin spricht vieles dafür, dass das unterschiedliche Verhalten ein und derselben Chemikalie im Nano-Format einerseits und im Nicht-Nano-Format andererseits eine entsprechend separate Betrachtung erfordert, um diese verschiedenen Eigenschaften überhaupt systematisch feststellen zu können.[76] Dementsprechend wäre generell zu prüfen, ob die besondere Partikelgröße im nm-Bereich dazu führt, dass ein Stoff in dieser besonderen Erscheinungsweise andere Eigenschaften aufweist als in seiner „bisherigen" Erscheinungsform (Nicht-Nano-Format). Soweit dies der Fall ist, wäre ein Stoff im Nano-Format als ein eigenständiger Stoff anzusehen, der damit automatisch dem Neustoffrecht unterfiele.[77] Demnach wären nano-skalige Chemikalien in dem Fall als eigenständige Stoffe zu betrachten, wenn sie zu ihrer nicht-nano-skaligen Erscheinungsweise unterschiedliche Eigenschaften aufweisen würde (wie z.B. Titandioxid). Wollte man dies klarstellen, wäre eine ausdrückliche Erwähnung dieses Zusammenhangs sinnvoll.

---

74 Zum Stoffbegriff nach § 3 Nr. 1 ChemG Rehbinder/Kayser/Klein 1985, § 3 Abs. 1 ChemG, Rn. 7. Zum Stoffbegriff in REACh siehe Abschnitt D. III. 1

75 So SCENHIR 2006 (siehe etwa das Zitat in Fn. 49). Siehe auch die Ergebnisse von Hund-Rinke/Simon (2006: 225 ff.) sowie Nel et al. (2006: 622 ff.).

76 Das Erfordernis der separaten Betrachtung betonen ebenfalls SCENHIR 2006 sowie Hund-Rinke: „Für Nano-Partikel als solche sind die toxikologischen Tests jedoch nicht vorgeschrieben, da die zugrunde liegenden chemischen Substanzen ja im Prinzip bekannt sind", VDI-Nachrichten vom 19.05.2006.

77 Sollte beispielsweise das erwähnte Nanopowder grundlegend andere Eigenschaften besitzen als Kohlenstoff in der bisher bekannten Form, würde es in dieser speziellen Form den Stoffbegriff sozusagen neu erfüllen und wäre daher als eigenständiger Stoff zu betrachten, der dem Neustoffrecht unterfiele.

Der Umstand, dass der Stoffbegriff der Schlüsselbegriff des Chemikalienrechts ist, beruht auf der Annahme, dass sich schädliche Wirkungen für den Menschen und die Umwelt stoffspezifisch zuordnen lassen.[78] Konsequenterweise sind danach Substanzen, von denen unterschiedliche Gefahren für Mensch und Umwelt ausgehen, „im Rechtssinne“[79] als unterschiedliche Stoffe zu betrachten. Soweit ein und dieselbe Substanz in unterschiedlichen Erscheinungsformen auftritt und dabei in Abhängigkeit von dieser Erscheinungsform unterschiedliche Eigenschaften aufweist, lässt sich das Ziel des Stoffrechts, „den Menschen und die Umwelt vor schädlichen Einwirklungen gefährlicher Stoffe zu schützen, insbesondere sie erkennbar zu machen“ (§ 1 ChemG), unter möglichst geringen rechtssystematischen Brüchen dadurch erreichen, dass man die unterschiedlichen Ausprägungen als eigenständige Stoffe betrachtet. Dieses im nat. Chemikalienrecht genannte Ziel der Erkennbarkeit findet sich explizit in REACh zwar nicht mehr, doch ist die Erkennbarkeit unterschiedlicher Risiken notwendige Voraussetzung für die Realisierung der Schutz- und Vorsorgeziele in Art. 1 Abs. 3 REACh.

Beschreitet man diesen Weg nicht und fasst die unterschiedlich gefährlichen Erscheinungsweisen unter dem Oberbegriff nur eines Stoffes zusammen, lassen sich die vorgenannten Ziele auch dadurch erreichen, dass man innerhalb desselben Stoffes eine Aufspaltung vornimmt, um auf diese Weise die erforderliche separate Betrachtung der verschiedenen Erscheinungsweisen zu ermöglichen. Dies belegt der als Gegenbeispiel bemühte Phosphor (Kitzinger 2006: 10), welcher in der Tat nur eine EINECS-Nr. (231-768-7) hat und damit trotz seiner unterschiedlichen Erscheinungsform als roter (P_n) und weißer Phosphor (P_4) nur als ein Altstoff im Altstoffregister geführt wird. Seine, in Abhängigkeit von dieser Erscheinungsform unterschiedlichen Eigenschaften (weißer Phosphor: hochentzündlich, sehr giftig, ätzend, umweltgefährlich; roter Phosphor: hochentzündlich), werden im Altstoffsystem mithilfe zweier Indexnummern[80] voneinander unterschieden. Damit erfolgt die notwendige separate Betrachtung unterhalb der Ebene des Stoffbegriffs. Insofern weist das Altstoffsystem Inkonsistenzen auf, da es in anderen Fällen einzelne allotrope Modifikationen desselben chemischen Elements durchaus als verschiedene Stoffe behandelt hat, wie die verschiedenen EINECS-Einträge für Kohlenstoff, Graphit und Diamant beweisen, welche sich im Übrigen hinsichtlich „ihrer Gefährlichkeit“[81] nicht annähernd so stark unterscheiden wie die unterschiedlichen Phosphorallotrope.

78 Rehbinder/Kayser/Klein 1985, § 3 Abs. 1 ChemG Rn. 3.

79 Damit ist nichts darüber ausgesagt, dass dies auch in der Systematik der Chemie so sein müsste. Es handelt sich vielmehr – wie auch beim Begriff des „Organismus“ im Gentechnikrecht (§ 3 Nr. 1 GenTG) – um eine Setzung des Rechts. Manche Missverständnisse in der Debatte könnten auf der unterschiedlichen Sichtweise der beteiligten Disziplinen beruhen.

80 Vgl. http://ecb.jrc.it/esis-pgm/esis_reponse_self.php?GENRE=ECNO&ENTREE=231-768-7.

81 Da keiner dieser Stoffe ein Gefährlichkeitsmerkmal nach § 3a ChemG aufweist, wäre eher davon zu sprechen, dass sie sich hinsichtlich „ihrer Ungefährlichkeit“ nicht unterscheiden.

Das Vorhandensein solcher aus der Vergangenheit resultierender Inkonsistenzen hindert den Gesetzgeber jedoch nicht daran, bei zukünftigen Regulierungen von nano-skaligen Stoffen andere – und bessere – Wege zu beschreiten. Ausgehend vom Schutzzweck[82] kommt es darauf an, die unterschiedlichen Risiken derselben chemischen Substanz im Nano-Format und im Nicht-Nano-Format gezielt beherrschbar zu machen. Dies setzt voraus, dass die regulatorischen Strukturen eine dementsprechend unterschiedliche Betrachtung der Substanz im Nano-Format und im Nicht-Nano-Format gewährleisten, was in systemkonformer Weise am einfachsten dadurch zu erreichen ist, dass man sie als eigenständige Stoffe betrachtet.

Bildet man hingegen „Unter-Kategorien" eines Stoffes (wie beim Phosphor-Beispiel), stellen sich juristische und umsetzungspraktische Fragen. In juristischer Hinsicht wäre zunächst zu klären, wer unter welchen Voraussetzungen zur Bildung solcher Kategorien befugt (bzw. verpflichtet) ist und wie diese zu bezeichnen und abzugrenzen sind. Dann wären Pflichten zu definieren, die für die Unterkategorien zu erfüllen sind. Umsetzungspraktisch stünde man vor der Aufgabe, die Erweiterung um die Unter-Kategorien in den Datenbank-Systemen abzubilden, mit denen die große Mehrzahl der betroffenen Firmen ihre stoffrechtlichen Verpflichtungen betriebsintern abbilden.

Aus rechtssystematischer und umsetzungspraktischer Sicht vorzugswürdig erscheint daher die Variante, die Stoffdefinition entsprechend anzupassen. Auf diese Weise würde zugleich unzweifelhaft deutlich, dass die Eigenschaften und Wirkungen eines Stoffes im Nano-Format gesondert zu erheben und zu bewerten sind.

Die vorgeschlagene Lösung auf der Ebene des Stoffbegriffes hätte unter REACh zusätzlich folgenden Vorteil: Aus Geheimhaltungsinteressen dürften die Hersteller und Importeure von Stoffen im Nano-Format daran interessiert sein, ihre nanospezifischen Informationen nicht nach den Anforderungen des Art. 29 REACh in einem SIEF (Substance Information Exchange Forum) offen legen zu müssen, in dem sie sich zusammen mit Herstellern/Importeuren desselben Stoffes im Nicht-Nano-Format befinden. Nach den bisher vorgesehen Regelungen wären SIEFs für jeden Phase-in-Stoff, d.h. je einen Altstoff zu bilden, ohne dass insoweit zwischen dem Vorliegen dieses Altstoffs in Nano- oder anderem Format unterschieden würde. Nachdem es Ziel eines jeden SIEF u.a. ist, Mehrfachstudien zu vermeiden (Art. 29 Abs. 2 Buchstabe a REACh), macht die Bildung solcher Foren wenig Sinn, wenn – wie im Fall des Zusammentreffens von Nano- und Nicht-Nanoverbindungen – ohnehin diesbezüglich verschiedene Studien durchzuführen sind. Auch diese Erwägung spricht dafür, Substanzen im Nano-Format als eigenständige Stoffe zu anzusehen.

Abschließend betrachtet kann die Regulierung von nano-skaligen Stoffen auf zweierlei Weise geschehen: Entweder man sieht in der Nano-Erscheinungsform

82 Siehe dazu die Zielbestimmungen in § 1 ChemG oder Art. 1 REACh sowie die Darstellung in Abschnitt B.

einen[83] eigenständigen Stoff; oder man bildet – wie beim Beispiel des Phosphors – Unter-Kategorien. Aus systematischen und umsetzungspraktischen Erwägungen spricht Vieles für die erste Lösung; was im übrigen auch dann gilt, wenn man sich – etwa im Sinne eines Stufenkonzeptes (siehe Abschnitt F.II.) – für ein freiwilliges System der Datengewinnung entscheidet.

c) Nomenklatur zur Stoffidentität

Als Anknüpfungspunkt für die stoffrechtliche Betrachtung benötigt man eine eindeutige Identifizierung der Nano-Materialien. Zu unterscheiden sind hier wohl zwei Konstellationen:

- Handelt es sich um eine besondere Molekül-Struktur (wie z.B. bei den Fullerenen), so ergibt sich damit auch eine Kennzeichnungsmöglichkeit (etwa in Gestalt der CAS-Nr.).[84]
- Handelt es sich hingegen lediglich um eine nano-skalige Erscheinungsform eines auch im Makro-Format genutzten Stoffes (ohne eigenständige Struktur) stellt sich die Situation schwieriger dar. Das Beratungsgremium SCENHIR hat hierzu zwei Vorschläge unterbreitet (SCENHIR 2006, S. 55): In Betracht komme zunächst, eine eigene CAS-Nummer für den Stoff im Nano-Format zu vergeben. Soweit CAS-Nummern bisher stets nur für einzelne eigenständige Stoffe vergeben wurden, spricht auch dieser Vorschlag für die oben bereits dargelegte Möglichkeit, nano-skalige Stoffe als eigenständige Stoffe zu betrachten. Alternativ schlägt SCENHIR vor, unter Beibehaltung einer einmal vergebenen CAS-Nr. dieser einen „nano-spezifischen Code“ hinzuzufügen, der ggf. auch die Größe der einzelnen Nano-Materialien widerspiegeln könnte (z.B. CAS-NP 50 für einen Stoff in Partikelgröße von 50 nm). Bei einer solchen Vorgehensweise käme z.B. Kohlenstoff in einer solchen Partikelgröße die Bezeichnung CAS 7440-44-0-NP 50 zu.

Welche Lösung man auch wählt, notwendig ist in jedem Fall eine standardisierte Nomenklatur.[85]

---

83 Soweit auch innerhalb des Nano-Formates unterschiedliche Eigenschaften auftreten sollten, kommt eine weitere Differenzierung in Betracht. Dann gäbe es – entsprechend den Vorschlägen von SCENHIR (siehe Abschnitt E.I.1.c)) – eine nach der Größenklasse differenzierte Kennzeichnung der verschiedenen Nano-Erscheinungsformen.

84 Siehe Fn. 44; die dort genannten [5,6]-Fullerene-C_{70} haben die CAS-Nr. 115383-22-7.

85 In den Normungsgremien hat man den diesbezüglichen Klärungsbedarf bereits erkannt (Lottes 2006).

2. Weitere Modifikationen in REACh

a) Mengenschwellen

Die Registrierungspflicht aus Art. 6 Abs. 1 REACh greift ein ab einem Produktionsvolumen von 1 t pro Jahr und Hersteller. Fraglich ist aber, ob dieses Volumen bei Nano-Materialien erreicht wird, da diese z.T. in sehr geringen Mengen vermarktet werden.[86] Somit ist davon auszugehen, dass der in Art. 5 REACh normierte Grundsatz „Ohne Daten kein Markt", der jedenfalls für neue Stoffe (also solche, die keine Phase-in-Stoffe sind) gilt, hinsichtlich vieler Nano-Materialien nicht greift. Ob die damit unterbleibende, nach dem originären Stoffrecht in der Regel geforderte, systematische Datenerhebung über die Risiken dieser Substanzen für Mensch und Umwelt vertretbar ist, oder ob für Nano-Materialien eine deutlich niedrigere Mengenschwelle, ab der eine Registrierungspflicht greifen soll, normiert werden kann, ist eine Frage der Verhältnismäßigkeit sowie der Ausgestaltung des in Art. 1 Abs. 3 Satz 2 REACh erwähnten Vorsorgeprinzips. Da bereits Hinweise bestehen, dass Nano-Partikel die Blut-Hirn-Schranke überwinden und damit nachteilige Wirkungen auf den Menschen befürchtet werden müssen (UBA 2006, 14 f.), erscheint eine Herabsenkung der die Registrierungspflicht auslösenden Mengenschwelle für Nano-Materialien schon im Hinblick auf das Schutzgut der menschlichen Gesundheit als nicht unverhältnismäßig.

Im Hinblick auf die spezifischen Eigenschaften der Nano-Materialien wäre es möglich, von der bisherigen „kg/t-Logik" abzuweichen und einer Herangehensweise den Vorzug zu geben, die das durch hergestellte Nano-Materialien hervorgerufene Gesamtrisiko unmittelbar sichtbar macht. Insoweit dieses z.B. durch die als „Sigma" bezeichnete physikalische Größe der Oberflächenaktivität repräsentiert werden kann, könnte die registrierungsfrei handhabbare Menge eines nano-skaligen Stoffs auch mithilfe dieser Größe angegeben werden.[87] Dies zieht freilich den Bedarf einer standardisierten Methode zur Bestimmung dieser Größe nach sich, welchem ggf. auch auf der Ebene der technischen Normen entsprochen werden kann.

b) Ausnahmebestimmungen

Weiterhin ist zu berücksichtigen, dass auch unter REACh bestimmte Stoffe von den grundlegenden Anforderungen dieser Verordnung ausgenommen sein sollen, so z.B. gemäß Art. 2 Abs. 7 lit. a) REACh „die in Anhang IV aufgeführten Stoffe, da ausreichende Informationen über diese Stoffe vorliegen, so dass davon ausgegan-

---

86 Siehe nur z.B. den Stoff des Herstellers Sigma-Aldrich, Kat.-Nr. 519308 Carbon nanotube, single-walled Carbo-Lex AP-grade 50–70 % purity as determined by Raman spectroscopy, tubes in bundle of length about 20 µm, der in Mengen von 0,25 g oder 1 g vertrieben wird (Preis für 1 g: 250,70 €); Quelle: www.sigma-aldrich.com, 04.06.2006.

87 Letztlich lassen sich beide Angaben aber ineinander umrechnen, sodass insoweit keine grundlegenden Unterschiede bestehen.

gen wird, dass sie wegen ihrer inhärenten Stoffeigenschaften ein minimales Risiko verursachen". Anhang IV der REACh-Verordnung entspricht damit dem bisherigen Anhang II der Altstoffverordnung. Danach bleibt u. a. auch Kohlenstoff (Formelzeichen C, CAS-Nr. 7440-44-0, EINECS-Nr. 231-153-3) von den einschlägigen Datenerhebungsanforderungen, d.h. insbesondere auch von der Registrierungspflicht nach REACh, ausgenommen. Eine Differenzierung zwischen Kohlenstoff im Nano-Format und anderen Formaten kann so nicht stattfinden. Selbst bei Herabsetzung der die Registrierungspflicht auslösenden Mengenschwelle für Nano-Materialien würde eine solche für nano-skaligen Kohlenstoff nicht greifen. Eine Lösung läge in einer „Rück-Ausnahme": Die Liste in Anhang IV würde dann nicht für Stoffe im Nano-Format greifen.

c) Test- und Monitoring-Methoden

Die bisherigen Testmethoden zur Toxikologie sind offenbar nicht in der Lage, die Wirkungen nano-skaliger Stoffen umfassend abzubilden (SCENHIR 2006, Kap. 3.8.4 S. 33). Die Test-Vorgaben unter REACh sind daher zu ergänzen. Gleiches gilt für die Monitoring-Methoden (SCENHIR 2006, Kap. 3.9.3 S. 41).

Bei der Entwicklung und Standardisierung der Methoden sind auch die nationalen Arbeits-, Verbraucher- und Umweltschutzbehörden gefordert. Angesichts der Vielzahl unterschiedlicher Stoff-Verwender sind die damit verbundenen Aufgaben kaum im Rahmen ihrer Eigen-Verantwortung zu bewältigen. Gleichwohl sollte deren Sachverstand berücksichtigt werden. Mit der Formulierung entsprechender Test-Standards könnte man ein pluralistisch zusammengesetztes Gremium (etwa unter dem Dach von CEN) beauftragen. In Betracht kommen auch internationale Fach-Vereinigungen, wie etwa SETAC[88] oder FECS[89]. REACh könnte die Grundlage für ein entsprechendes Normungsmandat enthalten.

II. Anlagenrecht

Die Ergebnisse der Analyse zum Anlagenrecht (siehe Abschnitt D.II.) lassen sich wie folgt zusammenfassen: Explizit adressiert die IVU-Richtlinie weder Herstellung und Verwendung noch die Freisetzung von Nano-Partikeln. Die Herstellung von Nano-Materialien ist dann genehmigungspflichtig, wenn dies mittels einer „chemischen Umwandlung" erfolgt. Die weitere industrielle Verwendung – etwa in der Oberflächenbehandlung oder dem Einbringen in andere Produkte – ist dann genehmigungspflichtig, wenn die Anlagen aus anderen, nicht nano-spezifischen Gründen genehmigungspflichtig sind. Hier könnte man den Umgang mit Nano-Materialien als solche genehmigungspflichtig machen. Dabei wäre aber

88 Society of Environmental Toxicology and Chemistry.
89 Federation of European Chemical Societies and Professional Institutions.

nach einem geeigneten Parameter für die Definition des Schwellenwertes zu suchen. Dies könnte – ebenso wie im Chemikalienrecht (siehe Abschnitt E.I.2.a)) – eine Einheit sein, die die Oberflächen-Aktivität der Nano-Materialien abbildet.[90]

In materieller Hinsicht decken die Grundpflichten der Betreiber auch die anlagenbedingten Risiken von Nano-Materialien ab. Allerdings fehlt es bislang an einer untergesetzlichen Konkretisierung sowohl der Emissionsanforderungen als auch der einzuhaltenden immissionsseitigen Umweltqualitätsziele. Beides wäre auch Voraussetzung dafür, wenn die Pflichten zur „Aktualisierung" der Genehmigung greifen sollen.

Im Hinblick auf die emissionsseitige Konkretisierung könnte man Angaben zur Zurückhaltung von Nano-Partikeln in die Referenz-Dokumente zu den besten verfügbaren Techniken (BREF) aufnehmen. Dies hätte allerdings zunächst einmal empfehlenden Charakter, da die Mitgliedstaaten nicht strikt verpflichtet sind, die Angaben aus den BREF-Dokumenten in Genehmigungsauflagen umzusetzen.

In einem weiteren Schritt könnte man immissionsbezogene Vorgaben entwickeln. Angesichts der Vielfalt möglicher Nano-Materialien könnte dies auf absehbare Zeit wohl kaum stoffspezifisch erfolgen; zu suchen wäre vielmehr nach einem geeigneten übergreifenden Parameter, der etwa an das spezifische Gefährdungspotential der Nano-Materialien anknüpft. In Betracht käme hier unter Umständen eine Größe, die die „Oberflächen-Aktivität" erfasst. Hingegen wären massenbezogene Vorgaben (mg/m$^{3)}$ wohl ebenso wenig geeignet wie eine auf die Anzahl der Partikel bezogene Größe, weil nicht die Anzahl, sondern die spezifischen Eigenschaften die Gefährdung für die Schutzgüter ausmachen.

III. Wasserrecht

Das Wasserrecht formuliert aus der Perspektive dieses Mediums ebenfalls Vorgaben, die sich auf den Betrieb industrieller Anlagen auswirken. Das Wasserrecht greift nicht erst beim Überschreiten bestimmter Schwellenwerte, sondern erfordert eine Eröffnungskontrolle für alle diejenigen, die ausgehend von „Punkt-Quellen" Stoffe in ein Gewässer einbringen; sei es auf direktem Wege (Einbringen oder Einleiten von Schadstoffen als „Direkteinleiter") oder sei es auf anderem Wege (als „Indirekteinleiter" über die kommunale Kläranlage). Wasserrechtlich schwieriger in den Griff zu bekommen sind „diffuse Quellen" für Schadstoffeinträge, sei es aus dem Bereich der Haushalte, sei es auf anderem Wege (etwa vermittelt über den Luft- bzw. Bodenpfad; aus Anlagen oder durch den Gebrauch von Produkten, z.B. von Kosmetika, Dünge- oder Pflanzenschutzmitteln).

90 Ansatzpunkt hierfür könnte die physikalische Größe der Oberflächenspannung Sigma, gemessen in Newton pro Meter, sein. Die Oberflächenenergie, auch als Oberflächenspannung bezeichnet, ist ein charakteristischer Wert für die Wechselwirkung der Oberfläche einer kondensierten Phase (Feststoff oder Flüssigkeit) mit ihrer Umgebung.

Eventuelle anlagenbedingte Punkt-Quellen von Nano-Materialien auf dem aquatischen Pfad werden in Deutschland von dem anlagenbezogenen Gehalt des Wasserrechts auch dann erfasst, wenn die Anlage nicht der IVU-Richtlinie unterliegt.

In materieller Hinsicht decken die Grundpflichten der Betreiber auch die anlagenbedingten Risiken der industriellen Herstellung und Verwendung von Nano-Partikeln oder Nano-Materialien ab. Allerdings fehlt es bislang an einer untergesetzlichen Konkretisierung sowohl der Emissionsanforderungen als auch der einzuhaltenden immissionsseitigen Umweltqualitätsziele. Vor diesem Hintergrund erscheint es notwendig, dass den Wasserbehörden die potenziellen industriellen Einleiter von Nano-Partikeln und Nano-Materialien bekannt sind und sie sich ein Bild über Art und Umfang der Einleitungen machen können. Insoweit die kommunalen Abwasserbehandlungsanlagen nicht in der Lage sind, Abwässer aus der Herstellung und Verwendung von Nano-Partikeln oder Nano-Materialien zu reinigen (und davon dürfte zunächst einmal auszugehen sein), können die Behörden Anforderungen an die Abwasserqualität vor Vermischung oder für den Ort des Anfalls dem Indirekteinleiter vorschreiben. Soweit die Gefährdung durch die Einleitung von Nano-Partikeln messbar ist, können in einem späteren Zeitpunkt auch Grenzwerte für die notwendigen Parameter im Anhang zur deutschen Abwasserverordnung eingeführt werden.

Um emissions- oder immissionsseitige Schwellen- und Orientierungswerte festlegen zu können (z.B. in den wasserrechtrechtlichen Genehmigungen), müssen geeignete Parameter gefunden werden. Gleichzeitig müssen geeignete Parameter für Mess- und Prüfverfahren festgelegt werden.

Hinsichtlich der diffusen Quellen (sowie auch von Punkt-Quellen) für Nano-Partikel, die ein erhebliches Gefährdungspotenzial für oder durch die aquatische Umwelt besitzen, kann die Kommission unter Beachtung des Verhältnismäßigkeitsgrundsatzes auch auf Verfahrens- und Produkteinschränkungen zurückgreifen (siehe Art. 16 Abs. 6 der Wasserrahmen-Richtlinie der EG).

IV. Abfallrecht

Bei der Entsorgung von Abfällen aus der Herstellung oder Verwendung von Nano-Materialien ist festzustellen, dass solche Abfälle keinem eigenen Abfallschlüssel zugewiesen werden. Dies ist jedoch insoweit nicht bedenklich als die Einstufung der Abfälle auf das Gefahrstoffrecht (in Zukunft: REACh) Bezug nimmt. Entscheidend ist deshalb, dass nano-spezifische Gefahren im Chemikalienrecht tatsächlich ermittelt werden, damit sie bei einer Einstufung nach dem Abfallrecht auch berücksichtigt werden können. Sofern die Bewertungen nach dem Gefahrstoffrecht bzw. die Einstufung nach dem Abfallrecht nicht vorliegen oder Abfälle aus Nano-Materialien anfallen, die nicht einem bestehenden Abfallschlüssel zugewiesen werden können, bietet sich die Möglichkeit an, diese unter das „Auffang"-Kapitel 16 des Abfallverzeichnisses zu subsumieren. Insbesondere für Abfälle aus

Nano-Materialien mit einem erheblichen Besorgnispotenzial erscheint die getrennte Erfassung in einem eigenen Abfallschlüssel und eine sichere Entsorgung notwendig, solange eine entsprechende Einstufung nach dem Gefahrstoffrecht nicht existiert. Eine solche Abfall-Schlüsselnummer 16 03 07 könnte etwa wie folgte gefasst werden:

> „Abfälle, die aus der Herstellung oder industriellen Verwendung von Nano-Materialien stammen, es sei denn <Angabe eines geeigneten unteren Schwellenwertes>"

Hinsichtlich der Deponierung von Abfällen mit Nano-Materialien ist zu überprüfen, ob die Zuordnungskriterien gemäß der Entscheidung des Rates 2003/33/EG[91] geeignet sind, die von den jeweiligen Nano-Materialien ausgehenden Risiken zu ermitteln. Hier besteht Forschungsbedarf zum Verhalten von bestimmten Nano-Materialien im Deponiekörper. Daran anschließend ist zu überprüfen, auf welchen Deponieklassen entsprechende Abfälle zu deponieren wären. Die entsprechende Ablagerung auf bestimmten Deponieklassen wäre aber sicherlich ohne eine entsprechende Beseitigung gefährlicher Nano-Abfälle aus der Produktion oder eine Kennzeichnungs- und Abfallstromlenkung bei Produkten mit Nano-Materialien in Haushaltsabfällen (z.B. durch eine Rücknahmepflicht oder getrennte Entsorgung der Produkte) nur schwer realisierbar.

Mit Blick auf Nano-Partikel im Deponie-Sickerwasser ist zu klären, ob diese mit den bestehenden Mess- und Überwachungsprogrammen erfasst werden können. Rechtlich besteht die Möglichkeit, bestimmte Nano-Partikel als einen Parameter bei der Grundwassermessung festzusetzen (vgl. Nr. 4 B des Anhangs III zur Deponie-Richtlinie). Dazu sind geeignete Parameter noch zu erforschen. Erst dann erscheint die Überwachung des Deponie-Sickerwassers auf Nano-Partikel durch den Deponiebetreiber durchführbar.

Die Klärschlamm-Verordnung des Bundes ermöglicht es aufgrund ihrer Zielsetzung, den möglichen Gefahren von Nano-Materialien im Klärschlamm aus Haushaltsabwässern regulatorisch zu begegnen. Die konkreten Anforderungen der Klärschlammverordnung weisen aber insoweit Defizite auf, als die Beprobung des Klärschlamms zur Untersuchung der Aufbringungsflächen und zur Beschränkung der Höchstgehalte von Schadstoffen im Klärschlamm oder den Aufbringungsflächen keine nano-spezifischen Eigenschaften berücksichtigen. Will man das Aufbringen von Klärschlamm nicht generell untersagen, bietet sich deshalb nur die Option an Schwellenwerte für Nano-Partikel im Klärschlamm in der Klärschlamm-Richtlinie 86/278/EWG einzuführen. Dazu ist aber zuerst das Verhalten von Nano-Materialien im Klärschlamm zu erforschen, insbesondere bei Nano-Partikeln mit Carrier-Funktionen, wie z.B. Fullerenen, ist zu überprüfen, inwieweit

91 Entscheidung des Rates 2003/33/EG vom 19. Dezember 2002 zur Festlegung von Kriterien und Verfahren für die Annahme von Abfällen auf Abfalldeponien gemäß Artikel 16 und Anhang II der Richtlinie 1999/31/EG, Abl. Nr. L 11 vom 16.01.2003, S. 27.

dies zu einem Eintrag von Nähr- und Schadstoffen aus dem Boden in das Grundwasser führen kann.

Im Hinblick auf die Verbrennung von Nano-Materialien enthält die Abfallverbrennungs-Richtlinie 2000/76/EG nur Grenzwerte für die bekannten („klassischen") Schadstoffe. Solange die Anwendbarkeit der Grenzwerte auf Nano-Materialien ungeklärt ist oder nano-spezifische Grenzwerte noch nicht rechtlich geregelt sind, könnten Entscheidungshilfen für Behörden über die Zulässigkeit der Mitverbrennung von bestimmten Nano-Materialien Orientierung bieten. Zudem ist eine nano-spezifische Luft- und Abwasserüberwachung durch die Betreiber von Anlagen zur Herstellung von Nano-Materialien in Erwägung zu ziehen. Die Messung von Luft- und Wasseremissionen auf Basis von Massenkonzentrationen sollte um die Messung der Teilchen pro Kubikmeter für Nano-Partikel ergänzt werden, soweit es sich um die Emission von gesundheitsgefährdenden Nano-Partikeln handelt. Zu prüfen ist ferner, ob Luft- und Wasserfilter zur Rückhaltung von Nano-Partikeln auf dem Markt erhältlich sind und wie deren Wirkungsgrad ist. Schließlich sind Forschungen durchzuführen, um das Verhalten von bestimmten Nano-Materialien in der Verbrennung zu untersuchen.

F. Elemente eines regulatorischen Stufen-Konzeptes

Bei den Vorschlägen zur Regulierung ist zu bedenken, dass aufgrund der aktuell sehr schnellen Innovationsprozesse und der parallel verlaufenden Verbreitung der Technik noch keine Klarheit darüber besteht, wo (also in welchen Anwendungsgebieten, Branchen, Betrieben) stoffliche Gefährdungen auftreten, auf die die Regulierungsvorschläge und -ansätze abzustimmen sind. Anzeichen dafür, dass Gefährdungspotentiale vorhanden sind, gibt es aus der aktuellen Forschung genauso wie auf Seiten der Industrie die Befürchtung, aufgrund einer zu schnellen Regulierung auf Basis unzureichender wissenschaftlicher Befunde die Technik „kaputt zu regulieren".

I. Rechtliche Anforderungen an eine Regulierung

Ein gesetzgeberisches Tätigwerden kommt in Betracht aus der Perspektive der Gefahrenabwehr wie der Vorsorge. Wie bereits in Abschnitt B erläutert, sind beide Perspektiven sowohl für den Gemeinschaftsgesetzgeber als auch für das bundesdeutsche Recht maßgeblich. Grundlegende Unterschiede in der rechtlichen Ausformung bestehen nicht.[92] Gerichtsentscheidungen zur rechtlichen Einordnung von Nano-Materialien liegen bislang nur auf der nationalen Ebene vor. Diese bilden daher die Grundlage der folgenden Darstellung.

---

92 Siehe die Literaturnachweise in Fn. 2.

Stützt man sich auf die *Gefahrenabwehr,* setzt dies die hinreichende Wahrscheinlichkeit eines Schadenseintritts voraus. Eine Gefahr liegt nach der klassischen Begriffsdefinition dort vor, wo „aus gewissen gegenwärtigen Zuständen nach dem Gesetz der Kausalität gewisse andere Schaden bringende Zustände und Ereignisse erwachsen werden" (PrOVG, Urteil vom 15. Oktober 1894, PrVBl 16, 125/126). Daran fehlt es, wie auch das Bundesverwaltungsgericht in seinem Urteil zu Nano-Partikeln festgestellt hat,[93] bei Ungewissheit über einen Schadenseintritt. Für die große Mehrzahl der Nano-Materialien dürfte gegenwärtig eine Gefahrensituation zu verneinen sein.

Der Gesetzgeber kann sich jedoch auf den – u.a. auch gemeinschaftsrechtlich verankerten – *Grundsatz der Vorsorge* stützen. In der „Nano-Entscheidung" führt das Bundesverwaltungsgericht hierzu aus:

> „Potentiell schädliche Umwelteinwirkungen, ein nur möglicher Zusammenhang zwischen Emissionen und Schadenseintritt oder ein generelles Besorgnispotential können Anlass für Vorsorgemaßnahmen sein, sofern diese nach Art und Umfang verhältnismäßig sind. Vorsorge gegen schädliche Umwelteinwirkungen erfasst mithin mögliche Schäden, die sich deshalb nicht ausschließen lassen, weil nach dem derzeitigen Wissensstand bestimmte Ursachenzusammenhänge weder bejaht noch verneint werden können, weshalb noch keine Gefahr, sondern nur ein Gefahrenverdacht oder ein Besorgnispotential besteht (BVerwGE 72, 300 <315>). Gibt es hinreichende Gründe für die Annahme, dass Immissionen möglicherweise zu schädlichen Umwelteinwirkungen führen, ist es Aufgabe der Vorsorge, solche Risiken unterhalb der Gefahrengrenze zu minimieren".

Nach den Erkenntnissen des Umweltbundesamtes (UBA 2006), den in diesem Band von Krug (S. 59 ff.) diskutierten Befunden sowie den in Abschnitt D.III. bezeichneten Freisetzungsmöglichkeiten dürfte im Hinblick auf die besonderen Eigenschaften der Nano-Materialien ein solches Besorgnis-Potential zu bejahen sein; z.T. liegen wohl auch schon Anhaltspunkte für Wirkungszusammenhänge vor. Die hoheitlichen Organe (der EG und der Nationalstaaten) sind dem Vorsorge-Grundsatz verpflichtet und daher aufgerufen, tätig zu werden.

Bei der Frage, welches Gewicht dem Besorgnispotential beizumessen ist, und bei Auswahl der in Betracht kommenden Handlungsmöglichkeiten steht den hoheitlichen Organen, vor allem aber dem Gesetzgeber ein beträchtlicher Einschätzungs- und Beurteilungsspielraum zu,[94] der nicht nur die Definition der von ihm ins Auge gefassten Regelungsziele umfasst, sondern auch die Beurteilung dessen, was er zur Verwirklichung dieser Ziele für geeignet und erforderlich halten darf. Das Bundesverfassungsgericht kann diese Entscheidung „je nach der Eigenart des in

93 BVerwG vom 11.12.2003 – 7 C 19/02 –, E 119, 329/332; siehe dazu bereits bei Fn. 23.

94 Zu den verfassungsrechtlichen Anforderungen an eine „rationale Regulierung" siehe Führ 1999.

Rede stehenden Sachbereichs, den Möglichkeiten, sich ein hinreichend sicheres Urteil zu bilden, und der auf dem Spiel stehenden Rechtsgüter nur in begrenztem Umfang" überprüfen.[95] Der Beurteilungsspielraum des Gesetzgebers ist nach dem Bundesverfassungsgericht erst überschritten, „wenn die gesetzgeberischen Erwägungen so fehlsam sind, dass sie vernünftigerweise keine Grundlage für derartige Maßnahmen abgeben können".[96] Unabhängig von den – relativ weit zurückgenommenen verfassungsrechtlicher Anforderungen in der Funktion als „Kontrollnorm" – sind die vorsorgebezogenen Vorgaben aus EG-Vertrag und Grundgesetz vom jeweiligen Gesetzgeber jedoch auch als „Maßstabsnorm" zu beachten; dies gilt in gleicher Weise für die Grundsätze der Gleichbehandlung und der Verhältnismäßigkeit, weil in den darin zum Tragen kommenden Rechtfertigungsanforderungen zugleich allgemeine Anforderungen an die „Ergebnisrichtigkeit" zum Tragen kommen,[97] die – auch jenseits den Grenzen gerichtlicher Kontrolle – vom Gesetzgeber zu beachten sind.[98] Im Sinne einer Konsistenz hoheitlicher Risiko-Regulierung sollte er dabei zudem nicht grundlegend von Entscheidungen in anderen Handlungsfeldern abweichen.

Nach diesen Grundsätzen spricht vieles dafür, zunächst nach Wegen zu suchen, die in der Lage sind, eigenverantwortliches Handeln der Akteure zu unterstützen und – wo nötig – zu stimulieren.[99] Da die Risiken der Nano-Materialien in erster Linie auf deren stofflichen bzw. stofflich-strukturellen Eigenschaften beruhen, liegt es nahe, zunächst diese Eigenschaften genauer zu analysieren und auf dieser Grundlage einen Regelungsansatz zu wählen, der sich an dem Grundkonzept des neuen gemeinschaftlichen Stoffrechts REACh anlehnt. Dabei ist zu berücksichtigen, dass es bislang z.T. noch an Prüfmethoden mangelt, die geeignet wären, die Risiken von Nano-Materialien zu ermitteln und ein Monitoring zu gewährleisten.

In den Blick zu nehmen ist zudem nicht allein die Risikoseite (also die unerwünschten Effekte), sondern auch die gesellschaftlichen erwünschten Wirkungen, die aus dem Einsatz der Nano-Materialien resultieren können (UBA 2006). Hinter diesen Wirkungen stehen Gemeinwohlbelange, aber auch Grundfreiheiten des Gemeinschaftsrechts bzw. Grundrechtspositionen, die von den staatlichen Organen bei der Entscheidung über ihre Handlungsstrategie zu berücksichtigen sind.

---

95 BVerfGE 110, 141/157 f. (*Hunde-Verordnung*) unter Verweis u.a. auf E 77, 170/214 f.; 90, 145/173.

96 BVerfGE 110, 141/158 unter Verweis E 30, 292/317; 37, 1/20; 77, 84/106.

97 Rationale Gesetzgebung ist jedenfalls seit der Aufklärung ein Pleonasmus. Die Forderung nach der Rationalität des Rechts ist ein „unhintergehbarer Maßstab" für alle heutigen Formen der Rechtsetzung: „Ein Verzicht auf diesen Maßstab implizierte einen Verzicht auf den gesetzlichen Regelungsanspruch überhaupt" (Schulze-Fielitz 1988, 458). Zur „Intention auf Ergebnisrichtigkeit" siehe Denninger 1990.

98 Im Einzelnen strittig; siehe Führ 2003, 372 ff. m.w.N.

99 Striktere Regelungen sind aber, wie vorstehend ausgeführt (siehe bei Fn. 96), durchaus möglich, soweit es nicht völlig an einer nachvollziehbaren Begründung fehlt.

Vor diesem Hintergrund liegt die regulatorische Herausforderung darin, eine den Innovationsprozess begleitende und ihn unterstützende Regulierung zu konzipieren, die parallel die nano-spezifischen Risiken ermittelt und Strategien ihrer „Beherrschung"[100] entwickelt, ohne die Entwicklungschancen der Technik insgesamt zu verschließen.

II. Elemente des Stufenkonzeptes

Regulatorische Lücken und Gestaltungsoptionen – angesiedelt sowohl auf der Ebene des Gemeinschaftsrechts als auch im nationalen Recht – beschreiben detailliert die Abschnitte D. und E. Zur Vermeidung textlicher Wiederholungen, aber auch angesichts der weiterhin notwendigen gesellschaftlichen Klärungsprozesse, beschränkt sich die Darstellung eines stufenweisen regulativen Vorgehens auf eine weitgehend stichwortartige Beschreibung der einzelnen Elemente der insgesamt fünf Stufen:

1. Erste Schritte zur Bewältigung des Informationsproblems

a) Mitteilungspflichten zu den bereits vorliegenden Informationen:

- Klärung: Freiwilligkeit oder Verpflichtung zur Mitteilung?
- Bei Ersterem: Klärung von Gegenstand und Verfahren der Mitteilung.
- Bei Letzterem: Anpassung von REACh (siehe Abschnitt E. I. 2);
  - bis zum Inkrafttreten von REACh greifen aber auch die Mitteilungspflichten des geltenden Altstoffrechts (siehe Abschnitt D. III. 2. c));
  - ggf. Übergangsregelung für Mitteilungspflichten vorsehen.
- Ggf. Anpassung des Stoffbegriffes.
- Gegenstand der Mitteilung (Wer? Was? Wann? An wen?: Schwellenwerte, Eigenschaften der Substanzen, [vorläufige] Prüfprogramme).

b) Parallel dazu:

- Nomenklatur zur Kennzeichnung der Nano-Substanzen standardisieren sowie
- Entwicklung und Erprobung geeigneter Test-Verfahren und Monitoring-Methoden.[101]

---

100 Der Begriff wird hier in Anlehnung an das Gemeinschaftsrecht verwendet, wo er sowohl bei REACh als auch in der Seveso II-Richtlinie Verwendung findet.
101 Beide Punkte sind bereits Gegenstand von Aktivitäten auf ISO- und CEN-Ebene (siehe Fn. 72).

2. Systematisierung und Bewertung der Risikoinformationen

a) Mechanismen entwickeln für das Gewinnen, Zusammenführen und Bewerten der Informationen (administrativ und/oder zivilgesellschaftlich: Risiko-Diskurs in welchem institutionellen Kontext?).

b) Definition (vorläufiger) Maßnahmen zur Risiko-Bewältigung (etwa anhand einer Klassifizierung der Anwendung/Freisetzung von Nano-Materialien nach einem „Ampel-Prinzip“):

- Grün: Nach gegenwärtigem Kenntnisstand unproblematisch: Anwendung möglich, aber langfristiges Monitoring für unvorhergesehene Auswirkungen notwendig.
- Gelb: Besorgnispotential vorhanden: Prüfung im Einzelfall, insbesondere müssen der Nutzen für die Umwelt und die sozio-ökonomischen Vorteile am Besorgnispotenzial gemessen werden. Überwiegt der Nutzen nicht, dann muss eine Freisetzung vermieden werden. Im anderen Fall müssen Schutz- und Minimierungs-Grundsätze entwickelt werden.
- Rot: Erhebliches Besorgnispotential bis hin zum Gefahrenverdacht: Freisetzung vermeiden.

c) Hilfestellung für Akteure bei der Umsetzung von a)/b) erarbeiten und erproben.

3. Klärung weiteren Regulierungsbedarfes

a) In Abhängigkeit von den Ergebnissen aus Stufe 2 wäre über weitere regulative Elemente zu entscheiden, etwa im Rahmen des Stoffrechts:

- Gezielte Risikoermittlung entlang des Lebensweges (analog REACh?),
- Kennzeichnung (analog Stoffrecht),
- Risiko-Kommunikation in der Kette (spezifische Anforderungen für die Sicherheitsdatenblätter).

b) Parallel dazu wären die unter 1 b) genannten Arbeiten (unter Beteiligung der zivilgesellschaftlichen Akteure und ggf. im Kontext von internationalen Standardisierungs-Organisationen) fortzuführen, die z.T. auch Voraussetzung für die Erfolgskontrolle der Risiko-Management-Maßnahmen sind.

c) Gewährleistung einer „Sicheren Anwendung“ durch Bewältigung der Schnittstellen-Problematik zwischen Stoffrecht und den anderen sektoralen Regelwerken, wie etwa dem Anlagenrecht, dem Wasserrecht und dem Abfallrecht. Neben dem Umweltrecht sind hier auch Aspekte des Arbeitsschutzes und des Verbraucherschutzes zu berücksichtigen.

4. Umsetzung und Monitoring der Risiko-Management-Maßnahmen

Etablierung eines risikoadäquaten Konzepts der Ermittlung und Beherrschung der unerwünschten Wirkungen von Nano-Partikeln, dazu

a) Festschreiben der in den vorherigen Stufen gewonnenen Erfahrungen in

   - untergesetzlichem Regelwerk und Verwaltungsvorschriften und
   - Standards/Normen, z.B. ISO/OECD, CEN, DIN, VDI.

b) Toxikologische und ökotoxikologische Monitoring-Programme; soweit auch auf Nano-Partikel anwendbar im Rahmen bestehender Programme. Andernfalls ist zu prüfen, inwieweit Monitoring-Programme im Rahmen der Produktverantwortung auch von den Herstellern der Nano-Materialien zu etablieren sind.

5. Nachjustieren der regulativen Rahmenbedingungen

Beobachtung der technischen Entwicklung, der realen Belastung der Schutzgüter sowie der Anreizwirkung der in den vorherigen Stufen getroffenen Maßnahmen mit dem Ziel, gegebenenfalls die regulativen Rahmenbedingungen anzupassen.

G. Schlussbemerkung

Die hoheitlichen Organe stehen vor der Frage, ob und in welcher Weise sie einen regulativen Rahmen für die Nutzung der Nano-Technologien[102] auf den Weg bringen wollen.[103] Dabei haben sie eine für „neue" technologische Entwicklungen nicht ganz untypische Balancierungsaufgabe zu bewältigen, die einerseits die erwünschten Effekte der neuen Technologien ermöglicht, andererseits aber die unerwünschten Wirkungen jedenfalls beobachtet, möglichst aber vorbeugend bewältigt.

Die Vorstellung, der Staat könne in umfassender Weise „steuernd" in die privaten Forschungs- und Entwicklungsabteilungen hineinwirken, erscheint dabei – in tatsächlicher und rechtlicher Hinsicht – wenig aussichtsreich. Gleichwohl kann der Staat die Forschungsziele (unter Einschluss von Vorsorgegesichtspunkten) bei den von ihm teil- oder vollfinanzierten Forschungsprogrammen beeinflussen und begleitende Risikoforschungsprogramme auflegen. Bei der privaten Forschung

---

102 Soweit ein mögliches regulatorisches Tätigwerden auf die besonders geringe Teilchengröße abstellt, ist darauf hinzuweisen, dass damit – zumindest implizit – zugleich eine Aussage über die Regulierung von Teilchen noch geringeren Ausmaßes getroffen würde. Denn mit dem Nano-Maßstab ist nicht die kleinste aller möglichen Erscheinungsformen eines Stoffes erreicht. Vielmehr ist auch das Auftreten in Größenordnungen von pm (Pikometer = 10^{-12} m; fm = Femtometer 10^{-15} m; etc.) denkbar.

103 Mittlerweile hat die Europäische Kommission dazu eine Mitteilung herausgegeben (Europäische Kommission 2008).

wird es darauf ankommen, durch einen breit angelegten regulativen Rahmen eigenverantwortliches Handeln der Akteure zu stimulieren. Inwieweit es dabei genügt, auf freiwillige Kooperationsleistungen zu setzen, oder aber veränderte gesetzliche Rahmenbedingungen erforderlich sind, hängt wesentlich von der Anreizsituation ab, in der sich die maßgeblichen Akteure in Wirtschaft und Forschung befinden. Als „Zwischenstufe" dürften dabei in jedem Fall Standardisierungen eine wichtige Rolle spielen. Dies gilt etwa im Hinblick auf die Nomenklatur sowie die Test- und Messmethoden. Denkbar ist aber auch, weitere Bausteine des Stufenkonzeptes auf dieser Ebene zu erstellen; beispielsweise die Operationalisierung eines „Ampel-Systems" oder Anwendungshilfen für die Akteure aus der Wirtschaft.

Die Anreizsituation der Akteure zu untersuchen, würde den Rahmen des vorliegenden Berichts übersteigen. Dazu müsste man für konkrete Handlungssituationen normative Verhaltenserwartungen formulieren und dem die zu erwartenden tatsächlichen Verhaltensbeiträge der Akteure gegenüberstellen.[104] Dies setzt aber einen – zumindest innerhalb der Administration, wenn nicht gar im parlamentarischen Raum zu leistenden – Klärungsprozess darüber voraus, welche Verhaltensbeiträge von welchen Akteuren zu welchem Zeitpunkt (einzeln und/oder gemeinsam) gesellschaftlich erwartet werden. Auf der Basis einer solchen detaillierten normativen Verhaltenserwartung wäre dann verhaltenswissenschaftlich im Rahmen einer „Delta-Analyse" der Bedarf zu ermitteln, ergänzende motivationelle Impulse zu setzen. Auf dieser Grundlage wären dann geeignete institutionelle Vorkehrungen zu identifizieren.

H. Literatur

Bizer, Kilian/Führ, Martin/Hüttig, Christoph (Hrsg.) (2002): Responsive Regulierung – Beiträge zur interdisziplinären Institutionenanalyse und Gesetzesfolgenabschätzung, Tübingen.

BMU (2004): Vollzugshilfe zur Störfall-Verordnung (Referat IG I 4), Bonn.

– (2005): Synthetische Nano-Partikel – Entwicklungschancen im Dialog, 25. Oktober 2005, Dessau.

Calliess, Christian (2003): Zur Maßstabswirkung des Vorsorgeprinzips im Recht – Dargestellt am Beispiel der geplanten Reform des europäischen Chemikalienrechts durch das Weißbuch der EU-Kommission zur zukünftigen Chemikalienpolitik – VerwArch 2003, 389.

Calliess, Christian/Lais, Martina (2005): REACh-revisted – Der Verordnungsvorschlag zur Reform des Chemikalienrechts als Beispiel einer neuen europäischen Vorsorgestrategie, NuR 2005, 290–299.

Chaudhry, Q. et al. (2006): A scoping study to identify gaps in environmental regulations for the products and applications of nanotechnologies.

104 Für eine solche Anreizanalyse im Bereich der Akteurkooperation für registrierungspflichtige Stoffe unter REACh siehe Führ et al. 2006.

Denninger, Erhard (1990): Verfassungsrechtliche Anforderungen an die Normsetzung im Umwelt- und Technikrecht, Baden-Baden.

Durth, Anke (2005): DWA-Klärschlammerhebung 2003, Tagungsband DWA-Klärschlammtage, Würzburg.

ECHA (2007): Europäische Chemikalienagentur: Frequently Asked Questions on REACH by (IndustryECHA_FAQ_version 2.0_2007-12-04), abrufbar unter http://echa.europa.eu/reach/faq_en.html (15.2.2008).

Europäische Kommission (2000): Mitteilung über die Anwendbarkeit des Vorsorgeprinzips, NVWZ 2001, Beilage zu Heft 4.

– (2008): Mitteilung der Kommission – Regelungsaspekte bei Nanomaterialien vom 17.6.2008, KOM(2008) 366 endg., Brüssel.

Führ, Martin (1994): in: Koch/Scheuing/Pache 2007, Kommentierung zu § 1.

– (1998): Widerspruchsfreies Recht im uniformen Bundesstaat? – Zum Sonderabfallabgaben-Urteil des Bundesverfassungsgerichts, KJ 1998 (31), 503–517.

– (1999): Rationale Gesetzgebung – Systematisierung verfassungsrechtlicher Anforderungen, in: Gawel/Lübbe-Wolff 1999, 193–226 (als pre-print: sofia-Diskussionsbeiträge zur Institutionenanalyse 98-2, Darmstadt).

– (2003): Eigen-Verantwortung im Rechtsstaat, Berlin.

– (2006): in: Koch/Scheuing/Pache 2007, Kommentierung zu §§ 15 und 16.

– (2008): Registrierung und Bewertung von Stoffen: Risiko-Management entlang der Wertschöpfungskette, in: Hendler 2008, 87 ff.

Führ, Martin/Heitmann, Kerstin/Koch, Lars/Ahrens, Andreas (2006): Risikominderung für Industriechemikalien nach REACh – Anforderungen an eine Arbeitshilfe für Hersteller, Importeure und Stoffanwender, UBA-Texte 05/06.

Führ, Martin/Hermann, Andreas/Merenyi, Stefanie/Moch, Katja/Möller, Martin (2006): Rechtsgutachten Nano-Technologien – ReNaTe, FKZ 363 01 108, http://www.umweltdaten.de/publikationen/fpdf-l/3198.pdf.

Führ, Martin/Merenyi, Stefanie (2005): Schnittstellenprobleme zwischen gemeinschaftlichem Stoffrecht und anderem sektoralen Umweltrecht (Umsetzungshemmnisse bei der Risikominderung von Altstoffen nach 793/93/EG – „Instrumentenlücke"), UBA-Texte 03/05, ISSN 0722-186X.

– (2006): Mind the Gap – Interface Problems between EC Chemicals Law and sectoral environmental legislation, Review of European and International Environmental Law (RECIEL) 15 (3), 281–292.

Gawel, Erik/Lübbe-Wolff, Gertrude (Hrsg.) (1999): Rationale Umweltpolitik – Rationales Umweltrecht. Konzepte, Kriterien und Grenzen rationaler Steuerung im Umweltschutz, Baden-Baden.

Hendler, Reinhard (Hrsg.) (2008): Neues Europäisches Chemikalienrecht (REACh), Dokumentation zum 23. Trierer Kolloquium zum Umwelt- und Technikrecht, Berlin.

Hund-Rinke, Kerstin/Simon, Markus (2006): Ecotoxic Effect of Photocatalytic Active Nanoparticels (TiO2) on Algae and Daphnids, in: Environ. Sci. Pollut Res 13, 225–232.

Kitzinger, Günter (2006); zugleich Stellungnahme der Bayer Material Science AG zum Entwurf (Stand: 04.09.2006) des Rechtsgutachtens „Nano-Technologien" vom 16.10.2006.

Koch, Hans-Joachim/Scheuing, Dieter H./Pache Eckhard (2007): Gemeinschaftskommentar zum BImSchG, Düsseldorf.

Köck, Wolfgang (2003): Das System „Registration, Evaluation und Authorisation for Chemicals" (REACh) – Rechtliche Bewertung am Maßstab des Gemeinschaftsrechts, in: Rengeling (Hrsg.) 2003.

Kunig, Phillip/Paetow, Stefan/Versteyl, Ludger-Anselm (2003): Kreislaufwirtschafts- und Abfallgesetz – Kommentar, 2. Auflage, München.

Länderausschuss für Arbeitsschutz und Sicherheitstechnik (LASI) (2005): Leitlinien zur Gefahrstoffverordnung, Düsseldorf/Wiesbaden.

Länderausschuss für Immissionsschutz (LAI) (1992): Krebsrisiko durch Luftverunreinigungen, Düsseldorf.

– (2005): Bewertung von Schadstoffen, für die keine Immissionswerte festgelegt sind, vom September 2004 in der Fassung vom 21. Januar 2005, auf der Grundlage des Beschlusses auf der 108. Sitzung des LAI vom 21. bis 22. September 2004 in Leipzig (http://www.lua.nrw.de /gesundheit/pdf/LAI2004.pdf).

Lottes, Ralph (2006): ECOS Information about standardisation work on nanotechnologies in CEN; Papier für das Fachgespräch im Rahmen des ReNaTe-Projektes am 28.9.2006 in Berlin.

Lübbe-Wolff, Gertrude (1998): Präventiver Umweltschutz – Auftrag und Grenzen des Vorsorgeprinzips im deutschen und im europäischen Recht, in: Bizer, Johann/Koch, Hans-Joachim (Hrsg.), Sicherheit, Vielfalt, Solidarität – Ein neue Paradigma des Verfassungsrechts?, Baden-Baden.

Merenyi, Stefanie/Führ, Martin/Ordnung, Kathleen (2007): Regulierung von Nano-Materialien im geltenden und künftigen Chemikalienrecht – Analyse und Gestaltungsoptionen, Zeitschrift für Stoffrecht 2007, 50–61.

Moch, Erika/Stephan, Thomas (2002): Entwicklung von Arbeitshilfen zur Erstellung und Prüfung des Konzeptes zur Verhinderung von Störfällen, UBA-Texte 15/02.

Nel, Aandre/Xia, Tian/Mädler, Lutz/Ning, Li (2006): Toxic Potential of Materials at the Nanolevel, in: Science 311, 622–627.

Rehbinder, Eckard (1991): Das Vorsorgeprinzip im internationalen Vergleich, Düsseldorf.

– (2003): Allgemeine Regelungen – Chemikalienrecht, in: Hans-Werner Rengeling (Hrsg.), Handbuch zum europäischen und deutschen Umweltrecht (EUDUR), 2. Aufl., Bd. II, 1. Teilband § 61, S. 547–625.

– (2008): Die REACh-Verordnung – Entstehungsgeschichte, Zielsetzung, Anwendungsbereich, Hauptinhalte, in: Hendler 2008, 35 ff.

Rehbinder, Eckard/Kayser, Detlev/Klein, Helmut (1985): Chemikaliengesetz – Kommentar und Rechtsvorschriften zum Chemikalienrecht, Heidelberg.

Rengeling, Hans-Werner (Hrsg.) (2003): Umgestaltung des deutschen Chemikalienrechts durch europäische Chemikalienpolitik, Köln.

Roßnagel, Alexander (2001): Kommentierung zu § 22, in: Koch/Scheuing/Pache 2007.

Schäfer, Heinz-Günter (2005): Die neue Gefahrstoffverordnung, StoffR 2005, 35–40.

Scientific Committee on Emerging and Newly Identified Health Risks (SCENHIR) (2006): Opinion on the appropriateness of existing methodologies to assess the potential risks associated with engineered and adventitious products of nanotechnologies, SCENIHR/002/05 vom 10.03.2006.

Sieder, Frank/Zeitler, Herbert/Dahme, Heinz (2005): Wasserhaushaltgesetz – Abwasserabgabengesetz, Kommentar, München.

Umweltbundesamt (2006): Nanotechnik: Chancen und Risiken für Mensch und Umwelt, Hintergrundpapier, Dessau.

Verband der Chemischen Industrie e.V. (2006): Positionen und Empfehlungen des VCI zum Umgang mit Nano-Partikeln und nanoskaligen Stoffen unter rechtlichen Gesichtspunkten vom 01.02. 2006.

Working Group on Nano-Materials (2006): Doc JM/06/2006 zum „13th Joint Meeting of the competent authorities for the implementation of Directive 67/548/EEC (New Substances) and Council Regulation 793/93/EEC (Existing Substances)" vom 24.04.2006.

Nanopartikel und REACH

Zur Leistungsfähigkeit von REACH für die Bewältigung von Nano-Risiken

Wolfgang Köck

A. Einführung

I. Zum Begriffsverständnis

„Nanotechnologie ist ein Sammelbegriff für eine weite Palette von Technologien, die sich mit Strukturen und Prozessen auf der Nanometerskala befassen“ (TAB 2003: 1). Die Nanoskala erfasst Dimensionen, die kleiner als 100 Nanometer sind (< 100 nm) (SCENIHR 2006: 9; Claus/Lahl 2006: 1). Ein Nanometer ist ein Milliardstel Meter (10^{-9} m), eine für die Sinneswahrnehmung unvorstellbare Größenangabe. Zum Vergleich wird deshalb verschiedentlich darauf hingewiesen, dass der Durchmesser eines menschlichen Haares etwa 50.000 Nanometer beträgt bzw., dass sich ein Teilchen im nanoskaligen Format zur Größe eines Fußballs verhält wie dieser zur gesamten Weltkugel (Jaeckel 2008: 30).

Gemäß einer mittlerweile sehr verbreiteten Definition wird unter Nanotechnologie „die Herstellung, Untersuchung und Anwendung von Strukturen (Partikel,

Schichten, Röhren) in einer Dimension kleiner als 100 nm" verstanden (UBA 2006: 1).[1] Weitere wichtige Unterscheidungen in der Nano-Diskussion werden durch die Begriffe „Nanomaterialien" und „Nanopartikel" markiert. Während der Begriff der Nanomaterialien sowohl Partikel als auch Schichten, Röhren und Fullerene[2] im nanoskaligen Format erfasst, ist der Begriff des Nanopartikels auf Teilchen, d.h. Verbünde von einigen bis mehreren hundert Atomen oder Molekülen, beschränkt, die kleiner als 100 nm sind (Claus/Lahl 2006: 1). Nanopartikel können bewusst zur gezielten Herbeiführung neuer Eigenschaften hergestellt werden, dann sind sie das Ergebnis eines nanotechnologischen Prozesses (synthetische Nanopartikel). Nanopartikel können aber auch unwillkürlich als Nebenfolge insbesondere von Verbrennungsprozessen geschaffen werden. In diesem Zusammenhang wird zur Abgrenzung auch von Ultrafeinstäuben gesprochen (Krug/Kern/Diabaté 2004: 58 f.).

II. Chancen und Risiken der Nanotechnologie

Die Nanotechnologie gilt als zukunftsträchtig; von einer „Schlüsseltechnologie des 21. Jahrhunderts" (Krug/Kern/Diabaté 2004: 58) wird gesprochen. Das UBA schreibt in seinem Hintergrundpapier „Nanotechnik: Chancen und Risiken für Mensch und Umwelt" aus dem Jahre 2006, dass davon auszugehen ist, dass „die Nanotechnik in den kommenden Jahrzehnten die Industrie in wesentlichen Branchen – etwa in der Chemie, dem Automobilbau, der Elektronik, der optischen Industrie, den sog. Lebenswissenschaften oder der Umwelttechnik – stark beeinflussen wird und das Potenzial zur grundlegenden Veränderung ganzer Technikfelder besitzt" (UBA 2006: 2). Dabei hat die Zukunft schon begonnen; denn – so die EG-Kommission in ihrer Mitteilung „Nanowissenschaften und Nanotechnologien: Ein Aktionsplan für Europa 2005–2009" aus dem Jahre 2005: „Produkte auf der Grundlage von N&N[3] sind bereits in Gebrauch und Analysten erwarten ein Marktwachstum um Hunderte von Milliarden Euro noch in diesem Jahrzehnt" (EG-Kommission 2005: 2). Für den Standort Deutschland ist diese Schätzung besonders bedeutsam; denn Deutschland gehört im Bereich von Forschung und Entwicklung (F&E) der Nanotechnologie zu den führenden Ländern in der Welt (TAB 2003: 2). Lt. UBA gab es in Deutschland im Jahre 2006 550 Unternehmen mit rund 50.000 Beschäftigten, die im Bereich Nanotechnik tätig waren (UBA 2006: 2). Ähnlich eindrucksvoll erscheinen die Quoten im Forschungsbereich: im Jahre 2002

---

1 Das UBA lehnt sich an die Definition des Büros für Technikfolgenabschätzung des Deutschen Bundestages (TAB) an. Ähnlich auch die Arbeitsdefinition des „Scientific Committee on Emerging and Newly Identified Health Risks" (SCENIHR), einem Expertengremium der EG-Kommission, das sich am Begriffsverständnis der British Standards Institution (BSI 2005) orientiert: „Nanotechnology: the design, characterization, production and application of structures, devices and systems by controlling shape and size at the nanoscale"; (SCENIHR 2006: 9)

2 Komplexe organische Moleküle (Kohlenstoffverbindungen).

3 Abkürzung für: Nanowissenschaften und Nanotechnologien.

entfielen mehr als die Hälfte der öffentlichen Mittel, die im EU-Raum für die Nanotechnologie bereitgestellt wurden, auf deutsche Einrichtungen (TAB 2003: 3).

Bereits am Markt verfügbar sind lt. Angaben des UBA-Hintergrundpapiers u.a (UBA 2006: 7):

- im Bereich der Chemie: anorganische Nanopartikel, Carbon Black, Polymerdispersionen, Oberflächenveredelung oder „Easy-to-Clean-Schichten“,
- im Bereich des Automobilbaus: Reifenfüllstoffe, Komponenten mit Hartschichten, Antireflexschichten, kratzfeste Lacke,
- im Bereich der Lebenswissenschaften: Biochips und Sonnenschutzmittel,
- im Bereich der Umwelttechnik: Membranen zur Abwasserbehandlung

Darüber hinaus steht die Marktreife für eine ganze Reihe von Produkten bevor (UBA 2006: 7). Die größte wirtschaftliche Bedeutung kommt gegenwärtig noch den anorganischen Nanopartikeln zu, insbesondere Siliziumdioxid, Ceroxid, Titandioxid oder Aluminiumdioxid, die ihren Anwendungsschwerpunkt im Bereich der Elektronik, der Pharmazie, Medizin, Kosmetik sowie in der Chemie/Katalyse haben (UBA 2006: 5).

In seinem Hintergrundpapier weist das Umweltbundesamt zudem ganz besonders auch auf die Chancen der Nanotechnik für die Entlastung der Umwelt hin und führt eine Reihe von Beispielen für die Einsparung von Rohstoffen und Energie und – damit zusammenhängend auch – für die Verminderung des Schadstoffausstoßes an (UBA 2006: 8 ff.).

Nanopartikel und -materialien werden (im Wege des sog. „top-down“- oder „bottom-up“-Verfahrens)[4] bewusst hergestellt, weil das nanoskalige Format neue Material- und Stoffeigenschaften hat, die sich aus den „besonderen Oberflächen- und Grenzflächeneigenschaften“ kleinster Formate ergeben (UBA 2006: 2). Elektrisch isolierende Stoffe können im nanoskaligen Format plötzlich leitend werden, metallische Stoffe können im nanoskaligen Format fluoreszieren, farbig oder durchsichtig werden, usw. (Krug/Kern/Diabaté 2004: 60 f.). Eigenschaften wie diese sind erwünscht, weil sie neue Nutzanwendungen ermöglichen. Neue erwünschte Eigenschaften können aber auch unerwünschte Nebenwirkungen haben; denn wenn ein Partikel im nanoskaligen Format neue Eigenschaften aufweist, kann sich „möglicherweise auch ihr Verhalten in der Umwelt oder in lebenden Organismen verändern“ (Krug/Kern/Diabaté 2004: 61) und damit Risiken für Mensch oder Umwelt erzeugen. Insbesondere für Nanopartikel, die nicht in festen Schichten einge-

---

4 Der „top-down“-Ansatz dominiert vor allem in der Physik und physikalischen Technik: „Hier werden von der Mikrotechnik ausgehend Strukturen und Komponenten immer weiter miniaturisiert“ Beim „bottom-up“-Ansatz, der im Wesentlichen durch die Chemie und die Biologie repräsentiert wird, werden „immer komplexere Strukturen gezielt aus atomaren bzw. molekularen Bausteinen aufgebaut“ (TAB 2003: 1; näher dazu Wendorff in diesem Band S. 3 ff.).

bunden sind, sondern als freie Teilchen eingesetzt und daher Mensch und Umwelt exponieren können, bedarf es daher eines spezifischen Hinschauens, weil die Stoffinformationen, die für größerskalige Formate generiert worden sind, möglicherweise keine zuverlässigen Abschätzungen erlauben (SCENIHR 2006: 58 ff.). Erste Untersuchungen haben ergeben, dass Nanopartikel in der Lage sind, biologische Barrieren (Blut-Hirn-Schranke; Lipid-Doppelmembranen) zu durchdringen (UBA 2006: 14) und so „in Zellorganellen wie die Mitochondrien oder den Zellkern einzudringen. Dies kann oxidativen Stress oder DNA-Schädigungen verursachen" (BAFU/BAG 2007: 12). Darüber hinaus gibt es aus der Befassung mit den Feinstäuben und den Ultrafeinstäuben Hinweise darauf, dass „Partikel mit abnehmender Größe immer toxischer (werden), da ihre Oberfläche katalytisch wirksam ist und unerwünschte Reaktionen auslöst" (Krug/Kern/Diabaté 2004: 59). Deshalb war in der gesellschaftlichen und politischen Debatte um die Nanotechnik im Grundsätzlichen schnell Einvernehmen darüber hergestellt, dass nicht nur die Nutzenseite, sondern auch die Risikoseite zu betrachten ist, um zu gewährleisten, dass nur gemeinwohlverträgliche, d.h. den Gesundheits- und Umweltschutz achtende Anwendungen der Nanotechnologie erfolgen (EG-Kommission 2005: 11).

III. Überblick

Im Folgenden wird nach der öffentlichrechtlichen Risikosteuerung der Nanotechnologie gefragt (siehe unten B.I.) und der Beitrag bereits bestehender rechtlich verfasster Risikokontrollsysteme zur Erfassung, Abschätzung und ggf. Beherrschung von Risiken für Mensch und Umwelt, die aus der Nutzung synthetischer Nanopartikel resultieren, untersucht (siehe unten B.II.). Im Zentrum steht dabei die Frage nach der Leistungsfähigkeit des Rechts der Chemikalienkontrolle unter dem neuen Regime der gemeinschaftsrechtlichen REACH-Verordnung (siehe unten C.). In einer vorläufigen Bewertung werden die Ergebnisse zusammengetragen und wird zu der Frage Stellung genommen, ob es sich empfiehlt, die Besonderheiten der Nanotechnik in einem eigenen Gesetz zusammenzufassen (siehe unten D.)

B. Öffentlichrechtliche Risikokontrolle der Nanotechnologie

I. Grundlagen

Der Schutz vor Gesundheits- und/oder Umweltschäden durch Anwendungen neuer Techniken und Produkte ist in einer freiheitlichen Gesellschaftsordnung strukturell in gewisser Weise defizitär, weil die Sozialnützlichkeit neuer Anwendungen zunächst vermutet wird: Die Einführung neuer Technologien und Produkte steht insbesondere nicht unter Gesetzesvorbehalt, bedarf also keiner vorherigen Zustimmung des demokratischen Gesetzgebers (Köck 2005: 86; Kloepfer 1993: 755). Umgekehrt ist der Staat auf rechtfertigende Gründe angewiesen, wenn er die Inverkehrgabe neuer Produkte und die Anwendung neuer Techniken beschränken will. Rechtfertigende Gründe ergeben sich traditionell im Wesentlichen aus dem Wissen über Risiken. Infolge der zwischenzeitlichen Anerkennung des Vorsorgeprinzips (EG-Kommission 2000) reicht mittlerweile aber auch bereits ein begründeter Verdacht über Risiken für Mensch oder Umwelt zur Legitimation von Eingriffen aus (Köck 2005: 85 ff.; Scherzberg in diesem Band: S. 219, 221 f.). Die Ermächtigungen, die sich aus dem Vorsorgeprinzip ergeben, können weit reichen, wie insbesondere der Umgang mit der Gentechnologie gezeigt hat, wo der Gesetzgeber von einem hypothetischen Risiko ausgegangen ist und dies zum Anlass genommen hat, die Arbeit mit GVO sowie die Freisetzung und die Inverkehrgabe von GVO unter Zulassungspflicht zu stellen.

Risikowissensgenerierung vollzieht sich nicht in gleichem Maße wie die Generierung von anwendungsbezogenem Technikwissen. Deshalb läuft das Risikowissen der Technikentwicklung strukturell hinterher. Eine wichtige Aufgabe staatlicher Risikovorsorge besteht daher darin, dafür Sorge zu tragen, dass Risikowissen generiert wird. Dies kann durch staatliche Förderung einer technikbezogenen Risikoforschung geschehen, wie dies auch bei der Nanotechnik der Fall ist,[5] oder mittels Durchführung spezifischer öffentlicher Testprogramme, die gegenwärtig für wichtige Nano-Anwendungen aufgelegt worden sind,[6] wird aber bei den stets knappen öffentlichen Mitteln insbesondere durch entsprechende Verpflichtungen der Produzenten zu erfolgen haben. Diesbezüglich ist zunächst einmal auf die Produzentenverantwortung als Konsequenz der Privatautonomie zu verweisen (Köck 2003: 61), die sich in allgemeinen und spezifischen Haftungsregeln niedergeschlagen hat, Entwicklungsrisiken aber grundsätzlich nicht erfasst und insgesamt nicht gewährleisten kann, dass ex ante, also vor Inverkehrgabe bzw. Anwendung neuer Produkte und Techniken, stets ein angemessenes Risikowissen verfügbar ist (Köck 1999: 129 ff.). Demgemäß ist die Produzentenverantwortung vielfach durch sukzessive etablierte öffentlichrechtlich verfasste Risikokontrollsysteme überlagert (Köck/Kern 2006: 281), die ex ante ansetzen und vom Produzenten/Betreiber vor der Inverkehrgabe bzw. vor der Inbetriebnahme die Vorlage von Unterlagen verlangen, die eine Abschätzung des Risikos ermöglichen. In ausgeprägter Weise zeigt sich dies in Gefahrstoff bezogenen Produktsicherheitsregimen, wie etwa der Arzneimittelkontrolle (Köck 2003a), der Pestizidkontrolle (Köck 2000) oder der GVO-Kontrolle (Appel 2006; Scherzberg/Meyer 2006), die allesamt mit präventiven Verboten mit Erlaubnisvorbehalt arbeiten, ein hohes Sicherheits-

5 Beispielhaft sei für Deutschland auf den BMBF-Forschungsverbund „NanoCare“ verwiesen, dessen Budget allerdings weit hinter dem entsprechenden BMBF-Budget für die Weiterentwicklung der Nanotechnik zurückfällt. Auch auf der Ebene der EU sind seit dem sechsten Forschungsrahmenprogramm Gelder für die Risikoforschung der Nanotechnik eingestellt (NanoSafe 1 und 2) (vgl. BMU 2006: 3).

6 Auf der Ebene der OECD hat die „Working Party on Manufactured Nanomaterials (WPMN)“ kürzlich eine „List of Manufactured Nanomaterials and List of Endpoints for Phase One of the OEDC Testing Programme“ vorgelegt; vgl. OECD 2008.

niveau vorschreiben und den Produzenten durch entsprechende Unterlageneinreichung zum Nachweis der Unbedenklichkeit ihrer Produkte verpflichten (Köck 2003: 69 ff.).

Insgesamt zurückhaltender ist der Gesetzgeber bislang im Bereich der allgemeinen Chemikalienkontrolle gewesen (Rehbinder 2003; Köck 1999a). Hier konnte sich der Gesetzgeber aus unterschiedlichen Gründen nicht für ein generelles Zulassungsverfahren entscheiden,[7] das allgemeine Grundwissen über die Zusammenhänge von Stofffreisetzung, Exposition und Wirkung rechtfertigte aber die Auferlegung allgemeiner Stoffprüfungspflichten im Rahmen eines Anmeldeverfahrens (Köck 2003: 55 f.). Die Risikowissensgenerierung durch Etablierung einer Stoffprüfungspflicht gehört zu den wesentlichen Zwecken der Chemikalienkontrolle (Di Fabio 1994: 142 f.).

II. Kein Nanotechnologiegesetz – Verarbeitung des Nanorisikos durch bestehende Risikokontrollsysteme

Die Produktion, Inverkehrgabe, Nutzung und ggf. Freisetzung von Nanopartikeln unterliegt keiner spezifisch auf diese Stoffe zugeschnittenen öffentlichrechtlichen Risikokontrolle (Gantzer 2004: 175; Scherzberg/Meyer 2006: 97 f.; Beyerlein 2006; van Calster 2006: 239). Das Fehlen *spezifischer* Kontrollregime ist aber nicht gleichbedeutend mit dem Fehlen öffentlichrechtlicher Kontrolle im Ganzen (van Calster 2006: 239 ff.). Allgemeine Risikokontrollsysteme, wie etwa das Kontrollsystem zur Zulassung von Industrieanlagen oder das Kontrollsystem zur Registrierung von Industriechemikalien erfassen auch Nanopartikel, weil Nanopartikel, die aus Anlagen freigesetzt werden, Luftverunreinigungen im Sinne des Immissionsschutzrechts sind (§ 3 BImSchG) (Hofmann in diesem Band S. 201, 202 ff.), und Nanopartikel, die zur Inverkehrgabe bestimmt sind, Stoffe im Sinne des Chemikalienrechts sind (Art. 3 Nr. 1 REACH-VO) (Beyerlein 2006: 197; Führ et.al. 2006: 19 ff.) (siehe unten C.I.2.). Soweit Nanopartikel in Arzneimitteln oder in Kosmetika Verwendung finden, unterliegen sie den jeweiligen produktrechtlichen Regelungen, die für den Bereich der EU mittlerweile europäisch harmonisiert sind und zudem in vielerlei Hinsicht international abgestimmten Prüfregeln folgen.

7 An dieser Bewertung hat sich auch für die neue Chemikalienkontrolle nach der REACH-VO nichts verändert; lediglich für besonders besorgniserregende Stoffe ist nunmehr ein Zulassungsverfahren etabliert worden (Art. 55 ff. REACH-VO) (dazu näher: Köck 2008: 133 ff.).

C. Die Bedeutung der Chemikalienkontrolle für die Risikoabwehr synthetischer Nanopartikel

I. Generierung von Risikowissen für synthetische Nanopartikel durch chemikalienrechtliche Stoffprüfung

1. Kontrollinstrumente der REACH-Verordnung

Die Chemikalienkontrolle in der EU, die durch die REACH-Verordnung vom 18. Dezember 2006[8] grundlegend novelliert worden ist und deren zentrale Elemente am 1. Juni 2008 in Kraft getreten sind (Art. 141 Nr. 2 REACH-VO), soll gewährleisten, dass Hersteller, Importeure und nachgeschaltete Anwender sicherstellen, nur solche Stoffe herzustellen, in den Verkehr zu bringen und zu verwenden, die die menschliche Gesundheit oder die Umwelt nicht nachteilig beeinflussen (Art. 1 REACH-VO). Für die Risikobeurteilung kommt es nicht auf die Gefährlichkeit eines Stoffes, sondern die Auswirkung auf Mensch bzw. Umwelt an (Rehbinder 2007: 786 f.). Schädliche Auswirkungen können Nanopartikel nur haben, wenn sie in der Lage sind, Mensch bzw. Umwelt zu exponieren, nicht hingegen, wenn sie fest in Schichten gebunden sind.

Zentrale Kontrollinstrumente der REACH-VO sind:

- Die *Registrierung*, deren Hauptzweck die Generierung von Risikoinformationen als Ausgangspunkt für die Einstufung, für die Erstellung des Stoffsicherheitsberichts, für die Risikobewertung und ggf. für Risikomanagementmaßnahmen ist (Art. 5 ff. REACH-VO). Die Registrierung ist nunmehr nicht nur für neu in den Verkehr gegebene Stoffe, sondern auch für die sog. „Altstoffe" (die von der REACH-VO „Phase-in-Stoffe" genannt werden)[9] durchzuführen. Für „Phase-in-Stoffe" gelten allerdings besondere Übergangsregelungen (Art. 23 REACH-VO). Wichtigstes Teilelement der Registrierung ist die Stoffprüfung (Art. 10 lit. a REACH-VO), deren Anforderungen im Einzelnen in den Anhängen VII bis XI der REACH-VO niedergelegt sind.
- Die (amtliche) *Stoffbewertung* (Art. 44 ff. REACH-VO) als wichtiger Ausgangspunkt für die Identifizierung zulassungspflichtiger Stoffe und als Ausgangspunkt für die behördliche Verfügung von Risikomanagementmaßnahmen. Davon zu unterscheiden ist die eigenständige Beurteilung, die der Registrant gem. Art. 14 REACH-VO vorzunehmen hat. Mit Blick auf die Wahrnehmung der Eigenverantwortung des Produzenten ist das *Sicherheitsdatenblatt*, das in der Lieferkette weiterzugeben ist (Art. 31 REACH-VO), ein zentrales Instrument der Sicherheitsgewährleistung (Fluck/Wintterle 2006; Fischer 2007: 861 f.) (siehe unten II.).

---

8 Verordnung (EG) Nr. 1907/2006, ABl. Nr. L 396 v. 30.12.2006, S. 1.

9 Phase-in-Stoff ist u.a. jeder Stoff, der im Altstoffverzeichnis EINECS aufgeführt ist (Art. 3 Nr. 20 lit. a REACH-VO).

- Die *Zulassungspflicht* für besonders besorgniserregende Stoffe (Art. 55 ff. REACH-VO) (siehe unten III.).
- Die *Stoffbeschränkung* (Art. 67 ff. REACH-VO).

2. Stoffbegriff der REACH-Verordnung

Nanopartikel werden in der REACH-VO zwar nicht explizit angesprochen, erfüllen aber die Anforderungen an den Stoffbegriff der REACH-VO (Art. 3 Nr. 1) und unterliegen damit grundsätzlich der Registrierungspflicht. Weitgehend ausgeschlossen ist die Anwendung der REACH-VO lediglich für Stoffverwendungen in Arzneimitteln, Lebensmitteln und Futtermitteln (Art. 2 REACH-VO), weil insoweit die bereits erwähnten spezifischen Kontrollregime gelten (siehe oben B. II.).

Gem. Art. 2 Nr. 1 REACH-VO ist ein Stoff im chemikalienrechtlichen Sinne ein „chemisches Element und seine Verbindungen in natürlicher Form oder gewonnen durch ein Herstellungsverfahren, einschließlich der zur Wahrung seiner Form notwendigen Zusatzstoffe und der durch das angewandte Verfahren bedingten Verunreinigungen (...)". Weitere Differenzierungen enthält der Stoffbegriff nicht, insbesondere ist der Begriff mit Blick auf die Größe indifferent. Diese Begriffsweite entspricht dem chemischen Sprachgebrauch, der „unter einem Stoff ein chemisches Individuum (versteht), das nur aus Molekülen ein und derselben Struktur oder nur aus gleichen Atomen aufgebaut ist und dessen chemische Eigenschaften unabhängig von seiner Größe und Gestalt sind" (Rehbinder/Kayser/Klein 1985: zu § 3 ChemG, Rn. 7).[10] Die Chemie geht davon aus, dass diese chemischen Eigenschaften „für den Stoff charakteristisch und gleichbleibend" sind und dass „jeder Stoff nur ihm eigene physikalische Eigenschaften wie Schmelzpunkt, Viskosität usw. (besitzt)" (Rehbinder/Kayser/Klein 1985: ebenda).

Da das nanoskalige Format gerade dadurch charakterisiert ist, dass es neue Eigenschaften hervorbringt, die es auf einer größerskaligen Ebene nicht (mehr) hat (siehe oben A. II.), wird in Expertenkreisen (Royal Society 2004: 71) und auch in der juristischen Literatur (Führ et.al. 2006: 21) gelegentlich gefordert, Nanopartikel aufgrund ihrer neuartigen Eigenschaften als neue Stoffe zu qualifizieren, auch wenn der Ausgangsstoff, der bisher nur in größerskaligem Format in Verkehr gegeben worden ist, bereits registriert ist (Jaeckel 2008: 38). Eine solche Neuinterpretation erscheint de lege lata allerdings nur schwer möglich. Darüber hinaus ist fraglich, ob damit wirklich etwas für die Sicherheit gewonnen wäre, weil bestimmte Tests und insbesondere auch bestimmte Informationspflichten in der Lieferkette (Sicherheitsdatenblatt) erst nach Überschreiten bestimmter Mengenschwellen fällig werden, so dass eine Qualifizierung von Nanopartikeln als eigen-

10 Die Begriffsbestimmung der REACH-VO entspricht der Begriffsbestimmung in § 3 Nr. 1 des deutschen Chemikaliengesetzes.

ständige neue Stoffe u.U. die Pflichtenlage zugunsten des Registranten verändern würden.

Als Zwischenergebnis bleibt zunächst festzuhalten, dass Nanopartikel unter den Stoffbegriff fallen und damit nach Maßgabe der REACH-VO registrierungspflichtig sind. Da für registrierungspflichtige Stoffe eine Stoffprüfung vorzunehmen ist, könnte das Registrierungsverfahren ein geeignetes Trägerverfahren zur Ermittlung, Bewertung und Beherrschung der Risiken synthetischer Nanopartikel sein. Der Wert des Registrierungsverfahrens für die Bewältigung möglicher Nanorisiken hängt allerdings von den spezifischen Inhalten der Registrierungspflicht ab (siehe unten 3.)

3. Abgestufte Registrierungspflichten

Der Registrierungspflicht unterliegen alle Stoffe, die in Jahresmengen von einer oder mehr Tonnen in den Verkehr gegeben werden.[11] Der Umfang der Stoffprüfung ist mengenabhängig differenziert:

- ab 1 Jato: eingeschränkte Prüfung, Art. 10 lit. a)
- ab 10 Jato: Grundprüfung (Art. 12 Nr. 1 lit c) und Stoffsicherheitsbericht (Art. 14)
- ab 100 Jato: Zusatzprüfung (Art. 12 Nr. 1 lit. d)
- ab 1000 Jato: Zusatzprüfung II (Art. 12 Nr. 1 lit. e).

Für sog. „Phase-In"-Stoffe gewährt Art. 23 REACH-VO großzügige Übergangsfristen. So ist die Registrierung für kleinvolumige Stoffe (= 1–100 Ja/to) erst zum 1. Juni 2018 vorgeschrieben (Art. 23 Nr. 3 REACH-VO).

Aus der Registrierungspflicht werden sich nur geringe Erträge für die Generierung nanospezifischer Risikoinformationen ergeben, weil die Grundprüfung und die Pflicht zur Erarbeitung eines Stoffsicherheitsberichts erst bei einer Jahresmenge von 10 Jato einsetzt (Art. 14 REACH-VO) und weil die Basistests im Bereich der gegenwärtigen Stoffprüfungspflichten auf die Besonderheiten der nano-skaligen Erscheinungsweise noch nicht ausreichend eingestellt sind. Bemängelt wird von Experten insbesondere, dass in den Basistests der Chemikalienkontrolle (anders als im Bereich der Arzneimittelkontrolle) Untersuchungen zur Stoffcharakteristik → Kinetik nicht vorgesehen sind (BAFU/BAG 2007: 15), obwohl die Kinetik bei Nanopartikeln von besonderer Bedeutung ist.

---

11 Darin liegt eine „Verschlechterung" gegenüber der bisherigen Anmeldepflicht auf der Grundlage der sechsten Änderungsrichtlinie zur RL 67/548/EG v. 18.9.1979, die eine eingeschränkte Basisprüfung schon für eine Jahresmenge von 10 kg vorsah. Diese Verpflichtung erfasste allerdings nur Neustoffe, während nach der REACH-VO Alt- und Neustoffe gleichbehandelt werden.

Diese Defizite setzen sich im Bereich der Risikobeurteilung / Risikobewertung fort. So ist festgestellt worden, dass gegenwärtig noch keine internationalen Standards für Messmethoden und für die Expositionsbestimmung gegenüber Nanopartikeln existieren (BAFU/BAG 2007: 14). Hinsichtlich der Risikobeurteilung wird von Experten übereinstimmend darauf hingewiesen, dass bei frei schwebenden Nanopartikeln neue Parameter, wie insbesondere Oberflächen-Volumen-Verhältnisse berücksichtigt werden müssen und die aus der Risikobeurteilung bekannten Massenkonzentrationen nur unzureichend Aufschlüsse über mögliche schädliche Auswirkungen geben (SCENIHR 2006: 59; BAFU/BAG 2007: 14 f.). Ob die festgelegten Konzentrationswerte, z.B. die Grenzwerte gemäß Art. 14 Abs. 2 REACH-VO, deren Einhaltung eine Stoffsicherheitsbeurteilung entbehrlich macht, vor diesem Hintergrund noch angemessen sind, bedarf der Klärung. Dieses wird Zeit in Anspruch nehmen; denn Methoden und fachliche Maßstäbe einer nanospezifischen Risikobewertung sind gegenwärtig noch nicht verfügbar. Auch die Verabschiedung eines spezifischen Nanotechnologiegesetzes könnte an diesem Befund zunächst einmal nichts ändern.

4. Zwischenfazit

Der allgemeine Regelungsansatz der europäischen Chemikalienkontrolle erfasst zwar grundsätzlich auch die nano-skaligen Stoffe, passt jedoch gleichwohl nicht recht auf die Besonderheit dieser Stoffe. Dies liegt zum einen daran, dass das Kontrollregime einer „Mengenphilosophie“ verpflichtet ist und präventive Produzenten- bzw. Importeurspflichten, insbesondere die für die Generierung von Risikowissen wichtigen Stoffprüfungspflichten, von der Überschreitung bestimmter Gewichts-/Mengenschwellen (ab 1 Jahrestonne) abhängig macht, die möglicherweise auf die üblichen Mengen der Inverkehrgabe von Nanopartikeln nicht zugeschnitten sind. Wichtiger noch für die Einschätzung der mangelnden Passfähigkeit ist ein zweiter Grund: Die Nanoforschung hat klar herausgearbeitet, dass nano-skalige Formate besondere Eigenschaften hervorbringen, die derselbe Stoff in einem größeren Format nicht aufweist. Dieses Wissen könnte die Annahme stützen, dass die chemikalienrechtliche Stoffprüfung mit Blick auf nano-skalige Stoffe ihre Zwecke nicht angemessen erfüllen kann. Die chemikalienrechtliche Stoffprüfung dient dazu, Basisinformationen zu generieren, die elementare Eingangsdaten für die anschließende Stoffsicherheitsbeurteilung bereitstellen. Ist die Stoffprüfung nicht in der Lage, die Besonderheiten nanoskaliger Formate anzuzeigen, besteht die Gefahr, dass auch die hierauf aufbauende Stoffsicherheitsbeurteilung ins Leere läuft. Von Expertenseite ist insoweit Nachbesserungsbedarf angezeigt worden. Einschlägige Fachgremien unterschiedlicher Institutionen befassen sich gegenwärtig mit der Entwicklung spezifischer Tests, Methoden und Bewertungsmaßstäbe.

II. Weitere chemikalienrechtliche Pflichten zur Generierung von Risikowissen unter REACH

Die REACH-VO setzt nicht mehr ausschließlich auf öffentlichrechtliche Risikoentscheidungen, sondern wählt einen mehrspurigen Ansatz, der sowohl Elemente der „kontrollierten Eigenverantwortung" (Art. 1 Nr. 3 REACH-VO), als auch Elemente behördlicher Risikosteuerung umfasst. Von besonderer Bedeutung für die Wahrnehmung der Eigenverantwortung sind die Stoffsicherheitsbeurteilung, die der Produzent gem. Art. 14 REACH-VO durchzuführen hat, sowie die Informationspflichten in der Lieferkette (Art. 31 ff. REACH-VO).

1. Pflichten in der Lieferkette

Die REACH-VO verpflichtet den Produzenten und jeden Lieferanten in der Lieferkette der weiteren Wertschöpfung dazu, Informationen weiterzugeben, die einen sicheren Umgang mit den Stoffen gewährleisten sollen (Art. 31 ff. und 37 ff. REACH-VO). Solche Informationen beziehen sich u.a. auf die Verwendungen, die der Produzent vorgesehen hat, und auch auf die Verwendungen, von denen abgeraten wird (Anhang VI Nr. 3.7 i.V.m. Art. 10 lit. a REACH-VO). Nachgeschaltete Anwender haben die Möglichkeit, dem Produzenten neue Verwendungen mitzuteilen, um zu erreichen, dass diese Verwendungen zu „identifizierten Verwendungen" werden (Art. 37 Nr. 2 REACH-VO). In diesem Falle muss der Produzent die mitgeteilte Verwendung in seiner Stoffsicherheitsbeurteilung (Art. 14 REACH-VO) berücksichtigen und die zuständige Behörde darüber informieren, wenn er aufgrund seiner Beurteilung die mitgeteilte Verwendung nicht als „identifizierte Verwendung" einbeziehen will (Art. 37 Nr. 3 UAbs. 3 REACH-VO).

Soweit nachgeschaltete Anwender einen gelieferten Stoff nicht entsprechend der „identifizierten Verwendungen" nutzen oder Verwendungen vornehmen, von denen der Lieferant abrät, ist unter bestimmten Voraussetzungen, insbesondere bei Überschreiten bestimmter Mengenschwellen, eine eigene Stoffsicherheitsbeurteilung durchzuführen (Art. 37 Nr. 4 REACH-VO). Die Verpflichtung entfällt allerdings u.a., wenn die Konzentration des Stoffes in einer Zubereitung niedriger als einer der Werte nach Art. 14 Abs. 2 ist (Art. 37 Nr. 4 lit. e REACH-VO).

Die REACH-VO verpflichtet zu einer Reihe von Informationen, die der Produzent bzw. der Lieferant in der Lieferkette zur Verfügung stellen muss (Fluck 2007: 62 ff.). Bedeutsam ist in diesem Zusammenhang neben der Stoffsicherheitsbeurteilung insbesondere das Sicherheitsdatenblatt, das zur Weitergabe an Abnehmer in der Lieferkette bestimmt ist und unter den Voraussetzungen des Art. 31 Abs. 1 REACH-VO vom Lieferanten zur Verfügung zu stellen ist. Soweit ein Sicherheitsdatenblatt nicht zur Verfügung gestellt werden muss, sind vom Lieferanten sonstige verfügbare und sachdienliche Informationen („Sicherheitsinformationen") (Fluck 2007: 65 f.) zu geben und fortlaufend zu aktualisieren (Art. 32 Nr. 1 lit. d und Art. 32 Nr. 3 REACH-VO).

Informationspflichten bestehen nicht nur in der Richtung Lieferant – nachgeschalteter Verwender, sondern auch in der Gegenrichtung. Vorgeschaltete Akteure in der Lieferkette sind vom nachgeschalteten Verwender über gefährliche Eigenschaften, unabhängig von den betroffenen Verwendungen zu informieren. Mit Blick auf „identifizierte Verwendungen" sind alle Informationen zur Verfügung zu stellen, die die Eignung der in einem übermittelten Sicherheitsdatenblatt angegebenen Risikomanagementmaßnahmen in Frage stellen können (Art. 34 REACH-VO).

Ohne Zweifel können die skizzierten Informationspflichten dazu beitragen, dass in der Lieferkette über bekannte Risiken aufgeklärt und nicht intendierte Verwendungen transparent gemacht werden. Sicherheitsbeurteilungen des Produzenten bzw. des nachgeschalteten Anwenders sind allerdings nur unter bestimmten Voraussetzungen vorgeschrieben, wobei die Überschreitung der 10 Jato-Menge eine zentrale Voraussetzung ist. Unabhängig davon hängt die Sicherheitsbeurteilung des Produzenten bzw. Anwenders von der Qualität und Passfähigkeit der Ausgangsdaten ab. Diese werden aber durch die Stoffprüfungspflicht determiniert. Defizite in der Stoffprüfung werden sich deshalb auch in der Sicherheitsbeurteilung niederschlagen. Darüber hinaus wird man davon ausgehen müssen, dass die Informationspflichten in der Lieferkette für das Spezialproblem der Identifizierung, Abschätzung und Beherrschung von Nanorisiken nur geringe Erträge bringen kann. Diesbezüglich sind in erster Linie die zuständigen Behörden gefordert. Demgemäß soll im Folgenden auf Aktualisierungspflichten des Registranten gegenüber den Behörden (siehe unten 2.) und auf die Aufgaben der amtlichen Stoffbewertung (siehe unten 3.) eingegangen werden.

2. Aktualisierungspflichten des Registranten gegenüber Behörden

Gem. Art. 22 REACH-VO ist der Registrant auch nach der Registrierung verpflichtet, seine Registrierung unverzüglich anhand der einschlägigen neuen Informationen zu aktualisieren und diese Daten der Behörde u.a. bei neuen Erkenntnissen über die Risiken registrierter Stoffe zu übermitteln (Art. 22 Nr. 1 lit. e REACH-VO). Eine Pflicht zur Risikoforschung ist damit nicht etabliert. Auch wird durch diese Normen keine systematische Stoffbeobachtungspflicht etabliert, die über die allgemeine Produktbeobachtungspflicht im Rahmen der Produzentenhaftung hinausgeht. Insofern werden auch von dieser Verpflichtung vermutlich nur geringe Impulse für die Identifizierung von Nanorisiken ausgehen.

Interessanter dürfte daher die Pflicht des Registranten sein, der Behörde neue identifizierte Verwendungen bzw. neue Verwendungen, von denen abgeraten worden ist, mitzuteilen (Art. 22 Abs. 1 lit d REACH-VO), weil durch diese Mitteilungspflicht die Behörde sensibilisiert und in die Lage versetzt wird, spezifische Nachforschungen anzustellen bzw. gegenüber dem Registranten zu verfügen.

3. Amtliche Stoffbewertung

Die REACH-Verordnung unterscheidet zwischen der amtlichen Stoffbewertung und der Sicherheitsbeurteilung, die der Registrant eigenständig auf der Grundlage von Art. 14 REACH-VO nach den Vorgaben des Anhangs I vorzunehmen hat. Die Sicherheitsbeurteilung des Registranten ist ein Eckpunkt des Grundsatzes der „kontrollierten Eigenverantwortung". „Kontrolliert" deshalb, weil die Behörde das Registrierungsdossier zu bewerten hat (Art. 40 ff. REACH-VO). Die behördlichen Arbeitskapazitäten, die durch die Sicherheitsbeurteilung des Registranten gewonnen bzw. eingespart werden, versetzen die Behörde in die Lage, die amtliche Stoffbewertung auf „prioritäre Stoffe" zu konzentrieren (Art. 44 ff. REACH-VO), um Entscheidungen über die Zulassungspflichtigkeit bestimmter Stoffe bzw. über Beschränkungsmaßnahmen vorzubereiten.

Art. 44 REACH-VO schreibt vor, dass die Priorisierung nach einem „risikoorientierten Konzept" zu erfolgen hat. Ob die Voraussetzung der Risikoorientierung die Behörde wegen der Ungewissheit des Risikos daran hindert, sich gezielt und vorrangig mit Stoffen zu befassen, die (auch) als synthetische Nanopartikel vermarktet werden, lässt sich nicht eindeutig beantworten. Hier wird man den Behörden aber wohl einen Ermessensspielraum zuzubilligen haben, der durch ein Bewertungskonzept ausgefüllt werden kann, das Ausgangsstoffe für die gegenwärtig bereits praktizierten Nanoanwendungen als vorrangig qualifiziert.

Im Rahmen der amtlichen Stoffbewertung stehen der Behörde Befugnisse zu, vom Registranten weitere Informationen zu verlangen, soweit diese für die Bewertung erforderlich sind (Art. 46 REACH-VO).

III. Chemikalienrechtliche Zulassungspflicht für synthetische Nanopartikel?

Neben der Registrierung und der amtlichen Bewertung von Stoffen bildet das Zulassungsverfahren die dritte Säule der grundlegend reformierten europäischen Chemikalienkontrolle (REACH-Konzept), die anders als die Registrierung (1981 eingeführt) und die Stoffbewertung (1993 eingeführt) allerdings nicht auf Vorläuferregelungen zurückblicken kann. Das Zulassungsverfahren ist das schärfste Schwert der Chemikalienkontrolle, weil es die Vermarktung zulassungsbedürftiger Stoffe von einem bestimmten Zeitpunkt an[12] an den vorherigen Nachweis der Zulassungsvoraussetzungen koppelt.

Der Zulassungspflicht unterliegen alle Stoffe, die in den Anhang XIV der REACH-VO aufgenommen worden sind (Art. 56 Abs. 1). Über die Aufnahme wird im Wege

12 Siehe zum Ablauftermin Art. 56 Abs. 1 lit. c iVm Art. 58 Abs. 1 lit. c i REACH-VO; siehe auch Köck 2008: 142.

der Durchführungsgesetzgebung in einem Komitologieverfahren[13] (hier: Regelungsverfahren mit Kontrolle, Art. 58 Abs. 1 i.V.m Art. 133 Abs. 4) auf der Grundlage einer Empfehlung der durch die REACH-VO neu errichteten Europäischen Agentur für chemische Stoffe (ECHA) (Art. 58 Abs. 3) entschieden.

Aufgenommen werden dürfen nur solche Stoffe, die spezifische Gefahreigenschaften aufweisen (Art. 57 REACH-VO). Sie müssen entweder

- krebserzeugend, erbgutverändernd oder fortpflanzungsgefährdend (sog. CMR-Stoffe), oder
- persistent, bioakkumulierbar und toxisch (sog. PBT-Stoffe) bzw.
- sehr persistent und sehr bioakkumulierbar (sog. vPvB-Stoffe) sein oder
- Eigenschaften haben, die ähnlich besorgniserregend sind.

Über die Zuordnung von Stoffen zu den sog. CMR-Stoffen ist gemäß den Einstufungskriterien der Gefahrstoff-RL zu entscheiden (Art. 57 lit. a bis c REACH-VO). Da in der REACH-VO insoweit nur auf die Kategorien 1 oder 2 verwiesen wird, sind Verdachtsstoffe an dieser Stelle nicht miterfasst. PBT-Stoffe und vPvB-Stoffe werden anhand der Kriterien des Anhangs XIII der REACH-VO identifiziert (Art. 57 lit. d und e), müssen also die dort niedergelegten Anforderungen erfüllen. Durch die Einbeziehung der Auffangkategorie der ähnlich besorgniserregenden Stoffe in Art. 57 lit. f) – die Regelung nennt insoweit beispielhaft Stoffe mit endokrinen Eigenschaften oder Stoffe mit persistenten, bioakkumulierbaren und toxischen Eigenschaften oder sehr persistenten und sehr bioakkumulierbaren Eigenschaften, die die Kriterien des Art. 57 lit. d und e) nicht erfüllen –, wird ein fachlicher Beurteilungsspielraum eröffnet, um Stoffe ebenfalls dem Zulassungsverfahren unterwerfen zu können, die „nach wissenschaftlichen Erkenntnissen wahrscheinlich schwerwiegende Wirkungen auf die menschliche Gesundheit oder auf die Umwelt haben, die ebenso besorgniserregend sind wie diejenigen anderer in den Buchstaben a bis e aufgeführter Stoffe". Hier ist insbesondere Raum für eine summarische Betrachtungsweise, aber auch für die Anwendung des Vorsorgeprinzips (Art. 1 Abs. 3 S. 2 REACH-VO). Durch den Rückbezug auf die wissenschaftlichen Erkenntnisse in Art. 57 lit. f REACH-VO wird zugleich sichergestellt, dass die Besorgnis sich auf Fakten zu stützen hat und nicht allein auf kulturellen Wahrnehmungen oder Spekulationen beruhen darf.

Das Verfahren der Identifizierung der in Art. 57 genannten Stoffe ist in Art. 59 REACH-VO geregelt. Von praktisch größter Wichtigkeit ist in diesem Zusammenhang die Erstellung einer sog. „Kandidatenliste" für die in den Anhang XIV aufzunehmenden Stoffe (Art. 59 Abs. 1 und 6–9 REACH-VO), weil schon von der Aufnahme in diese vorbereitende Liste voraussichtlich Wirkungen ausgehen werden.

---

13 Siehe dazu auch den Beschluss des Rates v. 28.6.1999 zur Festlegung der Modalitäten für die Ausübung der der Kommission übertragenen Durchführungsbefugnisse (1999/468/EG), ABlEU C 255/4.

Aus alldem ergibt sich, dass Stoffe in nanoskaligem Format nicht schon allein wegen ihrer nanoskaligen Erscheinungsweise besonders besorgniserregend sind. Insbesondere wird man sie nicht ohne weiteres der Auffangkategorie der Stoffe zuordnen können, die „ähnlich besorgniserregende Eigenschaften" haben. Soweit ein Stoff, der im Nanoformat vermarktet wird, im Einzelfall als besonders besorgniserregend zu qualifizieren ist, ergibt sich daraus noch nicht unmittelbar die Zulassungspflicht, weil dem zuständigen Entscheidungsträger ein Regelungsermessen bezüglich der Aufnahme eines Stoffes in die Liste des Anhangs XIV zusteht (Köck 2008: 141).

Als Zwischenfazit kann daher festgehalten werden, dass Stoffe, die im Nanoformat vermarktet werden, dem Zulassungserfordernis nur dann unterliegen, wenn ihre besondere Gefahreigenschaft (Art. 57 lit. a–f und Anhang XIII) feststeht und der Stoff in die Liste der zulassungsbedürftigen Stoffe aufgenommen worden ist.

D. Ergebnis und Fazit

Registrierung und Stoffprüfung leisten in ihrer gegenwärtigen Ausgestaltung keinen besonderen Beitrag zur Risikowissensgenerierung für Nanomaterialien. Die Defizite in der Stoffprüfung haben Auswirkungen sowohl auf die Sicherheitsbeurteilung durch die Registranten, als auch auf die amtliche Stoffbewertung, weil die Risikobewertung nur unvollkommen ausfallen kann, wenn das Programm der Stoffprüfung die Besonderheit nanoskaliger Formate nicht ausreichend erfasst. Die Informationspflichten in der Lieferkette und auch die Aktualisierungspflichten können die Defizite nicht adäquat kompensieren.

Das System der Chemikalienkontrolle gem. REACH-VO kann nur dann ein taugliches „Trägerverfahren" für die Wissensgenerierung und Regulierung der Risiken nano-skaliger Stoffe sein, wenn das System mit Blick auf die Besonderheiten nanoskaliger Formate ertüchtigt wird. Handlungsbedarf besteht im Bereich der Stoffprüfung (z. B. verpflichtende Untersuchungen zur Kinetik bei allen Stoffen, die im Nanoformat vermarktet werden), im Bereich der Kriterienbildung für die Risikobewertung (besondere Berücksichtigung von Oberflächen-Volumen-Verhältnisse) und im Bereich der Testmethoden für die Risikocharakterisierung. Hierfür bedarf es der Anpassung durch Durchführungsgesetzgebung oder sonstiger Standardbildung (Leitlinien, TGDs, RIPs; gute Laborpraxis etc.). Entsprechende Arbeitsprozesse auf EU- und OECD-Ebene sind bereits in Gang gesetzt.

Von einem eigenständigen Nanotechnologie-Gesetz werden kaum zusätzliche Impulse ausgehen können, die über die skizzierten Initiativen hinausgehen; denn auch ein Nanotechnologie-Gesetz wird nichts anderes als ein Querschnittsgesetz sein können, dessen konkrete Anforderungen ihren Niederschlag in unterschiedliche Produktrechte, in das allgemeine Stoffrecht und in das Anlagenrecht finden müssen.

E. Literaturverzeichnis

Appel, Ivo (2006): Risikoabwehr im Gentechnik- und Biotechnologierecht, in: Vieweg, Klaus (Hrsg.), Risiko-Recht, Verantwortung, Köln, S. 47–70.

Beyerlein, Thorsten (2006): Das „Nanotechnologie-Gesetz“?, in: StoffR 3, S. 196–201.

Bundesamt für Umwelt (BAFU) / Bundesamt für Gesundheit (BAG) (2007): Synthetische Nanomaterialien. Risikobeurteilung und Risikomanagement. Grundlagenbericht, Bern.

Büro für Technikfolgenabschätzung (TAB) (2003): Nanotechnologie, TAB-Arbeitsbericht Nr. 92.

Claus, Frank/Lahl, Uwe (2006): Synthetische Nanopartikel – Entwicklungschancen im Dialog, in: UWSF – Z Umweltchem Ökotox 18, S. 1–3.

Di Fabio, Udo (1994): Risikoentscheidungen im Rechtsstaat, Tübingen.

Fischer, Kristian (2007): REACH – das neue europäische Chemikalienrecht, in: Deutsches Verwaltungsblatt 122, S. 853–862.

Fluck, Jürgen (2007): REACH – Stoffinformationen in der Lieferkette, in: StoffR 4, S. 62–69.

Fluck, Jürgen/Wintterle, Markus (2006): Rechtsfragen des Sicherheitsdatenblatts, Berlin.

Führ, Martin/Hermann, Andreas/Merenyi, Stefanie/Moch, Katja/Möller, Martin (2006): Rechtsgutachten Nano-Technologien, im Auftrag des UBA – FKZ 363 01 108 – Abschlussbericht.

Gantzer, Jörg (2004): Nanotechnologie und gefahrenunabhängige Risikovorsorge im Immissionsschutzrecht, in: Verwaltungsblätter Baden-Württemberg, S. 174–177.

Hofmann, Ekkehard (2008): Nanopartikel und Dieselruß – die gegenwärtige Rechtslage zur Nano-Technologie, in diesem Band, S. 201 ff..

Jaeckel, Liv (2008): Gefahrenabwehrrecht und Risikodogmatik, Habilitationsschrift Leipzig (noch unveröffentlicht).

Kloepfer, Michael (1993): Technikverbot durch gesetzliches Unterlassen?, in: Badura, Peter / Scholz, Roman (Hrsg.), Wege und Verfahren des Verfassungslebens. Festschrift für Peter Lerche, München, S. 755–769.

Köck, Wolfgang (1999): Grundzüge des Risikomanagements im Umweltrecht, in: Bora, Alfons (Hrsg.), Rechtliches Risikomanagement. Form, Funktion und Leistungsfähigkeit des Rechts in der Risikogesellschaft, Berlin, S. 129–191.

– (1999a): Risikobewertung und Risikomanagement im deutschen und europäischen Chemikalienrecht. Problemanalyse und Reformperspektiven, in: Hansjürgens, Bernd (Hrsg.), Umweltrisikopolitik, Sonderheft 10 der Zeitschrift für angewandte Umweltforschung (ZAU), Berlin, S. 76–96.

– (2000): Maßstäbe der Risikobewertung im Umweltrecht, unter besonderer Berücksichtigung des Stoffrechts, Habilitationsschrift, Bremen 2000 (unveröffentlicht).

– (2003): Das System „Registration, Evaluation and Authorisation of Chemicals“ (REACh) – Rechtliche Bewertung am Maßstab des Gemeinschaftsrechts, in: Rengeling, Hans-Werner (Hrsg.), Umgestaltung des deutschen Chemikalienrechts durch europäische Chemikalienpolitik, Köln, S. 37–83.

– (2003a): Risikoverwaltung und Risikoverwaltungsrecht – Das Beispiel des Arzneimittelrechts, UFZ-Diskussionspapiere 8/2003, Leipzig.

– (2005): Die Entwicklung des Vorsorgeprinzips im Recht – ein Hemmnis für Innovationen zum nachhaltigen Wirtschaften?, in: Hansjürgens, Bernd / Nordbeck, Ralf (Hrsg.), Chemikalienregulierung und Innovationen zum nachhaltigen Wirtschaften, Berlin, S. 85–120.

– (2008): Zulassung und Substitution von Stoffen, in: Hendler, Reinhard u.a. (Hrsg.), Neues europäisches Chemikalienrecht (REACH), Berlin, 2008, S. 133–151.

Köck, Wolfgang/Kern, Katharina (2006): Öffentlich-rechtliche Kontrolle von Umweltrisiken, insbesondere Probleme und Perspektiven der europäischen Chemikalienkontrolle, in: Vieweg, Klaus (Hrsg.), Risiko-Recht, Verantwortung, Köln, S. 279–320.

Kommission der Europäischen Gemeinschaften (EG-Kommission) (2000): Mitteilung über die Anwendbarkeit des Vorsorgeprinzips, in: KOM (2000) 1 endg.

Kommission der Europäischen Gemeinschaften (EG-Kommission) (2005): Nanowissenschaften und Nanotechnologien: Ein Aktionsplan für Europa 2005–2009, in: KOM (2005) 243 endg.

Krug, Harald F./Kern, Katrin/Diabaté, Silvia (2004): Toxikologische Aspekte der Nanotechnologie. Versuch einer Abwägung, in: Technikfolgenabschätzung – Theorie und Praxis 13, S. 58–64.

Rehbinder, Eckard (2003): Allgemeine Regelungen – Chemikalienrecht: in: Rengeling, Hans-Werner (Hrsg.), Handbuch zum europäischen und deutschen Umweltrecht, 2. Aufl., Köln, § 61.

– (2007): Stoffrecht, in: Arbeitskreis für Umweltrecht (AKUR), Grundzüge des Umweltrechts, 3. Aufl., Berlin, S. 763–862.

Rehbinder, Eckard/Kayser, Detlef/Klein, Helmut (1985): Chemikaliengesetz – Kommentar, Heidelberg.

Royal Society (2004): Nanoscience and nanotechnologies: opportunities and uncertainties, July 2004.

Scherzberg, Arno (2008): Alte Instrumente für neue Wirkungen? Probleme der rechtlichen Regulierung der Nanotechnologie am Beispiel des Arbeitsschutzes, in diesem Band, S. 219 ff.

Scherzberg, Arno/Meyer, Stephan (2006): Risikomanagement in der Europäischen Union: Grüne Gentechnik und Nanotechnologie – retro- und prospektiver Blick auf das Vorsorgeprinzip, in: Vieweg, Klaus (Hrsg.), Risiko-Recht, Verantwortung, Köln, S. 71–101.

SCENIHR – Scientific Committee on Emerging and Newly Identified Health Risks (2006). The appropriateness of existing methodologies to assess the potential risks associated with engineered and adventitious products of nanotechnologies, Brüssel.

Umweltbundesamt (UBA) (2006): Nanotechnik: Chancen und Risiken für Mensch und Umwelt. Hintergrundpapier August 2006, Dessau.

van Calster, Geert (2006): Regulating Nanotechnology in the European Union, in: European Environmental Law Review, S. 238–247.

Nano-Partikel und Dieselruß

Umwelt- und Wirtschaftsverwaltungsrecht vor neuen Herausforderungen durch die Nanotechnologie

Ekkehard Hofmann

A. Einleitung

Partikel der Größe zwischen einem und 100 Nanometer (Nanopartikel)[1] aus natürlichen Quellen sind in der Außenluft nichts Ungewöhnliches. Spätestens seit der industriellen Revolution haben sich anthropogene Nanoteilchen ebenfalls als ständige Begleiter der Menschheit erwiesen, da bei Verbrennungsprozessen vielfältige Partikel und Fasern entstehen, von denen ein beachtlicher Teil Durchmesser im Nanobereich aufweisen. Neu ist hingegen, dass Nanopartikel und -fasern wegen ihrer besonderen Eigenschaften künstlich hergestellt werden (manufactured nanoparticles), und dies voraussichtlich mit stark steigender Tendenz.[2] Auch derartige Partikel können in die Umwelt gelangen, entweder als Abgas bei der Produktion, durch Leckagen beim Transport oder durch Verwitterung nanobeschich-

1 Zur Begrifflichkeit *C. Medina, et al.*, 150 British Journal Of Pharmacology 2007, 552 (552 l. Sp. f.); *P.J.A. Borm, et al.*, 3 Particle and Fibre Toxicology 2006, 11 (12); *M. Meyer/O. Kuusi*, International Journal for Philosophy of Chemistry 10, No 2 (2004), 153 ff.

2 S. den instruktiven Überblick über die Entwicklung von *R. F. Service*, 304 Science 2004, 1732 ff.

teter Materialien. Das macht es möglich, dass sie über verschiedene Pfade in den menschlichen Körper eindringen: über die Atemwege, über das Verdauungssystem und über die Haut.[3] Tiere, Pflanzen und andere Organismen sind ebenfalls betroffen. Im Folgenden werden in erster Linie die Nanopartikel in der Außenluft betrachtet und damit der Inhalationsweg, der als der wichtigste Kontaminationspfad gilt.[4]

Derartige Erscheinungen werfen auch Rechtsfragen auf. Insbesondere ist zu klären, welche Antworten das gewachsene Regulierungsgeflecht auf neue Herausforderungen hat. Dazu sollen zunächst die Grundzüge des deutschen Immissionsschutzrechts erläutert werden, dessen anlagenbezogene Vorschriften ganz wesentlich auf der Unterscheidung von Gefahrenabwehr und Vorsorge beruhen (B).

Auf dieser Basis ist sodann die Nanopulver-Entscheidung des Bundesverwaltungsgerichts zu würdigen, anhand derer erkennbar wird, wie schwer es einerseits fallen kann, neue Phänomene in umweltpolitische Konzepte einzupassen, die an andersartigen Fragestellungen entwickelt worden waren. Andererseits verdeutlicht der Fall die Leistungs- und Wandlungsfähigkeit jahrzehntealter Regulierungen (C). Abschließend wird erörtert, ob es sich nicht angesichts der teils fundamentalen Unterschiede zwischen Stoffen in normaler Größe und ihren nanoskaligen Varianten lohnen könnte, ein eigenes „Nano-Technik-Gesetz“ zu schaffen (D).

B. „Klassisches“ Immissionsschutzrecht und die Nanotechnologie

I. Herkunft und Grundzüge

Das Bundes-Immissionsschutzgesetz führt die wirtschaftsverwaltungsrechtliche Regulierung der lufthygienisch relevanten Industrie fort, wie sie bereits in der im Jahre 1869 geschaffenen Gewerbeordnung angelegt war.[5] Mehr als hundert Jahre später wurden mit dem BImSchG wesentliche Neuerungen eingeführt, und heute – kurz vor der Verabschiedung eines Umweltgesetzbuchs – lässt sich sagen, dass das BImSchG seit seinem Inkrafttreten im Jahre 1974 ohne Zweifel zu den bedeutsamsten umweltrechtlichen Gesetzen in Deutschland gehört. In seinem Zentrum standen und stehen seine anlagenbezogenen Bestimmungen. Das lässt sich darauf zurückführen, dass die Immissionssituation in der Bundesrepublik Deutschland vor der Schaffung des BImSchG stark durch die Folgen der nach dem Zweiten

---

3 *C. Medina, et al.*, 150 British Journal Of Pharmacology 2007, 552 (553 r. Sp. f.).

4 *P. J. A. Borm, et al.*, 3 Particle and Fibre Toxicology 2006, 11 (16).

5 Die Gewerbeordnung von 1869 geht wiederum zurück auf die Preußische Allgemeine Gewerbeordnung von 1845; zur Geschichte im Überblick *G. Feldhaus*, in: Feldhaus, BImSchR Bd. 1, 1999, § 4 Rz. 4 f.; *E. Kutscheidt*, in: Landmann/Rohmer, Umweltrecht, 2007, Vorbemerkung vor § 4 Rz. 1 ff.

Weltkrieg wieder in Schwung gekommenen Wirtschaft geprägt war. Die drängendsten lufthygienischen Probleme stellten sich damals daher im Zusammenhang mit Verbrennungsrückständen aus der industriellen Produktion und Kohlekraftwerken.[6]

Das BImSchG begreift die aus diesen Quellen stammenden Abgase als Luftverunreinigungen und damit neben Lärm und anderen Beeinträchtigungen als Immissionen im Sinne von § 3 Abs. 2 BImSchG. Immissionen, die Gefahren, erhebliche Nachteile oder erhebliche Belästigungen für die Allgemeinheit oder die Nachbarschaft hervorrufen können, werden als schädliche Umwelteinwirkungen bezeichnet (§ 3 Abs. 1 BImSchG). Für die Genehmigung einer Anlage im Sinne von § 4 Abs. 1 BImSchG heißt das auch hinsichtlich der Abgase, dass die Genehmigung nur dann erteilt wird, wenn

- die Anlage keine schädlichen Umwelteinwirkungen und sonstige Gefahren, erhebliche Nachteile und erhebliche Belästigungen für die Allgemeinheit und die Nachbarschaft hervorruft (§ 5 Abs. 1 Nr. 1 BImSchG, Schutzgrundsatz), und
- Vorsorge gegen schädliche Umwelteinwirkungen und sonstige Gefahren, erhebliche Nachteile und erhebliche Belästigungen, insbesondere durch die dem Stand der Technik entsprechenden Maßnahmen getroffen wird (§ 5 Abs. 1 Nr. 1 BImSchG, Vorsorgegebot).

Um die Handhabung der genannten Regelungen für die Verwaltung zu erleichtern, sieht Nr. 4.2.1 der Ersten Allgemeinen Verwaltungsvorschrift zum Bundes-Immissionsschutzgesetz (Technische Anleitung (TA) zur Reinhaltung der Luft) in Verbindung mit Nr. 4.7 TA Luft vor,[7] dass die BImSchG-Genehmigung nur erteilt werden darf, wenn die Gesamtbelastung im Sinne der Summe aus bereits bestehender Belastung (Vorbelastung) und der durch die zur Genehmigung stehenden Anlage zu erwartenden Zusatzbelastung unter den in Nr. 4.2.1 TA Luft quantitativ angegebenen Immissionskonzentrationswerten liegt. Damit konkretisieren und präzisieren die Immissionsgrenzwerte der TA Luft den Begriff der „schädlichen Umwelteinwirkungen" (§ 3 Abs. 1 BImSchG).[8] Der Vorschriftengeber zielte dabei vor allem auf die gesundheitsrelevanten Schadstoffe Schwefeldioxid (SO_2) und Stickoxide (NOx).[9]

---

6 Zur Entstehungsgeschichte des BImSchG s. *E. Kutscheidt*, in: Landmann/Rohmer, Umweltrecht, 2007, § 1 Rz. 7 ff.

7 Für die Nano-Entscheidung des BVerwG anzuwendende Fassung war die vom 27.2.1986 (GMBl. 1986, 95, ber. 202), die aktuelle Fassung ist vom 24.7.2002, GMBl. 2002, 511 ff.

8 Der Grad der Verbindlichkeit der TA Luft ist umstritten, s. nur *H.-J. Koch*, § 4 Immissionsschutzrecht, in: Koch (Hrsg.), Umweltrecht[2], 2007, Rz. 84.

9 Instruktiv *F. J. Dreyhaupt*, Warum tut sich der Umweltschutz so schwer? in: Czajka/u.a. (Hrsg.), Immissionsschutzrecht in der Bewährung: 25 Jahre Bundes-Immissionsschutzgesetz, 1999, 455 ff.

II. Schutzgrundsatz und Vorsorgegebot

Dass die beiden genannten Chemikalien im Zentrum des damaligen Interesses standen, hat die Gestaltung von BImSchG und TA Luft nachhaltig beeinflusst. Zum einen lagen schon damals epidemiologisch abgesicherte Daten über die Wirkungen von Schwefeldioxid und Stickoxiden auf die menschliche Gesundheit vor, so dass der Gesetz- und Vorschriftengeber ein recht klares Bild davon hatte, welche Schäden bei welcher Schadstoffkonzentration in Kauf genommen würden. Zum anderen setzt bei beiden Substanzen eine schädliche Wirkung, abhängig von Alter und Gesundheitszustand der Betroffenen, erst bei Überschreiten eines bestimmten Konzentrationswerts ein (Wirkungsschwelle oder *no-effect-level*). Diese Wirkungsschwellen boten sich an, um zwischen „gefährlichen" und „nicht gefährlichen" Schadstoffkonzentrationen im Sinne von § 3 Abs. 1 BImSchG zu unterscheiden. Das BImSchG und insbesondere die TA Luft greifen sie auf, indem sie die Genehmigungsfähigkeit von genehmigungsbedürftigen Anlagen hinsichtlich des Schutzgrundsatzes (§ 5 Abs. 1 Nr. 1 BImSchG) an die Einhaltung von Immissionskonzentrationswerten bestimmter Leitsubstanzen – allen voran SO_2 und NOx – knüpfen. Die erlaubten Immissionskonzentrationen markieren die Gefahrenschwelle und sollen für durchschnittlich gesunde Erwachsene keine Gesundheitsschäden erwarten lassen. Anderes gilt für ältere Personen und Kinder, und auch Pflanzen weisen teilweise eine größere Empfindlichkeit gegenüber diesen toxischen Stoffen auf (Problematik des „Waldsterbens").[10]

Für die ganze Bandbreite an sonstigen Schadstoffen, für die keine Grenzwerte ausgewiesen werden, die aber gleichwohl regelmäßig im Abgas von industriellen Anlagen enthalten sind, gilt wegen der Fokussierung auf einige wenige Leitsubstanzen, dass sich die Regelungen nur dann als überzeugend darstellen, wenn und soweit die Einhaltung der Grenzwerte für die *Leit*substanzen die Einhaltung unbedenklicher Immissionskonzentrationen auch der *übrigen* Chemikalien erwarten lässt. Das ist dann der Fall, wenn es sich um typische Nebenprodukte von industriellen Verbrennungsprozessen handelt, für welche die TA Luft im Wesentlichen entwickelt worden ist.

Die TA Luft erfasst darüber hinaus weitere Substanzen durch die Festsetzung einer Reihe von *Emissions*grenzwerten, insbesondere für krebserregende und andere hochtoxische Stoffe.[11] Emissionsgrenzwerte sollen Ausdruck des Vorsorgegebots, nicht des Schutzgrundsatzes sein. Das ist besonders deshalb von Bedeutung, weil an die Unterscheidung von Schutz und Vorsorge eine Konsequenz von großer Tragweite für die Effektivität der Regelung geknüpft wird: Während der Schutzgrundsatz auch von betroffenen Dritten einklagbar ist, wenn sie zu einem indivi-

10 Zur tatsächlichen Belastungssituation *Rat von Sachverständigen für Umweltfragen*, Umweltgutachten 2004, 2004, Tz. 521 ff.

11 Nr. 2.3 Abs. 1 und 3.1.7 Abs. 7 TA Luft 1986; Nr. 5.2 TA Luft 2002; zur Entstehungsgeschichte der (alten) TA Luft s. *G. Feldhaus*, NVwZ 1995, 963 (969).

dualisierbaren und von der Norm geschützten Personenkreis zählen („Drittschutz" nach der Schutznormtheorie), lehnt das Bundesverwaltungsgericht eine drittschützende Wirkung für das Vorsorgegebot mit der Begründung ab, die Vorsorge diene der Allgemeinheit, nicht einem abgrenzbaren Personenkreis.[12]

Auf einen kurzen Nenner gebracht, interpretiert die TA Luft den auf die Gefahrenabwehr bezogenen Schutzgrundsatz im Sinne eines rezeptororientierten Immissionsschutzes unter Einbeziehung bekannter Wirkungsschwellen, das Vorsorgegebot hingegen als Gebot zur Minimierung von Emissionen nach dem Maßstab der Verhältnismäßigkeit.[13] Für Schadstoffe, für die sich kein no-effect-level angeben lässt – darunter viele kanzerogene Substanzen –, leuchtet diese Zuordnung nicht ohne weiteres ein. Krebserkrankungen sind in der Regel so erhebliche Schädigungen der menschlichen Gesundheit, dass schon kleine Wahrscheinlichkeitsgrade genügen können, um einen Gefahrentatbestand zu begründen. Lässt sich aber keine Wirkungsschwelle bestimmen, entfällt die mit dem herkömmlichen Konzept heranzuziehende Grenze zwischen Gefahrenabwehr nach Schutzgrundsatz einerseits und dem Vorsorgegebot andererseits. Zunächst hatte die TA Luft darauf nur die Antwort der Festsetzung von Emissionsgrenzwerten, was vom Ansatz her jedoch nicht sicherstellte, dass die Immissionssituation insgesamt im Rahmen akzeptabler Risken blieb.

Erst durch die Änderung der TA Luft im Jahre 2002 wurde ein *Immissions*konzentrationsgrenzwert für Benzol von 5 $\mu g/m^3$ als Jahresmittelwert eingeführt, nachdem die Bundesrepublik Deutschland wegen nicht hinreichender Umsetzung europäischer Richtlinien, in denen derartige Grenzwerte enthalten waren, vom EuGH mehrfach verurteilt worden war,[14] und die 22. BImSchV dem durch die rechtsförmliche Festlegung von Immissionskonzentrationsgrenzwerten insbesondere für Schwefeldioxid, Stickoxide, Blei, Kohlenmonoxid, Partikelimmissionen (PM 10 und PM 2,5) sowie Benzol abhelfen sollte.[15]

Mit den vorstehenden Bemerkungen über die Diskussion um die Festlegung von Immissionskonzentrationswerten für kanzerogene Substanzen sollte verdeutlicht werden, welches Beharrungsvermögen das einmal gewählte Konzept aufweist, das die Reichweite des Schutzgrundsatzes über die Anknüpfung an Wirkungsschwellen definiert und die Bekämpfung von Luftverunreinigungen durch Substanzen,

---

12 BVerwG v. 18.5.1982, E 65, 313 (320); v. 11.12.2003, E 119, 329 (332); BayVGH v. 21.4.1998, NVwZ 1998, 1194; VGH BW v. 28.6.1995, NVwZ 1996, 303; ebenso *H. D. Jarass*, NJW 1983, 2844 (2845 f.); dagegen *H.-J. Koch*, § 4 Immissionsschutzrecht, in: Koch (Hrsg.), Umweltrecht[2], 2007, Rz. 191; *A. Roßnagel*, in: Koch/Scheuing/Pache (Hrsg.), GK-BImSchG, Stand 2006, § 5 Rz. 861; *P. M. Huber*, AöR 114 (1989), 252 (294 ff.).

13 Vgl. nur den instruktiven Abriss von *W. Köck*, ZUR 2001, 201 (202 l. Sp. ff.).

14 EuGH v. 30.05.1991 Rs. C-361/88, Slg. 1991, I-2567; v. 30.05.1991 Rs. C-59/89 (beide *Kommission/Bundesrepublik Deutschland)*.

15 Verordnung über Immissionswerte für Schadstoffe in der Luft in der Fassung der Bekanntmachung vom 4. Juni 2007 (BGBl. I, 1006), ursprünglich ausgefertigt am 11.9.2002.

bei denen sich keine Wirkungsschwellen bestimmen lassen, allein über die Festsetzung von Emissionsgrenzwerten verfolgt. Ist – wie bei manchen Nanoteilchen – bei einer Chemikalie ein *no-effect-level* nicht zu bestimmen und auch ansonsten toxikologisch wenig bekannt, bereitet dies noch größere Schwierigkeiten bei der regulativen Einordnung (Näheres unter B. III und C. II).

III. Die spezifischen Eigenschaften von künstlichen Nanopartikeln und ihre Toxizität

Dies vorausgeschickt, ließe sich das geschilderte Rechtsregime des BImSchG auf Nanoteilchen in der Außenluft übertragen, wenn die Partikel entweder durch eine Wirkungsschwelle gekennzeichnet wären oder zumindest toxikologisch belastbare Informationen über (etwa: lineare) Dosis-Wirkungsbeziehungen vorlägen. Das Wissen um künstliche Nanopartikel ist allerdings begrenzt, da Nanoteilchen in vielfältigen Formen entwickelt worden sind[16] und sie zum Teil erheblich andere Eigenschaften aufweisen als ihre in ihrer chemischen Zusammensetzung identischen „großen" Varianten. Das ist auf den Umstand zurückzuführen, dass das physikalische Verhalten einer Substanz auch von den Dimensionen der Partikel abhängt und Nanopartikel mit abnehmender Größe nicht mehr der klassischen Physik, sondern den Gesetzen der Quantenphysik unterliegen.[17] Zudem weisen Nanopartikel eine größere Oberfläche bezogen auf eine Masseneinheit als ihre normalskaligen Varianten auf. Infolgedessen sind alle oberflächenabhängigen Charakteristika geeignete Kandidaten für eine Änderung (elektrische Leitfähigkeit, chemische Reaktionsfähigkeit, Magnetismus, Farbe etc.). Gerade um derartiger Unterschiede willen werden künstliche Nanopartikel hergestellt.

Wie Nanoteilchen toxikologisch zu bewerten sind, ist kaum erforscht.[18] Noch am besten bestellt ist es um die Untersuchung möglicher gesundheitlicher Auswirkungen auf den Menschen;[19] angesichts der Tatsache, dass 95–97 % aller Lebewesen auf der Erde den Wirbellosen zuzurechnen sind, kann das auf Dauer nicht befriedigen.[20] Ein erstes wesentliches Problem der Studien in Bezug auf die

---

16 Bereits Verwendung finden insbesondere Kohlenstoffverbindungen, inorganische Nanoröhren, Metalle und Metalloxide, *Quantum dots*, Fullerene; s. den Überblick von *B. Park*, Current and Future Applications of Nanotechnology, in: Hester/Harrison (Hrsg.), Nanotechnology: consequences for human health and the environment, 2007, 1 (4 ff.).

17 *P. J. A. Borm, et al.*, 3 Particle and Fibre Toxicology 2006, 11 (18).

18 Siehe aus jüngster Zeit den Band von *R. E. Hester, et al.*, Nanotechnology: consequences for human health and the environment, 2007; *P. J. A. Borm, et al.*, 3 Particle and Fibre Toxicology 2006, 11 (16) m.w.N.

19 *K. Donaldson/V. Stone*, Toxicological Properties of Nanoparticles and Nanotubes, in: Hester/Harrison (Hrsg.), Nanotechnology: consequences for human health and the environment, 2007, 81 ff.; *L. Tran, et al.*, Human Effects oif Nanoparticle Exposure, in: Hester/Harrison (Hrsg.), Nanotechnology: consequences for human health and the environment, 2007, 102 ff.

20 *P. J. A. Borm, et al.*, 3 Particle and Fibre Toxicology 2006, 11 (40).

menschliche Gesundheit besteht darin, dass sie wegen ihres Testdesigns vielfach eine doppelte Übertragung ihrer Ergebnisse verlangen. Die Tests geben zum einen als Tierversuche *in vitro* nur Anhaltspunkte dafür, welche Effekte beim Menschen zu beobachten sein könnten, und zum anderen wird *in vitro* die Wirkung von Schadstoffdosen überprüft, die um ein Vielfaches über einer typischen Belastung etwa in der Außenluft liegen.[21]

Eine zweite Einschränkung des derzeitigen toxikologischen Wissensstandes liegt darin, dass bislang nur wenige Nanopartikel toxikologisch untersucht worden sind (im wesentlichen Titandioxid und Kohlenstoff in Gestalt des so genannten *carbon black*) und daraus nur bedingt Indizien für die Gefährlichkeit anderer Nanopartikel gewonnen werden können. Pauschalaussagen können daher kaum getroffen werden;[22] eine Übertragung der Erkenntnisse der Toxizität von Stoffen in normaler Skalierung auf nanoskalige Varianten ist regelmäßig nicht zulässig.[23] Zur Vorsicht mahnt jedenfalls, dass vereinzelt festgestellt wurde, dass Nanopartikel im Vergleich mit chemisch identischen „großen" Varianten eine größere Toxizität aufwiesen. Es wird vermutet, dass dies ein Effekt nicht der Nanogröße ihrer Partikel an sich ist, sondern ihrer verhältnismäßig größeren Oberfläche.[24]

C. Die Nanopulver-Entscheidung des Bundesverwaltungsgerichts

I. Sachverhalt und Entscheidung

Die geschilderten Unsicherheiten hinsichtlich der Gefährlichkeit von künstlichen Nanopartikeln prägen auch das Urteil des Bundesverwaltungsgerichts vom 11. Dezember 2003 über die Genehmigung einer Anlage zur Herstellung ultrafreiner Metall- und Keramikpulver im so genannten CVR-Verfahren (Gasphasenreaktion).[25] Die Fabrik war auf eine Jahresproduktion von 15 t des Nanopulvers mit Partikelgrößen von 1 bis 100 nm ausgelegt. Die von einem Nachbarn der Anlage angegriffene Genehmigung erlaubte der Produktion eine Emission in die Außenluft mit folgenden Maßgaben: Die Emission von Gesamtstaub durfte einen Massenstrom von 17,5 g/h sowie die darin enthaltenen mit Partikeldurchmesser unter 100 nm eine Massenkonzentration von 50 mg/cbm nicht überschreiten. Im Laufe des Verfahrens wurde dieser Wert noch auf 0,5 mg/cbm gesenkt. Die genannten

21 *G. Oberdörster, et al.*, 113 Environmental Health Perspectives 2005, 823 (828).
22 *P. J. A. Borm, et al.*, 3 Particle and Fibre Toxicology 2006, 11 (16).
23 *HM Government*, Response to the Royal Society and the Royal Academy of Engenineering Report: „Nanoscience and nanotechnologies: opportunities and uncertainties", 2005; *L. Tran, et al.*, Human Effects oif Nanoparticle Exposure, in: Hester/Harrison (Hrsg.), Nanotechnology: consequences for human health and the environment, 2007, 102 (103).
24 *D. Warheit, et al.*, 95 Toxicological Sciences 2007, 270 ff.
25 BVerwG v. 11.12.2003, 7 C 19/02, E 119, 329 ff.

Werte waren an einer Entnahmestelle am Kamin der Fabrik einzuhalten, wobei Stundenmittelwerte heranzuziehen waren.

Der Kläger, der 150 m von der Anlage entfernt wohnte, erblickte in der Zulassung dieser Emissionen eine rechtswidrige Beeinträchtigung seiner Gesundheit. Das Bundesverwaltungsgericht wies die Klage aber als unbegründet ab.[26] Der Schutzgrundsatz sei (nur dann) anwendbar, wenn eine hinreichende Wahrscheinlichkeit eines Schadenseintritts vorliege. Im Falle der Ungewissheit über einen Schadenseintritt sei lediglich von einem Gefahrenverdacht oder Besorgnispotenzial auszugehen mit der Folge, dass das Vorsorgegebot anwendbar sei, nicht der Schutzgrundsatz. Bei den streitigen Nanopartikel-Emissionen sei nicht bekannt, mit welcher Wahrscheinlichkeit welche Schäden einträten. Vielmehr sei nur ein möglicher Zusammenhang zwischen Emissionen und Schadenseintritt anzunehmen.

Das Gericht verneinte auf dieser Grundlage die Anwendung des Schutzgrundsatzes und befand, dass der Schutz der menschlichen Gesundheit durch Maßnahmen sichergestellt werden müsse, mit deren Hilfe im Rahmen des Vorsorgegebots die Emissionen nach dem Maßstab der Verhältnismäßigkeit reduziert würden. Solange keine Immissionswerte gestützt auf § 48 BImSchG erlassen worden seien, dienten solche Minimierungsgebote nicht nur der allgemeinen Verbesserung der Umweltverhältnisse, sondern auch dem Schutz eines individualisierbaren Personenkreises.[27] Zu einem derartigen abgrenzbaren Personenkreis gehöre auch der Kläger. Daher habe er einen Anspruch auf die Einhaltung von im Rahmen des Vorsorgegebots erlassener Emissionsgrenzwerte, der jedoch dann eine Grenze finde, wenn die fraglichen Emissionen nicht für eine im Rechtssinne (mit-)ursächliche Zusatzbelastung im Sinne der Verschlechterung der Immissionssituation verantwortlich seien.[28]

Dies sei im zu entscheidenden Fall zu verneinen, da die Emissionen der Nanopulverfabrik als Immissionsbeiträge irrelevant klein seien.[29] Der *Länderausschuss Immissionsschutz* (*LAI*) habe im Jahre 1992 festgestellt, dass in Städten von einer mittleren Belastung an Dieselrußpartikeln von 7,2 $\mu g/m^3$ und in ländlichen Gebieten von 0,9 $\mu g/m^3$ auszugehen sei.[30] Angesichts dieser Vorbelastung stelle sich die von der Anlage der Beklagten hervorgerufene maximale Nanostaubimmission von 0,003 ng/m^3 als vernachlässigbar gering dar.[31] Im Vergleich mit dem vom *LAI* in der genannten Veröffentlichung entwickelten Beurteilungsmaßstab für Dieselruß (1,5 $\mu g/m^3$) sei das bei 15ng/m^3 liegende Irrelevanzkriterium 5000fach, bei Berück-

26 BVerwG v. 11.12.2003, 7 C 19/02, E 119, 329 (331 ff.).
27 BVerwG v. 11.12.2003, 7 C 19/02, E 119, 329 (333).
28 BVerwG v. 11.12.2003, 7 C 19/02, E 119, 329 (333).
29 BVerwG v. 11.12.2003, 7 C 19/02, E 119, 329 (334).
30 *Länderausschuss für Immissionsschutz*, Krebserkrankungen durch Luftverunreinigungen, 1992, 126.
31 BVerwG v. 11.12.2003, 7 C 19/02, E 119, 329 (335).

sichtigung eines zusätzlichen Sicherheitsfaktors von zwei Zehnerpotenzen immer noch 50fach unterschritten.[32]

II. Würdigung

1. Neue Ansätze bei der Bestimmung des Gehalts von Schutzgrundsatz und Vorsorgegebot

Zu dem Urteil ist folgendes anzumerken. Obwohl das Gericht das Vorsorgegebot, nicht den Schutzgrundsatz heranzieht, hebt die Argumentation der Richter nicht auf die Emissionen und deren verhältnismäßige Reduzierung ab, sondern darauf, dass die Emissionen zu keiner relevanten Verschlechterung der Immissionssituation führen. Damit verlässt das Gericht die eingefahrenen Bahnen des Vorsorgegebots, wie sie bislang durch die TA Luft vorgegeben erschienen. Erstens räumt das Gericht einem Kläger einen gerichtlich durchsetzbaren Anspruch auf Einhaltung von Emissionsgrenzwerten ein, obwohl der bisher allein drittschützende Schutzgrundsatz nach § 5 Abs. 1 Nr. 1 BImSchG nicht herangezogen wurde. Zweitens zieht das Gericht nicht einen emissionsminderungsbezogenen Stand der Technik als maßgeblich heran, sondern begründet seine Entscheidung mit der Irrelevanz der Verschlechterung der Immissionssituation.

Das verblüfft angesichts eines über Jahrzehnte entwickelten Dualismus von Schutzgrundsatz und Vorsorgegebot und führt zu Zweifelsfragen, worauf *Koch/Kahle* hingewiesen haben:[33] Soll – erstens – nunmehr der Drittschutz für krebserregende und andere hochtoxische Stoffe gewährt werden, für die die TA Luft zwar Emissionsgrenzwerte vorsieht, jedoch keine Immissionsgrenzwerte? Und ist – zweitens – das Vorsorgegebot von nun an auch immissionsbezogen zu interpretieren, indem zumindest Irrelevanzwerte für derartige Luftverunreinigungen hinsichtlich ihrer Auswirkungen auf die Immissionssituation festgelegt werden?

Was die Ansprüche der von einer Anlage Betroffenen angeht, so wurde die Verneinung des Drittschutzes im Bereich der Vorsorge durch die diesbezüglich rein emissionsbezogene Konzeption der TA Luft und die herrschende Ansicht in Rechtsprechung und Literatur schon lange als wenig überzeugend hinterfragt.[34] Eine Differenzierung, die zumindest den Nachbarn von solchen Anlagen ein Klagerecht einräumt, die Stoffe emittieren, über deren Schädlichkeit wenig bekannt ist, ein Grund zur Besorgnis aber besteht, stellt sich als ein prinzipiell ausbaubarer Weg dar.[35] Orientierung für die Reichweite des Schutzes können die verschiedenen untergesetzlichen Emissionsgrenzwerte bieten.

---

32 BVerwG v. 11.12.2003, 7 C 19/02, E 119, 329 (335).

33 *H.-J. Koch/C. Kahle*, NVwZ 2004, 1124 (1125).

34 Ausführlich *W. Köck*, ZUR 2001, 201 (204 r. Sp. ff.).

35 Koch, in: ders. (Hrsg.), Umweltrecht, 2. Aufl. 2007, § 4 Rdnrn. 81 ff.; *Jarass*, BImSchG, 6. Aufl. (2005), § 48 Rdnr. 57 m.w. N.; vgl. auch *Murswiek*, JuS 2004, 1026ff., dortige Fußn. 16; a. A. *Hansmann*, TA Luft, 2. Aufl. (2004), Nr. 5.2.7 Rdnr. 1.

Wie schwer sich allerdings die Rechtsprechung damit tut, *Emissions*grenzwerten einen drittschützenden Charakter zuzusprechen, lässt sich an der Entscheidung des OVG Weimar vom 22. Februar 2006 sehen, in der es um die Ansprüche auf Einhaltung der Emissionsgrenzwerte der 17. BImSchV durch eine Müllverbrennungsanlage ging.[36] Unter Berufung auch auf das Nanopulverurteil des Bundesverwaltungsgerichts vertrat das OVG die Ansicht, selbst Emissionsgrenzwerte für kanzerogene Stoffe lösten keine Abwehransprüche von Dritten aus. Dem muss entgegengehalten werden, dass die alleinige Zuordnung von Emissionsgrenzwerten in den Bereich der Vorsorge keineswegs gesetzlich vorgegeben ist, vielmehr auch ein emissionsbezogener Schutzgrundsatz in Betracht kommt, wie die Nanopulver-Entscheidung zeigt.[37] Eine andere Option läge in der Anerkennung des Drittschutzes im Rahmen des Vorsorgegebots.[38]

Mit Blick auf die weitere Frage nach einer im Rahmen einer Sonderfallprüfung gemäß Nr. 4.8 TA Luft durchzuführenden Bestimmung von Immissionsvorsorgewerten, die sich möglicherweise an der 3-Prozent-Regel der Nr. 4.2.2 TA Luft orientieren könnten, spricht viel dafür, immissionsbezogene Irrelevanzschwellen für derartige Stoffe zu entwickeln. Das entspräche einer vorbehaltlich der Gewinnung näherer Erkenntnisse über die Toxizität der Substanzen kohärenten Risikobekämpfungsstrategie, die auch von § 5 Abs. 1 Nr. 2 BImSchG gedeckt wäre, da das Vorsorgegebot gesetzlich freistellt, ob ihm durch die Begrenzung von Emissionen oder durch Maßnahmen zu entsprechen ist, die sich an der Immissionssituation orientieren.

2. Leistungsfähigkeit des BImSchG bei der Bewältigung neuer Herausforderungen

Das Urteil des Bundesverwaltungsgerichts vermag aber nur zu überzeugen, wenn und soweit die Orientierung an den Konzentrationen von Dieselrußpartikel plausibel ist. Die Vergleichbarkeit wird für die in Rede stehenden Keramik- und Metallpulver zu bejahen sein, da deren toxische Eigenschaften trotz der geringeren Partikelgröße nicht von ganz anderer Natur sein dürften als die von Dieselruß. Es besteht vielmehr der Verdacht, dass es gerade die Partikel in Nanogröße sein könnten, die zu den dieselrußemissionsbedingten Schäden führen („*ultrafine hypothesis*").[39] Ausgangspunkt der Überlegungen ist, dass Nanopartikel regelmäßig Teil von Partikelfraktionen sind (z. B. PM 10, PM 2,5).[40] Eine Schwierigkeit bei der Klärung dieser Frage liegt darin, dass es nicht einfach ist, die Ursachen etwa einer

---

36 OVG Weimar v. 22.2.2006, ZUR 2006, 479 ff.
37 *W. Köck*, ZUR 2006, 481 (482 l. Sp.).
38 *W. Köck*, ZUR 2006, 481 (482 l. Sp.).
39 *A. Hunt, et al.*, 111 Environmental Health Perspectives 2003, 1209 ff.; *W. Seaton, et al.*, 345 Lancet 1995, 176 ff.; *D. M. Brown, et al.*, 57 Occup Environ Med 2000, 685 ff.; *P. J. A. Borm, et al.*, 3 Particle and Fibre Toxicology 2006, 11 (26).
40 *C. Medina, et al.*, 150 British Journal Of Pharmacology 2007, 552 (554).

Entzündung infolge einer Ruß-Exposition für bestimmte Effekte zu isolieren.[41] So ist nicht eindeutig zu sagen, auf welche substanzbezogenen Charakteristika es toxikologisch besonders ankommt und welche Indikatoren sich zur Beurteilung der Gefährlichkeit von Partikelemissionen empfehlen. Mit Blick auf mögliche Gesundheitsschäden geht es vor allem um die Fähigkeit der Teilchen, oxidativen Stress auszulösen und sich von der Quelle der Deposition zu entfernen.[42]

Darüber hinaus herrscht noch nicht einmal Einigkeit darüber, was am besten als Maßeinheit zur Erfassung der Exposition und ihrer toxikologischen Bedenklichkeit herangezogen werden sollte.[43] In Betracht kommen unter anderem die Oberfläche und ihre Struktur,[44] die Massenkonzentration,[45] die Anzahlkonzentration[46] oder die in Dieselruß enthaltenen Metalle.[47] Hinsichtlich von Nanofasern werden Dosis, Größe und Widerstandsfähigkeit als Anknüpfungspunkte diskutiert.[48] Die bei der bisherigen Behandlung von Partikelemissionen und -immissionen in der Wissenschaft wie im Recht herangezogenen Massenkonzentrationen dürften ein tauglicher, wenn auch schwacher Anhaltspunkt sein,[49] da Nanopartikel nicht unbedingt in den Mengen emittiert werden, die von anderen Substanzen her geläufig sind und dort durchaus als sinnvolle Anhaltspunkte Verwendung finden. Daher darf auch nicht in dem Sinne verallgemeinert werden, dass Nanopartikel als solche mit bereits erforschten Substanzen vergleichbar wären.[50] Es wird vielmehr jeder Stoff und dessen Eigenschaften im einzelnen zu prüfen sein.

Für derartige Herausforderungen bieten das Vorsorgegebot des BImSchG und die Sonderfallprüfung der TA Luft ein hinreichend bestimmtes und zugleich flexibles Instrument, so dass aus Sicht des Immissionsschutzes keine zwingende Notwendigkeit besteht, über ein eigenes Nanotechnikgesetz nachzudenken. Aus rechtsstaatlichen Gründen und unter Rücksichtnahme auf die einfache Handhabung durch die Verwaltung erscheint es allenfalls als überlegenswert, Grenzwerte für

---

41 *P. J. A. Borm, et al.*, 3 Particle and Fibre Toxicology 2006, 11 (26).
42 *K. Donaldson, et al.*, 2 I. Part. Fibre Toxicol. 2005, 10 ff.
43 *P. J. A. Borm, et al.*, 3 Particle and Fibre Toxicology 2006, 11 (23).
44 *D. M. Brown, et al.*, 57 Occup Environ Med 2000, 685 ff.; *R. Duffin, et al.*, 46 Ann Occup Hyg 2002, 242 ff.
45 *D. Mark*, Occupational Exposure to Nanoparticles and Nanotubes, in: Hester/Harrison (Hrsg.), Nanotechnology: consequences for human health and the environment, 2007, 50 (56).
46 *D. Mark*, Occupational Exposure to Nanoparticles and Nanotubes, in: Hester/Harrison (Hrsg.), Nanotechnology: consequences for human health and the environment, 2007, 50 (61).
47 *B. Dellinger, et al.*, 14 Chem Res Toxicol 2001, 1371 ff.; *G. L. Squadrito, et al.*, 31 Free Radic Biol Med. 2001, 1132 ff.
48 *G. Oberdörster, et al.*, 113 Environmental Health Perspectives 2005, 823 (827).
49 Zu den Möglichkeiten der Messung der Massenkonzentration im Überblick *D. Mark*, Occupational Exposure to Nanoparticles and Nanotubes, in: Hester/Harrison (Hrsg.), Nanotechnology: consequences for human health and the environment, 2007, 50 (56 ff.).
50 *G. Oberdörster, et al.*, 113 Environmental Health Perspectives 2005, 823 (835); das gilt vermutlich auch für Nanofasern, *A. Huczko, et al.*, 9 Fullerenes, Nanotubes and Carbon Nanostructures 2001, 251 ff.

bestimmte Nanoteilchen in einer Verordnung zur Durchführung des BImSchG festzulegen. Möglicherweise empfiehlt es sich jedoch aus anderen Gründen, ein separates Nanotechnologie-Gesetz zu schaffen.

D. Ausblick: ein Nanotechnik-Gesetz?

I. Chancen einer eigenständigen Regulierung

Das Beispiel des Gentechnikgesetzes weist darauf hin, dass ein separates Gesetz gegenüber der Einbindung in bereits bestehende Regelwerke Vorteile bieten kann, indem es Abweichungen vom bisher Dagewesenen und Neuerungen vorsehen kann, ohne gesetzesinterne Schwierigkeiten der Einpassung zu verursachen. Dazu zählt vor allem die Professionalisierung des technischen Sachverstands, wie es der Gesetzgeber mit der Bildung der Kommission für die biologische Sicherheit im GenTG getan hat (§ 4 GenTG). Die Kommission entscheidet in formaler Unabhängigkeit von der zuständigen Bundesoberbehörde (§ 4 Abs. 3 GenTG). Beides ist zwar zum Funktionieren eines ordnungsrechtlichen Genehmigungssystems nicht unbedingt erforderlich, da Sachverstand auch in anderer Form gewonnen und einbezogen werden kann. Die mögliche Effektivierung des Gesetzesvollzugs durch die Bildung kontinuierlich zusammentretender Kommissionen fehlt jedoch beim BImSchG.

Der anlagenbezogene Teil des BImSchG ist des Weiteren wegen seiner polizeirechtlichen Herkunft auf die Abwehr von schädlichen Nebenwirkungen industrieller Tätigkeiten bezogen. Im Gegensatz dazu hat das GenTG ausdrücklich auch den Zweck, den rechtlichen Rahmen für die Erforschung, Entwicklung, Nutzung und Förderung der wissenschaftlichen, technischen und wirtschaftlichen Möglichkeiten der Gentechnik zu schaffen (§ 1 Abs. 3 GenTG). Auch wenn das GenTG diesen Anspruch nur bedingt einlöst, kommt darin ein Programm zum Ausdruck, das der Gleichzeitigkeit von Chancen und Risiken im Zusammenhang mit der Nutzung der Gentechnik entspricht. Auch die Nanotechnologie ist durch eine vergleichbare Ambivalenz gekennzeichnet.

Schließlich bedeutet die immissionsschutzrechtliche Fokussierung auf die Gefahrenabwehr auch den Verzicht auf die Verwendung eines eigenständigen Risikokonzepts. So bleibt im Rahmen des BImSchG die Bewältigung der mit der Nanotechnologie verbundenen Fragen allein die Stufung Gefahrenabwehr – Vorsorgegebot – unerhebliche Emission oder Immission (Bagatelle). Da mit künstlich hergestellten Nanoteilchen noch ganz andere wirtschaftsverwaltungsrechtliche als nur die immissionsschutzrechtlichen Fragen verbunden sind – man denke neben der Rahmensetzung für die Erforschung der Nanotechnologie auch die Einpassung in das Chemikalienrecht[51] – erscheint die der polizeirechtlich geprägten und

51 S. dazu die Beiträge von *Führ* und *Köck* in diesem Band, S. 139 ff. bzw. 183 ff.

allein am Immissionsschutz ausgerichteten Dreistufung nicht als umfassende Lösung.

Das bedeutet auch, dass es bei der Anbindung an das BImSchG bei der Verbindung von Vorsorgegebot und Stand der Technik bliebe,[52] während andere Gesetze des Wirtschaftsverwaltungsrechts die Einhaltung des Stands von Wissenschaft und Technik abstellen oder lediglich die Beachtung der allgemein anerkannten Regeln der Technik verlangen.[53] Eine besondere Variante ist beim GenTG gewählt worden, in dem die Freisetzungsgenehmigung nur dann erteilt werden darf, wenn nach dem Stand der Wissenschaft *im Verhältnis zum Zweck der Freisetzung unvertretbare* (Hervorhebung E. H.) schädliche Einwirkungen auf die in § 1 Nr. 1 GenTG bezeichneten Rechtsgüter nicht zu erwarten sind. Die genannten Regelungen stellen unterschiedlich hohe Anforderungen an die Zulassung gefährlicher Handlungen, wodurch der Gesetzgeber der jeweiligen Sachlage angemessene Differenzierungen treffen kann.

Des Weiteren hält die wirtschaftswissenschaftliche Entscheidungstheorie unterschiedliche Module bereit, auf deren Grundlage nach der jeweiligen Interessen- und Kenntnislage differenziert werden könnte. Nach dem vorherrschenden *Maximin-Kriterium* soll unter allen möglichen Alternativen diejenige gewählt werden, die den Entscheider in der Ergebnisvariante mit dem ungünstigsten Ergebnis noch am besten stellt.[54] Da das Maximin-Kriterium recht pessimistisch in seiner Ausrichtung erscheint,[55] sind alternative Entscheidungsregeln entwickelt worden, etwa das *Hurwicz-Kriterium* (*Pessimismus-Optimismus-Kriterium*).[56] Das nach *Leo Hurwicz* benannte Kriterium besteht in der Ermittlung sowohl des günstigsten als auch des ungünstigsten Ergebniszustands, die jeweils mit einem Optimismus- beziehungsweise Pessimismus-Faktor gewichtet werden.[57] Schließlich stellt die *Savage-Niehans-* oder auch *Minimal-Regret-Regel* darauf ab, bei welcher Alternative der Eintritt des ungünstigsten Ereignisses dem Entscheider am wenigsten ausmacht.[58] Die rechtswissenschaftliche Rezeption der genannten Regeln hat bereits

---

52 § 5 Abs. 1 Nr. 2 BImSchG.

53 § 7 Abs. 2 AtG bzw. § 3 Abs. 1 GSG.

54 Das Maximin-Kriterium geht zurück auf *A. Wald*, Statistical Decision Functions, 1950; ausführlich *H.-W. Sinn*, Ökonomische Entscheidungen bei Ungewißheit, 1980, 78 ff.; aus umweltökonomischer Sicht ablehnend *F. Wätzold*, Umweltökonomische Konzeptionen bei ökologischer Unsicherheit, 1998, 93.

55 *W. Krelle*, Präferenz und Entscheidungstheorie, 1968, 185; ähnlich auch *H. H. Laux, Entscheidungstheorie, 5. Aufl. 2003*, 107 f. („extremer Pessimismus").

56 *L. Hurwicz*, Optimality Criteria for Decision Making under Ignorance. Cowles Commission Discussion Paper No. 370, 1951.

57 Zur Kritik am Hurwicz-Kriterium vgl. *F. Wätzold*, Umweltökonomische Konzeptionen bei ökologischer Unsicherheit, 1998, 96; *D. Becker-Soest*, Institutionelle Vielfalt zur Begrenzung von Unsicherheit: Ansatzpunkte zur Bewahrung von Biodiversität in einer liberalen Wettbewerbsgesellschaft, 1998, 149.

58 Auch Savage-Niehans-Regel genannt, die sie beide unabhängig voneinander entwickelt haben, *L. J. Savage*, Journal of the American Statistical Association 46 (1951), 55 ff., und *J. Niehans*, Schweizerische Zeitschrift für Volkswirtschaft und Statistik 84 (1948), 433 ff.

begonnen, so dass für eine Einbettung in gesetzliche Bestimmungen durchaus der Boden bereitet scheint.[59] Allerdings vermögen die wirtschaftswissenschaftlichen Entscheidungskriterien unzureichendes Wissen bezüglich der für eine Entscheidung erforderlichen Informationen nicht zu ersetzen oder zu verbessern; sie geben lediglich eindeutig artikulierte Möglichkeiten an, wie im Falle von Unsicherheiten entschieden werden könnte.

II. Bedenken

Trotz des genannten Potentials spricht bei gegebenem Kenntnisstand gegen eine Schaffung eines separaten Nanotechnologiegesetzes, dass die wesentliche Gemeinsamkeit derartiger Teilchen zwar in ihrer Größe liegt, dies jedoch angesichts der Vielfältigkeit der mit ihnen einhergehenden Phänomene und Fragestellungen kaum ein geeigneter regulativer Anknüpfungspunkt sein dürfte. Bereits die toxikologischen Eigenschaften von Partikeln in der Außenluft decken eine Bandbreite von harmlos (Titandioxid) bis hochtoxisch (bestimmte Dieselrußpartikel) ab. Wollte man dann noch den Schutz des Wassers und des Bodens vor Nanopartikeln, die Forschungsförderung, Anforderungen an die Herstellung und Verwendung von Chemikalien, Bestimmungen über die damit zusammenhängenden Produkte, Haftungsvorschriften sowie die Arbeitssicherheit in das Gesetz integrieren, würde dies voraussichtlich zu einer unübersichtlichen und in der Handhabung wenig verwaltungsfreundlichen Regulierung führen, selbst wenn es gelingen würde, die föderalismusbedingten kompetenzrechtlichen Schwierigkeiten zu überwinden.

E. Fazit

So erscheint alles in allem eine bereichsspezifische Regulierung durch Heranziehung und Fortentwicklung bereits bestehender Rechtsvorschriften momentan als der weitaus aussichtsreichere Ansatz. Die mit ihm einhergehenden Schwierigkeiten liegen im Immissionsschutzrecht hauptsächlich darin, dass über die toxikologischen Eigenschaften von Nanoteilchen wenig bekannt ist, insbesondere eine Wirkungsschwelle (*no-effect-level*) nicht angegeben werden kann, eine toxische Wirkung bestimmter Nanopartikel und -fasern jedoch nicht auszuschließen ist. Damit stehen althergebrachte immissionsschutzrechtliche Konzepte vor neuen Herausforderungen.

So ist der Schutzgrundsatz bisher an die Überschreitung von Wirkungsschwellen geknüpft gewesen; wo sie nicht bestimmt werden können, greift nach der TA Luft lediglich das (nicht-drittschützende) Vorsorgegebot. Da die Verneinung der gerichtlichen Kontrolle von Emissionsgrenzwerten im Rahmen von Nachbarklagen

---

59 *I. Spiecker gen. Döhmann*, Staatliche Entscheidungen unter Unsicherheit, im Erscheinen, Dritter Teil Erstes Kapitel Abschnitt B II.; *E. Hofmann*, Abwägung im Recht, 2007, 241 ff.

jedoch eine erhebliche Rückführung der Kontrolldichte (Art. 19 Abs. 4 GG) bedeutet und angesichts der aus Art. 2 Abs. 2 GG folgenden staatlichen Schutzpflicht auch vor solchen Luftverunreinigungen, deren Wirkungszusammenhänge wenig erforscht sind, nur schwer zu begründen ist, erscheint die Rechtsprechung des Bundesverwaltungsgerichts zumindest als angemessene Übergangslösung, deren Überzeugungskraft unter dem Vorbehalt weiterer Erkenntnisse über die toxikologische Vergleichbarkeit von Dieselrußpartikeln und den im Nanopulver-Fall in Rede stehenden nanoskaligen Keramik- und Metallsubstanzen steht. Darüber hinaus haben die Richter wertvolle Anstöße zur Weiterentwicklung des Immissionsschutzrechts gegeben. Eine ungeprüfte Übertragung der Heranziehung der für Dieselruß entwickelten Grundsätze und Immissionskonzentrationswerte auf andere – möglicherweise toxikologisch ganz anders zu bewertende – Nano-Stoffe ließe sich dagegen nicht ohne weiteres rechtfertigen.

F. Literaturverzeichnis

Becker-Soest, Dorothee, Institutionelle Vielfalt zur Begrenzung von Unsicherheit: Ansatzpunkte zur Bewahrung von Biodiversität in einer liberalen Wettbewerbsgesellschaft, Marburg 1998.

Borm, Paul J. A./Robbins, David/Haubold, Stephan/Kuhlbusch, Thomas/Fissan, Heinz/Donaldson, Ken/ Schins, Roel/Stone, Vicki/Kreyling, Wolfgang/Lademann, Jürgen/Krutmann, Jean/Warheit, David/Oberdörster, Eva, The potential risks of nanomaterials: a review carried out for ECETOC, 3 Particle and Fibre Toxicology 2006, S. 11 ff.

Brown, David M./Stone, Vicki/Findlay, P./MacNee, William/Donaldson, Ken, Increased inflammation and intracellular calcium caused by ultrafine carbon black is independent of transition metals or other soluble components, 57 Occup Environ Med 2000, S. 685 ff.

Dellinger, Barry/Pryor, William A./Cueto, Rafael/Squadrito, Guiseppe L./Hegde, Vijay/Deutsch, Walter A., Role of free radicals in the toxicity of airborne fine particulate matter, 14 Chem Res Toxicol 2001, S. 1371 ff.

Donaldson, Ken/Tran, Lang/Jimenez, Luis A./Duffin, Rodger/Newby, David E./Mills, Nicholas/MacNee, William/Stone, Vicki, Combustion-derived nanoparticles: A review of their toxicology following inhalation exposure, 2 I. Part. Fibre Toxicol. 2005, S. 10 ff.

Donaldson, Ken/Stone, Vicki, Toxicological Properties of Nanoparticles and Nanotubes, in: Hester, R. E./Harrison, Roy M. (Hrsg.), Nanotechnology: consequences for human health and the environment, Cambridge 2007, S. 81 ff.

Dreyhaupt, Franz Joseph, Warum tut sich der Umweltschutz so schwer? in: Czajka, Dieter/Feldhaus, Gerhard/Rebentisch, Manfred (Hrsg.), Immissionsschutzrecht in der Bewährung: 25 Jahre Bundes-Immissionsschutzgesetz, Heidelberg 1999, S. 455 ff.

Duffin, Rodger/Clouter, A./Brown, David M./Tran, Lang/MacNee, William/Stone, Vicki, The importance of surface area and specific reactivity in the acute pulmonary inflammatory response to particles, 46 Ann Occup Hyg 2002, S. 242 ff.

Feldhaus, Gerhard, Entwicklung des Immissionsschutzrechts, NVwZ 1995, S. 963 ff.

– Bundesimmissionsschutzrecht, Bd. 1, Heidelberg 1999 (zitiert als: *Bearbeiter,* in: Feldhaus, BImSchR).

Hester, R. E./Harrison, Roy M./Royal Society of Chemistry, Nanotechnology: consequences for human health and the environment, Cambridge 2007.

HM Government, Response to the Royal Society and the Royal Academy of Engenineering Report: „Nanoscience and nanotechnologies: opportunities and uncertainties“, London 2005.

Hofmann, Ekkehard, Abwägung im Recht. Chancen und Grenzen numerischer Verfahren im Öffentlichen Recht, Tübingen 2007.

Huber, Peter Michael, Der Immissionsschutz im Brennpunkt modernen Verwaltungsrechts, AöR 114 (1989), S. 252 ff.

Huczko, Andrzej/Lange, Hubert/Calstrokko, Ewa/Grubek-Jaworska, Hanna/Droszcz, Pawelstrok, Physiological Testing of Carbon Nanotubes: Are they Asbestos-like? 9 Fullerenes, Nanotubes and Carbon Nanostructures 2001, S. 251 ff.

Hunt, A./Abraham, J. L./Judson, B./Berry, C. L., Toxicologic and epidemiologic clues from the characterization of the 1952 London smog fine particulate matter in archival autopsy lung tissues, 111 Environmental Health Perspectives 2003, S. 1209 ff.

Hurwicz, Leonid, Optimality Criteria for Decision Making under Ignorance. Cowles Commission Discussion Paper No. 370, 1951.

Jarass, Hans D., Der Rechtsschutz Dritter bei der Genehmigung von Anlagen – am Beispiel des Immissionsschutzrechts, NJW 1983, S. 2844 ff.

Koch, Hans-Joachim, § 4 Immissionsschutzrecht, in: Koch, Hans-Joachim (Hrsg.), Umweltrecht², Neuwied 2007, S. 151 ff.

Koch, Hans-Joachim/Kahle, Christian, Aktuelle Rechtsprechung zum Immissionsschutz, NVwZ 2004, S. 1124 ff.

Koch, Hans-Joachim/Scheuing, Dieter H./Pache, Eckhard, Gemeinschaftskommentar zum Bundesimmissionsschutzgesetz, Neuwied Stand 2006 (zitiert als: *Bearbeiter*, in: Koch/Scheuing/Pache (Hrsg.), GK-BImSchG).

Köck, Wolfgang, Krebsrisiken durch Luftverunreinigungen – Rechtliche Anforderungen an genehmigungsbedürftige Anlagen nach dem BImSchG, ZUR 2001, S. 201 ff.

– Anmerkung zu OVG Weimar, Beschluss vom 22. Februar 2006 – 1 EO 708/05, ZUR 2006, S. 481 f.

Krelle, Wilhelm, Präferenz und Entscheidungstheorie, Tübingen 1968.

Landmann/Rohmer, Umweltrecht, 2007 (zitiert als: *Bearbeiter*, in: Landmann/Rohmer, Umweltrecht).

Länderausschuss für Immissionsschutz, Krebserkrankungen durch Luftverunreinigungen, Düsseldorf 1992.

Laux, Helmut, Entscheidungstheorie⁵, Berlin u.a. 2003.

Mark, David, Occupational Exposure to Nanoparticles and Nanotubes, in: Hester, R. E./Harrison, Roy M. (Hrsg.), Nanotechnology: consequences for human health and the environment, Cambridge 2007, S. 50 ff.

Medina, C./Santos-Martinez, M. J./Radomski, A./Corrigan, O. I./Radomski, M. W., Nanoparticles: pharmacological and toxicological significance, 150 British Journal Of Pharmacology 2007, S. 552 ff.

Meyer, Martin/Kuusi, Osmo, Nanotechnology: Generalizations in an Interdisciplinary Field of Science and Technology, International Journal for Philosophy of Chemistry 10, No 2 (2004), S. 153 ff.

Niehans, Jürg, Zur Preisbildung bei ungewissen Erwartungen, Schweizerische Zeitschrift für Volkswirtschaft und Statistik 84 (1948), S. 433 ff.

Oberdörster, Günter/Oberdörster, Eva/Oberdörster, Jan, Nanotoxicology: An Emerging Discipline Evolving form Studies of Ultrafine Particles, 113 Environmental Health Perspectives 2005, S. 823 ff.

Park, Barry, Current and Future Applications of Nanotechnology, in: Hester, R. E./Harrison, Roy M. (Hrsg.), Nanotechnology: consequences for human health and the environment, Cambridge 2007, S. 1 ff.

Rat von Sachverständigen für Umweltfragen, Umweltgutachten 2004. Umweltpolitische Handlungsfähigkeit sichern. BT-Drs. 15/3600, Berlin 2004.

Savage, Leonard J., The Theory of Statistical Decision, Journal of the American Statistical Association 46 (1951), S. 55 ff.

Seaton, W./MacNee, W./Donaldson, K./Godden, D., Particulate air-pollution and acute health-effects, 345 Lancet 1995, S. 176 ff.

Service, Robert F., Nanotechnology Grows Up, 304 Science 2004, S. 1732 ff.

Sinn, Hans-Werner, Ökonomische Entscheidungen bei Ungewißheit, Tübingen 1980.

Spiecker gen. Döhmann, Indra, Staatliche Entscheidungen unter Unsicherheit, Tübingen im Erscheinen.

Squadrito, G. L./Cueto, R./Dellinger, B./Pryor, W. A., Quinoid redox cycling as a mechanism for sustained free radical generation by inhaled airborne particulate matter, 31 Free Radic Biol Med. 2001, S. 1132 ff.

Tran, Lang/Aitken, Rob/Ayres, Jon/Donaldson, Ken/Hurley, Fintan, Human Effects of Nanoparticle Exposure, in: Hester, R. E./Harrison, Roy M. (Hrsg.), Nanotechnology: consequences for human health and the environment, Cambridge 2007, S. 102 ff.

Wald, Abraham, Statistical Decision Functions, New York u.a. 1950.

Warheit, David/Webb, Thomas R./Colvin, Vicki L./Reed, Kenneth L./Sayes, and Christie M., Pulmonary Bioassay Studies with Nanoscale and Fine-Quartz Particles in Rats: Toxicity is Not Dependent upon Particle Size but on Surface Characteristics, 95 Toxicological Sciences 2007, S. 270 ff.

Wätzold, Frank, Umweltökonomische Konzeptionen bei ökologischer Unsicherheit, Berlin 1998.

Alte Instrumente für neue Wirkungen?

Probleme der rechtlichen Regulierung der Nanotechnologie am Beispiel des Arbeitsschutzes

Arno Scherzberg

A. Strukturelle Grundlagen

Die technikbasierten Handlungspotentiale der Moderne – man denke an Biotechnologie, grüne und rote Gentechnik, Computer- und Kommunikationstechnologie und eben Nanotechnologie – steigern nicht nur die gesellschaftliche Wohlfahrt und Sicherheit, sondern auch die Ungewissheit vor allem mittel- und langfristiger Handlungsfolgen. Umweltverschmutzung, Artensterben, Ozonabbau, Erderwärmung sind ganz oder überwiegend Beispiele der Realisierung technikbasierter Langzeitrisiken. Wurden etwa Fluorchlorkohlenwasserstoffe lange als Ersatz für giftige Ammoniak-Verbindungen in Kühlaggregaten gefeiert, erwiesen sie sich 40 Jahre später als entscheidender Faktor für den Abbau der die menschliche Gesundheit schützenden Ozonschicht. Das zeigt: eine sichere Vorhersage, der Ausschluss oder auch nur die Beherrschung von Risiken aufgrund technologischer Einwirkungen auf Umwelt und Gesundheit ist bei der Vielzahl möglicher Wirkungsketten praktisch unmöglich. Es kann deshalb im wissenschaftlichen wie auch im politischen Risikodiskurs nicht um die völlige Vermeidung von Risiken und Ungewissheiten gehen, sondern nur um einen rationalen Umgang mit ihnen.

Dabei gehört es in einer freiheitlichen Gesellschaftsordnung nicht zu den Aufgaben des Rechts, den sozialen und technologischen Wandel als solchen zu steuern und die Strukturen und Prozesse der Modernisierung politisch zu determinieren. Das mag man von einer tradierten Warte umfassender Verantwortungszuweisung an die Politik bedauern (v. d. Daele 2007: 118), ist aber verfassungs-, gemeinschafts- und teilweise auch völkerrechtlich vorgegeben. Forschung und Entwicklung sind Ausdruck der Freiheit der Wissenschaft, und die wirtschaftliche Nutzung und Verbreitung ihrer Erkenntnisse ist Teil der Marktwirtschaft, geschützt durch die Berufsfreiheit, die europäischen Marktfreiheiten und die Regeln der WTO.

Nicht die Unkontrolliertheit der Modernisierung als solche und auch nicht die Befürchtung, es könnte verborgene Risikopotentiale geben, sind ein zulässiger Anknüpfungspunkt für – über informatorische Pflichten hinausreichende – rechtliche Interventionen (Beutin 2007: 134 f.), sondern nur ein hinreichend konkretes Besorgnispotential für den Eintritt von Schäden an Leben und Gesundheit, an der Umwelt und an sonstigen, legitimerweise vom Gesetzgeber eingestellten Gütern. Nur dann, dann aber durchaus weitgehend, ist nach herrschender Auffassung (teilweise kritisch dazu Scherzberg 2009) Vorsorge gegen die Verwirklichung von Risiken geboten (zum Vorsorgeprinzip in diesem Band Decker S. 113 ff.).

Die moderne Rechtsordnung hat damit, wie der Soziologe Wolfgang v. d. Daele jüngst zur Biotechnologie festgestellt hat, einen strukturellen Bias zugunsten technologischer Innovationen (v. d. Daele 2007: 118). Sie fordert keine Rechtfertigung für die Einführung eines neuen technologischen Paradigmas, sondern eine Rechtfertigung für deren Beschränkung.

Dem liegt die Vorstellung zugrunde, dass die Zukunftsfähigkeit der Gesellschaft durch ein Unterlassen der Nutzung von Chancen ebenso beeinträchtigt werden kann wie durch die Verwirklichung von Risiken. Deshalb erträgt die Gesellschaft die Ungewissheit und setzt auf den Zuwachs von Erfahrung. Freilich ist Erfahrung nur für den Überlebenden ein Gewinn. Das Vertrauen auf Lerneffekte allein ist, wie vor einigen Jahren das britische BSE-Missmanagement gezeigt hat, als Methode der Risikobearbeitung unvertretbar, wenn gravierende Folgen drohen. Die Einführung moderner Technik mit hoher Einwirkungsdichte auf Mensch und Umwelt muss daher als *kontrolliertes Experiment* betrieben werden.

Staatliche Risikosteuerung darf also weder, wie Hans Jonas meint, von der schlimmstmöglichen Prognose ausgehen (Jonas 1979: 70 ff., 391 ff.), noch darf sie, wie Aaron Wildavsky vertritt (Wildavsky 1988: 17 ff.), auf die Gewinnung sicherer Erkenntnis über den Eintritt von Schäden warten. Sie muss einen Mittelweg zwischen Passivität und Aktionismus steuern, Ungewissheiten bewusst verarbeiten und Erfahrungsgewinn gezielt induzieren und damit darauf gerichtet sein, die gesellschaftliche Handlungsfähigkeit insgesamt zu erhöhen (Scherzberg 2004: 233 f.). So klar dieser Grundsatz ist, so schwierig ist seine Anwendung im Einzelfall.

B. Allgemeine Grundsätze zum Umgang mit neuen Technologien

Die bisherige Diskussion hat für den Umgang mit neuen Technologien eine Reihe von Klärungen erbracht:

I. Der geringe Nutzen tradierter Klassifikationen

Die tradierten Klassifikationen helfen für die Bewertung neuer Technologien nicht weiter. Man spricht traditionell von Risiko i.e.S., wenn in einer Entscheidungssituation sowohl Art und Höhe des Schadens als auch dessen Eintrittswahrscheinlichkeit statistisch berechenbar sind, man spricht von Ungewissheit, wenn man die Eintrittswahrscheinlichkeit nicht entsprechend kennt, und von Nichtwissen, wenn aufgrund unzureichenden Informationsstandes selbst das Potential nachteiliger Wirkungen als solches unbekannt bleibt (Böschen et al 2004: 7 f.; Bamberg/Coenenberg 1988: 383; Neuser 2002: 88 ff.).

Bei der politisch-administrativen Entscheidungsfindung über neue Technologien ist nun aber zu berücksichtigen, dass sich das Risikowissen bei neuen Stoffen oder Verfahren vielfach erst im Zuge ihrer Anwendung komplettiert. Deshalb ist die Halbwertzeit theoretischer Risikohypothesen stets gering und die Klassifikation der Entscheidungssituation als Risiko i.e.S. oder als Ungewissheit immer vorläufig. In Bezug auf den Eintritt unerwarteter Nebenfolgen liegt stets (auch) ein Fall des Nichtwissens vor; die tradierte Klassifikation ist für den Umgang mit neuen Technologien deshalb nicht behilflich.

II. Der Wandel der staatlichen Aufgabe: von Gefahrenabwehr zu „Risikomanagement"

Beim Fehlen empirisch abgesicherter Prognosegrundlagen können sich die gesetzliche Vorordnung und der administrative Vollzug nicht allein oder auch nur vorrangig auf die Entwicklung und Verfolgung einer Strategie zur Vermeidung ungewollter Folgen, also im weitesten Sinne auf Gefahrenabwehr richten. Staatliches Risikomanagement muss vielmehr am Nichtwissen ansetzen und sich zunächst auf die Entwicklung einer Strategie für den Umgang mit dem Fehlen sicheren Wissens über Art und Wahrscheinlichkeit des Eintritts solcher Folgen richten. Ihm fällt deshalb auch nicht primär die Aufgabe zu, möglichst weitreichende Sachaufklärung zu initiieren – diese ist definitionsgemäß eben nicht abschließend zu leisten – sondern vor allem die Reflexion und die verbindliche Festlegung der Risikopräferenzen und des Maßes der Risikobereitschaft im Gemeinwesen. Die Wahrnehmung und Bewertungen von Risiken ist bekannter Maßen von subjektiven und sozialen Einschätzungen abhängig, etwa können dabei die Freiwilligkeit der Risikoexposition, die Vertrautheit, die Zurechenbarkeit oder Kontrolliertheit, aber auch die Zeitnähe und die Streuung von Risiken eine Rolle spielen. Die Lagebeurteilung folgt sozialen Mustern. Deshalb kann man zwischen den Nationen der Welt deutliche Abstufungen in der Risikoverarbeitung erkennen, diese ist auch ein kulturelles Phänomen (Scherzberg 2006: 125 f.).

Staatliche Ungewissheitsbewältigung umfasst deshalb sinnvoller Weise auch den Versuch einer Vermittlung der politischen mit der gesellschaftlichen Risikowahrnehmung, mithin einen politisch initiierten öffentlichen Risikodiskurs (Scherzberg 2005: 3 ff.). Nicht zuletzt zur Vermeidung einer essentiellen gesellschaftlichen Verunsicherung, wie wir sie bei der Kernenergie erleben, oder einer weitgehenden Verbraucherverweigerung wie bei der grünen Gentechnik, ist in der Frühphase einer technischen Innovation die Rückkopplung der politischen Risikobewertung an gesellschaftliche Werthaltungen zu suchen.

III. Die Reflexivität des Risikomanagements

Im Umgang mit Ungewissheitslagen gerät zudem in den Blick, dass die Folgen normativer Vorgaben der Risikominimierung oft nicht weniger ungewiss sind als die Risiken selbst. FCKW, PCB und Asbest sind Beispiele für die Risiken der Strategie, bekannte Gefahrenquellen durch unbekannte zu ersetzen. „Some cures are worse than the disease“ sagt der amerikanische Verwaltungsrechtler Cass Sunstein. Unter Ungewissheitsbedingungen lässt sich das freilich im Vorhinein kaum feststellen. Rechtliche Risikosteuerung ist deshalb immer eine „tragic choice“ und selbst riskant. Risiko tritt dem Recht deshalb in zwei Erscheinungsformen entgegen: als Schadenspotential einer neuen Technologie (Risiko erster Ordnung) und als mögliche Irrtumskosten bei der rechtlichen Regulierung (Risiko zweiter Ordnung) (Scherzberg 2004: 219 f.; Sunstein 2002: 99–102, 133–152; Gleich 1999: 288; Beutin 2007: 105 ff.).

Staatliche Risikosteuerung wird damit notwendigerweise reflexiv. Sie darf sich nicht auf den Umgang mit den möglicherweise nachteiligen Folgen einer technologischen Innovation beschränken, sondern muss auch die möglichen nachteiligen Folgen der rechtlichen Normierung selbst einbeziehen (Scherzberg 2004: 220 ff.) Das erfordert eine Einschätzung der Irrtumskosten dieser Regulierung und eine Entscheidung über ihre Verantwortbarkeit vor dem Hintergrund von unvollkommenem Wissen.

IV. Folgerungen

Auf dieser Grundlage lässt sich die Funktion öffentlich-rechtlichen Risikomanagements wie folgt bestimmen:

- das Ausmaß des Nichtwissens durch forschungsanleitende Maßnahmen und Anreize ständig zu verringern,

- einen gesellschaftlichen Risikodiskurs über den Umgang mit den zu Tage tretenden Risiken und dem verbleibenden Nichtwissen zu initiieren,
- sozio-kulturelle Präferenzen und Akzeptabilitäten festzustellen und vor diesem Hintergrund politische und juristische Maßstäbe für die Risikosteuerung zu gewinnen und
- dabei Risiken zweiter Ordnung möglichst gering zu halten.

V. Verfügbare Instrumente im Überblick

Dafür steht ein abgestuftes Instrumentarium rechtlicher und politischer Maßnahmen zur Verfügung. Hier seien ohne Anspruch auf Vollständigkeit genannt (Hoffmann-Riem 2005: 171):

- Leitbilder als Appelle zur Risikominimierung (3-Liter Auto)
- Informationelle Steuerung durch Risikodialog
- Finanzielle Förderung und steuerliche Entlastung der Risikoforschung und Maßnahmen der Risikominimierung
- Förderung der Entwicklung und Durchsetzung von technischen Normen und Sicherheitsstandards (z.B. Bereitstellung eines Regelungsrahmens für die Vergabe und Verwendung von Sicherheits-/Umweltzeichen)
- Haftungsrecht und Versicherungspflicht (z.B. Haftung bei Entwicklungsrisiken nur bei Verschulden – Haftung könnte so durch zumutbare Risikoforschung des Betreibers vermieden werden)
- Ordnungsrecht, insbesondere Genehmigungsvorbehalte mit abgestufter Verteilung der Beibringungslasten und mit Vermutungsregeln zur Erhöhung der Entscheidungssicherheit
- Verpflichtungen zur Risikobegleitforschung, Produktbeobachtung und Nachmarktkontrolle
- Förderung von Selbstkontrolle (ordnungsrechtliche Erleichterungen für zertifizierte Betriebe)
- Flexibilisierungen, Begrenzung des Bestandsschutzes und
- die fortlaufende Überprüfung der Maßnahmen des Risikomanagements.

VI. Die Aufgabe des Gesetzgebers in Ungewissheitslagen

Der Gesetzgeber kann in Ungewissheitslagen die maßgeblichen Entscheidungen, jedenfalls in frühen Stadien der Technologieentwicklung, nicht abschließend selbst treffen. Er muss sich vielmehr auf Zielvorgaben beschränken und die Handlungsbefugnisse und -maßstäbe der Verwaltung in Ermessens- und Vertretbarkeitsklauseln offen umschreiben (Hoffmann-Riem 2005: 149; s. auch Beutin 2007: 223 ff.). Hinzu treten dann prozedurale und organisationelle Anforderungen an das Entscheidungsverhalten und an die Aufnahme veränderter Erkenntnislagen (Hoffmann-Riem 2005: 168). Das Gesetz selbst kann dann allerdings keine Erwartungssicherheit mehr vermitteln. Es steuert den Umgang mit der Ungewissheit nicht mehr selbst, sondern sichert nur noch die Qualität administrativer und betrieblicher Risikobewältigung (Scherzberg 2004: 257).

C. Das Beispiel Arbeitsschutz

Für die Nanotechnologie bedarf es einer Umsetzung dieser Erkenntnisse auf mindestens drei Regelungsfeldern:

- dem Umweltschutz
- dem Verbraucherschutz und
- dem Arbeitsschutz.

Die Folgerungen für den Umweltschutz und das Lebensmittelrecht als wichtigstem Bestandteil des Verbraucherschutzrechts werden in anderen Beiträgen dieses Bandes gezogen (vgl. Führ S. 139 ff.; Köck S. 183 ff.; Hofmann S. 201 ff.; Rathke S. 233 ff.). Die folgenden Bemerkungen sollen der Ungewissheitsbewältigung im Arbeitsschutz dienen, die im Hinblick auf die besondere Intensität und Kontinuität der Exposition am Arbeitsplatz besondere Anforderungen sowohl an die rechtliche Regulierung als auch an Messtechnik, Analytik und betriebliche Risikobewertung stellt (VCI 2007: 5 ff.; BBU/BUND 2008: 4).

Das ArbSchG überträgt die Verantwortung für den Arbeitsschutz auf den Arbeitgeber, der die in seinem Betrieb auftretenden Gefährdungen der Beschäftigten beim Umgang mit Gefahrstoffen zu analysieren und entsprechend geeignete Schutzmaßnahmen zu ergreifen hat (Weinmann et al 2005: A 3.3.2.1). Gem. § 4 Nr. 1 ArbSchG hat er die Arbeit so zu gestalten, dass eine Gefährdung für Leben und Gesundheit möglichst vermieden und eine verbleibende Gefährdung möglichst gering gehalten wird. Zur Wahrnehmung dieses Minimierungsgebots hat er gem. § 5 Abs. 1 ArbSchG die mit der Arbeit verbundene Gefährdung zu beurteilen und danach die zum Arbeitsschutz erforderlichen Maßnahmen zu ermitteln. Art und Umfang der Gefährdungsbeurteilung und die gebotenen Maßnahmen des Risikomanagements werden in § 7 ff. GefStoffV und für besonders kritische Tätigkeiten im Anhang der Verordnung in Detailbestimmungen konkretisiert. Zu den in Anhang III Nr. 2 GefStoffV gesondert behandelten Stoffen gehören auch alveolengängige und einatembare Stäube. Gem. Nr. 2.3 Abs. 3, 5 Anhang III Nr. 2 GefStoffV sollen Maschinen und Geräte möglichst wenige solcher Partikel freisetzen, ferner sind die entstehenden Stäube an der Austrittsstelle möglichst vollständig zu erfassen und zu entsorgen. Nr. 2. 3 Abs. 3 und 8 enthält überdies eine Pflicht zur Minimierung der Exposition und zur Beachtung der allgemeinen, nach dem Stand der Technik verfügbaren Schutzmaßnahmen.

Gem. § 7 Abs. 2 GefStoffV hat sich der Arbeitgeber die für die Gefährdungsbeurteilung notwendigen Informationen beim Inverkehrbringer oder bei anderen ohne weiteres zugänglichen Quellen zu beschaffen. Gem. § 7 Abs. 2 S. 3 GefStoffV sind dabei die ihm gemäß Titel IV der neuen REACH-Verordnung 1907/2006 der Europäischen Gemeinschaft zur Verfügung gestellten Informationen zu beachten; dazu gehören Sicherheitsdatenblätter und die Informationen zu Stoffen oder Zubereitungen, für die kein Sicherheitsdatenblatt zu erstellen ist. Sofern die EG-Vorschriften keine Informationspflicht etwa in einem Sicherheitsdatenblatt vorsehen, hat der Inverkehrbringer dem Arbeitgeber auf Anfrage alle Informationen über die Gefahrstoffe zur Verfügung zu stellen, die zur Anwendung von Satz 1 und 2 erforderlich sind. Das Arbeitsschutzrecht knüpft damit primär an die stoffrechtlich zu erhebenden und zu übermittelnden Eigenschaften an (Führ et al 2006: 29).

Da Nanomaterialien in der Regel dieselbe CAS-Nummer haben wie größere Partikel aus dem gleichen Grundstoff, wurden sie im bisherigen Stoffrecht keiner speziellen Regelung unterstellt. Anderes galt nur, soweit sie wie Fullerene und Nanotubes ausschließlich als nanoskalige Partikel erzeugt worden sind (Führ in diesem Band S. 139 ff.). Für den Regelfall bestand dagegen bisher keine gesetzliche stoffspezifische Verpflichtung, Studien für Nanomaterialien durchzuführen (BAuA 2008). Dementsprechend fehlen in den von einer jüngst veröffentlichten dänischen Studie untersuchten Sicherheitsdatenblättern Angaben zu den nanospezifischen Eigenschaften des betreffenden Produkts (Franco et al 2007: 176).

Zu welchem Zeitpunkt und in welchem Umfang Nanomaterialien nach der REACH-Verordnung einer eigenen Bewertung unterzogen werden müssen, hängt zum einen davon ab, ob es sich um einen „Phase-in“ (Alt)-Stoff nach Art. 3 Nr. 20 Abs. a) REACH-VO handelt, und zum anderen davon, in welchen Mengen der Stoff in der Gemeinschaft hergestellt oder in sie eingeführt wird. Bei gleicher chemischer Struktur wird die Qualifikation der nanoskaligen Erscheinungsform eines im Altstoffregister EINECS verzeichneten Stoffs als „neuer Stoff“ nicht zu begründen sein (Franco et al, 2007: 181; Führ in diesem Band S. 139 ff.; Köck in diesem Band S. 183 ff.). Nach den damit geltenden Übergangsregeln der Art. 23 Abs. 2 und 3 REACH-VO ist eine Registrierung von Nanomaterialien demnach im Regelfall bei Herstellungsmengen von über 100 t pro Hersteller für 5 Jahre, bei Mengen ab 1 t für 10 Jahre storniert. In diesen Zeiträumen begnügt sich Art. 28 Abs. 2 VO 1907/2006 mit einer Vorregistrierung, bei der keine risikobezogenen Daten zu übermitteln sind.

Soweit Nanomaterialien als neue Stoffe einer sofortigen Registrierung unterliegen – und für die Phase-In-Stoffe nach Ablauf der genannten Fristen – knüpft REACH bei der Definition der den Hersteller treffenden Pflichten an das Vermarktungsvolumen an. Ein Registrierungsdossier mit bestimmten Grunddaten gem. Art. 7 Abs. 4 VO 1907/2006 ist gem. Art. 6 Abs. 1VO 1907/2006 erst ab einer Herstellungs- oder Einfuhrmenge von 1 t pro Jahr, ein detaillierter Stoffsicherheitsbericht ist gem. Art. 14 Abs. 1 VO 1907/2006 erst ab einer Herstellungs-/Einfuhrmenge von 10 t pro Jahr (jeweils pro Hersteller bzw. Importeur) erforderlich. Dieser Bericht kann gem. Art. 14 Abs. 2 VO bei Unterschreiten bestimmter Konzentrationsgrenzen entfallen (krit. dazu Köck in diesem Band S. 183 ff.) und muss im übrigen gem. Art. 14 Abs. 4 VO nur dann eine Expositionsbeurteilung und Risikobeschreibung enthalten, wenn der Registrant aus seiner Stoffsicherheitsbeurteilung folgert, dass die Kriterien für eine Einstufung als gefährlich gemäß der Richtlinie 67/548/EWG vorliegen oder es sich um einen persistenten, bioakkumulierbaren und toxischen oder einen sehr persistenten und sehr bioakkumulierbaren Stoff handelt.

Angesichts erheblicher Wissenslücken über die Eigenschaften und Toxizität von Nanomaterialien und des Umstandes, dass es insoweit an aussagekräftigen Test- und Bewertungsmethoden fehlt, dürften derartige Schlussfolgerungen in vielen Fällen nicht oder nicht mit hinreichender Sicherheit zu treffen sein (Dekkers et al, 2007: 34). Eine Verpflichtung, spezifische Tests im Hinblick auf die Wirkungen von Nanomaterialen durchzuführen, dürfte REACH auch insoweit nicht zu entnehmen sein (Führ in diesem Band S. 139 ff.). Im Übrigen ist der von REACH zugrundegelegte Parameter der Herstellungsmenge zwar ein generell durchaus geeigneter Indikator, um den Bedarf an toxikologischen Studien und sonstigen, dem Vorsorgegrundsatz entsprechenden Aktivitäten zu steuern. Für typischerweise in kleineren Mengen hergestellte und gerade wegen ihrer Winzigkeit (und damit Leichtigkeit) risikobehaftete Stoffe ist ein solcher Ansatz allerdings untauglich (krit. auch Franco et al, 2007: 181; Köck in diesem Band S. 183 ff.). Schon gar nicht ist die Herstellungsmenge aber eine für das Arbeitsschutzrecht brauchbare Referenz. Der Grad der Gesundheitsgefährdung eines konkret betroffenen Arbeitnehmers ist vom Ausmaß seiner individuellen Exposition am Arbeitsplatz, nicht aber von der jährlichen Produktionsmenge des betreffenden Betriebes abhängig. Die Anknüpfung des Arbeitsschutzrechts an die stoffrechtlich bereitgestellten Informationen ist daher unbefriedigend.

Allerdings ist der Arbeitgeber neben der Auswertung der ihm im Rahmen von REACH übermittelten Daten gem. § 7 Abs. 1, 2 S. 5 GefStoffV auch verpflichtet, die von den Nanomaterialien ausgehenden Gefährdungen für die Beschäftigten selbst zu ermitteln. Dabei sind gem. § 7 Abs. 5 GefStoffV insbesondere auch die mit den Tätigkeiten verbundenen inhalativen, dermalen und physikalisch-chemischen Einwirkungspfade zu berücksichtigen. Für diese Prüfung ist es nicht erheblich, ob es sich bei Nanomaterialien um gegenüber Stoffen in herkömmlicher Größenordnung eigenständige Stoffe handelt. Fraglich ist allerdings, wie weit die Ermittlungspflichten des Arbeitgebers reichen, insbesondere, welche Informationsquellen von ihm heranzuziehen sind. Regelmäßig wird hierbei das vom Hersteller verfasste Sicherheitsdatenblatt die informationelle Grundlage darstellen.

Art und Umfang seiner Prüfungspflichten werden in der vom Bundesministerium für Arbeit und Soziales gem. § 21 Abs. 4 GefStoffV bekannt gemachten Technischen Regeln für Gefahrstoffe (TRGS) konkretisiert. Bei Einhaltung dieser Bestimmungen ist gem. § 8 Abs. 1 S. 3 GefStoffV „in der Regel davon auszugehen, dass die in der Verordnung gestellten entsprechenden Anforderungen erfüllt sind." Einschlägig sind insoweit TRGS 400 und TRGS 526.[1] Nach Nr. 4.1 TRGS 400 muss der Arbeitgeber bei der Nutzung nicht selbst hergestellter Stoffe bei der Gefahrenermittlung neben dem Sicherheitsdatenblatt zusätzlich alle „ohne weiteres zugängliche(n) Informationen" verwerten und ggf. Zweifeln an den Angaben auf dem Sicherheitsdatenblatt nachgehen. Eine Auswertung einschlägiger wissenschaftlicher Veröffentlichungen ist dabei allerdings nicht geboten, auch eigene Tests muss er nicht anstellen. Ist ihm keine substantiierte Gefährdungsbeurteilung möglich, sind die betreffenden Materialien wie gesundheitsgefährliche, hautreizende, hautsensibilisierende und einen „Verdacht auf Ergutveränderung" begründende Stoffe zu behandeln und sind die in Nr. 4.2 Abs. 8 ff. TRSG 400 für Stoffe im Allgemeinen sowie für die bei Tätigkeiten freigesetzten Stäube im Besonderen festgelegten Mindestschutzmaßnahmen zu ergreifen. Handelt es sich um einen neuen Stoff, der in wissenschaftlichen Laboratorien oder für wissenschaftliche sowie produkt- und verfahrensorientierte Forschung und Entwicklung verwendet wird, sind gem. Nr. 4.2 Abs. 9 TRSG 400 überdies die Regeln für den Umgang mit giftigen Gefahrstoffen zu beachten.

Damit wird dem Vorsorgeprinzip im Ansatz zutreffend Rechnung getragen. Aber auch die arbeitsschutzrechtliche Situation weist Lücken auf. Regelmäßig wird das vom Hersteller verfasste Sicherheitsdatenblatt die für den Arbeitgeber maßgebliche informationelle Grundlage darstellen. Ist es unrichtig oder unvollständig, fehlen etwa aufgrund der oben geschilderten Rechtslage zu REACH ausdrückliche Hinweise auf die Eigenschaft des Stoffes als Nanomaterial, und liegen auch keine ohne weiteres zur Verfügung stehenden Informationen i.S.d. Nr. 4.1 Abs. 6 TRGS 400 vor, die auf ein besonderes Gefährdungspotential verweisen, laufen die arbeitsschutzrechtlichen Pflichten leer. Auf Schutzmaßnahmen nach dem Stand von Wissenschaft und Technik ist der Arbeitgeber nicht verpflichtet. Die in der TRGS 400 vorgesehenen vorsorglichen Schutzmaßnahmen bleiben u.U. hinter diesem Standard zurück. Deshalb ist eine Intensivierung der Pflichten der Arbeitgeber zur Gefährdungsermittlung und -beurteilung geboten und vom Ausmaß und der Reduzierbarkeit der Exposition am Arbeitsplatz abhängig zu machen.

---

1 TRGS 400, Ausgabe Januar 2008, http://www.baua.de/nn_16704/de/Themen-von-A-Z/Gefahrstoffe/TRGS/pdf/TRGS-400.pdf; TRGS 526, Ausgabe Februar 2008, http://www.baua.de/nn_16744/de/Themen-von-A-Z/Gefahrstoffe/TRGS/pdf/TRGS-526.pdf.

Abgesehen von den skizzierten Lücken bei der Gewährleistung eines effektiven Risikomanagements steht die arbeitsschutzrechtliche Gefährdungsprüfung derzeit auch vor einer Reihe von praktischen Herausforderungen:

- Es gibt keine standardisierten und validierten Verfahren zur Messung der Exposition von Nanopartikeln (Engel 2007: 10). Insbesondere fehlen anerkannte Regeln für die Bewertung der Leistungsfähigkeit von Geräten zur Messung der Konzentration nanoskaliger Aerosole an Arbeitsplätzen sowie ein einfaches Kalibriersystem für Messgeräte zur Bestimmung der Partikelanzahlkonzentration (BAuA 2007a: 21). Messbar sind offenbar vor allem Anzahl, Masse und Größe der Partikel (Schäfer 2007). Auch dabei lassen sich industriell hergestellt Partikel aber noch nicht von solchen ubiquitär vorkommenden Aerosolen wie Zigarettenrauch und Autoabgasen unterscheiden.
- Es gibt auch noch keine abschließende Klärung der Frage, welche Messgrößen überhaupt zur Bestimmung der toxikologischen Wirkungen einer Exposition relevant sind. Dementsprechend fehlt eine allgemein akzeptierte Messstrategie (VCI 2007: 6). Offenbar spielen für die Folgen einer Exposition weniger die Masse, als die Struktur, die chemische Zusammensetzung, das Volumen, die Oberfläche, die Reaktivität und Löslichkeit eine Rolle. Die verfügbaren massebasierte Messungen sind also möglicherweise gar nicht aussagekräftig.
- Unklarheit herrscht auch darüber, inwieweit bisherige Schutzmaßnahmen gegen die Exposition von Stäuben und Suspensionen für Nanomaterialien geeignet sind, insbesondere also herkömmliches Filtermaterial hinreichend bei oraler und Schutzkleidung hinreichend bei dermaler Exposition schützt.
- Schließlich fehlt es auch an Wissen über das Ausmaß der tatsächlichen Exposition entlang der Wertschöpfungskette von der Herstellung über die Verarbeitung bis hin zur Entsorgung (Franco et al 2007). Insbesondere fehlt eine kontinuierliche Arbeitsplatzmessung. Etwa 70 % der im Jahre 2006 von der Bundesanstalt für Arbeitsschutz und Arbeitsmedizin befragten Unternehmen führen keine Expositionsmessungen zum Umgang mit Nanomaterialien am Arbeitsplatz durch, dementsprechend ist beim Herstellungsprozess von fast 80 % der Nanoprodukte die Teilchenkonzentration am Arbeitsplatz überhaupt nicht bekannt (Plitzko et al 2007: 7, 14, 16).

Vor dem Hintergrund eines derart lückenhaften Wissens- und Erkenntnisstandes verwundert nicht, dass – mit Ausnahme von amorpher Kieselsäure (BAuA 2007b) – arbeitsplatzbezogene Grenzwerte fehlen. Insbesondere ist der allgemeine Staubgrenzwert der TRGS 900 gem. 2.4. Abs. 3 TRGS für ultrafeine Stäube nicht anwendbar. Es würde angesichts der spezifischen Eigenschaften nanoskaliger Stoffe auch nicht weiterführen, Grenzwerte nach der üblichen Methode als Masse pro Volumen ohne Berücksichtigung der Teilchengröße festzulegen (BUND 2007: 8). Stattdessen sind derzeit vor allem der Verband der Chemischen Industrie und die Bundesanstalt für Arbeitsschutz und Arbeitsmedizin um die Entwicklung und Verbesserung von Leitlinien und Empfehlungen zur „Best-Practice“ bei Messverfahren, Schutzmaßnahmen und Kommunikation (VCI 2007) bemüht. Über den im Jahre 2007 vorgelegten „Leitfaden für Tätigkeiten mit Nanomaterialien am Arbeitsplatz“ hinaus (BAuA/VCI 2007) werden branchenspezifische Empfehlungen angestrebt (VCI 2007: 3, 8; VCI 2008).

Eine in ihrer Allgemeinheit und Pauschalität allerdings kaum weiterführende Empfehlung zum Umgang mit Nanomaterialien hat jüngst die EU-Kommission vorgelegt (Kommission 2008). Ihr „Verhaltenskodex für verantwortungsvolle Forschung im Bereich der Nanowissenschaften und -technologien“ gründet in sieben allgemeinen Grundsätzen wie Nachhaltigkeit, Vorsorge, Integration und Verantwortlichkeit. Nanoforschung dürfte „weder heute noch in Zukunft Menschen, Tiere, Pflanzen oder die Umwelt schädigen oder eine Bedrohung für sie darstellen.“ Sie müsse „potenzielle Auswirkungen ihrer Ergebnisse für Umwelt, Gesundheit und Sicherheit vorhersehen und Vorsorgemaßnahmen ergreifen, die dem nötigen Schutzniveau entsprechen.“ Dabei sollen Forscher und Forschungseinrichtungen „für die möglichen sozialen, ökologischen und gesundheitlichen Folgen“ ihrer nanobezogenen Forschungen „zur Rechenschaft gezogen werden können“. Die Anwendung des Vorsorgeprinzips sollte auch „das Schließen von Wissenslücken und somit weitere Forschungs- und Entwicklungsmaßnahmen beinhalten“. Solange keine Risikobewertung der langfristigen Sicherheit vorliegt, sollten nach Nr. 4.1.15 des Anhangs „Forschungsarbeiten zur bewussten Einführung von Nano-Objekten in den menschlichen Körper oder zu ihrer Beigabe zu Lebensmitteln … und anderen Produkten, durch die Mensch und Umwelt ihnen ausgesetzt werden können, vermieden werden.“

D. Fazit

Wegen der skizzierten Lücken in der stoffrechtlichen Regulierung des Umgangs mit Nanomaterialien kann es auch bei der Anwendung arbeitsschutzrechtlicher Vorgaben zu Defiziten bei der Umsetzung des Vorsorgeprinzips kommen. Derzeit ist nicht sichergestellt, dass die Gefährdungsbeurteilung des Arbeitgebers auf einer nanospezifischen Risikobewertung des Herstellers beruht. Auch der Arbeitgeber selbst ist nicht zu einer uneingeschränkten Aktualisierung seines Risikowissens und zu einer darauf basierenden nanospezifischen Gefährdungsbeurteilung verpflichtet. Insbesondere wird ihm derzeit nicht ausdrücklich abverlangt, im Rahmen der Auswertung „ohne weiteres zugänglicher Informationen“ auf aktuelle, in gängigen Publikationsmedien verfügbare wissenschaftliche Studien zurückzugreifen. Im Zweifel ist derzeit der Schutzstandard für gesundheitsgefährliche bzw. giftige Gefahrstoffe maßgeblich. Das kann indes nur solange gelten, wie derartige Risikostudien kein höheres Gefährdungspotential indizieren.

Reformbedarf besteht derzeit vor allem bei der Bestimmung der im Rahmen von REACH zur Verfügung zu stellenden Herstellerinformationen. Diese sind statt anhand der Herstellungsmenge anhand der vermuteten Risikoneigung des Stoffes und der zu erwartenden Exposition von Arbeitnehmern, Verbrauchern und Umwelt abzustufen. Jedenfalls die arbeitsschutzspezifischen Vorsorgeregelungen sind stärker am Umfang der Exposition des Arbeitnehmers zu orientieren. Von der Ebene der Europäischen Gemeinschaft gehen hierzu bislang keine brauchbaren Impulse aus. Stattdessen wäre ein Zugewinn an Rechtssicherheit durch die Formulierung einer eigenständigen TRGS Nano erreichbar.

E. Literatur

Bamberg, Günter/Coenenberg, Adolf Gerhard (1988): Entscheidungstheorie, in: *Albers, Willi,* (Hrsg.), Handwörterbuch der Wirtschaftswissenschaft, Band 2, S. 376–392.

BAuA (2007a): Nanotechnologie: Gesundheits- und Umweltrisiken von Nanomaterialien – Forschungsstrategie, http://www.baua.de/nn_47716/de/Themen-von-A-Z/Gefahrstoffe/Nanotechnologie/pdf/Forschungsstrategie.pdf.

– (2007b): Technische Regeln für Gefahrstoffe 900: Arbeitsplatzgrenzwerte www.baua.de/de/Themen-von-A-Z/Gefahrstoffe/TRGS/TRGS-900.html.

– (2008): Gesetzeslage zum Schutz der Arbeitnehmer, http://www.baua.de/de/Themen-von-A-Z/Gefahrstoffe/Nanotechnologie/Gesetzeslage.html_nnn=true, 09.04.2008.

BAuA/VCI (2007): Leitfaden für Tätigkeiten mit Nanomaterialien am Arbeitsplatz, http://www.baua.de/nn_43190/de/Themen-von-A-Z/Gefahrstoffe/Nanotechnologie/pdf/Leitfaden-Nanomaterialien.pdf, 09.04.2008.

BBU/BUND (2008): Kriterien zur Kontrolle von Nanotechnologien und Nanomaterialien, http://www.bbu-online.de/Arbeitsbereiche/Nanotechnologie/20080220_nanotechnologie_kontrolle_kriterien.pdf , 20.2.2008.

Beutin, Andreas (2007): Die Rationalität der Risikoentscheidung.

Böschen, Stefan/Schneider, Michael/Lerf, Anton (Hrsg.) (2004): Handeln trotz Nichtwissen. Vom Umgang mit Chaos und Risiko in Politik, Industrie und Wirtschaft, Frankfurt/ New York.

– Für einen verantwortlichen Umgang mit der Nanotechnologie, http://www.bund.net/fileadmin/bundnet/publikationen/nanotechnologie/20070500_nanotechnologie_position.pdf.

Decker, Michael (2008): Nanopartikel und Risiko – ein Fall für das Vorsorgeprinzip? Betrachtungen aus der Perspektive der Technikfolgenabschätzung, in diesem Band, S. 113 ff.

Dekkers, S./de Heer, C./de Jong, W. H./Sips, A. J. A. M./von Engelen J. G. M. (2007): Nanomaterials in Consumer Products, Studie im Auftrag des Europäischen Parlaments, http://www.europarl.europa.eu/comparl/envi/pdf/externalexpertise/nanomaterials_in_consumer_products.pdf.

Engel, Stefan (2007): Erfahrungen bei Expositionsmessungen am Arbeitsplatz, BASF; http://www.vci.de/template_downloads/tmp_VCIInternet/Engel_BASF~DokNr~121338~p~101.pdf.

Franco, Antonio/Hansen, Steffen Foss/Olsen, Stig Irving/Butte, Luciano (2007): Limits and prospects of the "incremental approach" and the Ruropean legislation on the management of risks related to nanomaterials, Regulatory Toxicology and Pharmacology 48 (2007), 171–183.

Führ, Martin (2008): Regulierung von Nano-Materialien im Umweltrecht – Analyse und Gestaltungsoptionen –, in diesem Band, S. 139 ff.

Führ, Martin/Hermann, Andreas/Merenyi, Stefanie/Moch, Katja/Möller, Martin (2006): Rechtsgutachten Nano-Technologien, in: http://www.oeko.de/oekodoc/334/2006-022-de.pdf, 09.04.2008

Gleich, Arnim von (1999): Vorsorgeprinzip, in: Bröchler, Stephan/Simonis, Georg/Sundermann, Karsten (Hrsg.): Handbuch Technikfolgenabschätzung Band 1, Berlin, S. 288–293.

Hoffmann-Riem, Wolfgang (2005): Risiko- und Innovationsrecht im Verbund, in: Die Verwaltung 38, S. 145–176.

Jonas, Hans (1979): Das Prinzip Verantwortung, Frankfurt/Main.

Köck, Wolfgang (2008): Nanopartikel und REACH, Zur Leistungsfähigkeit von REACH für die Bewältigung von Nano-Risiken, in diesem Band, S. 183 ff.

Kommission der Europäischen Gemeinschaften (2008): Empfehlung der Kommission vom 07.02.2008 für einen Verhaltenskodex für verantwortungsvolle Forschung im Bereich der Nanowissenschaften und -technologien, K (2008) 424 endg.

Neuser, Wolfgang (2002): Nichtwissen – eine konstitutive Bedingung für den Entwurf von Welt, in: *Götz, Klaus* (Hrsg.),: Wissensmanagement. Zwischen Wissen und Nichtwissen, 4. Aufl., München, S. 85–95.

Plitzko, Sabine/Gierke, E./Schäfer H. G. (2007): Fragebogenaktion der BAuA und des VCI, http://www.baua.de/nn_43190/de/Themen-von-A-Z/Gefahrstoffe/Nanotechnologie/pdf/Vortrag-Plitzko-04.pdf

Schäfer, Heinz-Günter (2007): Best-Practice-Leitfaden von BAuA und VCI, http://www.vci.de/template_downloads/tmp_VCIInternet/Schaefer_VCI~DokNr~121338~p~101.pdf, 09.04.2008.

Scherzberg, Arno (2004): Risikosteuerung durch Verwaltungsrecht – Ermöglichung oder Begrenzung von Innovationen, VVDStRL 63, S. 214–258.

– (2005): Risikomanagement vor der WTO, ZUR 2005, S. 1–8.

– (2006): US/EU-Trade Disputes About Risk Regulation, in: Cambridge Review of International Affairs 19, 1, 121–137.

– (2009): Grundlagen staatlicher Risikosteuerung, in: Albers, Marion/Appel, Ivo (Hrsg.), Schriften zum Bio-, Gesundheits- und Medizinrecht, im Erscheinen.

Sunstein, Cass R. (2002): Risk and Reason, Cambridge.

van den Daele, Wolfgang (2007): Legal framework and political strategy in dealing with the risks of new technolgy: the two faces of the precautionary principle, in: Somsen, Han (Hrsg.): The Regulatory Challenge of Biotechnology, Cheltenham, S. 118–138.

VCI (2007): Nanomaterialien am Arbeitsplatz, Stakeholder-Dialog zum Arbeitsschutz, 09.04.2008 http://www.vci.de/default2~rub~809~tma~0~cmd~shd~docnr~121338~nd~~ond~nano~snd~~shmode~.htm.

– (2008): Nanomaterialien: Informationsweitergabe in der industriellen Lieferkette, Stakeholderdialog, 5.3.2008 http://www.vci.de/default2~rub~809~tma~0~cmd~shd~docnr~122769~nd~~ond~nano~snd~~shmode~.htm.

Weinmann, Wolfram/Thomas, Hans-Peter/Klein, Helmut A. (2005): Gefahrstoffrecht, Stand 2005, A 3.3.2.1., CD-Rom-Ausgabe.

Wildavky, Aaron (1988): Searching for Safety, New Brunswick.

Reformbedarf im Lebensmittelrecht

Kurt-Dietrich Rathke

A. Vorbemerkung

I. Begriff

Nanotechnologie ist ein naturwissenschaftlicher Begriff. Wird er als Rechtsbegriff verwendet, verliert er seine naturwissenschaftliche Unschuld. Zuständig ist dann der Jurist. Das wird oft übersehen. Eine rechtliche Definition liegt derzeit, soweit bekannt, nicht vor. Für die nachfolgenden Ausführungen wird deshalb eine eigene Definition, besser eine Beschreibung, formuliert. Dabei ist der Stand der naturwissenschaftlichen und technologischen Erkenntnisse zugrunde gelegt. Rechtlicher Ausgangspunkt ist im Lebensmittelrecht der Verbraucherschutz, insbesondere der Schutz vor Gesundheitsschäden. Deshalb sind für eine lebensmittelrechtliche Definition auch unwahrscheinliche Folgen der Nanotechnologie zu berücksichtigen. Aus naturwissenschaftlicher Sicht scheinen die folgenden Informationen grundlegend:

- Ausgangspunkt ist, wie die Bezeichnung sagt, die Partikelgröße im Nanobereich. Als Nanobereich wird allgemein eine Partikelgröße von 1 bis 100 nm zu Grunde gelegt. Davon gehen auch die nachfolgenden Ausführungen aus.
- Bemerkenswert an so kleinen Partikeln ist, dass sie trotz chemischer Identität andere Eigenschaften als größere Partikel desselben Stoffes aufweisen können
- und dass diese Eigenschaften mit den Gesetzen der Kausalität nicht übereinstimmen müssen (das ist zwar nur eine Hypothese, deren Richtigkeit jedoch hier im Hinblick auf das Erfordernis eines umfassenden Verbraucherschutzes unterstellt werden muss).
- Besondere Eigenschaften sind
  - physikalische Eigenschaften wie Leitfähigkeit, Farbe, Dichte;
  - chemische und physikalisch chemische Eigenschaften wie Reaktionsfähigkeit, Löslichkeit, Struktur;
  - biologische Eigenschaften wie Diffusionseigenschaften;
- hinzukommen Nanostrukturen (Oberflächenstrukturen).

Unter Nanotechnologie verstehe ich hiernach lebensmittelrechtlich

- alle Verfahren, mit deren Hilfe Nano-Partikel erzeugt werden und
- alle Verfahren, die sich auf die Nutzung von Nanopartikeln, gleich ob neuartig oder nicht, beziehen.

Nano-Partikel sind bekanntlich keine Erfindung des Menschen, sondern Teil der Natur; sie sind deshalb schon immer in Lebensmitteln enthalten, wenn auch als solche nicht oder nicht umfassend erkannt. Das schließt nicht aus, dass Verfahren entwickelt werden (oder wurden), die mit bekannten Stoffen in Nano-Größe neue, den Verbraucherschutz berührende Wirkungen erzielen. Offensichtlich ist die Wissenschaft aber auch in der Lage, neuartige Nano-Partikel zu erzeugen. Das zwingt zu einer differenzierten Darstellung, weil aufgrund der EG-Verordnung 258/97 für neuartige Lebensmittel und Lebensmittelzutaten spezielle Vorschriften bestehen. Bei einer Beantwortung der Frage, welchen Beschränkungen ein nanotechnologisch verändertes Lebensmittel unterliegt und welche Maßstäbe erfüllt sein müssen, sind deshalb zu unterscheiden:

- Lebensmittel, denen mit bekannten Verfahren neuartige Nano-Partikel zugesetzt wurden;
- Lebensmittel mit bekannten Nano-Partikeln, die in einem neuartigen nanotechnologischem Verfahren verändert werden;
- Lebensmittel, denen mit neuartigen Verfahren neuartige Nano-Partikel zugesetzt wurden;

- Lebensmittel mit bekannten Nano-Partikeln, die mit bekannten Verfahren bearbeitet werden.

Unter „zusetzen" wird hier – der Einfachheit halber zusammengefasst – auch das Erzeugen von Nano-Partikeln verstanden.

II. Gang der Darstellung

Da es bekanntlich bereits in großem Umfang lebensmittelrechtliche Vorschriften gibt, sollen zur Beantwortung der Frage nach einem Reformbedarf im Lebensmittelrecht zunächst diejenigen Vorschriften dargestellt werden, die sich auf Nano-Partikel und -Verfahren beziehen können. Dabei wird an die drei Ziele des Lebensmittelrechts angeknüpft:

- Gesundheitsschutz
- Täuschungsschutz
- Information des Verbrauchers.

B. Gesundheitsschutz

Einschlägig sind vornehmlich die Verordnung (EG) 178/2002 des Europäischen Parlaments und des Rates vom 28. Januar 2002 zur Festlegung der allgemeinen Grundsätze und Anforderungen des Lebensmittelrechts, zur Errichtung der Europäischen Behörde für Lebensmittelsicherheit und zur Festlegung von Verfahren zur Lebensmittelsicherheit[1], die Verordnung (EG) Nr. 258/97 des Europäischen Parlaments und des Rates vom 27. Januar 1997 über neuartige Lebensmittel und neuartige Lebensmittelzutaten[2] und die Verordnung (EG) Nr. 1829/2003 des Europäischen Parlaments und des Rates vom 22. September 2003 über genetisch veränderte Lebensmittel und Futtermittel[3].

I. Art. 14 Verordnung (EG) 178/2002

Art. 14 Verordnung (EG) 178/2002 bestimmt als allgemeine Anforderung an die Lebensmittelsicherheit:

---

1 ABl. L 31 S. 1, zuletzt geändert durch die Verordnung (EG) Nr. 202/2008 vom 4.3.2008, ABl Nr. L 60 S. 17.

2 ABl. L 43 vom 14.2.1997, S. 1, zuletzt geändert durch die Verordnung (EG) Nr. 1882/2003 vom 29.9.2003 ABl. L 284 S. 1.

3 ABl. L 268 S. 1, zuletzt geändert durch die Verordnung (EG) Nr. 298/2008 vom 11. März 2008 Abl. L 97 64.

(1) Lebensmittel, die nicht sicher sind, dürfen nicht in Verkehr gebracht werden.

(2) Lebensmittel gelten als nicht sicher, wenn davon auszugehen ist, dass sie

a) gesundheitsschädlich sind,

b) für den Verzehr durch den Menschen ungeeignet sind.

Beispiele für zum Verzehr nicht geeignete Lebensmittel sind Genussuntauglichkeit aufgrund stofflicher Veränderungen oder Beeinträchtigungen, ekelerregende Beschaffenheit oder ekelerregende Herstellung. Dies dürfte in der Regel für den Einsatz von nanotechnologischem Verfahren nicht in Betracht kommen. Damit bleibt die Frage nach der Gesundheitsschädlichkeit.

1. Gesundheitsschädlichkeit

Bei der Entscheidung der Frage, ob ein Lebensmittel gesundheitsschädlich ist, sind gemäß Art. 14 der Verordnung (EG) 178/2002 zu berücksichtigen:

- die wahrscheinlichen sofortigen und/oder kurzfristigen und/oder langfristigen Auswirkungen des Lebensmittels nicht nur auf die Gesundheit des Verbrauchers, sondern auch auf nachfolgende Generationen;
- die wahrscheinlichen kumulativen toxischen Auswirkungen;
- die besondere gesundheitliche Empfindlichkeit einer bestimmten Verbrauchergruppe, falls das Lebensmittel für diese Gruppe von Verbrauchern bestimmt ist.

a) Wahrscheinliche Auswirkungen

Unzulässig ist hiernach das Inverkehrbringen von Lebensmitteln, wenn sie die menschliche Gesundheit *gefährden* können. Es ist also nicht erforderlich, dass bereits Gesundheitsschäden vorliegen, sie müssen lediglich möglich sein, wobei ein geringer Grad der Wahrscheinlichkeit schon ausreicht.

aa) Langfristige Auswirkungen

Diese Anforderung an Lebensmittel setzt nach zutreffender Auffassung entsprechend langfristig angelegte Versuche voraus, sofern es nicht möglich ist, langfristige Auswirkungen so zu simulieren, dass ihre Ergebnisse mit an Sicherheit grenzender Wahrscheinlichkeit den tatsächlichen langfristigen Auswirkungen entsprechen. Es erscheint zweifelhaft, dass dies bei neuartigen Verfahren immer berücksichtigt wird.

bb) Auswirkungen auf nachfolgende Generationen

Dieses Erfordernis verlangt von dem Lebensmittelhersteller hellseherische Eigenschaften: es sind nicht nur – in der eben dargelegten Weise – die Auswirkungen des Stoffes selbst zu ermitteln, sondern es muss auch der physiologische und gesellschaftliche Status späterer Generationen prognostiziert werden. Es fällt schwer, die politische Entscheidung zur Einbeziehung dieser Anforderung in das Lebensmittelrecht mit der gebotenen Zurückhaltung zu kommentieren. Jedenfalls ist die oben erhobene Forderung, langfristige Auswirkungen müssten simuliert und mit an Sicherheit grenzender Wahrscheinlichkeit richtig prognostiziert werden, bei Auswirkungen auf nachfolgende Generationen kaum zu realisieren.

b) Kumulative Auswirkungen

Hiernach kommt es nicht nur auf die Auswirkungen des betreffenden Stoffes selbst an, sondern auch auf Auswirkungen durch Reaktionen mit anderen Stoffen des Lebensmittels. Zu den kumulativen Auswirkungen gehören auch Summations-Wirkungen sowie Wechselwirkungen mit anderen Lebensmitteln. Das dürfte im Hinblick auf die besonderen Eigenschaften von Nano-Partikeln hier eine erhebliche Rolle spielen.

c) Die besondere gesundheitliche Empfindlichkeit einer bestimmten Verbrauchergruppe, falls das Lebensmittel für diese Gruppe von Verbrauchern bestimmt ist

Diese Anforderung betrifft z.B. Verbraucher, die auf diätetische Lebensmittel angewiesen sind, sowie Allergiker und ähnliche Personengruppen. Entscheidend ist hier, dass das Lebensmittel für solche Personengruppen bestimmt sein muss, so dass andere Empfindlichkeiten nicht zu berücksichtigen sind.

2. Einschränkungen

Bei der Entscheidung der Frage, ob ein Lebensmittel sicher ist oder nicht, sind – gleichfalls gemäß Art. 14 der Verordnung (EG) 178/2002 – zu berücksichtigen:

a) die normalen Bedingungen seiner Verwendung durch den Verbraucher und auf allen Produktions-, Verarbeitungs- und Vertriebsstufen

Mit dieser Einschränkung wird insbesondere die Berücksichtigung von Fehlverhalten der Verbraucher ausgeschlossen. Das gilt allerdings nicht für voraussehbares Verhalten der Verbraucher; gegebenenfalls sind zumindest entsprechende Kennzeichnungen des Lebensmittels erforderlich.

b) die dem Verbraucher vermittelten Informationen einschließlich der Angaben auf dem Etikett oder sonstige ihm normalerweise zugängliche Informationen über die Vermeidung bestimmter die Gesundheit beeinträchtigender Wirkungen eines bestimmten Lebensmittels oder einer bestimmten Lebensmittelkategorie.

Hiernach kann der für das Inverkehrbringen Verantwortliche durch entsprechende Kennzeichnung Risiken aus der Verwendung des Lebensmittels durch den Verbraucher ausschließen oder zumindest beschränken. Bedeutung haben insoweit auch allgemein zugängliche Informationen, z.B. dass verderbliche Lebensmittel kühl gelagert werden müssen.

II. Verordnung 258/97 über neuartige Lebensmittel und neuartige Lebensmittelzutaten

Neuartig sind nach Art. 1 EG-Verordnung 258/97 solche Lebensmittel und Lebensmittelzutaten, die bisher noch nicht in nennenswertem Umfang für den menschlichen Verzehr verwendet wurden. Das hierfür maßgebende Datum ist nach meiner Auffassung das Jahr 1992, nach herrschender Meinung jedoch das Jahr 1997. Die nachfolgende Darstellung knüpft an die oben angesprochenen verschiedenen Formen nanotechnologischer Aktivität an.

1. Lebensmittel, denen mit bekannten Verfahren neuartige Nano-Partikel zugesetzt werden

Diese Lebensmittel können gem. Art. 1 Abs. 2c) Verordnung 258/97 der Definition für neuartige Lebensmittel und Lebensmittelzutaten unterfallen, wenn es sich um Lebensmittel und Lebensmittelzutaten mit neuer oder gezielt modifizierter primärer Molekularstruktur handelt. Ob dieser Tatbestand bei neuartigen Nano-Partikeln zutreffen kann, bedarf der Einbeziehung naturwissenschaftlicher Bewertungen und kann an dieser Stelle nicht entschieden werden. Ist bei neuen Nano-Partikeln die Molekularstruktur gegenüber größeren Partikeln verändert, greift die Verordnung für neuartige Lebensmittel ein.

2. Lebensmittel mit bekannten Nano-Partikeln, die in einem neuartigen nanotechnologischen Verfahren verändert werden

Dass Lebensmittel, die in einem solchen Verfahren verändert werden, im Sinne der Verordnung über neuartige Lebensmittel oder Lebensmittelzutaten neuartig sind, liegt auf der Hand. Solche Lebensmittel unterliegen aber der Verordnung (gemäß Art. 2 Abs. 2 Buchst. f) nur dann,

> wenn das Verfahren eine bedeutende Veränderung ihrer Zusammensetzung oder der Struktur der Lebensmittel oder der Lebensmittelzutaten bewirkt hat, was sich auf ihren Nährwert, ihren Stoffwechsel oder auf die Menge unerwünschter Stoffe im Lebensmittel auswirkt.

Auch hier lässt sich ohne naturwissenschaftliche Kenntnisse nicht sicher sagen, wann diese Voraussetzung erfüllt ist. Dazu als Beispiel

> Emulsionstechniken zur Erzeugung von Fettpartikel in Nano-Größe zur Feinverteilung der Fettphase in der Wasserphase (oder umgekehrt): Bei diesen Techniken handelt es sich um neuartige Verfahren im Sinne der Verordnung (EG) 258/07, so dass die Verfahren nur nach Zulassung bei der Herstellung von

Emulsionen genutzt werden können und die gesundheitliche Unbedenklichkeit gleichfalls im Zulassungsverfahren geprüft wird.

3. Lebensmittel, die traditionell Nano-Partikel enthalten und die auch nach einem herkömmlichen, also nicht neuartigen Verfahren hergestellt wurden

Diese dritte Gruppe kommt hier nicht in Betracht.

4. Das Genehmigungsverfahren

Wird mithin zumindest ein Teil der mit Nano-Technologie hergestellten Lebensmittel durch die genannten Tatbestände der Verordnung über neuartige Lebensmittel und Lebensmittelzutaten erfasst, gilt für sie das in der Verordnung vorgesehene Genehmigungsverfahren. Ausgenommen hiervon sind Zusatzstoffe, Aromen und Lösungsmittel, für die eigene Zulassungsverfahren bestehen. Auf Zusatzstoffe wird noch eingegangen.

Neuartige Lebensmittelzutaten dürfen gemäß Art. 4 der Verordnung 258/97 nur in Verkehr gebracht werden, wenn dies genehmigt ist. Die Genehmigung setzt ein Verfahren voraus, an dem neben dem Mitgliedstaat der EU, in dem sich der Antragsteller befindet, die EU-Kommission sowie alle anderen Mitgliedstaaten beteiligt sind bzw. sich beteiligen können. Eine Genehmigung ist allerdings nicht erforderlich, wenn die Lebensmittelzutat im Wesentlichen bestehenden Lebensmittelzutaten gleichwertig ist. Dies hat derjenige zu beurteilen, der die Lebensmittelzutat in Verkehr bringen will. Anstatt der Genehmigung ist eine Information der EU-Kommission vorgeschrieben, von der alle Mitgliedstaaten unterrichtet werden.

Das Genehmigungsverfahren besteht aus zwei Stufen, nämlich

- einer Erstprüfung und
- einer ergänzenden Prüfung.

Die ergänzende Prüfung ist allerdings nur erforderlich, wenn die Lebensmittelprüfstelle, von der die Erstprüfung durchgeführt wird, dies für erforderlich hält.

Art. 3 Verordnung 258/97 bestimmt, dass neuartige Lebensmittelzutaten

- keine Gefahr für den Verbraucher darstellen und
- keine Irreführung des Verbrauchers bewirken dürfen sowie
- sich von dem vergleichbaren traditionellen Lebensmittel nicht soweit unterscheiden dürfen, dass ihr normaler Verzehr Ernährungsmängel für den Verbraucher mit sich brächte.

Die beiden ersten Voraussetzungen für die Genehmigung entsprechen den allgemeinen Anforderungen an Lebensmittel. Eine kurze Erläuterung ist jedoch zu der dritten Voraussetzung erforderlich, wonach keine Ernährungsmängel im Vergleich mit dem traditionellen Lebensmittel eintreten dürfen. Dafür ist allein die Beschaffenheit des Lebensmittels maßgebend, und zwar unabhängig davon, ob der Verbraucher durch entsprechende Kenntlichmachung über die entstehenden Ernährungsmängel unterrichtet werden könnte. Wird also z. B. die Genehmigung für ein Apfelsaftgetränk beantragt, das neuartige Nano-Partikel enthält, jedoch nicht denselben Vitamingehalt wie ein traditionelles Apfelsaftgetränk, kann die Genehmigung nicht erteilt werden.

Wird die Genehmigung – entweder nach der Erstprüfung oder auch erst nach der ergänzenden Prüfung – erteilt, ist sie mit speziellen Auflagen zu versehen. Zwingend vorgeschrieben sind Auflagen betreffend

- die Verwendung von Lebensmittelzutaten,
- die Bezeichnung der Lebensmittelzutat sowie ihrer genauen Merkmale und
- spezifische Etikettierungsanforderungen.

Diese Etikettierungsanforderungen werden im späteren Zusammenhang dargestellt. Festzuhalten ist noch, dass bereits erteilte Genehmigungen widerrufen oder modifiziert werden können, wenn ein Mitgliedstaat stichhaltig eine Gefährdung der menschlichen Gesundheit oder der Umwelt darlegt.

Abschließend sei darauf hingewiesen, dass die Verordnung (EG) 258/97demnächst überarbeitet werden soll und dabei auch neue Technologien, insbesondere die Nanotechnologie Berücksichtigung finden werden (vgl. Bundestagsdrucksache 16/6337).

III. Verordnung (EG) 1829/2003 über gentechnisch veränderte Lebensmittel und Futtermittel

Den Vorschriften dieser Verordnung unterliegen

- zur Verwendung als Lebensmittel oder in Lebensmitteln bestimmte gentechnisch veränderte Organismen (GVO),
- Lebensmittel, die GVO enthalten oder aus solchen bestehen sowie
- Lebensmittel, die aus GVO hergestellt werden oder entsprechende Zutaten enthalten.

Auch ohne Abstimmung mit naturwissenschaftlicher Fachkenntnis lässt sich unterstellen, dass Nano-Partikel aus GVO herzustellen sind, dass also mit gentechnischen Verfahren Nano-Partikel erzeugt werden können. Dementsprechend unterliegen solche Lebensmittel auch den Vorschriften für gentechnisch veränderte Lebensmittel. Solche Lebensmittel dürfen anders als neuartige Lebensmittel nur nach einer Genehmigung in Verkehr gebracht werden; eine Information der EU-Kommission bei Gleichwertigkeit mit herkömmlichen Lebensmitteln reicht also nicht aus. Für das Inverkehrbringen gentechnisch veränderter Lebensmittel gilt aber im Prinzip ein ähnliches Verfahren, wie bei den neuartigen Lebensmitteln. Es gelten auch ähnliche – wenn auch in einigen Punkten strengere – Anforderungen.

IV. Vorschriften für Zusatzstoffe

Zusatzstoffe sind, abgesehen von etwas merkwürdigen Besonderheiten des deutschen Lebensmittelrechts, alle Stoffe, die Lebensmitteln zu technologischen Zwecken zugesetzt werden. Sie unterliegen einem Verwendungsverbot, sofern sie nicht zugelassen sind. Das gilt dann auch für Nano-Partikel, die Lebensmitteln aus technologischen Gründen, z.B. zur Konservierung zugesetzt werden, und zwar unabhängig davon, ob es sich um natürliche Stoffe oder mit entsprechenden Verfahren erzeugte neue Stoffe handelt. Dass im Zulassungsverfahren insbesondere die toxikologischen Eigenschaften geprüft werden, liegt auf der Hand. Dass dies nach den Erfordernissen des bereits dargestellten Art. 14 der Verordnung (EG) 178/2002 geschieht, ist selbstverständlich. Bei technologischer Verwendung von Nano-Partikeln ist mithin der Gesundheitsschutz, soweit er nicht hellseherische Fähigkeiten voraussetzt, zu 100 % gewährleistet. Das gilt auch für die Erzeugung von Zusatzstoffen im Lebensmittel.

C. Täuschungsschutz

Einschlägig ist insoweit § 11 LFGB, der „Vorschriften zum Schutz vor Täuschung“ enthält. Einschlägig für nanotechnologisch hergestellte Lebensmittel sind insbesondere die Tatbestände des § 11 Abs. 2 Nr. 2 LFGB, die als Konkretisierungen des allgemeinen Irreführungsverbotes in § 11 Abs. 1 LFGB anzusehen sind:

Die Vorschrift bezieht sich auf das Inverkehrbringen von

a) nachgemachten Lebensmitteln

Dies sind Lebensmittel, die nach ihrer äußeren Beschaffenheit einem bekannten Lebensmittel zumindest ähnlich sind, ohne dass der Verbraucher dies erkennt. Das liegt bei nanotechnologisch hergestellten Lebensmitteln nahe, weil neue oder neuartige Lebensmittel aus Gründen des Marketings regelmäßig an vorhandene Lebensmittel anknüpfen.

b) Lebensmitteln, die hinsichtlich ihrer Beschaffenheit von der Verkehrsauffassung abweichen und dadurch in ihrem Wert, insbesondere in ihrem Nähr- oder Genusswert oder in ihrer Brauchbarkeit nicht unerheblich gemindert sind

Ob auch der zweite Tatbestand des § 11 Abs. 2 für die Nanotechnologie Bedeutung hat, soll hier offen bleiben. In Betracht kommt aber sicher der dritte Tatbestand, nämlich

c) Lebensmittel, die geeignet sind, den Anschein einer besseren als der tatsächlichen Beschaffenheit zu erwecken

Greift einer dieser Tatbestände ein, ist das Lebensmittel zwar durchaus verkehrsfähig, es darf aber nicht *ohne ausreichende Kenntlichmachung* gewerbsmäßig in den Verkehr gebracht werden. Diese Kenntlichmachung muss so formuliert sein, dass sie für den Verbraucher verständlich ist. Die Kenntlichmachung im Täuschungsschutz unterscheidet sich damit erheblich von anderen Kennzeichnungen, z. B. des Zutatenverzeichnisses, das für den Großteil der Verbraucher oftmals eher irreführend als informierend zu sein scheint.

D. Information der Verbraucher

Eine generelle Verpflichtung zur Kennzeichnung von Lebensmitteln mit Nano-Partikeln gibt es derzeit nicht. Kennzeichnungspflichten bestehen jedoch für neuartige Lebensmittel und gentechnisch veränderte Lebensmittel; außerdem wird der Verbraucher über die allgemeine Kennzeichnung informiert.

I. Verordnung 258/97 über neuartige Lebensmittel und neuartige Lebensmittelzutaten

Neuartige Lebensmittel müssen, wie schon gesagt, beim Inverkehrbringen speziellen Kennzeichnungsvorschriften entsprechen. Einschlägig ist insoweit Artikel 8 Verordnung (EG) 258/97.

a) Anzugeben sind danach erstens alle Merkmale oder Ernährungseigenschaften wie Zusammensetzung, Nährwert oder nutritive Wirkungen sowie Verwendungszweck des Lebensmittels, soweit das neuartige Lebensmittel einem bestehenden Lebensmittel nicht gleichwertig ist.

Ob das der Fall ist, richtet sich nach den genannten Merkmalen, also Zusammensetzung, Nährwert, nutritive Wirkungen und Verwendungszweck. Ist also z. B. der Gehalt an Mineralstoffen niedriger oder der Gehalt an Vitamin E extrem höher, muss dies gekennzeichnet werden. Voraussetzung ist zwar ein bestehendes Lebensmittel, dies ist aber in der Regel gegeben, weil neue Lebensmittel meist in Anlehnung an vorhandene Lebensmittel konzipiert werden.

b) Zu kennzeichnen sind zweitens Stoffe in dem neuartigen Lebensmittel, die in bestehenden gleichwertigen Lebensmitteln nicht vorhanden sind, jedoch die Gesundheit bestimmter Bevölkerungsgruppen beeinflussen können.

Als Beispiel können hier neuartige Nano-Partikel gelten, die als Fettersatz in Wursterzeugnissen eingesetzt werden. Die Kennzeichnung ist auch dann erforderlich, wenn nur bestimmte Bevölkerungsgruppen, z. B. nur Allergiker einer gesundheitlichen Beeinflussung ausgesetzt sind.

c) Zu kennzeichnen sind drittens Stoffe in dem neuartigen Lebensmittel, die in bestehenden gleichwertigen Lebensmitteln nicht vorhanden sind und gegen die ethische Vorbehalte bestehen.

Diese Kennzeichnungspflicht ist allerdings äußerst diffus, jedenfalls können nur solche Vorbehalte gemeint sein, die von der Allgemeinheit oder wenigstens einem überwiegenden Teil der Bevölkerung geteilt werden. Auch religiöse Vorbehalte oder Vorstellungen von Vegetariern, können, da sie letztlich unübersehbar sind, bei vernünftiger Auslegung der Vorschrift keine zwingende Kennzeichnungspflicht begründen.

II. Verordnung (EG) 1829/2003 über gentechnisch veränderte Lebensmittel und Futtermittel

Die Kennzeichnung gentechnisch veränderter Lebensmittel ist ähnlich geregelt wie die Kennzeichnung neuartiger Lebensmittel. Allerdings ist zusätzlich bestimmt, dass die gentechnische Veränderung angegeben werden muss. Art. 13 Abs. 1 der Verordnung (EG) 1829/2003 verlangt, dass im Zutatenverzeichnis bei der betreffenden Zutat der Zusatz „genetisch verändert" oder „aus genetisch veränderten (Bezeichnung der Zutat) hergestellt" angebracht wird. Die Verordnung gestattet jedoch, den Hinweis auf die gentechnische Veränderung in einer Fußnote zum Zutatenverzeichnis anzugeben. Dann muss der Hinweis aber in gleicher Schriftgröße wie das Zutatenverzeichnis erscheinen. Wird das Lebensmittel unverpackt, d.h. lose in Verkehr gebracht, muss die Kennzeichnung in unmittelbarem Zusammenhang mit der Auslage des Lebensmittels angebracht werden, und zwar gut lesbar und identifizierbar. Dasselbe gilt bei Packungen, deren größte Oberfläche 10 Quadratzentimeter unterschreitet, weil auf diesen Packungen die gesamte Kennzeichnung kaum angebracht werden kann. Zusammengefasst kann davon ausgegangen werden, dass der aufmerksame Verbraucher immer informiert wird, wenn ihm ein gentechnisch verändertes Lebensmittel oder ein Lebensmittel mit gentechnisch veränderten Organismen angeboten wird.

Neben dieser speziellen Kennzeichnung der gentechnischen Veränderung sind ebenso wie bei den neuartigen Lebensmitteln die Zusammensetzung, der Nährwert, die nutritiven Wirkungen sowie der Verwendungszweck zu kennzeichnen, außerdem Auswirkungen auf die Gesundheit bestimmter Bevölkerungsgruppen, also z.B. der Allergiker. Dazu gelten die oben gemachten Bemerkungen entsprechend.

Eine Besonderheit besteht noch für den Hinweis „ohne Gentechnik", dessen Zulässigkeit jetzt in dem neuen § 3a EG – Gentechnik-Durchführungsgesetz geregelt ist. Nach dieser Vorschrift darf die Angabe nicht bei Lebensmitteln und Lebensmittelzutaten verwendet werden, die nach Art. 12 und 13 der Verordnung (EG) 1829/2003 zu kennzeichnen wären. Ausgenommen von der dort vorgeschriebenen Kennzeichnung sind Lebensmittel, die GVO in einem Anteil enthalten, der nicht höher als 0,9 % des Lebensmittels oder der Lebensmittelzutat ist. Die Angabe „ohne Gentechnik“ ist mithin bei solchen Lebensmitteln nicht untersagt. Das gilt dann auch für Lebensmittel, die gentechnisch veränderte oder gentechnisch erzeugte Nanopartikel unter 0,9 % des Lebensmittels oder der Lebensmittelzutat enthalten. Da sicher davon ausgegangen werden kann, dass ein Großteil der Verbraucher die Angabe „ohne Gentechnik“ dahin versteht, das in dem Lebensmittel tatsächlich keine gentechnisch veränderten Stoffe (und aus GVO hergestellte Stoffe) enthalten sind, liegt offenkundig eine gesetzlich geregelte Irreführung vor.

Hinzuweisen ist abschließend auch auf die Verordnung (EG) Nr. 1830/2003 des Europäischen Parlaments und des Rates vom 22. September 2003 über die Rückverfolgbarkeit und Kennzeichnung von genetisch veränderten Organismen und über die Rückverfolgbarkeit von aus genetisch veränderten Organismen hergestellten Lebensmitteln und Futtermitteln, in der spezielle Kennzeichnungspflichten enthalten sind.

III. Allgemeine Kennzeichnung

Nach den Vorschriften der Lebensmittel-Kennzeichnungsverordnung (LMKV) sowie des Eichgesetzes in Verbindung mit der Fertigpackungsverordnung zu kennzeichnen sind:

- die Verkehrsbezeichnung
- Name oder Firma von Hersteller oder Händler
- Zutatenverzeichnis
- Mindesthaltbarkeitsdatum
- ggf. Alkoholgehalt
- Menge bestimmter Zutaten
- Menge

Darüber hinaus sind noch zahlreiche weitere Kennzeichnungen erforderlich, z.B. ggf. das Abtropfgewicht (LMKV), die Angabe „tiefgefroren“ (Verordnung über tiefgefrorene Lebensmittel), die Angaben „geschwefelt“, „geschwärzt“ (Zusatzstoff-Zulassungsverordnung) usw. Zu erwähnen ist lediglich noch, dass seit einiger Zeit auch in der LMKV eine spezielle Kennzeichnung des Allergiepotenzials bestimmter Zutaten vorgeschrieben ist.

E. Verpackungen, die Nano-Partikel enthalten

Ohne Übergang oder sonstige Beeinflussung des Lebensmittels hat ein Gehalt an Nano-Partikeln in Verpackungsmaterial lebensmittelrechtlich keine Bedeutung. Generell ist es verboten, bei Lebensmitteln Verpackungen zu verwenden, aus denen Stoffe auf Lebensmittel übergehen können, die technologisch vermeidbar sowie gesundheitlich, geschmacklich oder geruchlich bedenklich sind. Insoweit bestehen für nanotechnologisch hergestellte Lebensmittel keine Besonderheiten.

Für die nanotechnologisch hergestellten Lebensmittel bestehen aber Besonderheiten bei Verwendung von sogenannten aktiven oder intelligenten Lebensmittelkontakt-Materialien und -Gegenständen. Nach den Definitionen des Art. 2 Abs. 2 a) und b) Verordnung (EG) 1935/2004 über Materialien und Gegenstände, die dazu bestimmt sind, mit Lebensmitteln in Berührung zu kommen, vom 27.10.2004[4] sind:

- „aktive Lebensmittelkontakt-Materialien und -Gegenstände“ Materialien und Gegenstände, die dazu bestimmt sind, die Haltbarkeit eines verpackten Lebensmittels zu verlängern oder dessen Zustand zu erhalten bzw. zu verbessern. Sie sind derart beschaffen, dass sie gezielt Bestandteile enthalten, die Stoffe an das verpackte Lebensmittel oder die das Lebensmittel umgebende Umwelt abgeben oder diesen entziehen können;
- „intelligente Lebensmittelkontakt-Materialien und -Gegenstände“ Materialien und Gegenstände, mit denen der Zustand eines verpackten Lebensmittels oder die das Lebensmittel umgebende Umwelt überwacht wird.

Unter einem aktiven Lebensmittelkontakt-Material ist z.B. Verpackungsmaterial zu verstehen, das einen Konservierungsstoff wie Sorbinsäure oder Antioxidantien wie BHT in einer kontrollierten Menge an das Lebensmittel abgibt. Ein Beispiel für ein intelligentes Lebensmittelkontakt-Material ist Verpackungsmaterial, das den Verderb des Lebensmittels anzeigt, indem dessen ph-Wert einen speziellen Inhaltsstoff von grün in rot verfärbt. Dass diese neuartigen Verpackungsformen für nanotechnologische Innovationen ein weites Feld öffnen, dürfte offensichtlich sein. Sie bedürfen jedoch ebenso wie neuartige oder gentechnisch veränderte Lebensmittel einer Zulassung, und auch das Verfahren der Zulassung ist ähnlich. Auf die Darstellung der Einzelheiten kommt es im vorliegenden Zusammenhang nicht an.

4 Abl. L 338 S. 4.

F. Reformbedarf im Lebensmittelrecht?

I. Vorbemerkung

Eine Äußerung zu einem Reformbedarf, also der Notwendigkeit neuer Vorschriften, erfordert zwei Vorbemerkungen:

Dies betrifft zunächst die Problematik Generalklausel/Einzelvorschrift. Der viele Jahrzehnte oft beklagten Flucht in die Generalklauseln ist zwischenzeitlich, insbesondere durch das Gemeinschaftsrecht, eine Flut von Einzelvorschriften gefolgt. Das hat vielfach dazu geführt, dass die Übersichtlichkeit der Rechtsvorschriften im Lebensmittelrecht verloren gegangen und damit auch die Voraussehbarkeit für den Rechtsunterworfenen fragwürdig geworden ist. Den nachfolgenden Überlegungen liegt die Auffassung zugrunde, dass jeweils genau zu prüfen ist, ob eine generelle Vorschrift ausreicht.

In einigen Beiträgen des vorliegenden Bandes wird die Auffassung vertreten, unter dem Gesichtspunkt der Risikokommunikation seien bei der Gesetzgebung die Vorstellungen der Bevölkerung zu berücksichtigen. Demgegenüber ist zu betonen, dass es Aufgabe des Gesetzgebers ist, eine Risikobewertung vorzunehmen und dass nach der Definition in Art. 3 Nr. 11 Verordnung (EG) 178/2002 die Risikokommunikation – jedenfalls im Lebensmittelrecht – nicht zur Risikobewertung gehört. Es erscheint deshalb verfehlt, Rechtsvorschriften an den durch Meinungsforschungsinstitute ermittelten Stimmungen der Bevölkerung (und den Ergebnissen sogenannter Verbrauchervoten) zu orientieren. Dies liegt auch den nachfolgenden Ausführungen zu Grunde.

II. Neue Vorschriften?

Die dargestellten Vorschriften zum Schutz des Verbrauchers und zum Täuschungsschutz und zur Information des Verbrauchers reichen als generelle Vorschriften sicher aus.[5] Die Frage, ob sie derzeit hinreichend effektiv angewandt werden, ist nicht Gegenstand dieses Beitrags. Wird dies unterstellt, kommt der Erlass neuer Vorschriften nur in Betracht, wenn bei einzelnen Lebensmittelgruppen oder einzelnen Herstellungsverfahren eine Konkretisierung der allgemeinen Vorschriften erforderlich erscheint, z. B. bei der Bestimmung von

---

5 So jetzt auch die EU-Kommission in der Mitteilung KOM (2008) 306 endgültig vom 17.6. 2008; sie führt u.a. aus: *Zusammenfassend lässt sich sagen, dass die derzeitigen Rechtsvorschriften weitgehend den mit Nanomaterialien verbundenen Risiken gerecht werden, und dass es der aktuelle Rechtsrahmen ermöglicht, mit diesen Risiken umzugehen. Gleichwohl könnte aufgrund neuer Informationen eine Anpassung der derzeitigen Rechtsvorschriften, beispielsweise in Bezug auf die in einigen Vorschriften enthaltenen Schwellenwerte, notwendig werden. – In praktisch allen Produktvorschriften sind eine Risikobewertung und Risikomanagementmaßnahmen vorgeschrieben. Nanomaterialien sind davon nicht ausgenommen.* Erforderlich ist jedoch nach Auffassung der Kommission ein Ausbau der Wissensbasis sowie eine verbesserte Umsetzung gemeinschaftsrechtlicher Regelung in nationales Recht.

- Höchstmengen
- Reinheitsanforderungen
- bestimmten Verfahren
- bestimmten Kennzeichnungen, insbesondere für spezielle Verbrauchergruppen wie Allergiker und Kranke.

Konkrete Anhaltspunkte für die Notwendigkeit derartiger spezieller Vorschriften sind derzeit allerdings nicht erkennbar. Eine generelle Kennzeichnung von Zutaten aus Nano-Partikeln erscheint derzeit nicht erforderlich. Allerdings sollte unter dem Gesichtspunkt des Verbraucherschutzes von der Nanotechnologie zu erwarten sein, dass sie im Lebensmittelbereich alle wissenschaftlichen Erkenntnismöglichkeiten nutzt, den Verbraucher vor Gesundheitsschäden zu schützen. Soweit dieser Schutz nicht mit an Sicherheit grenzender Wahrscheinlichkeit gewährleistet werden kann, ist auf die Anwendung dieser Technologie zu verzichten.

Regulierung und Produkthaftung in einem jungen Technologiefeld, am Beispiel der Nanotechnologie

Wolfgang Burr, Hariolf Grupp, Melanie Funken-Vrohlings

A. Problemstellung: Nanotechnologie, Regulierung und Innovation

I. Zur Definition und Abgrenzung der Nanotechnologie

Nanotechnologie wird häufig als Technologie der Zukunft bezeichnet (vgl. Bundesministerium für Bildung und Forschung 2004: 4), als eine der chancenreichsten Technologien mit Querschnittscharakter (vgl. Bundesministerium für Bildung und Forschung 2006a: 3). Obwohl eine breite Mehrheit aus Wissenschaft und Wirtschaft dieser Aussage zustimmt (vgl. z.B. Oertel 2004: 18; Iden 2004: 2), existiert Untersuchungen zufolge keine international einheitliche Sichtweise darüber, wie Nanotechnologie zu definieren ist (vgl. Luther et al. 2004: 15). Laut der Studie von Luther et al. gilt:

> „[…] Eine scharfe Definition dessen, was zur Nanotechnologie gehört, erweist sich deswegen als schwierig (und auch wenig sinnvoll), weil es viele Grenzfälle gibt. […].“ (Luther et al. 2004: 17)

Gemäß der Studie gibt es für die „Definition von Nanotechnologie […] im Wesentlichen zwei Kriterien, die teilweise unterschiedlich angewendet werden.“ (Luther et al. 2004: 16). Kriterium eins ist der geometrische Maßstab, also die Größenordnung, in der sich das Untersuchte bewegt. Kriterium zwei beschreibt die veränderten Eigenschaften und Funktionalitäten, die aufgrund der Nanoskaligkeit entstehen (vgl. Luther et al. 2004: 16). In einem Hintergrundpapier des Umweltbundesamts wird in diesem Zusammenhang explizit darauf hingewiesen, dass „Nanopartikel […] wegen ihrer geringen Abmessungen im Vergleich zu größeren Partikeln der gleichen Chemikalie völlig neue Eigenschaften verleihen [können].“ (Umweltbundesamt 2006: 22). So kann z.B. ein Material, welches auf der Mikroebene elektrisch nicht leitfähig ist, auf der Nanoebene elektrisch leitfähig werden (vgl. z.B. Luther et al. 2004: 19). Eine Definition der Nanotechnologie verlangt somit immer eine gemeinsame Betrachtung von Strukturgröße und Funktion (vgl. Luther et al. 2004: 17). Da in der Definition des Bundesministeriums für Bildung und Forschung beide Aspekte berücksichtigt werden, wird dieselbige im weiteren Verlauf dieser Arbeit zugrunde gelegt:

> „Nanotechnologie beschreibt die Herstellung, Untersuchung und Anwendung von Strukturen, molekularen Materialien, inneren Grenz- und Oberflächen mit mindestens einer kritischen Dimension oder mit Fertigungstoleranzen (typischerweise) unterhalb 100 Nanometer. Entscheidend ist dabei, dass allein aus der Nanoskaligkeit der Systemkomponenten neue Funktionalitäten und Eigenschaften zur Verbesserung bestehender oder Entwicklung neuer Produkte und Anwendungsoptionen resultieren. Diese neuen Effekte und Möglichkeiten sind überwiegend im Verhältnis von Oberflächen- zu Volumenatomen und im quantenmechanischen Verhalten der Materiebausteine begründet.“ (Bundesministerium für Bildung und Forschung 2004: 6)

Aus der Definition wird deutlich, dass Nanotechnologie also nicht nur die konsequente Weiterentwicklung von Altbekanntem, wie z.B. weiterer Miniaturisierungsanstrengungen im Bereich der Mikroelektronik (vgl. auch Abbildung 1) ist, sondern eben auch die gezielte Nutzung der durch die Nanoskaligkeit entstehenden neuen Eigenschaften und Funktionalitäten des Objektes umfasst (vgl. auch Bachmann 1998: 7).

Streng genommen ist die Nanotechnologie an sich nicht neu. Nanopartikel kommen auch in der Natur vor und entstehen z. B. durch natürliche Verbrennungsprozesse (vgl. Kühling/Horn 2007: 11).[1] Die Natur ist darüber hinaus in der Lage, Nanotechnologie erfolgreich anzuwenden (BSP: Lotusblüteneffekt, z.B. Bundes-

---

1 Ein Beispiel ist die aktuelle Feinstaubdiskussion in der Bevölkerung.

ministerium für Bildung und Forschung 2006b: 8 ff.). Neu ist auch nicht, dass der Mensch generell imstande ist, feine bzw. ultrafeine nanoskalige Partikel zu produzieren, denn diese entstehen aus technischen Verbrennungs- und Verarbeitungsprozessen (vgl. Kühling/Horn 2007: 11). Neu ist, dass sich der Mensch u.a. durch *gezielte* Miniaturisierung (Molekülaufbau), also durch *synthetische Herstellung* der Nanopartikel, die damit einhergehende Veränderung der Eigenschaften (z.B. quantenmechanisches Verhalten der Partikel) und Funktionalitäten der Partikel zunutze macht.

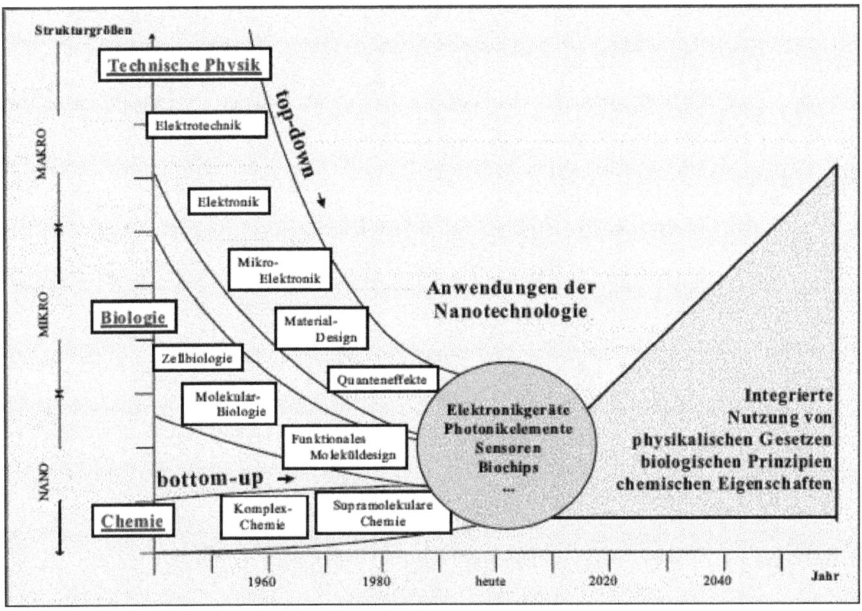

Abb. 1: Generelle Entwicklungstendenzen und Bezug zur Nanotechnologie (Quelle: VDI TZ, in: Luther et al. 2004: 17).

II. Anwendungs- und Marktpotenziale der Nanotechnologie

Mit Hilfe der Nanotechnologie lässt sich eine Vielzahl neuer Anwendungen realisieren. Als wesentliche aktuelle und potenzielle Anwendungsfelder der Nanotechnologie gelten (vgl. Bundesministerium für Bildung und Forschung 2004, 2006b) z.B. Mikroelektronik, Informations- und Kommunikationstechnologie (z.B. neue Materialien für Glasfasernetze), Automobilbau (z.B. neue Werkstoffe für Automobilkatalysatoren, kratzfeste Automobillacke), Chemieindustrie (neue Werkstoffe und Materialen auf Basis der Nanotechnologie, z.B. selbstreinigende Glasscheiben) sowie die Lebensmittelindustrie (z.B. neuartige Schutzfolien, die Wärme abhalten und den Reifegrad des Lebensmittels mit ihrer Farbe anzeigen). Weitere Anwendungsfelder sind z.B. die Medizintechnik (z.B. Stents zur Verbreiterung von Herzkranzgefäßen) und die Kosmetikindustrie (z.B. Sonnenschutzcreme mit Nanopartikeln).[2]

Insgesamt gelten die Anwendungsmöglichkeiten der Nanotechnologie aber noch lange nicht als ausgeschöpft. Viele Meinungsträger aus Politik, Wissenschaft und Wirtschaft weisen auf die großen Potenziale hin, die mit der Nanotechnologie verknüpft sind. Hervorgehoben wird, dass durch den Einsatz von Nanotechnologie Potenziale für Produktinnovationen in fast allen Technikfeldern und Wirtschaftsbranchen ermöglicht werden. Die Erwartungshaltung ist sogar die, dass die Nanotechnologie entscheidende Beiträge zur Lösung zentraler und globaler Zukunftsfragen liefern wird (vgl. Bundesministerium für Bildung und Forschung 2006a: 11). In einer Studie des Umweltbundesamtes von 2006 werden konkrete Beispiele genannt, wie Nanotechnik bzw. nanotechnische Produkte z.B. zu einer Verringerung von Schadstoffen bzw. des Energieverbrauchs führen kann bzw. können:

- Einsparung von Rohstoffen durch Miniaturisierung
- Einsparung von Energie durch Gewichtsreduktion oder durch Funktionsoptimierung
- Verbesserung der Reinigungsleistung von Filtersystemen
- Gesundheitsschutz durch Verwendung als Therapeutika
- Verminderung des Einsatzes oder Ersatz der Verwendung gefährlicher Stoffe (vgl. Umweltbundesamt 2006: 8–10)

Konkrete Beispiele finden sich auch in anderen Studien (z.B. Heubach et al. 2005: 20).

Viele Studien führen Untersuchungen zum Marktpotential der Nanotechnologie durch. Umfangreiche Ausführungen zum Marktpotential nanotechnologischer Anwendungen finden sich z.B. in Luther et al. 2004. Die Studie fasst u.a. die Ergebnisse mehrerer Arbeiten zum Marktpotenzial nanotechnologischer Produkte differenziert nach Leadmärkten zusammen (vgl. Luther et al. 2004: 196 ff.). Darüber hinaus existieren Publikationen, die Aussagen zum geschätzten zukünftigen Marktpotenzial der Nanotechnologie abgeben. So beziffert das Bundesministerium für Bildung und Forschung das Marktpotential für nanotechnologisch basierte Produkte für das Jahr 2015 mit einer geschätzten Gesamtsumme von bis zu einer Billion Euro (vgl. Bundesministerium für Bildung und Forschung 2006a: 11).

---

2 Einen Eindruck dieser neuen Anwendungen vermittelt u.a. www.nanoproducts.de: Die Internetseite listet diverse „nanotechnologische" Produkte aus dem Bereich Kosmetik, Beschichtungen, Materialien u.v.m. auf (s. www.nanoproducts.de, 07.01.2008); s. ferner die Beiträge im 2. Abschnitt dieses Bandes.

III. Mögliche Risiken der Nanotechnologie für die menschliche Gesundheit und die Umwelt und aufgeworfene ethische Fragen

Zeitgleich mit den viel versprechenden Prognosen zu den Anwendungs- und Marktpotenzialen der Nanotechnologie melden sich aber auch erste Bedenken an (vgl. z.B. Umweltbundesamt 2006). Problematisch dabei ist, dass die Ausschöpfung der Potenziale immer eng mit Risiken verknüpft ist. So formulieren Kühling und Horn im Zusammenhang mit Nanopartikeln:

> „[...] Das Besondere an Nanopartikeln ist (und dies erschwert eine einfache Bewertung), dass genau diejenigen Eigenschaften, durch die ein potenzieller Nutzen entsteht, auch diejenigen sind, durch die ein mögliches Risiko begründet wird. [...]" (Kühling/Horn 2007: 11)

Diese Risiken, die sich primär auf die Bereiche Gesundheit und Umwelt beziehen sind infolge der noch „jungen" Nanotechnologie noch weitestgehend unerforscht. So stellt sich durch den prognostizierten, zunehmenden Umgang mit Nanopartikeln vor allem die Frage, wie der menschliche Körper auf eine Exposition reagiert. Prinzipiell kann der Mensch auf drei verschiedene Arten mit Nanopartikeln in Kontakt kommen: über die Atemwege, den Mund bzw. über die Haut. Generell ist fraglich, was passiert, wenn die Nanopartikel einmal im Körper sind. Inhalierte Nanopartikel gelangen zunächst in die Lunge und von dort über die Alveolen in den Blutkreislauf (vgl. Kühling/Horn 2007: 12). Bisher konnte u.a. nachgewiesen werden, dass „verschiedene Arten von Kohlenstoff-Nanopartikeln zwischen 30 und 35 Nanometern Durchmesser [...] durch den Geruchsnerv von Nagetieren bis ins Gehirn gelangen [können]." (Kühling/Horn 2007: 12). Eine Zusammenstellung weiterer Untersuchungsergebnisse findet sich z.B. in Ross 2006. Gelangen Nanopartikel über den Mund in den Körper, kann es laut einer Studie sein, dass der Darm unlösliche Partikel aufnimmt, von dort ins Lymphsystem befördert und so der Übergang ins Blut ermöglicht wird. Wie toxisch diese unlöslichen Partikel sind, hängt laut Untersuchung von der lokalen und systemischen Verteilung ab. Gemäß der Studie existieren zur oralen Exposition mit Nanopartikeln jedoch weniger Untersuchungen als zur inhalativen Aufnahme, weshalb „eine aussagefähige toxikologische Bewertung kaum vorgenommen werden kann" (Kühling/Horn 2007: 13). Laut derselben Studie bestehen ebenfalls erst unzureichende Kenntnisse darüber, ob Nanopartikel bei dermalem Kontakt z.B. über die Haarwurzeln in die Haut gelangen können (vgl. Kühling/Horn 2007: 15). Aussagen der BASF zufolge konnte mit einer Studie gezeigt werden, „dass Nanopartikel aus Sonnenschutzformulierungen nicht durch die Haut aufgenommen werden." (BASF 2006: 5; vgl. auch Wiench 2006: 80). Generell wird hervorgehoben, dass eine Unterscheidung von gebundenen und frei vorkommenden Nanopartikeln von Bedeutung ist. Während erstere laut Studien ungefährlicher sind, geht von frei bzw. ungebunden vorkommenden Partikeln ein höheres Risiko aus (vgl. z.B. Kühling/Horn 2007: 12; Umweltbundesamt 2006: 12).

Neben den gesundheitlichen Risiken für den Menschen stellt sich auch die Frage nach den möglichen Wirkungen von Nanopartikeln auf die Umwelt. Einer Studie zufolge ist für die Einschätzung des Risikos von Relevanz, wie die Partikel mit der Umwelt in Kontakt kommen. Daher sei zu klären, ob und in welcher Form die Nanomaterialien während ihres Lebensweges in die Umwelt gelangen können (vgl. Kühling/Horn 2007: 15). In einer Arbeit wurde festgestellt, dass Barsche nach 48-stündiger Exposition mit unbeschichteten Fullerenen (C_{60} bzw. nC_{60}) der Konzentration 0,5 ppm starke Anzeichen einer Lipidperoxidation im Gehirn aufwiesen. Zum Lösen der Fullerene im Wasser wurde dabei das Lösungsmittel Tetrahydrofuran (THF) verwendet (vgl. Oberdörster 2004: 1058). Eine spätere Studie von Oberdörster et al. weist darauf hin, dass sich Fullerene aber auch durch Einrühren im Wasser lösen und dass die Art der Aufbereitung gravierenden Einfluss auf die Toxizität der Fullerene hat (vgl. Oberdörster et al. 2005: 1112). Bestätigt wird diese Aussage durch eine weitere Studie, in der mit der Fischart „Pimephales promelas" experimentiert wurde. Hier zeigte sich, dass die Exposition mit THF-gelösten Fullerenen bereits nach 6–18 Stunden zum Tod der Fische führte. Fische, die im Wasser eingerührten Fullerenen ausgesetzt waren, wiesen nach 48 Stunden keine offensichtlichen körperlichen Folgen auf (vgl. Zhu et al. 2006: 5–6). Laut einer Forschungsarbeit führte bei den untersuchten wirbellosen Tieren selbst die maximal einrühr- bzw. lösbare Menge an Fullerenen im Wasser (35 ppm in Süß- bzw. 22,5 ppm in Meerwasser) zu einer Sterblichkeit von weniger als 50% nach 48–96 Stunden (Oberdörster et al. 2005: 1112).

Eine kritische Auseinandersetzung mit dem Thema Nanotechnologie erfolgt auch in der Ethik. Die Ethik beschäftigt sich mit den in vielerlei Hinsicht zwiespältigen Implikationen des Einsatzes der Nanotechnologie. Stöber/Türk 2006 fassen die ethischen Fragestellungen, die sich im Zuge der Realisierung erster nanotechnologischer Produkte und Anwendungen ergeben, in vier Bereichen zusammen. Der erste Bereich umfasst technikethische Aspekte. Im Mittelpunkt technikethischer Überlegungen steht die Unsicherheit über die möglichen Folgen der Technologie. Gemäß den Untersuchungen der Autoren existieren sehr unterschiedliche Meinungen darüber, wie infolge der nicht zu antizipierenden Konsequenzen der Nanotechnologie mit der Technologie umgegangen werden soll. Der zweite Bereich umfasst nach Stöber/Türk Überlegungen, die von den Autoren unter dem Begriff „sozialethische Aspekte und Verteilungsgerechtigkeit" erfasst werden. Hier wird die Beziehung zwischen den Anwendungen und Produkten der Nanotechnologie und der Privatsphäre, Informationsbeschaffung, dem Datenschutz und der nachhaltigen Verteilungsgerechtigkeit von Chancen und Risiken thematisiert. Ein dritter Fragenkomplex beschäftigt sich mit bio- und medizinethischen Aspekten. Dieser Themenkomplex beinhaltet z.B. kritische Überlegungen zur Grenzziehung zwischen Mensch und Maschine. Ein vierter Aspekt fasst Diskussionen um wirtschafts- und unternehmensethische Aspekte zusammen. Hier geht es im Wesentlichen darum, wie das Potential der Nanotechnologie unter Berücksichtigung ethischer, legaler und sozialer Aspekte umgesetzt werden kann (vgl. Stöber/Türk 2006: 281 ff).

IV. Regulierung der Nanotechnologie?

Derzeit ist die Forschung im Bereich Nanotechnologie noch im Anfangsstadium. Noch ist das Wissen in der Forschung, Politik, Wirtschaft und Gesellschaft nicht ausgereift. Zwar zeichnet sich einerseits das mit der Nanotechnologie verbundene, hohe technische und auch wirtschaftliche Potential ab. Andererseits herrscht noch viel Unklarheit bzw. Unsicherheit über die Konsequenzen, die mit der Nanotechnologie verbunden sind. Insbesondere das Unwissen über die noch junge Nanotechnologie scheint dazu zu führen, dass die Forderung nach regulierenden Maßnahmen lauter wird; dieses liegt sicher nicht zuletzt auch an Fällen wie „Magic Nano". So wird in einem vom Bundesinstitut für Risikobewertung initiierten Verbrauchervotum zur Nanotechnologie vom 20. November 2006 u.a. explizit gefordert, eine Kennzeichnungspflicht für Nanoprodukte, vor allem für Lebensmittel, sowie Zulassungsverfahren einzuführen (vgl. Bundesinstitut für Risikobewertung 2006: 3).

Der Staat nimmt auf verschiedene Arten und Weisen Einfluss auf die Erforschung der Nanotechnologie und die Umsetzung der Forschungsergebnisse in marktgängige Produkte. Zu den wesentlichen staatlichen Einflussmöglichkeiten gehören zum einen Maßnahmen der Forschungsförderung (Forschungszuschüsse, Patentrecht), zum anderen aber auch Regulierungseingriffe (z.B. Zulassungsprüfungen und Haftungsregeln), die die eigentliche Forschungsarbeit und die Verwertung der Forschungsergebnisse im Bereich der Nanotechnologie reglementieren und Folgeschäden reduzieren bzw. kontrollieren sollen.

Problemstellung des vorliegenden Beitrags sind Regulierungsfragen und ihre möglichen Auswirkungen auf das Innovationsverhalten der Akteure in einem jungen Technologiefeld, am Beispiel der Nanotechnologie. Junge Technologiefelder zeichnen sich nicht nur durch ihr geringes Alter seit den ersten Basiserfindungen aus, sondern charakteristisch sind hier

- das Fehlen einheitlicher technischer Standards, dominanter Produktdesigns und wissenschaftlich anerkannter Problemlösungsmethoden (best practices) sowie
- die noch schwache Ausprägung von Pfadabhängigkeiten in den Unternehmen und im jeweiligen Markt und
- eine Marktstruktur, die durch viele kleine und innovative Unternehmen bei hoher Innovationsrate gekennzeichnet ist.

Typisch für junge Technologiefelder ist, dass die Wissensstrukturen noch nicht so fixiert sind und daher noch viel Raum für Experimente, Innovationen und Unternehmensgründungen herrscht.[3]

---

3 In der ökonomischen Theorie kann man eine solche Branchenkonstellation am ehesten mit einem Schumpeter Mark I-Regime gleichsetzen, vgl. hierzu Haid/Münter 1999.

Regulierende Eingriffe des Staates sind definitionsgemäß dann gegeben, wenn der Staat außerhalb der für alle Branchen geltenden Regeln in die individuelle Vertragsfreiheit der Akteure auf einem bestimmten Markt eingreift.[4] Durch Regulierung schränkt der Staat branchen- oder marktspezifisch die Handlungs- und Verfügungsrechte des regulierten Unternehmens ein. Staatliche Regulierung (z.B. Zulassungsverfahren oder Vorschriften der Produkthaftung) nimmt teilweise erheblichen Einfluss auf die Erforschung neuer Technologien und ihre Umsetzung in innovative Produkte. Aus ökonomischen Forschungsarbeiten ist bekannt, dass staatliche Regulierungseingriffe (vgl. Becher et al. 1990; Grupp 1997; Burr/Musil 2006; speziell zu Vorschriften der Produkthaftung vgl. Viscusi/Moore 1991 sowie Burr 2004) durchaus Innovationen begünstigen (statt hemmen) können, sofern die Regulierungseingriffe und Haftungsregeln für die Unternehmen nicht zu belastend werden und die Anreize zu Innovationen nicht zerstören.

In diesem Beitrag wird u.a. aus Sicht der ökonomischen Theorie (z.B. Neue Institutionenökonomik, Marktprozesstheorie) versucht, die Frage zu beantworten, ob und wie Regulierungsregeln die Anreize für Innovationen in diesem jungen Technologiefeld beeinflussen und Innovationen fördern bzw. erschweren und verhindern können. Ein zweiter Themenschwerpunkt des Beitrags ist darin zu sehen, welche besonderen Regulierungsprobleme und offenen Regulierungsfragen die Nanotechnologie aufwirft.

Die innovationsökonomische Betrachtung der Regulierung neuer Technologiefelder kann der Wirtschafts-, Regulierungs- und Innovationspolitik Kriterien zur Beurteilung regulatorischer Eingriffe vor allem in zweierlei Hinsicht an die Hand geben:

A) Erklärung und Rechtfertigung von Regulierungseingriffen

Mit welchen ökonomischen Argumenten kann der Regulierungseingriff erklärt und gerechtfertigt werden (Verhinderung positiver oder negativer externer Effekte, Verhinderung des Missbrauchs von Marktmacht, im Extremfall Monopolmacht)?

B) Auswirkungen von Regulierungseingriffen auf das Innovationsverhalten der regulierten Unternehmen und allgemeine Gestaltungsempfehlungen für Regulierungseingriffe unter Effizienz- und Innovationsgesichtspunkten (mechanism design)

In welchem Ausmaß greift der Regulierungseingriff in die Property Rights des regulierten Unternehmens (z.B. an seinen Patenten, an seinen sonstigen Unternehmensressourcen) ein?

4 Die hier gewählte Definition stellt eine leichte Veränderung der von Apolte/Kessler 1990: 5 gewählten Definition dar.

Kann dasselbe Regulierungsziel auch durch geringere Eingriffe in die Property Rights des regulierten Unternehmens erreicht werden (aus juristischer Sicht ist dies eine Frage der Verhältnismäßigkeit, aus ökonomischer Sicht eine Frage der Effizienz)?

Wie wirkt sich der Regulierungseingriff auf die Effizienz in den Unternehmen und die Anreize zur Aufnahme neuer FuE-Projekte bzw. zur Umsetzung von FuE-Ergebnissen in Innovationen aus?

Werden mit den Eingriffen in Property Rights die Handlungsspielräume für Innovationen (z. B. bei der Bestimmung von Forschungsfeldern und Forschungsgegenständen) des Unternehmens erweitert, reduziert oder nicht tangiert?

Wie wirkt sich der Regulierungseingriff auf die bereits getätigten Investitionen in FuE des Unternehmens aus? Werden sie entwertet, aufgewertet oder werden die bereits getätigten Investitionen durch den Regulierungseingriff nicht tangiert (aus juristischer Sicht ist dies eine Frage des Rückwirkungsverbotes, aus ökonomischer Sicht eine Frage der Investitionssicherheit und des Investitionsschutzes bei einmal getätigten Investitionen)?

Welche Unsicherheit und welches wirtschaftliche Risiko folgen für das regulierte Unternehmen aus dem Design und der Eingriffsintensität des Regulierungseingriffes?

Im Kern versucht eine ökonomische Analyse die Frage zu beantworten, wie sich Regulierungseingriffe auf die Handlungsspielräume und Anreize der regulierten Unternehmen auswirken (positive Analyse) und wie solche Regulierungseingriffe gestaltet werden können (normative Analyse), um angesichts begrenzten Wissens einer zentralen Regulierungsinstanz über die besonderen Umstände von Ort und Zeit (vgl. Hayek 1945) die negativen Auswirkungen und unbeabsichtigten Folgewirkungen des Regulierungseingriffes zu minimieren. Angesichts zusätzlich auftretender erheblicher Mess- und Prognoseprobleme (nicht immer eindeutig bestimm- und prognostizierbare externe Effekte, sonstige betriebswirtschaftliche Kosten und einzel- bzw. gesamtwirtschaftlicher Nutzen von Regulierungseingriffen) und des bereits von Hayek 1945 aufgezeigten Wissensproblems bei Entscheidungen von Zentralinstanzen, sind optimal gestaltete Regulierungseingriffe nicht zu erwarten. Angesichts der geringen Wahrscheinlichkeit optimaler Regulierungsentscheidungen ist es für eine praktische Wirtschaftspolitik sinnvoller, lernfähige Regulierungssysteme zu implementieren, die über trial and error-Prozesse und schrittweise Verbesserung von Regulierungseingriffen zu zunehmend besseren Regulierungseingriffen gelangen ohne die first best-Lösung (der unrealistische Fall vollkommener Information bei allen Marktakteuren) jemals erreichen und realisieren zu können.

B. Grundsätzliches Verhältnis von Regulierung und Innovation

Ebenso wie das Verhältnis von Produkthaftung und Innovation ist auch das Verhältnis von Regulierung und Innovation ambivalent und situativ für jeden Einzelfall zu beurteilen. Es kommt auf die konkrete Ausgestaltung der Regulierungseingriffe an, ob staatliche Regulierung Innovationen stimulieren oder hemmen kann (vgl. hierzu auch Blind 2004).

I. Unternehmensaktivitäten als Objekte staatlicher Regulierungseingriffe

Staatliche Regulierungseingriffe können an den unterschiedlichsten Punkten des unternehmerischen Forschungs-, Produktions- und Vermarktungsprozesses ansetzen:

Prinzipiell denkbar ist eine Regulierung

- des Inputs in den Forschungsprozess (z.B. Kontrolle verwendeter Substanzen, definierte Anforderungen an die Qualifikationen von Mitarbeitern und die Sicherheit von Produktionsanlagen),
- des Forschungsprozesses selbst (z.B. Genehmigungsvorschriften, Sicherheitsvorschriften, Berichts- und Dokumentationspflichten),
- der Ergebnisse des Forschungsprozesses (Verbot der Publikation bestimmter Forschungsergebnisse, z.B. aus Gründen der nationalen Sicherheit),
- der Produktion der erforschten und entwickelten Produkte (Verbote, Genehmigungsvorbehalte und Auflagen für verwendete Inputfaktoren, den eigentlichen Produktionsprozess, Nebenwirkungen der Produktion, Emissionsschutz),
- der Markteinführung und des Verkaufes der hergestellten Produkte (z.B. Zulassungsprüfung, Einholen von Unbedenklichkeitsbescheinigungen, Produktkennzeichnungen, Preisregulierungen),
- der Marktergebnisse und der Folgeschäden des Produktgebrauchs (z.B. Produkthaftungsrecht) und
- der Entsorgung der hergestellten Produkte (z.B. regulatorische Auflagen für Recyclingquoten oder Deponiestandorte und die Art der Lagerung).

Staatliche Regulierungseingriffe können somit prinzipiell in allen Phasen des Technologie-, Produkt- und Industrielebenszyklus erfolgen.

II. Regulierungsinstrumente

Regulierung kann sich zur Einflussnahme auf das Regulierungsobjekt und dessen Verhalten diverser Instrumente bedienen.

Zu denken ist an *Gebote und Verbote*, die dem regulierten Unternehmen ein gewisses Verhalten vorschreiben bzw. verbieten. Letzteres ist vorzuziehen, da es im Sinne von F. A. v. Hayek mehr Handlungsoptionen und Freiheitsgrade für das regulierte Unternehmen lässt, als wenn ihm ein bestimmtes Verhalten zwingend vorgeschrieben wird: „Freie Menschen, denen erlaubt sein soll, ihre Mittel und Kenntnisse für ihre persönlichen Ziele einzusetzen, dürfen keinen Regeln unterworfen werden, die ihnen sagen, was sie tun sollen, sondern nur Regeln, die ihnen sagen, was sie nicht tun dürfen.“ (Hayek 1967: 20). Der wesentliche Unterschied liegt nicht nur im materiellen Regelinhalt, sondern in den Anreiz- und Verhaltenswirkungen, die von Gebots- und Verbotsregeln ausgehen. Gebotsregeln strukturieren das Handeln des Akteurs vor und richten es auf vorgegebene Ziele und ggf. vorgegebene Instrumente und Lösungswege aus. Verbotsregeln belassen dem Akteur jenseits des verbotenen Handlungsraums einen Bereich erlaubter Handlungen, in dem der Einzelne nach eigenem Ermessen planen, entscheiden und handeln kann (vgl. Leschke 1996: 76). Die unterschiedlichen Anreizwirkungen beider Regeltypen sind in den gewährten Freiheits- und Entscheidungsspielräumen begründet. Generell spricht vieles für die Vermutung, dass Verbotsregeln, die bestimmte Handlungen untersagen, aber ansonsten viel Raum für Eigeninitiative und Eigenverantwortung der Akteure lassen, eine höhere Anreizqualität aufweisen als Gebotsregeln, die das Verhalten der Akteure stärker vorstrukturieren und weniger Raum für eigene Entscheidungen des Akteurs lassen.

Gebote und Verbote sind die Regulierungsinstrumente mit den stärksten Eingriffen in die Property Rights des regulierten Unternehmens. Bei zwingenden Verboten werden dem Unternehmen in dem verbotenen Bereich alle beabsichtigten Handlungsmöglichkeiten untersagt. Damit können in diesem Bereich Rechte auf usus und abusus sowie Gewinnaneignungs- und Veräußerungsrechte überhaupt nicht wahrgenommen werden (Verbote). Außerhalb des verbotenen Bereichs herrschen hingegen Handlungsfreiheit und damit grundsätzlich (im Rahmen der allgemeinen Gesetze) uneingeschränkte Property Rights. Anders verhält es sich bei zwingenden Geboten: Im reglementierten Bereich sind je nach Ausgestaltung des Gebotes stärker oder schwächer eingeschränkte Property Rights denkbar. Jenseits des gebotenen Handlungsbereichs gibt es aber überhaupt keine Handlungsbefugnisse bzw. Property Rights an Gütern.

Eine im Vergleich zu Geboten und Verboten geringere Eingriffsintensität in Property Rights des regulierten Unternehmens stellen dar:

- *Genehmigungsvorbehalte* (Aufnahme der Aktivität erst bei Vorliegen einer Genehmigung der Regulierungsinstanz)
- *Verbotsvorbehalte* (ex ante Aufnahme der Aktivität grundsätzlich möglich, nur bei missbräuchlicher Ausnützung der Handlungs- und Ermessensspielräume

durch das Unternehmen erfolgt Untersagung durch die Regulierungsinstanz ex post, d.h. erst nach Aufnahme der Tätigkeit)

- *Gebotsvorbehalte/Auflagen* (ex ante Aufnahme der Aktivität grundsätzlich möglich, aber das Unternehmen muss bestimmte Verhaltensvorschriften beachten, die sich beziehen können auf Informations- und Offenlegungspflichten, ein bestimmtes Verhalten gegenüber Konkurrenten (z.B. Ermöglichung der Mitbenutzung von Netzen in der Telekommunikations- und Energiewirtschaft durch Konkurrenten) und ein bestimmtes Preissetzungsverhalten am Markt (Mindestpreise, Höchstpreise, erlaubte Veränderungsraten der Preise, um den Missbrauch der Marktmacht des Unternehmens zu verhindern)
- *Haftungsregeln* (ex post-Haftung für die negativen Wirkungen und Folgeschäden, die durch den Gebrauch der Produkte entstehen)

Grundsätzlich können Regulierungseingriffe somit danach unterschieden werden, ob sie vor (ex ante) oder nach (ex post) Aufnahme der Tätigkeit des regulierten Unternehmens angewendet werden und wie weitgehend in die Property Rights des regulierten Unternehmens eingegriffen wird (unterschiedliche Grade der Regulierungsintensität: Verbote, Verbotsvorbehalte, Gebote, Gebotsvorbehalte/Auflagen, Genehmigungsvorbehalte, Haftungsregeln).

Im Gegensatz zum nachfolgend behandelten unternehmerischen Risikomanagement bei Produkthaftung können Unternehmen gegen Maßnahmen der staatlichen Regulierung (z.B. Preiskontrollen, Marktzugangsbeschränkungen, Zuverlässigkeitsprüfungen und Zulassungsverfahren vor Markteintritt) im Allgemeinen nur selten Gegenmaßnahmen im Sinne eines unternehmerischen Regulierungsmanagements ergreifen. Denkbar ist hier allenfalls die argumentenbasierte Überzeugung der Regulierungsinstanz oder der Versuch der Beeinflussung des Gesetzgebers (Rent Seeking, Lobbying), der die gesetzliche Grundlage für die Arbeit der Regulierungsinstanz erlässt.

III. Zum Zusammenhang von Regulierung und Innovation

Es gibt nach Überblick der Verfasser kaum empirische Studien zum Zusammenhang von Regulierung und Innovation. Lediglich für den Pharmasektor wurde diese Fragestellung mehrfach empirisch untersucht, aber selbst für diesen Wirtschaftszweig sind empirische Studien zum Zusammenhang von Preisregulierung und Innovationstätigkeit sehr selten. Nachfolgend sollen die wichtigsten dieser auf die Pharmabranche bezogenen empirischen Studien vorgestellt werden, um erste Rückschlüsse für den in diesem Beitrag behandelten Zusammenhang von Regulierung und Innovation zu ermöglichen.

Die Ermittlung des Einflusses von staatlicher Regulierung auf Innovationstätigkeit ist mit erheblichen empirischen Forschungsproblemen behaftet. Dies wird deutlich, wenn man sich beispielsweise die vorhandenen empirischen Studien zum Zusammenhang von Preisregulierung (eine spezielle Regulierungsform) und Innovationsverhalten im Pharmabereich betrachtet. Für diesen Technologiebereich sind – im Gegensatz zum jungen Technologiefeld Nanotechnologie – empirische Studien vorhanden, anhand derer die methodischen Probleme solcher empirischer Studien zum Zusammenhang von Regulierung und Innovation aufgezeigt werden können.

Eine Studie des Department of Health and Human Services (vgl. Department of Health and Human Services 1994) untersuchte den Zusammenhang von regulierten Arzneimittelpreisen und FuE-Ausgaben für 12 Länder mit dem Fokus auf Frankreich, Deutschland, Schweden, Großbritannien und die USA. Die Regressionsanalyse weist einen positiven, jedoch statistisch nicht signifikanten Zusammenhang von Pharmapreisregulierung und FuE-Ausgaben aus (vgl. Department of Health and Human Services 1994: 41). Laut dieser Studie führt eine Senkung der Pharmapreise um 1 % zu einer Reduktion der FuE-Ausgaben um 0,68 % (vgl. hierzu Troyer/Krasnikov 2002: 88).

Die Autoren der Studie weisen aber ausdrücklich darauf hin, dass

> "... the size of the effect of drug price regulation on new drug development remains an open question" (vgl. Department of Health and Human Services 1994: 42).

Es sei im Rahmen der Untersuchung nicht möglich, die Effekte der einzelnen Regulierungsmaßnahmen auf die Innovationstätigkeit von Pharmaunternehmen empirisch zu separieren und zu analysieren (vgl. ebd.: 41). Auch sei das postulierte Grundmuster von hohen Arzneimittelpreisen und hoher FuE-Tätigkeit deshalb fragwürdig, weil beispielsweise Länder mit (regulierten) niedrigen Arzneimittelpreisen (zum Beispiel Schweden und Großbritannien) nachweislich über eine sehr innovative und starke pharmazeutische Industrie verfügen, während in einem Hochpreisland wie Kanada die Pharmaunternehmen kaum FuE betreiben (vgl. ebd.: 39). Auch über die Auswirkungen von Preisregulierungen auf den Grad und die Qualität der Innovationen (Break-through-Innovationen oder imitative Me-Too-Produkte) lasse die Untersuchung keine Schlüsse zu (vgl. ebd.: 42).

Morton 1997 stellt fest, dass die Rabatte, die die Pharmaunternehmen dem Medicaid-Programm in den USA[5] gewähren müssen, kaum negative Auswirkungen auf ihre FuE-Ausgaben haben, und dass von dieser Maßnahme patentgeschützte innovative Medikamente gar nicht betroffen sind.[6]

Eine jüngere Studie von Troyer/Krasnikov (2002) untersucht die Beziehung zwischen den Umsatzerlösen und den Innovationen in der amerikanischen Pharmain-

---

5 Medicaid ist ein gemeinsames Programm des Bundes und der Bundesstaaten der USA und finanziert die medizinische Versorgung für bedürftige Menschen mit geringem Einkommen.

6 Vgl. die Darstellung der Ergebnisse der empirischen Studien von Elzinga/Mills 1997 und Morton 1997 bei Troyer/Krasnikov 2002: 88.

dustrie und schließt die Auswirkungen von Preisregulierungen auf die Umsätze und die Innovationen ein. Als Indikator für die Innovationstätigkeit wählen Troyer/Krasnikov die Zahl der Commercial Investigational New Drug Applications (IND)[7], New Drug Applications[8], New Drug Approvals[9] und New Chemical Entities[10]. Die Autoren präsentieren als erklärende Variablen, die die FuE-Ausgaben und die Innovationsergebnisse der Pharmaindustrie bestimmen, die inländischen Umsatzerlöse sowie drei Reformen der amerikanischen Gesundheitspolitik in den Jahren 1984 bis 1992[11], die signifikante Auswirkungen auf die Pharmapreise und Gewinne amerikanischer Pharmaunternehmen hatten. Die durchgeführte Regressionsanalyse zeigt im Ergebnis einen positiven Zusammenhang von Umsatzwachstum und den untersuchten Regulierungsmechanismen auf der einen Seite und der Innovationstätigkeit auf der anderen Seite (vgl. Troyer/Krasnikov 2002: 93). Die Autoren stellen einen Zusammenhang zwischen dem durch Preisregulierung beeinflussten Inlandsumsatz US-amerikanischer Pharmaunternehmen und deren inländischen FuE-Ausgaben her. Aus der festgestellten Korrelation zwischen FuE-Ausgaben und Umsätzen (eine Erhöhung der FuE-Ausgaben um 1 $ geht einher mit einer Erhöhung des Umsatzes um 3,84 $) wird dann aus der regulatorisch erzwungenen Umsatzreduktion auf die Reduktion der FuE-Ausgaben und der Innovationstätigkeit in der Pharmaindustrie geschlossen. Die Autoren untermauern ihre Aussage mit einer weiteren Schätzung: Troyer/Krasnikov prognostizieren einen um 1,5 Prozentpunkte höheren Umsatz der amerikanischen Pharmaindustrie, woraus wiederum die Entwicklung von vier zusätzlichen innovativen Arzneimitteln hätte resultieren können, wenn die bestehenden Rabattprogramme im Medicaid-System nicht existiert hätten (vgl. ebd.: 94).

Kritisch ist zu dieser empirischen Untersuchung vor allem Folgendes zu bemerken: Die Autoren postulieren einen negativen Zusammenhang von Preisregulierung und Innovationstätigkeit, obwohl in die Untersuchung keinerlei Parameter eingehen, die eine Preisregulierung direkt repräsentieren. Es wird untersucht, wie regulatorisch erzwungene Preissenkungen die Umsätze der Pharmaunternehmen und infolge dessen ihre FuE-Aufwendungen reduzieren. Umsätze und FuE-Ausgaben werden aber von vielen weiteren Faktoren neben der Preisregulierung (zum

---

7 Anträge, die der US-amerikanischen Zulassungsbehörde Food and Drug Administration (FDA) nach der präklinischen Testphase zugehen und nach deren Bewilligung mit den klinischen Tests begonnen werden darf.

8 Zulassungsanträge an die FDA.

9 Zulassung durch die FDA.

10 Neue Wirkstoffklasse.

11 Konkret werden betrachtet: die Patentzeitverlängerung um maximal fünf Jahre als Ausgleich für die Dauer des Zulassungsprozesses (1984), eine Regelung zur Beschleunigung des Zulassungsprozesses (die von der Pharmaindustrie gezahlten Prüfgebühren wurden zur Neueinstellung von Prüfern bei der FDA genutzt) (1992) und ein Gesetz, das den Zugang für Patienten zu Therapie-Experimenten für besonders schwere und bisher nicht behandelbare Krankheiten, zum Beispiel HIV, erleichtert (1988).

Beispiel Wettbewerbsintensität in dem relevanten Pharmamarkt, Standortfaktoren, die FuE an dem Standort begünstigen) bestimmt.

Insgesamt ist an den vorhandenen empirischen Studien besonders zu kritisieren, dass sie den isolierten Effekt der Preisregulierung auf die Innovationsbereitschaft von Pharmaunternehmen nicht herausarbeiten können. Andere Einflussfaktoren, wie zum Beispiel Patentsystem (Länge des Patentschutzes), Steuer- und Subventionspolitik des Landes, Haftungsrecht, Dauer, Kosten und Erfolgsaussichten des Zulassungsprozesses, Volumen des jeweiligen Pharmamarktes in einem Land, wirken neben der Preisregulierung auf die FuE-Ausgaben, Umsätze und Gewinne der Unternehmen ein und können die Auswirkungen der Preisregulierung tendenziell verstärken oder verringern oder überkompensieren.[12] Zudem ist, so die Kritik einer IFO-Studie (vgl. Becher et al. 1990), die Beurteilung einzelner regulatorischer Maßnahmen ohne die Beachtung ihrer Interaktion mit dem Gesamtsystem und der Abhängigkeiten zwischen den eingesetzten Instrumenten beziehungsweise zwischen den vom Instrumenteneinsatz betroffenen Regulierungsobjekten nicht möglich (vgl. Becher et al. 1990: 128). In einem System, das stark durch indirekte Effekte und Interdependenzen gekennzeichnet ist, bleiben Einzelmaßnahmen ohne Wirkung, wenn die Reaktion des Gesamtsystems dies verhindert (vgl. ebd.: 125). Beispielsweise reagierten die Pharmaunternehmen in Deutschland auf den zukünftigen Ausschluss der rezeptfreien Arzneimittel von der Kostenerstattung durch die gesetzlichen Krankenkassen mit einer Flut von Anträgen auf Neuzulassung der betroffenen Medikamente. Durch Modifikationen der Zusammensetzung, höhere oder andere Dosierungen oder neue Indikationen (d.h. mehr oder weniger inkrementelle Pharmainnovationen) wollen die Unternehmen erreichen, dass die Medikamente wieder den Status der Rezeptpflicht erlangen und damit wieder erstattungsfähig werden (vgl. VFA 2003a: 6). Ebenso gab es in den letzten Jahren eine Vielzahl von Maßnahmen, die die Gewinne der Pharmaunternehmen begünstigt haben: Der Anteil rezeptpflichtiger, innovativer Arzneimittel an den Umsätzen der deutschen Pharmaunternehmen ist beständig gestiegen, bei diesen Arzneimitteln erzielte die deutsche Pharmaindustrie von 1996 bis 2002 einen Umsatzzuwachs von 66 % (vgl. VFA 2003a: 43), die Patentlaufzeiten wurden von 20 auf 25 (mit Hilfe eines Verlängerungsantrages möglich) Jahre verlängert, in vielen Ländern wurden die Zulassungsprozesse verkürzt (mit dem Effekt einer verlängerten effektiven Patentnutzungsdauer) und im Jahr 2001 wurde die Budgetbegrenzung für Pharmazeutika in Deutschland aufgehoben (vgl. VFA 2003a: 32). Diese Maßnahmen haben die Gewinne der Pharmaunternehmen positiv beeinflusst (vgl. Kirsch 2003: 25).

Daraus ergibt sich Folgendes: Will man die Auswirkungen einer einzelnen Regulierungsmaßnahme auf die FuE-Ausgaben von Firmen beurteilen, so muss man

---

12 Zur Bedeutung derartiger Determinanten für das Innovationsverhalten vgl. Department of Health and Human Services 1994: 39 f.

streng genommen die Regulierungsmaßnahmen im historischen Ablauf und in ihrer Interdependenz zueinander betrachten und den Nettoeffekt aller Regulierungsmaßnahmen ermitteln. Dies leistet bisher keine der den Verfassern bekannten empirischen Studien.

Wenn sich über die Konsequenzen von Regulierungseingriffen empirisch wenig sagen lässt, so die Ausführung der Autoren der IFO-Studie, müsse man auf qualitative Aussagen aufgrund von Plausibilitätsaussagen zurückgreifen (vgl. Becher et al. 1990: 133). Zusätzlich zu theorielosen Plausibilitätsaussagen soll hier die Analyse von Maßnahmen zur Preisregulierung mit Hilfe der Property Rights-Theorie erfolgen, um auch theoriegestützte Aussagen über die durch die Regulierung gesetzten Anreize beziehungsweise Anreizstrukturen für FuE und Innovation treffen zu können.

Vorbehaltlich empirischer Überprüfung sind folgende grundsätzlichen Zusammenhänge zwischen Regulierung und Innovation denkbar (vgl. die nachfolgende Abbildung): Innovation kann durch Regulierung gefördert werden, wenn sie dem regulierten Unternehmen ein Entkommen aus dem regulierten Bereich ermöglicht und das Agieren in regulierungsfreien Bereichen höhere Gewinne für das Unternehmen bedeutet. Innovation kann durch Regulierung auch gefördert werden, wenn Qualitätsregulierungen Anreize schaffen, die FuE-Anstrengungen zu intensiveren, um die Auflagen der Regulierungsinstanz zu erfüllen und eine Produktionsgenehmigung zu erhalten bzw. Strafen zu vermeiden. Innovation wird durch Regulierung behindert, wenn zu strenge Regulierungsvorgaben die FuE-aktivitäten verzögern, behindern bzw. unmöglich oder unrentabel machen. Im Kern ist ein ähnlicher Zusammenhang zwischen Regulierung und Innovation wie zwischen Produkthaftung und Innovation zu vermuten. Während für den Zusammenhang von Produkthaftung und Innovation bereits empirische Studien existieren (vgl. Viscusi und Moore 1991), stehen solche Studien für den allgemeinen Zusammen-

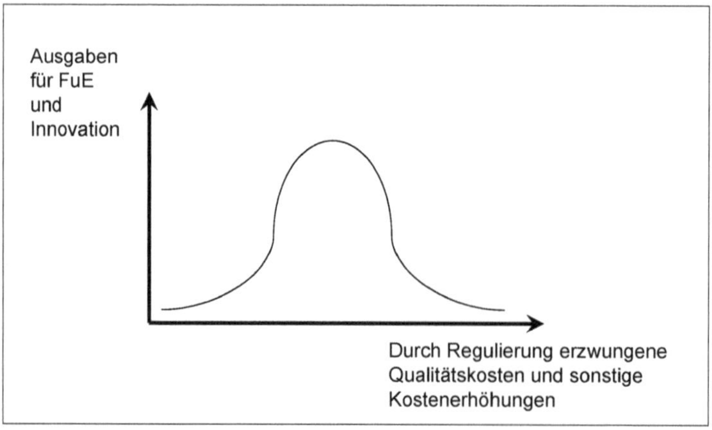

Abb. 2: Zum Zusammenhang von durch Regulierung verursachten Kosten und Innovation

hang von Regulierung und Innovation aus. Da Produkthaftung mit branchenspezifischen Regelungen aber eine spezielle Form der Regulierung ist, erscheint es angemessen (vorbehaltlich weiterer empirischer Untersuchungen) die für Produkthaftung gesicherten Erkenntnisse zu verallgemeinern für den Zusammenhang von Regulierung und Innovation. Der wesentliche Unterschied ist dabei, dass Regulierung stärker ex ante (vor der Markteinführung) und Produkthaftung nur ex post (auch wenn Produkte dann oft so entwickelt werden, dass die Haftungsrisiken geringer werden) nach der Markteinführung in die Aktivitäten des regulierten Unternehmens eingreift.

IV. Produkthaftung als spezielles Anwendungsfeld für die Problematik des Verhältnisses von Regulierung und Innovation

Das Produkthaftungsrecht befasst sich mit den rechtlichen und ökonomischen Konsequenzen von Personenschäden und sonstigen Leiden, die durch die Benutzung von fehlerhaften Produkten hervorgerufen wurden. Produkthaftungsgesetze existieren, um die Herstellung und den Vertrieb von fehlerhaften Gütern zu verhindern, oder im Falle eines Schadens die Betroffenen zu entschädigen (vgl. Jones/Hunziker 1994: 2). Wesentliche Ursachen von Produkthaftungsfällen sind Fehler des Produktdesigns (aufgrund von Forschungs-, Entwicklungs- und Konstruktionsfehlern) oder Herstellungsfehler (vgl. Viscusi/Moore 1991: 89).

Der Produkthaftung sind fehlerhafte Sachgüter unterworfen. Sachgüter sind laut § 2 Produkthaftungsgesetz (ProdHaftG) alle beweglichen Sachen und Elektrizität. Die vom Produkthaftungsgesetz in Deutschland vorgesehenen Sanktionen für durch fehlerhafte Produkte verursachte Schäden sind gemäß §§ 7–11 ProdHaftG Schmerzensgeld bzw. Schadenersatz für die Betroffenen und laut § 7 Abs. 2 auch für Hinterbliebene und Unterhaltsberechtigte (vgl. Kullmann 2006). Im Geräte- und Produktsicherheitsgesetz (GPSG) vom 01.05.2004 kann durch Verwaltungsbehörden eine Rückrufaktion veranlasst werden, sofern das Unternehmen nicht selbst eine solche startet (§ 8 Abs. 4 Nr. 7 GPSG). Ob das Unternehmen verpflichtet ist, alle Kosten einer Rückrufaktion zu übernehmen, steht nicht explizit im Gesetz, es kann aber davon ausgegangen werden, dass es zur Kostenübernahme verpflichtet ist, da der Rückruf im Verantwortungsbereich des Unternehmens liegt. Weiterhin droht laut § 20 GPSG dem Hersteller bei vorsätzlicher oder fahrlässiger Schädigung des Verbrauchers eine Freiheitsstrafe von bis zu einem Jahr.

Die Kernfrage ist, wie sich Produkthaftung und dadurch dem Unternehmen auferlegte Risiken bzw. verursachte Kosten auf die Innovationsbereitschaft und das Innovationsverhalten des Unternehmens auswirken und wie die Wirkungszusammenhänge hier aussehen (vgl. Viscusi/Moore 1991: 89). Die empirische Untersuchung von Viscusi/Moore 1991 hat gezeigt, dass staatlich festgelegte Produkthaftung Produktinnovationen stimulieren oder hemmen kann. Entscheidend hierfür ist die konkrete Höhe der drohenden Haftungskosten. Die empirische Untersuchung von Viscusi/Moore 1991 zeigte darüber hinaus noch folgendes Ergebnis: Eine Erhöhung des Haftungsrisikos führt anfänglich zu einer Erhöhung der FuE-Intensität (vgl. Viscusi/Moore 1991: 112). Die Produkthaftung schafft Anreize zur Erhöhung der Produktsicherheit. Höhere Haftungskosten steigern gewöhnlich die produktspezifische Forschung und Entwicklung, z.B. um die Produktsicherheit zu erhöhen. Die geschätzten Effekte weisen darauf hin, dass die Anreize zur Erhöhung der Sicherheit, die bei niedrigem Risiko-Level (d.h. geringen Produkthaftungskosten) für das Unternehmen bestehen, bei hohem Risikolevel aber überkompensiert werden (vgl. Viscusi/Moore 1991: 113). Überschreiten die drohenden Haftungsrisiken einen Schwellenwert, so führt dies zur Reduktion der FuE-Aktivitäten (vgl. Viscusi/Moore 1991: 113). Dieser Schwellenwert ist nach Ansicht der Autoren bei einem Verhältnis von Haftungskosten zu Umsatz von etwa 1 % (vgl. Viscusi/Moore 1991: 113). Extrem hohe Haftungskosten führen somit zu einer Dämpfung der Innovationstätigkeit (vgl. Viscusi/Moore 1991: 114). Unternehmen stellen Forschung und Entwicklung ein, ziehen die Einführung ihrer Neuprodukte zurück oder nehmen eingeführte Produkte vom Markt, wenn die Haftungskosten zu groß werden (vgl. Viscusi/Moore 1991: 84).

Die nachfolgende Abbildung verdeutlicht nochmals den grundlegenden Zusammenhang zwischen Haftungskosten und Innovationstätigkeit von Unternehmen in idealtypischer Form.

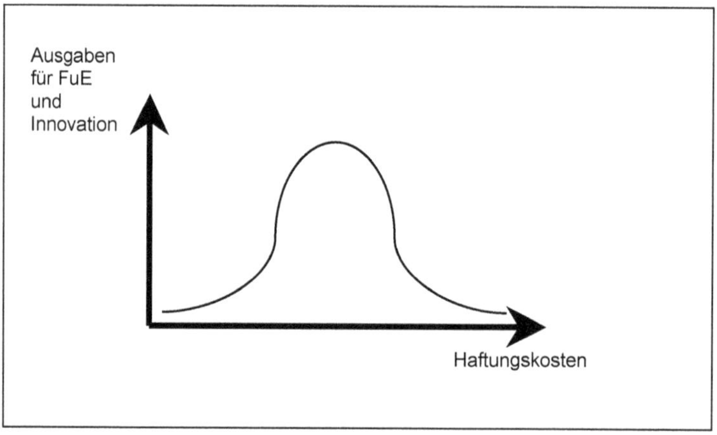

Abb. 3: Zum Zusammenhang von Haftungskosten und Innovationstätigkeit, Quelle: Burr 2004.

Die empirische Erfahrung zeigt, dass typischerweise einige Industrien besonders stark vom Produkthaftungsrecht betroffen sind. Zu nennen sind hier beispielsweise:

1) Materiallieferanten

2) Flugzeugindustrie

3) Gesundheitssektor, v.a. Pharmaindustrie und Hersteller von Implantaten (z.B. künstliche Hüftgelenke)

4) Automobilhersteller (Rückrufaktionen, Schadensersatzklagen) (vgl. Burr 2004)

Es fällt auf, dass gerade in diesen Technologiefeldern und Märkten auch Einsatzmöglichkeiten von Nanotechnologie und Absatzmöglichkeiten von Produkten auf Basis der Nanotechnologie zu vermuten sind.

Durch Maßnahmen des unternehmerischen Risikomanagements können z.B. Produkthaftungsrisiken reduziert bzw. eliminiert werden (z.B. durch Abschluss einer Produkthaftungsversicherung, durch Kooperationen, die Risiken auf mehrere Unternehmen verteilen etc.), so dass Anreize zur Innovation erhalten bleiben oder wiederhergestellt werden. Aber auch in diesem Fall verursachen die risikopolitischen Maßnahmen Kosten und die entsprechenden Finanzmittel stehen für Forschung, Entwicklung und Innovationen nicht mehr zur Verfügung.

C. Offene Fragen und Probleme staatlicher Regulierung auf Innovationen im Bereich der Nanotechnologie

I. Grundlegende Fragen zur Regulierung von Technologien, insbesondere jungen Technologiefeldern

Aus innovationsökonomischer Sicht wirft die Nanotechnologie mehrere Fragen auf, von denen die folgenden fünf grundsätzlichen Charaktere haben:

1. Soll Nanotechnologie als junges Technologiefeld überhaupt reguliert werden, wie können diese Regulierungseingriffe begründet und gerechtfertigt werden?

Regulierungseingriffe bzw. Produkthaftungsregelungen im Bereich Nanotechnologie werden im Regelfall mit der Vermeidung bzw. Reduzierung negativer externer Effekte, z.B. in Form möglicher Gesundheits- und Umweltschäden begründet und gerechtfertigt.[13] Hier sind detaillierte wissenschaftliche Studien zur Untersuchung und Prognose der möglichen Gefährdungspotenziale erforderlich (Technologiefolgenabschätzung). Regulierungen können darüber hinaus positive Effekte auf Industrie und Forschung ausüben, indem sie z.B. klare Richtlinien vorgeben, welche Forschungsbereiche erlaubt sind (vgl. Marchant/Sylvester 2006: 3). Solche klaren regulatorischen Vorgaben können dann positiv wirken, wenn sie z.B. die Unsicherheit für die Unternehmen und das Risiko von Fehlinvestitionen (z.B. in die Erforschung von Technologien, die später in der Gesellschaft auf Widerstand stoßen) senken.

---

13 Zu externen Effekten als Grundlage für staatliche Eingriffe vgl. Fritsch et al. 2007: 82.

2. Soll eine Regulierung durch den einzelnen Staat erfolgen oder auf internationalem Niveau?

Laut Marchant/Sylvester 2006 ist es offensichtlich, dass ein Großteil der kommenden Regulierungen in der Nanotechnologie länderübergreifend sein wird, z.B. aufgrund des grenzüberschreitenden Charakters von Risiken (vgl. Marchant/Sylvester 2006: 5). Die Autoren stellen verschiedene Modelle vor, darunter z.B. die „International Agreements on Environmental Pollutants" und resümieren, dass zwar keines der vorgestellten Modelle exakt auf die Nanotechnologie zugeschnitten ist, aber dass die Modelle dennoch wichtige Lektionen in Bezug auf Hindernisse, Herausforderungen etc. erteilen können, die für die Regulierung der Nanotechnologie auf internationalem Niveau von Relevanz sind (vgl. Marchant/Sylvester 2006: 10). Es stellt sich damit die Frage, welche Regulierungsprobleme auf nationaler Ebene gelöst werden können und welche auf internationaler Ebene gelöst werden müssen. Erste Hinweise zur Beantwortung dieser Frage kann man z.B. aus dem Subsidiaritätsprinzip und der institutionenökonomischen Theorie erhalten (vgl. hierzu Picot 1991).

Bezieht man die internationale Dimension der Regulierung durch eine Mehrländerbetrachtung in die Analyse ein, so werden die beiden folgenden Regulierungsprobleme offensichtlich: Denkbar ist sowohl ein Wettbewerb zwischen den Regulierungssystemen verschiedener Länder, was die Gefahr eines race to the bottom erzeugen kann, d.h. der Absenkung von Regulierungsstandards durch einzelne Länder, um den eigenen Standort für forschende Unternehmen attraktiver zu machen. Denkbar ist aber auch, dass Unternehmen Unterschiede zwischen den Regulierungssystemen und dadurch im internationalen Raum entstehende Regulierungslücken strategisch für sich nutzen, indem sie die Forschungsarbeit in Länder mit günstigeren Regulierungsbedingungen verlagern.

3. Wann sollten regulierende Maßnahmen ergriffen werden?

Prinzipiell ist zu entscheiden, *wann* regulierende Maßnahmen ergriffen werden sollen. Eine Option ist, möglichst schnell zu regulieren. Für eine zeitnahe Regulierung spricht die „Sicherung der Zukunft der Nanotechnologie": Nach Marchant/Sylvester 2006 könnte das wachsende Bedenken der Öffentlichkeit dazu führen, dass die Nanotechnologie letztendlich auch bei nachgewiesener Sicherheit nicht akzeptiert wird (vgl. Marchant/Sylvester 2006: 4). Die Potenziale der Nanotechnologie könnten somit nur schwer ausgeschöpft werden. Eine frühe Regulierung so die Autoren, schütze die Gesellschaft vor den schlimmsten Möglichkeiten, d.h. negativen Technikfolgen (vgl. Marchant/Sylvester 2006: 4).

Werde früh reguliert, so bestehe allerdings u.a. auch die Gefahr, dass Innovationen und Forschung gehemmt werden (vgl. Marchant/Sylvester 2006: 4). Dieses spricht dafür, erst später regulierende Maßnahmen zu ergreifen.

4. Mit welchen Instrumenten soll/kann der Staat die Entwicklung und Ausbreitung der Nanotechnologie und auf ihr basierender Produkte lenken und steuern (d.h. regulieren)? Selbstregulierung versus Fremdregulierung durch den Staat? Wie intensiv sollen/dürfen die Regulierungseingriffe sein?

Wenn man die Notwendigkeit der Regulierung bzw. Produkthaftung bejaht, ist noch keine Aussage getroffen, wie die entsprechenden staatlichen Regulierungen, die Regulierungsinstrumente und Eingriffe ausgestaltet werden sollen.

Eine grundlegende Frage zur Ausgestaltung von Regulierungsinstrumenten ist beispielsweise die folgende: Ist eine Selbstregulierung der betroffenen Branche möglich bzw. effizient oder ist eine Fremdregulierung durch den Staat zwingend erforderlich? Selbstregulierung bedeutet, dass die regulierten Unternehmen die wesentlichen Entscheidungen (z.B. zu erreichende Ziele, Grenzwertfestlegungen) selbst treffen können. Aus dem Scheitern von Selbstregulierung in anderen Branchen (z.B. vereinbarte Erreichung von Emissionsreduzierungen in der Autoindustrie, Regelung der Angelegenheiten des Berufsstandes der Wirtschaftsprüfer durch die Wirtschaftsprüferkammer und nicht durch einen staatlichen Regulator) kann man jedoch lernen, dass Selbstregulierung nur unter bestimmten Bedingungen funktionieren wird. Selbstregulierung kann vor allem und nur dann effektiv und effizient sein, wenn sie mit drastischen Sanktionen für Fehlverhalten der Unternehmen (z.B. drakonischen Strafen der Produkthaftung) und einer glaubhaften Drohung des Übergangs zur staatlichen Fremdregulierung einhergeht, falls die Selbstregulierung unzureichende Ergebnisse erbringt oder nicht funktioniert. Mit Hilfe von Selbstregulierung lässt sich das Wissen der in der Branche vor Ort operierenden Unternehmen besser in die Kontrolle einer sich entfaltenden Technologie einbinden. Während der Periode einer stärkeren Selbstregulierung durch die Unternehmen der Branche kann die staatliche Regulierungsinstanz mehr Wissen über die zu regulierende Technologie erwerben und später zu effektiveren staatlichen Regulierungseingriffen übergehen.

Ein weiteres grundlegendes Regulierungsproblem ist: Sollen die Regulierungsmaßnahmen vor Aufnahme der zu kontrollierenden Tätigkeit (ex ante, z.B. Genehmigungsvorbehalte) oder nach Aufnahme der zu kontrollierenden Tätigkeit (ex post, z.B. Verbotsvorbehalte) eingreifen?

5. Wie könnten sich die staatlichen Eingriffe auf die Forschung und Innovation in diesem jungen Technologiefeld auswirken?

Vor dem Hintergrund der Erfahrungen mit der sehr strikten Regulierung und dadurch eingeschränkten Entwicklung der Gentechnologie in den 80er Jahren in Deutschland hat diese Frage der kontrollierten Technologieentwicklung in Bezug auf die Nanotechnologie wieder erhebliche Aktualität gewonnen. Bei der Gentechnologie hat Deutschland die technologische Entwicklung zuerst in den 80er Jahren des vorigen Jahrhunderts mit sehr strengen Genehmigungsvorschriften für

Versuchs- und Produktionsanlagen und nach dem Jahr 2000 durch gravierende Haftungsregeln (z.B. für freigesetzte gentechnisch veränderte Pflanzen, deren Samen die Äcker von Biobauern kontaminieren) behindert. Die Folge davon war, dass viele forschende Unternehmen entweder entsprechende Forschungsarbeiten überhaupt nicht aufgenommen oder im Ausland (z.B. in den USA) realisiert haben und damit der deutsche Forschungsstandort im Bereich der Gentechnologie an Wettbewerbsfähigkeit verloren hat.

Nachfolgend werden ausgewählte spezifische Probleme und offene operative Fragen des Problemkreises 3 (Ausgestaltung von Regulierungsinstrumenten) für die Nanotechnologie angesprochen.

II. Offene Detailfragen und mögliche operative Probleme der Regulierungsarbeit in der Nanotechnologie

Gerade in einem jungen Technologiefeld wie der Nanotechnologie stellen sich einige besonders gravierende Regulierungsprobleme:

Wenn eine exakte Definition und Abgrenzung der Nanotechnologie Probleme bereitet (vgl. Luther et al. 2004: 17), ist auch der Gegenstand regulatorischer Eingriffe nicht zweifelsfrei bestimmbar. Dies führt in der regulatorischen Praxis zu Zweifelsfragen, Grenzfällen und Konflikten mit anderen Regulierungs- und Gesetzesvorschriften.

Viele ungelöste Probleme und offene Fragen birgt auch die operative, alltägliche Regulierungsarbeit der Regulierungsinstanz, wenn sie mit jungen Technologiefeldern konfrontiert ist: Speziell die Regulierung der Nanotechnologie erweist sich aus mehreren Gründen in der operativen Regulierungsarbeit als problematisch. Laut Luther (2004) bedarf es zur Entwicklung von Regulierungsmaßnahmen insbesondere standardisierter Messtechniken (engl. measurement techniques), um z.B. die Bewertung toxikologischer Effekte vorzunehmen zu können. Darüber hinaus fehle es an einer einheitlichen Nomenklatur (vgl. Luther 2004: 84 ff.). Die Schwierigkeit besteht somit darin, die Datenbasis und Voraussetzungen für die Entwicklung von Regulierungsmaßnahmen zu erstellen.

Es stellt sich ferner die Frage, ob es für das junge Technologiefeld Nanotechnologie spezielle Regulierungsvorschriften braucht oder ob hierfür allgemeine Regulierungsvorschriften, wie sie für eine Mehrzahl von Technologien bereits existieren (z.B. Bundesimmissionsschutzgesetz), ausreichend sind? Gleichbedeutend hierzu ist die Frage, ob Regulierungslücken im Bereich Nanotechnologie existieren und hier besonderer zusätzlicher Regulierungsbedarf besteht? Ein Rechtsgutachten des Instituts für angewandte Ökologie zielt u.a. darauf ab, Regelungslücken auf europäischer und nationaler Ebene im Bereich Nanotechnologie zu identifizieren (vgl. Führ et al. 2006: 2; dazu auch Führ, in diesem Band S. 139 ff.). Dieses geschieht über eine Analyse des bestehenden Rechtsrahmens. Dem Bericht ist zu entnehmen, dass in vielen Bereichen, z. B. im Anlagenrecht, Wasserrecht, Abfallrecht und Stoffrecht, keine nanospezifischen Regelungsmaßnahmen vorliegen (vgl. Führ et al. 2006: 8ff), so dass hier ebenfalls entsprechender Regelungsbedarf attestiert wird. Auch seitens der Europäischen Kommission werden entsprechende Untersuchungen getätigt. So heißt es auf einer Internetseite:

> "The Commission is performing a regulatory inventory, covering EU regulatory frameworks that are applicable to nanomaterials (chemicals, worker protection, environmental legislation, product specific legislation etc.). The purpose of this inventory is to examine and, where appropriate, propose adaptations of EU regulations in relevant sectors. Preliminary findings indicate that the regulatory frameworks in principle give a good coverage based on the fact that different aspects of production and products are at the same time subject to various Community provisions. However, many of the knowledge gaps (toxicity thresholds, test schemes etc) will need to be addressed to ensure implementation." (http://cordis.europa.eu/nanotechnology/src/safety.htm, 14.09.2007)

Die Regulierungsinstanz steht bei der Frage nanospezifische versus allgemeine Regulierungsvorschriften nicht nur vor dem Problem drohender Regulierungslücken, sondern vor einem zweiten möglichen Fehler, dem einer ineffizienten Doppelregulierung, wenn bestehende Gesetze und Regulierungsvorschriften, z.B. Produkthaftung, BImSchG, und allgemeine Zulassungsverfahren für Produkte, auch die Nanotechnologie und auf ihrer Basis hergestellte Produkte tangieren, und gleichzeitig nanospezifische Regelungen erlassen werden. Daraus können Konflikte zwischen sich widersprechenden Regulierungs- und Gesetzesvorschriften und Abgrenzungsprobleme einerseits sowie Zuständigkeitskonflikte zwischen den entsprechenden Regulierungsinstanzen andererseits resultieren.

In dem obigen Zitat einer EU-Website ist ein weiteres operatives Regulierungsproblem angesprochen: Wie reguliert man eine Technologie, deren Charakteristika und Auswirkungen erst ansatzweise abschätzbar sind? Existierende Wissenslücken der Wissenschaft, der Gesellschaft und der Regulierungsinstanz im Themenbereich Nanotechnologie machen Regulierung zu einer möglicherweise fehlerbehafteten Marktintervention. Es fehlt die Erfahrung mit der Technologie und ihrer Regulierung, ähnlich wie bei der Gentechnologie in den 80er Jahren. Generell stellt sich hier das Problem, dass die Regulierungsinstanz beim derzeit unvollständigen Wissensstand über die Nanotechnologie und ihre Folgen zwei grundlegende Fehler machen kann: es besteht die Gefahr einer zu strengen (Innovation wird reduziert) oder zu schwachen (Folgeschäden und Gefahren steigen) Regulierung. Man könnte hier von einem Regulierungsfehler 1. und 2. Ordnung sprechen: Ein Fehler wäre, eine Technologie stark zu regulieren, die eigentlich keiner oder nur einer geringen Regulierung bedarf, und damit die weitere Technologieentwicklung zu behindern und Innovationspotenziale zu zerstören bzw. ihre Ausschöpfung zu erschweren bzw. zu verhindern. Ein anderer Fehler wäre hingegen, eine Technologie, die erhebliche Gefährdungen für Umwelt und Gesundheit von Menschen und Tieren mit sich bringen könnte, überhaupt nicht oder zu schwach zu regulieren und auf diese Weise negative externe Effekte in Form von unkalkulierbaren Folgeschäden in Kauf zu nehmen (ein analoges Beispiel hierfür ist die bedenkenlose und unregulierte Verwendung von Asbest in Gebäuden in den 50er Jahren, dessen Mikrofasern Lungenkrebs auslösen können).

Es ist Aufgabe des Gesetzgebers und der Regulierungsinstanz sowie der sie beratenden Wissenschaftler, beim Design von Regulierungsmaßnahmen die richtige „Balance“ zwischen diesen beiden drohenden Fehlerquellen zu finden.

Ein Ansatzpunkt zur Minderung des Wissensproblems der Regulierungsinstanz und zur Reduzierung der beiden oben beschriebenen Regulierungsfehler ist die Realisierung eines effektiven Verhältnisses von Selbstregulierung der Branche und Fremdregulierung durch einen staatlichen Regulator. Ein anderer Ansatzpunkt zur Minderung des Wissensproblems der Regulierungsinstanz und Ermöglichung von Lernen der Regulierungsinstanz bezüglich des zu regulierenden Sachverhaltes ist der Versuch, eine „adaptive Regulierung“ zu schaffen. Wardak et al. 2007 schlagen z.B. ein neues regulatorisches System vor („Earth Systems Engineering Management“), das u. a. adaptive Lösungen vorsieht (vgl. Wardak et al. 2007: 55). Solche lernfähigen und anpassbaren Regulierungssysteme reduzieren zwar die Investitionssicherheit für die regulierten Unternehmen, machen es aber möglich, zwischenzeitlich erworbene Erkenntnisse in den Regulierungsprozess einzuspeisen.

Dass die in diesem konzeptionellen Beitrag angesprochenen Regulierungsprobleme auch in der Praxis große Bedeutung haben (werden), macht das folgende Zitat aus einem Report zur Nano-Regulation der Forschungs- und Beratungsfirma *The Innovation Society Ltd* aus der Schweiz deutlich, das anstelle einer Zusammenfassung diesen Beitrag schließen soll:

> “Regulating an emerging technology is tricky. It is all about striking the right balance between precaution and venture. On one side the protection of HSE [Health, Safety and Environment] aspects has to be guaranteed and potential risks must be reduced. At the same time, the future social value of nanotechnology should be maximized by all means. [...]. In order to avoid overregulation on one side and to guarantee maximum possible safety standards it is suggested that:
>
> - development of definitions, standards, best practises in production, handling and use and in regulatory concepts are coordinated on national, international and supranational level
> - a coordinated review process of existing legislation is made on national, international and supranational level, adaptions are made if necessary
> - cooperation of governmental bodies with national and international expert bodies from industry and research organisations are institutionalised and supported

- self-regulation processes in industry and research areas are motivated and supported (e.g. by hotlines, safety portals, guidelines, etc.)
- reviewes of labelling / classification / registration guidelines of consumer sensitive products is undertaken and probably are set voluntarily
- Institutionalisation of cooperation platforms with NGO, politicians, media, opinion leaders
- monitoring and early warning systems of safety and risk issues are supported which are addressing the sufficiency of existing regulation. [...]" (Meili 2006: 38).

D. Literatur

Apolte, Thomas/Kessler, Martin (1990): Regulierung und Deregulierung als wirtschaftspolitische Aufgabe in alternativen Wirtschaftssystemen, in: *Apolte, Thomas/Kessler, Martin* (Hrsg.), Regulierung und Deregulierung im Systemvergleich, 1. Auflage, Heidelberg, S. 3–24.

Bachmann, Gerd (1998): Analyse & Bewertung Zukünftiger Technologien, Innovationsschub aus dem Nanokosmos, in: Zukünftige Technologien Nr. 28, S. 1–189.

BASF (2006): Im Dialog – Nanotechnologie bei BASF, in http://www.corporate.basf.com/de/sustainability/dialog/politik/nanotechnologie/?getasset=file1&name=Im_Dialog_Nanotechnologie_d.pdf&MTITEL=Nanotechnologie+bei+BASF&suffix=.pdf&id=V00-TpprsBe1_bcp3dx, 07.01.2008.

Becher, Gerhard/Böttcher, Harry/Funck, Rolf H./Hartje, Volkmar J./Klepper, Gernot/ Silberston, Aubrey/Sprenger, Rolf-Ulrich/Weibert, Wolfgang (1990): Regulierungen und Innovationen – Der Einfluss wirtschafts- und umweltpolitischer Rahmenbedingungen auf das Innovationsverhalten von Unternehmen. Ifo-Studien zur Umweltökonomie.

Blind, Knut (2004): The Economics Of Standards – Theory, Evidence, Policy, Cheltenham.

Bundesinstitut für Risikobewertung (BfR) (2006): BfR-Verbraucherkonferenz zur Nanotechnologie in Lebensmitteln, Kosmetika und Textilien. Verbrauchervotum zur Nanotechnologie vom 20. November 2006, http://www.bfr.bund.de/cm/220/verbrauchervotum_zur_nanotechnologie.pdf, 07.01.2008.

Bundesministerium für Bildung und Forschung (BMBF), Referat Publikationen; Internetredaktion (Hrsg.) (2004): Nanotechnologie erobert Märkte, Deutsche Zukunftsoffensive für Nanotechnologie, Bonn.

Bundesministerium für Bildung und Forschung (BMBF), Referat Öffentlichkeitsarbeit (Hrsg.) (2006a): Nano-Initiative – Aktionsplan 2010, Bonn.

– (2006b): Nanotechnologie, Innovationen für die Welt von morgen, Bonn.

Burr, Wolfgang (2004): Innovationen in Organisationen, 1. Auflage, Stuttgart.

Burr, Wolfgang/Musil, Antje (2006): Einfluss der Preisregulierung auf Produktinnovationen in der Pharmaindustrie, unveröffentlichtes Forschungspapier, Lehrstuhl für Innovationsökonomie, Universität Erfurt.

Cordis: Nanotechnology. Safety Aspects, in: http://cordis.europa.eu/nanotechnology/src/safety.htm, 14.09.2007.

Department of Health and Human Services (1994): Prescription Drugs. Spending Controls in Four European Countries. Department of Health and Human Services, GAO/HEHS-94–30.

Elzinga, Kenneth G./Mills, David E. (1997): The Distribution and Pricing of Prescription Drugs, in: International Journal of the Economics of Business, Vol. 4, S. 287–299.

Fritsch, Michael/Wein, Thomas/Ewers, Hans-Jürgen (2007): Marktversagen und Wirtschaftspolitik, 7. Auflage, München.

Führ, Martin/Hermann, Andreas/Merenyi, Stefanie/Moch, Katja/Möller, Martin/Kleihauer, Silke/Steffensen, Bernd (2006): Rechtsgutachten Nano-Technologien – ReNaTe, Bestehender Rechtsrahmen, Regulierungsbedarf sowie Regulierungsmöglichkeiten auf europäischer und nationaler Ebene, Darmstadt.

Grupp, Hariolf (1997): Messung und Erklärung des Technischen Wandels, Grundzüge einer empirischen Innovationsökonomik, Berlin.

Haid, Alfred/Münter, Markus Thomas (1999): Neuere Entwicklungen in der industrieökonomischen Forschung und die aktuelle Berichterstattung über die technologische Leistungsfähigkeit Deutschlands, Diskussionspapier DIW, Nr. 188, Berlin.

Hayek, Friedrich A. v. (1967): Grundsätze einer liberalen Gesellschaftsordnung, in: Ordo, 18. Bd., 1967, S. 11–33.

Heubach, Daniel/Beucker, Severin/Lang-Koetz, Claus, 2005: Einsatz von Nanotechnologie in der hessischen Umwelttechnologie, Innovationspotentiale für Unternehmen, Stuttgart.

Iden, Rüdiger (2004): Nanotechnologie in der Chemie – Chancen und Risiken für die chemische Industrie, in: http://www.dechema.com/dechema_media/Downloads/Nanopartnering/iden-view_image-1-called_by-dechema.pdf (07.01.2008).

Jones, T. O./Hunziger, J. R. (1994): Product Liability and Innovation. Managing Risk in an Uncertain Environment, Washington.

Kirsch, Ina (2003): Deutsche Pharma-Werte trotzen den Reformplänen, in: Handelsblatt, Nr. 150, S. 25.

Kullmann, Hans-Josef (2006): ProdHaftG: Gesetz über die Haftung für fehlerhafte Produkte; Kommentar, 5. neu bearbeitete Auflage, Berlin.

Kühling, Wilfried/Horn, Helmut (2007): Für einen verantwortungsvollen Umgang mit der Nanotechnologie, Eine erste Diskussionsgrundlage am Beispiel der Nanopartikel, Berlin.

Leschke, Martin (1996): Die Funktion der Moral in der liberalen Gesellschaft – Die Perspektive der konstitutionellen Ökonomik, in: *Pies, Ingo/Leschke, Martin* (Hrsg.): James Buchanans konstitutionelle Ökonomik, 1. Auflage, Tübingen, S. 75–99.

Luther, Wolfgang (Hrsg.) (2004): Technological Analysis, Industrial application of nanomaterials – chances and risks, in: Future Technologies No. 54, S. 1–112.

Luther, Wolfgang/Malanowski, Norbert/Bachmann, Gerd/Hoffknecht, Andreas/Holtmannspötter, Dirk/Zweck, Axel/Heimer, Thomas/Sanders, Hermann/Werner, Matthias/Mietke, Stephan/Köhler, Thomas (2004): Innovations- und Technikanalyse, Nanotechnologie als wirtschaftlicher Wachstumsmarkt, in: Zukünftige Technologien Nr. 53, S. 1–264.

Marchant, Gary E./Sylvester, Douglas J. (2006): Transnational Models for Regulation of Nanotechnology, in: Journal of Law, Medicine & Ethics, Nanotechnology, Winter 2006, S. 2–20 bzw. in: http://cns.asu.edu/cns-library/documents/Marchant_Independent.pdf, 07.01.2008.

Meili, Christoph (2006): Nano-Regulation, A multi-stakeholder-dialogue-approach towards a sustainable regulatory framework for nanotechnolgies and nanosciences, St. Gallen.

Morton, Fiona Scott (1997): The Strategic Response of Pharmaceutical Firms to Medicaid Most-Favored-Customer Rules, in: RAND Journal of Economics, Vol. 28, S. 269–290.

Nanoproducts.de, in: http://www.nanoproducts.de/, 12.09.2007.

Oberdörster, Eva (2004): Manufactured Nanomaterials (Fullerenes, C_{60}) Induce Oxidative Stress in the Brain of Juvenile Largemouth Bass, in: Environmental Health Perspectives, Volume 112, No. 10 (July 2004), S. 1058–1062.

Oberdörster, Eva/Zhu, Shiqian/Blickley, T. Michelle/McClellan-Green, Patricia/Haasch, Mary L. (2005): Ecotoxicology of carbon-based engineered nanoparticles: Effects of fullerene (C_{60}) on aquatic organisms, in: Carbon 44 (2006), S. 1112–1120.

Oertel, Dagmar (2004): Nanotechnologie in Forschung, Entwicklung und Anwendung, TAB-Projekt Nanotechnologie (TA-Projekt)*, in: Technikfolgenabschätzung – Theorie und Praxis Nr. 2, 13. Jg., Juni 2004, S. 17–20.

Picot, Arnold (1991): Subsidiaritätsprinzip und ökonomische Theorie der Organisation, in: *Faller, Peter/Witt, Dieter* (Hrsg.), Erwerbsprinzip und Dienstprinzip in öffentlicher Wirtschaft und Verkehrswirtschaft, Festschrift für K. Oettle, Baden-Baden, S. 102–116.

Ross, Philip E. (2006): Angst vor den Nanogiften, in: Technology Review bzw. in http://www.heise.de/tr/artikel/73533, 07.01.2008.

Stöber, Sören/Türk, Volker (2006): Hoffnungsträger Nanotechnologie, Ein Dialog über gesellschaftliche und ethische Fragen einer neuen Technologie, in: zfwu – Zeitschrift für Wirtschafts- und Unternehmensethik 7/2 (2006), S. 277–291.

Troyer, Jennifer L./Krasnikov, Alexander V. (2002): The Effect of Price Regulation on Innovation in the Pharmaceutical Industry, in: The Journal of Applied Business Research, Vol. 18, S. 87–96.

Umweltbundesamt (2006): Nanotechnik: Chancen und Risiken für Mensch und Umwelt, Hintergrundpapier, in http://umweltbundesamt.de/uba-info-presse/hintergrund/nanotechnik.pdf, 07.01.2008.

VFA (2003): Statistics 2003. Die Arzneimittelindustrie in Deutschland – Zahlen und Fakten.

Viscusi, Kip W./Moore, Michael J., 1991: An Industrial Profile of the Links between Product Liability and Innovation, in: *Huber, P. W./Litan, R. E.* (Hrsg.): The Liability Maze: The Impact of Liability Law on Safety and Innovation, Washington, S. 81–119.

Wardak, Ahson/Gorman, Michael E./Swami, Nathan/Rejeski, Dave (2007): Environmental Regulation of Nanotechnology and the TSCA, in: IEEE Technology and Society Magazine, Summer 2007, S. 48–56.

Wiench, Karin (2006): Nanotechnologie – Produktsicherheit, in: *Markus, Peter/Kühling, Wilfried/Henn, Sebastian* (Hrsg.), Nanotechnologien nachhaltig gestalten, Konzepte und Praxis für eine verantwortliche Entwicklung und Anwendung, Iserlohn, S. 79–85.

Zhu, Shiqian/Oberdörster, Eva/Haasch, Mary L. (2006): Toxicity of an engineered nanoparticle (fullerene, C_{60}) in two aquatic species, *Daphnia* and fathead minnow, in: Marine Environmental Research 62 (2006), S. 5–9.

Zertifizierung in der Nanotechnologie

Gerhard Klein

A. Einleitung

In zunehmendem Maße werden Produkte auf den Markt gebracht, deren Eigenschaften angeblich oder tatsächlich auf nanospezifische Charakteristika zurückzuführen sind. Sei es, dass diese Eigenschaften explizit werbewirksam benannt werden, sei es, dass aus marketingtechnischen Überlegungen heraus genau hierauf verzichtet wird: Grundsätzlich stellt sich die Frage, ob und inwieweit solche Produkte bzw. ihre Herstellungsprozesse zertifiziert werden können oder sollen. Die Diskussion hierüber reflektiert nicht zuletzt auch die zugrunde liegende Einschätzung der Risiken in der Nanotechnologie.

Im Folgenden werden dazu zunächst der Begriff der Zertifizierung und die Motivation, sich zertifizieren zu lassen, näher betrachtet. Ausgehend von grundsätzlichen haftungsrechtlichen Rahmenbedingungen werden dann die wichtigsten Bausteine eines Risikomanagements in der Nanotechnologie abgeleitet und am Beispiel von CENARIOS® näher erläutert; CENARIOS® ist das zertifizierbare Risikomanagementsystem für die Nanotechnologie, das die TÜV SÜD Industrie Service GmbH, D-München, und Die Innovationsgesellschaft mbH, CH-St. Gallen, erstmals 2007 vorgestellt haben.

B. Was ist und wozu braucht man Zertifizierung?

Nachfolgend wird unter „Zertifizierung“ ein Verfahren verstanden, mit dem die Einhaltung bestimmter Standards für Systeme/Prozesse/Produkte und deren jeweilige Umsetzung nachgewiesen wird. Üblicherweise wird der Zertifizierungsprozess durch kompetente und neutrale Dritte durchgeführt. Ein „Zertifikat“ ist dann der schriftliche Nachweis der erfolgreich durchgeführten Zertifizierung.

In der Öffentlichkeit wird häufig angenommen, dass ein Zertifikat die Einhaltung einer technischen Norm bestätigt und daher wird ein gewisses Qualitäts- oder Sicherheitsniveau unterstellt. Tatsächlich gilt dieses Vermutungsprinzip streng genommen nur für Hersteller, die sich an eine europäisch harmonisierte Norm halten. Diese dürfen für sich in Anspruch nehmen, dass sie sich zugleich auch an die zugrunde liegende EG-Richtlinie selbst halten. Um die allgemeinen grundlegenden Sicherheitsanforderungen der europäischen Sicherheitsrichtlinien einzuhalten, werden jedoch entsprechende Normen erst nach europäischer Mandatierung entwickelt und verabschiedet und erhalten durch nachfolgende Listung im europäischen Amtsblatt den Status sog. harmonisierter Normen. Nur die Einhaltung solcher europäisch harmonisierten Normung löst im rechtlichen Sinne die so genannte Vermutungswirkung aus – sonstige technische Normen erfüllen diesen Begriff auch dann nicht, wenn sie über nationale Normen hinaus eine europäische Angleichung erfahren haben.

Ansonsten stellt ein Zertifikat nur einen Anscheinsbeweis dar, der bestenfalls auf den Regeln der Technik oder anwendbaren Normen beruht. Diese stellen jedoch stets nur die Untergrenze der anzuwendenden Sorgfalt dar (s. D. I). Bietet daher ein Produkt nicht die Sicherheit, die die Allgemeinheit erwarten darf, so haftet man nach den Grundsätzen der Produkthaftung (s. C). Genau dies ist die Situation in der Nanotechnologie, in der dazu noch nicht einmal spezifische Normen zur Verfügung stehen. Wie kann dann eine Zertifizierung sinnvoll möglich sein? Im vorliegenden Beitrag wird auch versucht, eine Antwort auf diese Frage zu geben.

Wenn die Zertifiziergrundlage so undeutlich ist, warum wird dann eine Zertifizierung von einigen Herstellern aus der Nanotechnologiebranche angestrebt? Zum einen sicherlich, um bestimmte Produkteigenschaften hervorzuheben („kratzfest“, „easy to clean“ etc.), zum anderen soll oft aber auch die Unbedenklichkeit bei korrektem Umgang mit dem Produkt bescheinigt werden („biologische Unbedenklichkeit“). All dies sind wesentliche Aspekte einer Produktzertifizierung.

Daneben geht es häufig aber auch um Vorsorgemaßnahmen im Hinblick auf die Produkthaftung bzw. die Abwehr von Ansprüchen aus Schäden durch Sachmängel. Hier werden über die Betrachtung eines einzelnen Produkts hinausgehend alle Phasen des Lebenszyklus eines Produkts berücksichtigt, insbesondere der Herstellungsprozess. Daher ist dann die Prozess- und Systemorientierung von Bedeutung und entsprechend wird von System- oder Prozesszertifizierung gesprochen.

Wichtig ist daher festzuhalten, dass eine Zertifizierung nicht notwendig auf Gesundheits- und Sicherheitsaspekte orientiert ist und ein Zertifikat verschiedene Adressaten mit verschiedenen Erwartungshaltungen haben kann, je nachdem ob man sich im B2B- oder B2C-Geschäft bewegt. Dies ist zugleich aber auch kritisch zu sehen: Der Unterschied zwischen einem Zertifikat und einer Unbedenklichkeitsbescheinigung wird häufig nicht wahrgenommen, ebenso wenig derjenige zwischen einem System- und einem Produktzertifikat. Besonders prekär ist die Situation, wenn der gewöhnliche Verbraucher ins Spiel kommt: Sind ihm diese Unterscheidungen überhaupt zuzumuten?

In diesem Beitrag wird im Wesentlichen auf die Systemzertifizierung, genauer gesagt auf die Zertifizierung von Risikomanagementsystemen in der Nanotechnologie eingegangen. Es wird aufgezeigt, unter welchen Bedingungen hier aus Sicht des TÜV SÜD eine entsprechende Systemzertifizierung möglich ist. Die Prozess- und Produktzertifizierung werden im abschließenden Kapitel kurz behandelt.

C. Haftungsrechtliche Aspekte der Nanotechnologie

Ein „nanospezifisches Risikomanagement" muss sicherstellen, dass dem Hersteller durch Produktion und Inverkehrbringen von Nanoprodukten[1] kein unkalkulierbares Risiko entsteht. Von besonderer Bedeutung ist dabei natürlich die Verwendung in Verbraucherprodukten oder verbrauchernahen Produkten. Aber auch dort, wo diese Produkte von einem Abnehmer zunächst weiter verarbeitet werden, könnte aufgrund der Haftung innerhalb der Lieferkette bei evtl. Schäden an Verbrauchern zumindest versucht werden, den Hersteller des „Nanoanteils" in Haftung zu nehmen. Daher definieren die Anforderungen der Produkthaftung den Rahmen und geben die Richtung für die Ausgestaltung des Risikomanagements vor. Welches sind nun diese allgemeinen Vorgaben?[2]

Grundlage ist einerseits die Produkthaftung (Produzentenhaftung – Anknüpfung an das Verschulden des Produzenten; sogenannte deliktische Produkthaftung; in Deutschland nach § 823 BGB). Andererseits sind die sich aus dem Produkthaf-

1 Unter „Nanoprodukten" werden hier Produkte verstanden, die Nanomaterialien darstellen oder in denen Nanomaterialien gezielt eingesetzt werden, um bestimmte Produkteigenschaften bewusst hervorzubringen.

2 Im Folgenden wird das deutsche Produkthaftungsrecht zugrunde gelegt. Die nachfolgenden Ausführungen beziehen sich auf die Erfahrungen des Autors als Nicht-Juristen sowie ihm vorliegende Informationen und Unterlagen zur Produkthaftung (s. Adams: 2007; EUROFORUM: 2005).

tungsgesetz ergebenden Besonderheiten zu berücksichtigen (Gefährdungshaftung – Anknüpfung an den Fehler (Mangel) des Produkts, unabhängig vom Verschulden des Produzenten; in Deutschland die in Form des Produkthaftungsgesetzes (ProdHaftG) umgesetzte EG-Richtlinie EWG 374/85 zur Produkthaftung in Europa). Beide Anspruchsgrundlagen – § 823 BGB und das Produkthaftungsgesetz – gelten nebeneinander und unterscheiden sich in einigen Randbereichen.

Voraussetzung für die Produkthaftung ist immer die Fehlerhaftigkeit des Produktes. Anders als im Vertragsrecht, wo der Begriff des Fehlers „subjektiv", das heißt entsprechend den vertraglich vereinbarten Qualitätsmerkmalen bestimmt wird, gilt hier ein „objektiver Maßstab", wie er in § 3 ProdHaftG definiert ist. Danach ist ein Produkt fehlerhaft, wenn es nicht die Sicherheit bietet, die unter Berücksichtigung aller Umstände erwartet werden kann, insbesondere

- seiner Darbietung;
- des Gebrauchs, mit dem gerechnet werden kann;
- des Zeitpunktes, in dem es in den Verkehr gebracht wurde.

Ein Produktfehler, der daraufhin kausal zu einem Schaden beim Geschädigten führt, löst entsprechend einen Produkthaftungsfall aus.

Hervorzuheben sind dabei folgende Sachverhalte:

- Die (bewusst sehr qualitativ gehaltenen) Kriterien für *berechtigte Sicherheitserwartungen* der Allgemeinheit zum Zeitpunkt des Inverkehrbringens sind:
  - Objektive Gefährlichkeit
  - Gesellschaftliche Akzeptanz
  - Relative Gefährlichkeit („nicht mehr als vermeidbar")
  - Erwartungsgemäßer Gebrauch und absehbarer Fehlgebrauch, aber nicht (wenigstens in Europa) ein Missbrauch, den ein vernünftiger Nutzer nicht in Betracht ziehen würde
  - Sicherheit über die gesamte verkehrsübliche Nutzungsdauer.
- Ein *Kausalzusammenhang* zwischen Schaden und behaupteter Schädigungshandlung durch potenziellen Schadensverursacher muss lediglich plausibel gemacht werden. Das führt zur Beweislastumkehr. In Deutschland wurde und wird dabei der Begriff „Kausalität" sehr weit ausgelegt[3] (s. etwa die klassischen Fälle wie das Ledersprayurteil[4], oder den Holzschutzmittelfall[5]). Unter einem *Schaden* wird dabei in § 1 Abs. 1 ProdHaftG die (verschuldensunabhängige) Tötung/Ver-

---

3 www.prof-freund.de/material/ss01/seminar/sem1.rtf; Kühne, NJW 1997, 1951, 1952.
4 BGHSt 37, 106 ff.
5 BGHSt 41, 206 ff.; BGH NJW 1995, 2930 ff.; LG Frankfurt, ZUR 1994, 33, 35 sowie BGH NStZ 1995, 590, 592; BGH NJW 1995, 2930, 2932.

letzung eines Menschen oder Sachschaden (ausgenommen Schäden am fehlerhaften Produkt selbst) verstanden, im Deliktsrecht (s.o.) die verschuldensabhängige Verletzung eines absoluten Schutzguts (Leben, Gesundheit, Eigentum etc.).

- Für die Beurteilung der Frage, ob ein Produkt die nach dem Produkthaftungsgesetz erforderliche Sicherheit bietet, kommt es allein auf den *Zeitpunkt des Inverkehrbringens des Produktes* an. Spätere Erkenntnisse, aus denen sich nachträglich ergibt, dass das hergestellte Produkt gefährlich ist, spielen bei dieser Betrachtung keine Rolle.

Aus der Produkthaftung folgt eine Reihe von Pflichten, deren Erfüllung letztlich konkrete Anforderungen an das Managementsystem im Unternehmen bedeuten und die im Weiteren näher betrachtet werden sollen:

1. Organisationspflichten
2. Entwicklungs- und Konstruktionspflichten
3. Fabrikationspflichten
4. Instruktionspflichten
5. Produktdarbietungspflichten
6. Produktbeobachtungspflichten

I. Organisationspflichten

Die Anforderungen an Managementsysteme aus der deliktischen Produkthaftung resultieren aus den Grundsätzen der Organisationshaftung, denen wiederum die Organisationsverantwortung nach §§ 823, 831, 31 BGB zugrunde liegt.

Aufgrund eines Organisationsfehlers haftet der Hersteller, wenn der Fehler eines Produktes durch eine nicht sachgerechte Betriebsorganisation verursacht wurde. Fehlerursachen können also in einer unzureichenden Organisation liegen, zum Beispiel der Produktion, der Anlageninstandhaltung oder des Qualitätsmanagements.

Die Organisationshaftung aus §§ 823, 831, 31 BGB regelt dabei das „Wie" der Organisationspflichten (*Anweisungs-, Auswahl-, Überwachungspflichten*), ohne dass weitere Anforderungen ausgeschlossen sind (s. z.B. § 14 StGB, Handeln für andere). Verstöße gegen diese Organisationspflicht werden von der Rechtsprechung als „Organisationsverschulden" bezeichnet, wobei zwischen körperschaftlichem und betrieblichem Organisationsverschulden und entsprechender Haftung unterschieden wird:

Das *körperschaftliche Organisationsverschulden* behandelt im Wesentlichen Mängel in der Struktur des Unternehmens und regelt die Frage, für welche Mitarbeiter das

Unternehmen gemäß § 31 BGB haften muss. Es ist auf die Verpflichtung von Unternehmen zurückzuführen, ihre Leitung so zu organisieren, dass für alle wichtigen Aufgabengebiete ein gesellschaftsrechtlich bestimmter Vertreter zuständig ist, der die wesentlichen Entscheidungen selbst trifft (Organbestellungspflicht). Entspricht die tatsächliche Organisation des Unternehmens dieser Anforderung nicht, so muss sich das Unternehmen so behandeln lassen, als wäre der tatsächlich in dieser Funktion tätige Mitarbeiter vertretungsberechtigtes Organ des Unternehmens. Es haftet also auch für diesen Mitarbeiter. Grund für die Organbestellungspflicht ist die Tatsache, dass nach § 831 BGB grundsätzlich die Möglichkeit besteht, sich für Fehler der Verrichtungsgehilfen zu entlasten, wenn der Nachweis der sorgfältigen Anweisung, Auswahl und Überwachung des Verrichtungsgehilfen erbracht wird. Daraus folgt umgekehrt die Pflicht, verfassungsmäßig vorgesehene Vertreter für wichtige Geschäftsbereiche zu bestellen, für die das Unternehmen gemäß § 31 BGB ohne eine Entlastungsmöglichkeit immer haftet.

Um dem Vorwurf eines *betrieblichen Organisationsverschuldens* begegnen zu können, muss das Unternehmen den Nachweis führen können, dass es seine o.g. Pflichten erfüllt hat. Der Nachweis ist unter Umständen für alle Organisationseinheiten und hinsichtlich aller Tätigkeiten zu führen, die den Fehler des Produktes verursacht haben können. Hierfür muss eine Organisation geschaffen und dokumentiert werden, die die Einhaltung dieser Pflichten nachweisbar sicherstellt.

Für das Erfüllen der Anweisungspflichten sind für alle Bereiche / Mitarbeiter Betriebsanweisungen, Dienstanweisungen beziehungsweise Betriebshandbücher zu erstellen, in denen Aufgaben, Kompetenz und Verantwortung der Mitarbeiter festgelegt werden. Im Rahmen der Überwachung ist durch gelegentliche stichprobenartige Prüfungen und eine ständige unauffällige Überwachung sicherzustellen, dass Mitarbeiter die ihnen übertragenen Aufgaben tatsächlich erfüllen. Der erforderliche Detaillierungsgrad der Anweisungen und der Umfang der durchzuführenden Überwachungsmaßnahmen sind an den Folgen eines möglichen Versagens des einzelnen Mitarbeiters auszurichten.

Zu beachten ist, dass auch bei der Einschaltung von Auftragnehmern, etwa Zulieferern, gemäß der Rechtsprechung zum Organisationsverschulden die drei o.g. Pflichten prinzipiell beim Auftraggeber bestehen bleiben.

Bei der Produkthaftung gilt, dass nach den von der Rechtsprechung entwickelten Grundsätzen zum allgemeinen deliktischen Haftungsrecht (§ 823 Abs. 1 BGB) das Unternehmen im Rahmen seiner Organisationsverantwortung für Personen-, Sach- und Folgeschäden haftet mit der Möglichkeit der Exkulpation bei Vorliegen eines ausgefeilten Qualitätsmanagementsystems.[6]

Um die Pflichten entsprechend zu erfüllen, sind natürlich eine *Aufbauorganisation*, in der die Organisation des Unternehmens festgelegt ist, und eine entsprechenden

---

6 Dies ist jedoch mehr als ein Qualitätsmanagementsystem nach Normen und mit Zertifikat!

Ablauforganisation, die das Zusammenarbeiten der verschiedenen Organisationseinheiten regelt, notwendig. Zur Erfüllung der Organisationspflicht ist es aber nicht ausreichend, durch Delegation von Aufgaben innerhalb der Unternehmenshierarchie die grundsätzliche Aufgabenverteilung zu regeln. Erforderlich ist darüber hinaus, dass die Wahrnehmung der auf diese Weise auf die nachgeordneten Mitarbeiter delegierten Aufgaben fortlaufend überwacht wird, im Einzelfall durch gezielte Kontrollen an der Arbeitsstelle. Ebenso genügt nicht eine schlichte Verantwortlichkeitsbenennung nachgeordneter Mitarbeiter, wenn nicht gleichzeitig von den jeweiligen Vorgesetzten Organisations- sowie Aufsichts- und Kontrollpflichten erfüllt werden.

Berücksichtigt man die Tatsache, dass letztlich das Unternehmen verpflichtet ist, im Wege der Beweislastumkehr nachzuweisen, dass ein Organisationsverschulden nicht vorliegt, so folgt daraus, dass allein die Unmöglichkeit der Aufklärung, wer an einem konkreten Produktionsvorgang beteiligt war, zu Lasten des Unternehmens gewertet wird.

II. Entwicklungs- und Konstruktionspflichten

Ein Entwicklungsfehler liegt vor, wenn das Produkt Fehler aufweist, die zum Zeitpunkt des Inverkehrbringens nach dem Stand von Wissenschaft und Technik nicht erkennbar waren. Hierzu muss der Produzent sämtliche zugänglichen Informationen in die Entwicklung mit einbeziehen. Konnte der Fehler danach nicht vermieden werden, haftet der Produzent nicht. Im Holzschutzmittel-Urteil[7] heißt es dazu: Die so genannten Entwicklungsgefahren werden von der deliktischen Haftung nicht erfasst. Sie beruhen auf gefährlichen Eigenschaften eines Produktes, die zum Zeitpunkt seiner Herstellung auch bei Beachtung der gebotenen Sorgfalt nicht erkennbar waren.

Ein Konstruktionsfehler liegt demgegenüber vor, wenn das Produkt aufgrund fehlerhafter technischer Konzeption für eine gefahrlose Benutzung ungeeignet ist. Der Unterschied zum Entwicklungsfehler ist, dass der Konstruktionsfehler vermeidbar war (also vorwerfbar ist).

Für einen Konstruktionsfehler haftet der Produzent nur dann, wenn nach dem Stand der Technik beziehungsweise dem Stand von Wissenschaft und Technik die Tauglichkeit für den voraussehbaren Gebrauch durch einen durchschnittlichen Benutzer nicht gesichert ist.

Inhalt der Konstruktionspflicht ist allgemein die Forderung an die Produzenten, die durch den Gebrauch der Produkte konstruktionsbedingt auftretenden Gefah-

7 Vgl. Fn. 4.

ren zu verhindern. Dies gilt nicht für solche Gefahren, die typischerweise mit der Benutzung von Produkten verbunden sind und von den Erwerbern erkannt und in Kauf genommen werden (Beispiel: aggressive Haushaltsreinigungsmittel). Für solche Gefahren besteht eine Verantwortlichkeit des Verkehrssicherungspflichtigen grundsätzlich nicht.

Eine Haftung für Konstruktionsfehler besteht jedoch in den Fällen, in denen aus Sicht durchschnittlicher Benutzer deren objektive Erwartungen hinsichtlich der Sicherheit der Produkte nicht erfüllt werden.

Die bei einem solchen Verschuldensvorwurf häufig anzutreffende Argumentation von Herstellern, auch andere Mitbewerber würden vergleichbare Produkte herstellen, geht im Ansatz fehl. Bei der Beurteilung der Frage, ob und welche Sorgfaltsanforderungen an den Hersteller einer Ware gestellt werden, ist allein der Erwartungshorizont der Benutzer maßgeblich und nicht die Frage, ob und gegebenenfalls welche Hersteller Gefahren tolerieren, die aus der Benutzung ihrer Produkte resultieren.

Die Konstruktionsverantwortung gebietet ferner ein vollständiges Erfassen der technischen Anforderungen an die Konstruktion von Produkten sowie die Umsetzung dieser technischen Erfordernisse durch die eigene Forschungs- und Entwicklungsabteilung. Dazu gehört auch die Auswertung der Erkenntnisquellen zur Ermittlung des Standes der Technik beziehungsweise des Standes von Wissenschaft und Technik auf dem jeweils einschlägigen Gebiet.

Zu diesem Zweck kann es erforderlich sein, den Nachweis zu führen, dass sich das Unternehmen laufend über den Fortgang der Entwicklung auf dem einschlägigen Gebiet informiert hat und hierzu auch die Ergebnisse von Kongressen und Seminaren sowie das internationale Schrifttum ausgewertet hat.

Dies schließt selbstverständlich ein, dass auch die Produkte von Mitbewerbern im Hinblick auf konstruktive Veränderungen beobachtet, ausgewertet und gegebenenfalls Anpassungen der eigenen Produkte vorgenommen werden (s. a. C.VI.).

Ein an diesen Erfordernissen ausgerichtetes Managementsystem muss also zumindest die Auswertungen des Standes der Technik auf dem einschlägigen Gebiet, die Aus- und Fortbildung des Personals und die Produktbeobachtung im Hinblick auf das Erfordernis konstruktiver Veränderungen aus Gründen der Sicherheit der Produkte mitberücksichtigen und regeln.

Dabei genügt es nicht, DIN-Normen, VDI-/VDE-Regeln und Empfehlungen etc. zu beachten. Es kann im Einzelfall erforderlich sein, strengere Maßstäbe anzulegen als sie in den oben genannten Regelwerken normiert sind. Grund dafür ist die Tatsache, dass bei Vorliegen besonderer Umstände von der Rechtsprechung gegebenenfalls höhere Maßstäbe an die Beachtung von Sorgfaltspflichten gestellt werden. Dabei gilt, dass die Anforderungen an die Sorgfaltspflichten eines Unternehmens umso höher sind, je höher die Gefährdung durch ein Produkt einzustufen ist.

III. Fabrikationspflichten

Bei Fabrikationsfehlern haftet der Produzent, wenn an einer einzelnen Sache bei Fertigung oder Qualitätskontrolle ein Fehler unterlaufen ist. Ursache hierfür kann zum Beispiel sein, dass der Produktionsprozess nicht ausreichend organisiert ist, um eine einwandfreie Herstellung zu gewährleisten. Die Fabrikationsverantwortung trifft auch denjenigen, der statt für die Herstellung der einzelnen Komponenten von zusammengesetzten Produkten ausschließlich für die Assemblierung von Teilen aus unterschiedlichen Fertigungsstätten verantwortlich ist.

Die Vorgaben für die Herstellung und Prüfung von Produkten, die im Rahmen der Fabrikationsverantwortung zu beachten sind, resultieren zumeist aus Forderungen der eigenen Konstruktionsabteilung und/oder des Bestellers/Anwenders des Produktes. Häufig sind auch vom Besteller vorgegebene Prüfverfahren, die die Einhaltung der Qualitätsanforderungen des Bestellers sicherstellen sollen.

Die Fabrikationsverantwortung verpflichtet einerseits die Produktion entsprechend dem Stand der Technik einzurichten und zu betreiben, andererseits durch geeignete Kontrollmaßnahmen sicherzustellen, dass Fehler in der Produktion rechtzeitig erkannt und gegebenenfalls behoben werden.

Die Fabrikationsverantwortung umfasst dabei auch die Pflicht, sicherzustellen, dass fremdproduzierte Einzelteile auf ihre Eignung und Fehlerfreiheit überprüft werden. Dieser Pflicht genügt, wer sich entweder durch eigene Kontrollen oder durch geeignete andere Maßnahmen (Überwachung der Fremdunternehmen) selbst davon überzeugt, dass die Lieferanten sowohl sachlich als auch persönlich ständig die Gewähr für die ordnungsgemäße Beschaffenheit der zugelieferten Produkte bieten.

Die Pflicht, für eine mangelfreie Herstellung von Produkten zu sorgen, korrespondiert mit der Pflicht, Qualitätskontrollen durchzuführen. Ist ein eingerichteter Fertigungsablauf nicht so gestaltet, dass er eine höchstmögliche Gewähr für die Fehlerfreiheit des Produktes bietet, sind zusätzliche Qualitätskontrollen der fertigen Produkte ergänzend zu ohnehin notwendigen Überwachungsmaßnahmen des Fertigungsablaufes durchzuführen.

Stichprobenkontrollen genügen dabei nicht immer. Es kann im Einzelfall erforderlich werden, eine vollständige Qualitätsendkontrolle durchzuführen, die darüber hinaus aus Beweisgründen zu dokumentieren ist (Befundsicherung).

Die notwendige Intensität und der Umfang dieser Kontrollen hängen auch von den Gefahren ab, welche durch fehlerhafte Produkte hervorgerufen werden können. Zudem ist die Häufigkeit von Fabrikationsfehlern zu beachten.

Insgesamt hat der Hersteller seinen Betrieb und seine betrieblichen Abläufe so einzurichten, dass mögliche Fehler an hergestellten Produkten möglichst ausgeschlossen oder jedenfalls durch geeignete Kontrollmaßnahmen rechtzeitig entdeckt werden. Dies umfasst unter anderem die

- Durchführung von produktbezogenen Prüfungen,
- Überprüfung der Einhaltung betrieblicher Vorgaben,
- Prüfstatussicherung, das heißt die Sicherung von Prüfungsbefunden,
- Organisation der Wareneingangsprüfung von Erzeugnissen, die von Zulieferanten zur Verfügung gestellt werden, auf Fehlerfreiheit.

Diese Forderungen zwingen die Unternehmen letztlich dazu, eine möglichst umfassende Dokumentation der von ihnen durchgeführten Kontrollen und Überwachungsmaßnahmen im Rahmen eines Managementsystems zu erstellen und zur Verfügung zu halten.

IV. Instruktionspflichten

Der Produzent haftet auch wegen eines Instruktionsfehlers, wenn bei bestimmungsgemäßer oder voraussehbarer Verwendung Gefahren nicht auszuschließen sind und über deren Vermeidung nicht umfassend und nachdrücklich aufgeklärt wird.

Die Instruktionspflicht eines Herstellers umfasst die Pflicht, vor typischen gefährlichen Eigenschaften eines Produktes zu warnen, wobei der Zweck der Warnpflicht darin besteht, dem Warenbenutzer die Möglichkeit zu eröffnen, sich vor solchen Gefahren zu schützen, mit denen er nicht rechnet, oder falls sich aufgrund des Verwendungszwecks Anwendungsgrenzen und weitere Risiken ergeben, die auch der Endproduktthersteller als Fachmann nicht ohne Weiteres erkennen kann.

Fragen des Endproduktherstellers nach Umfang und Grenzen der Produkteignung sind dabei von einem Zulieferer richtig, vollständig und ohne Beschönigung oder Beschwichtigung zu beantworten.

Da die Warnpflicht grundsätzlich jede Gefahr umfasst, die beim bestimmungsgemäßen oder voraussehbaren Gebrauch der Produkte droht, muss sie hinsichtlich der Form so gestaltet sein, dass Hinweise, die der Gefahrenvermeidung dienen, besonders kenntlich gemacht werden. Erforderlich sind deshalb sowohl eine geeignete Darstellung als auch die Verwendung von Gefahrensymbolen und gegebenenfalls zeichnerischen Darstellungen des gefahrlosen Gebrauches.

Hinsichtlich der Art solcher Warnhinweise ist darauf zu achten, dass diese für den jeweiligen Adressatenkreis klar und allgemein verständlich formuliert sein müssen. Zudem sollten die zur Vermeidung der Gefahren erforderlichen Schutzmaßnahmen dargestellt werden (Anwendungswarnung).

Neben den Gefahren, welche auf einem bestimmungsgemäßen Gebrauch beruhen, muss der Hersteller auch auf die Gefahren eines vorhersehbaren Fehlgebrauchs hinweisen. Die Warnpflicht kann im Einzelfall bei einem offensichtlichen Missbrauch des Produktes entfallen.

Diese Warnpflichten sind grundsätzlich schon bei Inverkehrbringen des Produktes zu beachten. Verschärfte Anforderungen gelten, soweit Hinweis- und Warnpflichten aus der Produktbeobachtung resultieren, also Gefahren betreffen, die sich erst nachträglich bei der Verwendung der Produkte herausgestellt haben. Hier ist besonders sorgfältig darauf zu achten, dass den Verbrauchern, die schon seit einiger Zeit mit den als gefährlich erkannten Produkten umgehen, besonders eindringlich deutlich gemacht wird, dass auch aus der bestimmungsgemäßen Verwendung der Produkte Gefahren resultieren. Dabei ist zu bedenken, dass die regelmäßige Verwendung eines Produktes zumeist dazu führt, dass Gebrauchshinweise bei mehrfacher Anschaffung eines Produktes nicht jedes Mal von den Verbrauchern gelesen werden. Insoweit ist also zu überlegen, ob nicht andere Warnhinweise außerhalb der Bedienungshinweise einen besseren und sichereren Weg darstellen, um vor Gefahren des Produktes zu warnen und damit den Verbraucher überhaupt zu erreichen.

Hinweise und Warnungen sollen die als möglich erkannten Gefahren hinreichend konkret beschreiben. Allgemeine Hinweise, wie beispielsweise „das Produkt ist nicht ungefährlich", genügen in der Regel dieser Pflicht nicht.

Gleiches gilt auch in dem Fall, dass durch besondere Werbemaßnahmen bei den Verbrauchern der Eindruck einer besonderen Sicherheit des Produktes hervorgerufen wird. Diese oft zu Werbezwecken eingesetzten Maßnahmen können bei den Verbrauchern einen falschen Sicherheitseindruck erwecken, der unter Umständen dazu führen kann, dass sich besondere Hinweis- und Warnpflichten ergeben.

V. Produktdarbietung

Der Produzent hat das Produkt so darzubieten, dass keine Missverständnisse über dessen Gefährdungspotential aufkommen können. Hierzu zählen die Verpackung, Beschreibung, Bedienungsanleitung und werblichen Aussagen. Eine ungenügende Produktdarbietung stellt letztlich wieder eine Verletzung der Instruktionspflicht dar (s. C.IV).

Eine Werbebroschüre könnte beim Bürger den Eindruck erwecken, dass man mit dem dargebotenen Produkt auch außergewöhnliche Effekte erzielen kann. Also sollten alle werblichen Aussagen zum Produkt von den zuständigen Technikern geprüft werden.

VI. Produktbeobachtungspflichten

Der Hersteller haftet wegen eines Produktbeobachtungsfehlers, wenn er nach Einführung eines neuen Produktes dessen Tauglichkeit nicht beobachtet und bei Auftreten von Produktrisiken Gefahr abwendende Maßnahmen unterlässt.

Auch ein Zulieferer muss seine Produkte im Markt beobachten und verfolgen, ob sich diese praktisch bewähren. Gibt es konkrete Anhaltspunkte für Gefahren des Endprodukts, die auf das Zulieferteil zurückgehen können, sind intensivere Beobachtungen oder eigene Tests erforderlich.

Neben der grundsätzlich bestehenden Beobachtungspflicht für neu entwickelte Produkte sind auch bereits erprobte und in der täglichen Anwendung bewährte Produkte nicht gänzlich von der Produktbeobachtungspflicht befreit. Hier kann sich die Produktbeobachtung im Einzelfall aber auf spezifische Risiken, welche auf der Langzeitnutzung beruhen, beschränken. Sollten sich allerdings neue „Verdachtsfälle" gegen bewährte Produkte ergeben, lebt die umfängliche Beobachtungspflicht wieder auf.

Die Pflicht zur Produktbeobachtung beginnt zu dem Zeitpunkt des Inverkehrbringens des Produktes und muss mit dem Ziel erfolgen, das hergestellte Produkt auf bisher noch unbekannt gebliebene schädliche Eigenschaften oder sonstige Gefahren, die sich möglicherweise aus der konkreten Produktbenutzung ergeben können, zu beobachten (passive Produktbeobachtung).

Zu diesem Zweck müssen Fachzeitschriften, sonstige Literatur und Produktentwicklungen von wichtigen Mitbewerbern beobachtet und gegebenenfalls auch solche Aspekte berücksichtigt werden, die sich aus speziellen Gebrauchsgewohnheiten der Endabnehmer ergeben und die sich evtl. erst im Laufe der Zeit herausbilden (aktive Produktbeobachtung).

Erforderlich ist also ein Erfahrungsrückflusssystem, welches das Erfassen und Auswerten von Informationen ermöglicht, die aus den verschiedensten Informationsquellen zum Produktverhalten auflaufen. Das Qualitätsmanagementsystem des Herstellers muss gewährleisten, dass die so anfallenden Informationen in die eigene Planung und Konstruktion einfließen, wo gegebenenfalls auch zusätzliche Qualitätskontrollen durchzuführen sind.

Eine weitere Folge des Erkennens möglicher, bei Inverkehrbringen des Produktes nicht erkannter Gefahren kann auch eine zusätzliche Instruktions- oder Warnpflicht des Herstellers sein. Im Extremfall kann sich daraus auch eine Rückrufpflicht ergeben, soweit die Abwendung der erkannten Gefahren nur durch einen Rückruf möglich erscheint.

VII. Verletzung von Schutzgesetzen § 823 Abs. 2 BGB

Ergänzend soll noch darauf verwiesen werden, dass Produkthaftung auch aus der Verletzung eines Schutzgesetzes im Sinne des § 823 Abs. 2 BGB resultieren kann. Folgende Voraussetzungen müssen hierzu erfüllt sein: Ein mit einem Sicherheitsmangel behaftetes Produkt führt zu einer Verletzung eines Schutzgesetzes und zu einem Schaden an einem geschützten Rechtsgut des Geschädigten. Ein Kausalzusammenhang zwischen Schutzgesetzverletzung und Schaden muss vorliegen sowie ein Verschulden des Herstellers (zumindest Fahrlässigkeit) nachgewiesen werden.

Schutzgesetze sind z.B. das Geräte- und Produktsicherheitsgesetz, Chemikaliengesetz, Arzneimittelgesetz, aber auch andere Rechtsnormen wie Verordnungen, polizeiliche Vorschriften, Gebote und Verbote, oder behördliche Einzelfallregelungen in Verbindung mit der ihnen zugrunde liegenden Ermächtigungsnorm. Die Rechtsnormen können aus dem Zivilrecht, aus dem Strafrecht oder dem öffentlichen Recht stammen. Verletzt nun ein Hersteller ein Schutzgesetz und tritt infolgedessen ein Schaden bei dem Verbraucher oder einem Dritten auf, so hat der Geschädigte einen Anspruch auf Ersatz des ihm entstandenen Schadens.

Der Geschädigte muss lediglich die Verletzung des Schutzgesetzes durch den Hersteller beweisen (Beweislastumkehr). Gelingt dies dem Geschädigten, so besteht bereits ein Anscheinsbeweis dafür, dass die Schutzgesetzverletzung ursächlich für den Schaden war. Von besonderer Bedeutung ist in diesem Zusammenhang die Normung, die erheblichen Einfluss auf die Beweisführung und Beweisvermutungen haben kann. In diesem Zusammenhang sind die unbestimmten Rechtsbegriffe

- allgemein anerkannte Regeln der Technik
- Stand der Technik
- Stand von Wissenschaft und Technik

zu erwähnen, auf die im Folgenden noch näher eingegangen wird.

VIII. Haftungsausschlüsse

Das Produkthaftungsgesetz enthält in § 1 Abs. 2 eine Reihe von Haftungsausschlüssen. Danach haftet das Unternehmen nicht, wenn

1. es das Produkt nicht in den Verkehr gebracht hat (z.B. Diebstahl)
2. der Fehler erst nach Inverkehrbringen des Produktes entstanden ist (z.B. Fehler durch Abnutzung / unsachgemäßen Gebrauch / nachträgliche Änderung)
3. das Produkt nicht gewerbsmäßig hergestellt wurde
4. das Produkt zwingenden Rechtsnormen entspricht (Technische Normen sind unverbindlich, außer gesetzlich angeordnete)
5. der Fehler nach dem Stand von Wissenschaft und Technik nicht erkannt werden konnte.

D. Risikomanagementsystem für die Nanotechnologie

I. Grundsätzliche Struktur und Anforderungen

Sämtliche in C. geschilderten haftungsrechtlichen Risiken können für die Nanotechnologie Bedeutung haben. Was heißt das Gesagte konkret für die Umsetzung in ein Risikomanagementsystem, das der Situation in der Nanotechnologie ebenfalls Rechnung tragen soll?

Aus unserer Sicht sind die in der folgenden Abbildung als Module 1 bis 3 bezeichneten Bausteine eines Risikomanagementsystems für die Nanotechnologie unbedingt erforderlich. Sie setzen in komprimierter Form die geschilderten allgemeinen Vorgaben der Produkthaftung in einem Risikomanagement für die Nanotechnologie um.[8]

In Modul 1, der *Risikoanalyse und Risikobewertung*, werden zunächst die auftretenden HSE-Risiken (HSE = Health, Safety and Environment) erfasst. Der dabei verwendete Risikobegriff folgt hier (ISO/IEC: 1999) und (ISO/IEC: 2002), wonach „Risiko" als Kombination aus Eintrittswahrscheinlichkeit eines unerwünschten Ereignisses

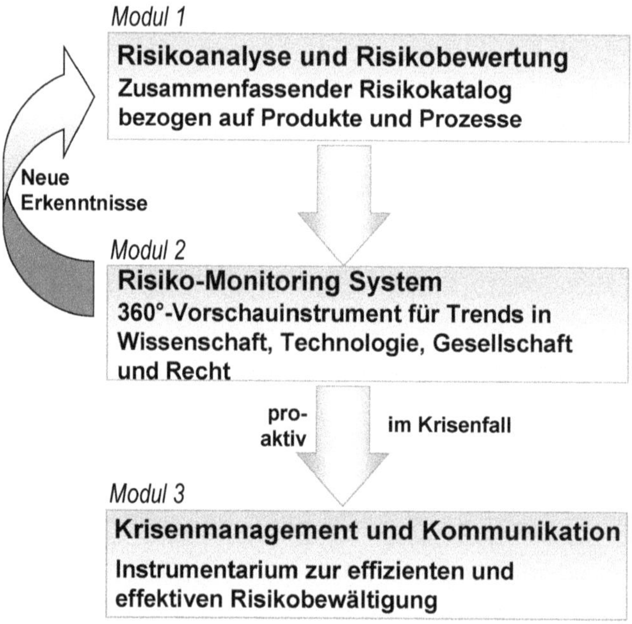

Abb. 1: Module eines Risikomanagementsystems für die Nanotechnologie

8 Für weitere Einzelheiten s. Meili, C., Klein, G., Nanotechnologie – Vom Umgang mit unbekannten Risiken, in: Kölnische Rückversicherungs-Gesellschaft AG (Hrsg.), PHi – Haftpflicht International – Recht & Versicherung, Heft 1/2008, Verlag Versicherungswirtschaft, Karlsruhe, und (TÜV SÜD: 2008).

und seiner Auswirkungen definiert wird. Während bei Produktionsprozessen die Eintrittswahrscheinlichkeit sich quantitativ gut bestimmen lässt, gilt dies in der Nanotechnologie bekanntlich nicht für die Konsequenzen. Um dieses Dilemma zu lösen, wird von uns vorgeschlagen, aufbauend auf dem recherchierten Stand von Wissenschaft und Technik (s. Modul 2) eine Bewertung der gefundenen Daten zu diesem Stand durchzuführen. „Bewertung" bedeutet dabei, dass nicht nur eine Rezeption des weltweit veröffentlichten Wissens stattfindet, sondern dieses nach Inhalt, Datenquelle (z.B. Reputation des Journals) und Autoren bewertet wird. Diese Vorgehensweise folgt ebenfalls anerkannten Standards (U.S. Environmental Protection Agency: 2003) und ermöglicht die notwendige differenzierte Evaluierung der Datenqualität. Ähnlich erfolgt die Bewertung der Produkte: Hier wird ermittelt, welche Expositionsszenarien in Frage kommen, welches der erwartungsgemäße Gebrauch und der vorhersehbare Fehlgebrauch ist. Die Dimension „Eintrittswahrscheinlichkeit" darf allerdings an dieser Stelle keine Rolle mehr spielen, da bei einem im Markt befindlichen Produkt mit erkennbaren Sicherheitsmängeln auch mit dem Eintreten eines entsprechenden Schadens gerechnet werden muss. Die gerade skizzierte Vorgehensweise wird in D.II. näher beschrieben.

Die gewonnenen Erkenntnisse sollten einerseits in einem Risk Assessment Sheet dokumentiert werden, das die wesentlichen Resultate sowohl der Analyse wie auch des Monitorings (s. Modul 2) komprimiert zusammenstellt. Andererseits ergibt die Datenevaluierung evtl. auch Handlungsbedarf in dem Sinne, dass sich die Notwendigkeit weiterer toxikologischer Tests ableiten lässt. Deren Umfang und Inhalt ist dann ebenfalls zu spezifizieren.

Wie bereits festgestellt, basiert die Risikoanalyse und Bewertung auf dem regelmäßig aktualisierten Stand von Wissenschaft und Technik. Hierfür ist also ein kontinuierliches *Monitoring* (Modul 2) in einem sich rasch entwickelnden Gebiet erforderlich. Das Monitoring muss zugleich die (aktive oder passive) Produktbeobachtung umfassen (s. C.VI), aber auch die berechtigten Sicherheitserwartungen der Öffentlichkeit reflektieren, nicht zuletzt deshalb, weil solche gesellschaftlichen Trends letztlich in der Rechtsprechung bzw. in rechtlichen Regelungen ihren Niederschlag finden werden.

Das Zusammenspiel von zivilrechtlicher Verpflichtung zur Schadensminimierung und strafrechtlicher Verantwortung zwingt ferner im worst case zum vorsorglichen Rückruf unsicherer Produkte, ungeachtet der damit verbundenen Kosten. Hier ist auch auf die Einrichtung eines geeigneten *Krisenmanagements* (Modul 3) zu achten.

Aus den *Organisationspflichten* (s. C.I) folgt ferner die Pflicht für eine geeignete Aufbau- und Ablauforganisation. Bzgl. der Aufbauorganisation sollten mindestens die in der nachfolgenden Abbildung gezeigten Positionen besetzt und selbstverständlich hinsichtlich ihrer Aufgaben genau definiert sein; dabei steht der Term „Berater" allgemein für externe oder interne weitere fachmännische Unterstützung.

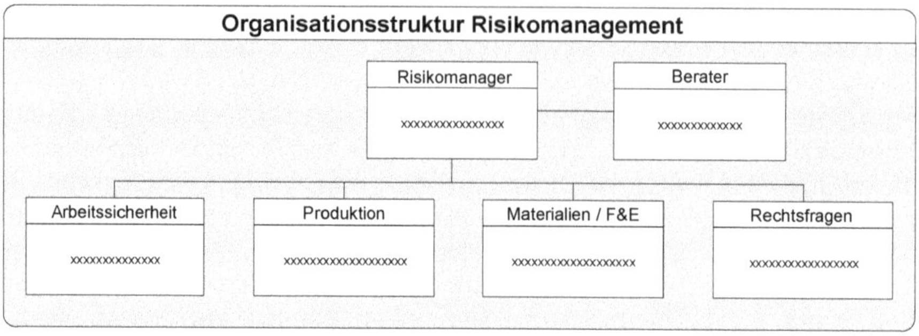

Abb. 2: Organisationsstruktur des Risikomanagementsystems

Entwicklungs- und Konstruktionspflichten (s. C.II) heben ebenso wie § 1 Abs. 2 Nr. 5 ProdHaftG auf den Stand von Wissenschaft und Technik als Haftungsausschluss ab. Hier ist man am Kern der Problematik der Nanotechnologie zum heutigen Tag: Der Haftungsausschluss greift nur, wenn der Nachweis erbracht wird, dass der Fehler nach dem Stand von Wissenschaft und Technik nicht erkannt werden konnte; andere Ausschlussgründe (s. C.VIII) sind im vorliegenden Fall in der Regel nicht relevant. Das bedeutet die Verpflichtung zur Nachweisführung, dass ein Fehler unter Berücksichtigung sämtlichen Fachwissens, das allgemein zur Verfügung steht, von niemandem hätte erkannt werden können. Beim *Stand von Wissenschaft und Technik* handelt es sich um die höchste Anforderungsstufe, bei der auch *neueste technische und wissenschaftliche Entwicklungen* beachtet werden müssen. Dieser Stand von Wissenschaft und Technik wird zum Beispiel durch § 7 Abs. 2 AtG gefordert. Für Ansprüche, die unter das Produkthaftungsgesetz fallen, ist der Nachweis der Erfüllung des Standes der Technik hingegen weitestgehend unbedeutend.

Der *Stand der Technik* ist dabei der derzeitige Entwicklungsstand *fortschrittlicher Verfahren, Einrichtungen und Betriebsweisen*, die beispielsweise in Fachzeitschriften und Veröffentlichungen oder Kongressen vertreten werden. So müssen zum Beispiel gemäß § 3 Abs. 6 BImSchG Anlagen nach dem Stand der Technik betrieben werden.

Allgemein anerkannte Regeln der Technik wiederum sind die verfügbaren aktuellen technischen Normen, wie beispielsweise viele DIN-, ISO- oder IEC-Normen (s. B); hier liegt eine relativ niedrige Anforderung vor, da die technischen Erkenntnisse, also der Stand der Technik, sich schon weiterentwickelt haben kann. Ihrer rechtlichen Bedeutung nach sind in technischen Normen grundsätzlich nur der übliche Standard und das übliche Maß an Sorgfaltsanforderungen festgelegt. Dies genügt der Rechtsprechung nicht, um zu einem generellen Ausschluss der Haftung für einen die Normen verwendenden Produkthersteller zu kommen. In Schadensfällen wird vielmehr im Einzelfall geprüft, ob der schadensursächliche Fehler durch über die Normenforderungen hinausgehende Maßnahmen hätte verhindert werden können.[9] Allenfalls im Rahmen der verschuldensabhängigen Haftung nach der Vorschrift des § 823 Abs. 1 und 2 BGB und strafrechtlicher Produkthaftungsansprüche wird die Einhaltung und Anwendung technischer Normen als erster Anschein für die Erfüllung der erforderlichen Sorgfaltspflichten gewertet. Dieser erste Anschein kann jedoch jederzeit widerlegt werden, wenn dem Produkthersteller nachgewiesen wird, dass beispielsweise Konkurrenzunternehmen bereits höhere Sicherheitsstandards erfüllen. Entscheidend ist hierbei jedoch stets, dass sich die rechtliche Betrachtung auf den Zeitpunkt des „Inverkehrbringens" des konkret den Schaden verursachenden Produkts bezieht.

Erwähnt werden sollte dabei auch das Problem der Haftung in der Lieferkette: Grundsätzlich haften alle Unternehmen in der Lieferkette, die für einen Sicherheitsmangel Verantwortung tragen, dem Geschädigten als Gesamtschuldner (jedoch insgesamt nur einmal), sodass das Unternehmen, das die Ansprüche des Geschädigten befriedigt hat, Ausgleichsansprüche gegen die übrigen Gesamtschuldner geltend machen kann (§§ 840, 426 BGB und § 5 ProdHaftG i.V.m. § 426 BGB). Zwei Probleme können dabei auftreten:

- Der Nachweis des Haftungsausschlusses („keine Schuld des Nanoprodukts") kann im Fall der Nanotechnologie schwierig und langwierig werden.
- Im Falle von nanohaltigen Produkten könnte ausnahmsweise genau der Zulieferer Ziel werden. Dieser müsste im schlimmsten Fall einen nachgewiesenen Schaden zunächst ersetzen und kann den Ausgleich bei anderen Partnern (Vorlieferant? Hersteller?) erst nachfolgend geltend machen. Ein kleines Unternehmen kann unter diesen Umständen in seiner wirtschaftlichen Existenz gefährdet werden.

Hinsichtlich des Risikomanagements bedeutet dies, dass zur Abwehr ungerechtfertigter Ansprüche auf Seiten des Herstellers auch eine Dokumentation vorhanden sein muss, die nachweist, dass eine Kontrolle der Produkte stattgefunden hat und ein Fehler nicht vorlag. Dies zwingt gegebenenfalls zu einer Befundsicherung, das heißt zur Aufbewahrung von Prüfungsergebnissen solcher Qualitätskontrollen (z.B. es wurden keine kleineren Partikel produziert als spezifiziert) (s. C.VI).

Also muss ein Risikomanagementsystem dieser Situation Rechnung tragen. Diese Frage stellt sich gerade in der Analyse und Bewertung der potentiellen Risiken. Wie kann das Niveau des Standes von Wissenschaft und Technik erreicht werden?

9 Das bedeutet auch, dass eine Zertifizierung, die sich auf künftig vorliegende Normen in der Nanotechnologie beziehen wird, nicht notwendig ausreichend sein muss.

II. Risikoanalyse und -bewertung

a) Begrifflichkeiten und Problemstellung

Es ist zweckmäßig, zunächst den hier verwendeten Risikobegriff näher zu erläutern, der, wie gesagt, auf (ISO/IEC: 1999) und (ISO/IEC: 2002) beruht. Das dort definierte „Risiko“ als Kombination aus Eintrittswahrscheinlichkeit und Schadensausmaß wird oft mathematisch als Multiplikation beider Größen formuliert. Damit unterscheidet sich dieser „technische“ Risikobegriff vom „toxikologischen“: In der Medizin wird unter Risiko bekanntlich eher die Kombination von Gefährdungspotential (Hazard) und Exposition (Exposure) verstanden. Der Hazard (bzw. die Exposure) der einen Definition entspricht dabei in etwa der Konsequenz (bzw. der Eintrittswahrscheinlichkeit) der anderen. Die Entsprechung ist aber nicht exakt: Exposition heißt, dass eine Person dem Gefahrstoff bereits ausgesetzt ist. Nur die Randbedingungen (z. B. Dauer und Inkorporationspfade) sind noch „variabel“ und bestimmen das Ausmaß. Anders in der technischen Risikoanalyse: Hier betrifft die Eintrittswahrscheinlichkeit die Bewertung, mit welcher Wahrscheinlichkeit es überhaupt zu einem *möglichen* Risiko kommt.[10] Erst wenn weitere Schutzmaßnahmen nicht mehr greifen, kommt es zu einer Schädigung, deren Ausmaß dann durch die Exposition beschrieben werden kann. Die Aufgabe des Toxikologen ist die Evaluierung und Quantifizierung des Hazards in Begriffen wie z. B. maximal zulässiger Arbeitsplatzkonzentration. Demgegenüber betrachtet die technische Risikoanalyse neben der Wahrscheinlichkeit des Eintretens eines unerwünschten Ereignisses wesentlich auch die zu ergreifenden Sicherheitsmaßnahmen. Im Folgenden wird der technischen Risikodefinition gefolgt, ohne natürlich dadurch anderen Definitionen ihre Zweckmäßigkeit in anderen Kontexten absprechen zu wollen.

b) Besonderheit der Risikoanalyse in der Nanotechnologie

Die Anforderungen, die nanospezifische Risiken an die Durchführung der Analyse stellen, unterscheiden sich von den Risiken, die in üblichen technischen Risikoanalysen betrachtet werden, vor allem darin, dass über das Schadensausmaß, das durch einen Kontakt mit nanoskaligen Materialien hervorgerufen werden kann, derzeit wenig gesichertes Wissen vorhanden ist. Auch über langfristige Schäden bestehen bestenfalls Mutmaßungen.

Dies gilt nicht in gleicher Weise für die Dimension „Eintrittshäufigkeit“. Hier ist zu unterscheiden, in welcher Phase des Lebenszyklus man sich befindet und welche Risiken demnach auftreten können:

Produkthaftungsrisiken sind über den ganzen Lebenszyklus relevant. Hier greift eine Argumentation mit Wahrscheinlichkeiten ohnehin nicht: Jeder Hersteller muss

10 Dabei ist verwirrend, dass in der technischen Risikoanalyse dieses *mögliche* Risiko wiederum als Gefahr oder Gefährdung, engl. hazard, bezeichnet wird.

sich einem Produkthaftungsfall unabhängig von der Wahrscheinlichkeit seines Auftretens stellen oder anders gesagt: Der erwartungsgemäße Gebrauch und der vorhersehbare Fehlgebrauch treten zusammen mit der Wahrscheinlichkeit 1 auf, also mit Gewissheit. Produkthaftungsrisiken bedürfen demnach besonderer Betrachtung.

Anders verhält es sich bei Risiken, die in der Designphase (z. B. im Labor), bei der Produktion bzw. der Weiterverarbeitung auftreten. Hier kommen *Mitarbeiter* oder *Umwelt und Dritte* nur mit Materialien in Kontakt, wenn Produktionseinrichtungen und vorgesehene Sicherheitsmaßnahmen versagen. Bei aller Unterschiedlichkeit der einzelnen Produktionsverfahren resultieren solche Ereignisse aus Fehlern oder Störungen in der angewendeten Verfahrenstechnik, die oft auf Systeme zurückgreift, deren Versagenswahrscheinlichkeiten gut bekannt sind. Zudem werden die üblichen Vorkehrungen der Arbeitssicherheit und des Schutzes von Umwelt und Dritten angewendet (s. z.B. BAuA/VCI: 2007), so dass hier hinsichtlich der Eintrittshäufigkeit keine spezifischen Probleme auftreten.

Die Schwierigkeit in der Bestimmung eines Schadensausmaßes liegt darin, dass über die Auswirkung bei Kontakt mit Nanomaterialien keine oder nur sehr wenige Untersuchungen existieren. Da demzufolge keine direkte Bestimmung des Schadensausmaßes möglich ist, kann in der Risikoanalyse nur eine auf dem aktuellen Stand von Wissenschaft und Technik basierende Abschätzung vorgenommen werden. CENARIOS® spricht daher vorsichtig von einem „potenziellen Schadensausmaß". Das sich daraus ergebende Problem bei der Bewertung des Schadensausmaßes wird mit einem 2-stufigen Bewertungskonzept angegangen:

Bewertungsstufe 1 Risikoscreening

In der ersten Bewertungsstufe wird anhand der vorliegenden Datenbasis und des aus dieser Datenbasis ermittelten bzw. vermuteten Schadenspotenzials der eingesetzten Nanomaterialien eine Empfehlung über eventuell notwendige eigene Untersuchungen vor dem Inverkehrbringen der Nanoprodukte ausgesprochen. Dieses Risikoscreening stellt noch keine eigentliche Risikobewertung dar, es liefert jedoch Hinweise darauf, ob der vorliegende Stand von Wissenschaft und Technik ausreichend ist, um überhaupt mit der Produktion des Nanoprodukts zu beginnen.

Bewertungsstufe 2 Ermittlung des potenziellen Schadensausmaßes

In einem Entscheidungsbaum werden alle vorhandenen Erkenntnisse über das im Produkt vorliegende Nanomaterial abgebildet. Diese Erkenntnisse legen die Kategorisierung des Schadensausmaßes fest. Grundsätzlich ist diese Bewertung unabhängig von der Bewertungsstufe 1, es ist jedoch sinnvoll, die Ergebnisse des Risikoscreenings in die Ermittlung des Schadensausmaßes einfließen zu lassen, da dann ein verbesserter Kenntnisstand vorliegt.

Beide Schritte werden im Folgenden näher betrachtet.

(A) Risikoscreening (Bewertungsstufe 1)

Das Hauptproblem bei der Beurteilung möglicher Risiken eines nanoskaligen Stoffes ist die oben beschriebene teilweise unzureichende Datenbasis. Da es noch keine Langzeitstudien über die potenzielle Gefährlichkeit synthetischer Nanomaterialien gibt, muss zunächst überprüft werden, ob vorhandene Studien bzw. Untersuchungen auf den Menschen und den konkret vorliegenden Fall übertragbar sind. Dazu wird eine 4-stufige Kategorisierung des vorhandenen Wissens vorgenommen (BAuA et al: 2006) und jede Kategorie mit einem Parameter β charakterisiert.

1. *PC-Daten ($\beta = 1$)*

   Es liegen keine spezifischen Untersuchungen vor. Die Materialeigenschaften wie Größe, Löslichkeit oder Oberflächenmodifikation etc. sind jedoch bekannt. Ein Ziel künftiger Entwicklungen ist es, aus PC-Daten Rückschlüsse auf Wirkungen auf den menschlichen Organismus ziehen zu können (BAuA et al: 2006). In der vorliegenden Untersuchung werden PC-Daten als die unterste Stufe der Wissensbasis (d.h. Rückschlüsse auf den Menschen sind derzeit nicht möglich) behandelt. Ihr Wert liegt darin, dass bei einem gegebenen Satz an PC-Daten die Übertragbarkeit eventueller künftiger toxikologischer Untersuchungen auf den bestimmten vorliegenden Fall bei einem bestimmten Hersteller leichter möglich ist.[11]

2. *In vitro Daten ($\beta = 2$)*

   Die zweite Stufe der Wissensbasis sind Untersuchungen an Zellkulturen. Derartige Untersuchungen ermöglichen einen Rückschluss auf die toxische Wirkung der Partikel auf bestimmte Zelltypen des menschlichen Organismus. In-vitro-Untersuchungen erlauben allerdings keine Beantwortung der Frage, ob und wie die Partikel diese Zellen erreichen, ob die toxische Wirkung bei Inkorporation anhält oder ob langfristige Schäden durch Anreicherung im Körper möglich sind. In vitro Daten sind jedoch relativ einfach zu erheben und daher auch für KMUs allein schon vom Aufwand her eher akzeptabel als Tierversuche.

3. *In vivo Tier Daten ($\beta = 3$)*

   Wurden Tierversuche durchgeführt, können gezielt spezielle Schadensmechanismen untersucht werden. Grundsätzlich gilt, dass Untersuchungen an bestimmten Tieren (z.B. Verdauungstrakt von Schweinen) eine sehr gute Übertragbarkeit auf den Menschen bieten, bei anderen Untersuchungen muss dies bezweifelt werden.[12] Auf Grund der derzeit vorliegenden Datenbasis wird jedoch keine weitere Unterscheidung getroffen.

---

11 Künftig könnten solche Ergebnisse auch über QSAR-Methoden Aussagen zur Toxizität erlauben, s. z. B. (Klein: 2008).

12 Das kann z. B. für Untersuchungen gelten, die eher auf die Umwelttoxikologie abzielen.

4. *In vivo Mensch Daten ($\beta = 4$)*

   Bei den als „in vivo Mensch" bezeichneten Untersuchungen (BAuA et al: 2006) wird es sich eher um Langzeituntersuchungen handeln, die derzeit noch nicht vorliegen und auch in naher Zukunft nicht in großer Anzahl zu erwarten sind, da es noch keine langfristigen Erfahrungen mit synthetischen Nanomaterialien gibt. Wenn es jedoch solche Untersuchungen gibt, muss davon ausgegangen werden, dass diese zu 100 % übertragbar sind.[13] Gleiches gilt für Versuche mit freiwilligen Probanden.

Derzeit gibt es verschiedene Vorhaben, die darauf abzielen, Mindestanforderungen an Informationen in Veröffentlichungen zu definieren (BAuA et al: 2006, Oberdörster et al: 2005).

Die grundsätzliche Vorgehensweise zur Beurteilung kann dann wie folgt beschrieben werden: Ausgehend von (öko)toxikologischen Veröffentlichungen in Fachzeitschriften werden folgende Aspekte berücksichtigt:

1. Gibt es überhaupt Veröffentlichungen zur (Öko)toxikologie des betrachteten Nanomaterials? Wenn nicht, gilt $\beta = 1$ und die Frage der Übertragbarkeit stellt sich nicht.
2. Wurden in vivo Mensch, in vivo Tier oder in vitro Untersuchungen durchgeführt?
3. Welches sind die Ergebnisse?
4. Wie ist die Übertragbarkeit zu bewerten? Im Tierversuch grundsätzlich desto schlechter, je weniger artverwandt die untersuchte Spezies ist. In vitro desto schlechter, je weniger organspezifische Informationen hinsichtlich des relevanten Expositionspfades vorliegen.
5. Gibt es in verschiedenen Veröffentlichungen ein einheitliches Bild oder divergieren die Expertenmeinungen? Wie ist bei solchen Meinungsverschiedenheiten die Reputation der Fachleute zu bewerten?
6. Wie sind die Quellen der Untersuchung zu beurteilen (Veröffentlichungsorgan/Autor)?

Die Kriterien (1) bis (3) sind deskriptiver Natur, die Kriterien (4) bis (6) beinhalten demgegenüber die eigentliche Bewertung und können eine Änderung der Einstufung in $\beta = 1, 2, 3$ oder 4 notwendig machen. Eine mögliche (vereinfachte) Darstellung für eine Rückstufung ist in folgender Matrix gegeben:

---

13 Immer unter der Voraussetzung, dass die untersuchten Nanomaterialien und die jeweils produzierten vergleichbar sind.

<table>
<tr><th rowspan="2">Kriterium</th><th colspan="3">Ausprägung</th></tr>
<tr><th>erfüllt</th><th>eingeschränkt</th><th>fraglich</th></tr>
<tr><td>Übertragbarkeit</td><td rowspan="3">$\beta1 \rightarrow \beta1$
$\beta2 \rightarrow \beta2$
$\beta3 \rightarrow \beta3$
$\beta4 \rightarrow \beta4$</td><td>$\beta4 \rightarrow \beta3$
$\beta3 \rightarrow \beta2$
$\beta2 \rightarrow \beta1$</td><td rowspan="3">$\beta4 \rightarrow \beta2$
$\beta3 \rightarrow \beta1$
$\beta2 \rightarrow \beta1$</td></tr>
<tr><td>Übereinstimmende Fachmeinung</td><td>$\beta1 \rightarrow \beta1$
$\beta2 \rightarrow \beta2$
$\beta3 \rightarrow \beta3$
$\beta4 \rightarrow \beta4$</td></tr>
<tr><td>Anerkannte Quelle</td><td>$\beta4 \rightarrow \beta3$
$\beta3 \rightarrow \beta2$
$\beta2 \rightarrow \beta1$</td></tr>
</table>

Die Kriterien wirken unabhängig voneinander. Dabei werden sie nacheinander in der Reihenfolge

Übertragbarkeit → Übereinstimmende Fachmeinung → Anerkannte Quelle

abgearbeitet. Die folgenden fiktiven Beispiele sollen die Argumentation veranschaulichen:

a) Ein renommiertes Institut veröffentlicht erstmalig Erkenntnisse über schwere Schäden bei Inhalation von Schweinen. Bisherige Veröffentlichungen zum gleichen Thema ergaben keine Resultate in dieser Richtung.

Bewertung:

<table>
<tr><th rowspan="2">Kriterium</th><th colspan="3">Ausprägung</th></tr>
<tr><th>erfüllt</th><th>eingeschränkt</th><th>fraglich</th></tr>
<tr><td>Übertragbarkeit</td><td>✓</td><td></td><td></td></tr>
<tr><td>Übereinstimmende Fachmeinung</td><td>✓</td><td></td><td></td></tr>
<tr><td>Anerkannte Quelle</td><td>✓</td><td></td><td></td></tr>
</table>

Hier wird insbesondere der Ruf der beteiligten Forscher und der Institution berücksichtigt. Gibt es eine Gegenmeinung, die als ähnlich qualifiziert eingeschätzt wird, sollte aus Vorsichtsgründen zunächst das negativere Resultat zugrunde gelegt werden. Alle Kriterien sind erfüllt, also wird die Einschätzung $\beta = 3$ beibehalten (d.h. die Ausgangseinschätzung Tierversuch bedeutet $\beta = 3$ wird beibehalten).

b) Von einem bislang unbekannten Autor wird zum ersten Mal in einer international sehr hoch geachteten Fachzeitschrift von leichten Schäden bei Fischen berichtet.

Bewertung:

Kriterium	Ausprägung		
	erfüllt	eingeschränkt	fraglich
Übertragbarkeit		✓	
Übereinstimmende Fachmeinung	✓		
Anerkannte Quelle	✓		

Die Qualität eines neu auftretenden Autors kann zunächst nur als „eingeschränkt" bewertet werden. Bei einer Veröffentlichung in einer bekannten Fachzeitschrift ist aber die Qualitätssicherung durch das Review hoch anzusetzen, die Quelle ist also anerkannt. Die Fachmeinung ist ebenfalls als „übereinstimmend", da das Thema (mit diesem Stoff bei dieser Tierart) noch nicht betrachtet wurde. Die Übertragbarkeit auf den Menschen ist allerdings nur eingeschränkt (Grundsätzlich gilt in diesem Fall $\beta = 3$, da es sich um einen Tierversuch handelt. Da die Übertragbarkeit vom Fisch auf den Menschen aber als eingeschränkt eingeschätzt wird gilt $\beta = 2$. An dieser Einschätzung ändert sich bei den folgenden Kriterien nichts mehr).

c) Eine Autorengruppe, die bereits durch Aufsehen erregende Falschmeldungen aufgefallen ist, berichtet von schweren Schäden bei Primaten durch einen bekannten Stoff. In anderen Veröffentlichungen gibt es bislang widersprechende Meinungen hierzu.

Bewertung:

Kriterium	Ausprägung		
	erfüllt	eingeschränkt	fraglich
Übertragbarkeit	✓		
Übereinstimmende Fachmeinung		✓	
Anerkannte Quelle			✓

Die Übertragbarkeit ist gegeben. Da die Fachmeinung uneinheitlich ist, ist das Kriterium nur eingeschränkt erfüllt. Aus Vorsichtsgründen wird die konservativere Bewertung herangezogen. Der Parameter β ändert sich dadurch nicht. Allerdings ist die Qualität der Verfasser fraglich, daher wird hier auf $\beta = 1$ zurückgegangen (Grundsätzlich gilt für die Übertragbarkeit vom Primaten auf den Menschen $\beta = 3$. Diese Einschätzung wird jedoch immer weiter zurückgestuft, so dass die Veröffentlichung letztendlich als nicht relevant betrachtet wird).

Der β-Wert kann auch aufgrund der allgemeinen Erfahrung angepasst werden, die vor allem dann zum Tragen kommt, wenn wenig bis gar keine Untersuchungen vorliegen, es jedoch durch langjährige Anwendung bekannt ist, dass der Stoff grundsätzlich ungefährlich ist.[14] In solchen Fällen wird vom kleineren (unsicheren) β-Werten auf höhere (sichere) β-Werte gewechselt. Somit ist der Parameter β letztlich eine Beschreibung der Belastbarkeit der vorhandenen Datenbasis, die den Stand von Wissenschaft und Technik zum aktuellen Zeitpunkt repräsentiert, hinsichtlich ihrer Aussagekraft über *mögliche Schäden*. Dabei wird folgende einfache Abschätzung des Schadenspotenzials vorgenommen:[15]

1. *Kein bzw. geringes Schadensausmaß* ($\alpha = 1$)

   Es gibt in den Untersuchungen keinen Hinweis auf Schäden bzw. geringe Schäden können bei Missbrauch nicht ausgeschlossen werden.

2. *Mittleres Schadensausmaß* ($\alpha = 2$)

   Es gibt Untersuchungen bzw. Vermutungen, dass bei speziellen Anwendungen bzw. Inkorporationswegen (nicht bleibende) Schäden auftreten können.

3. *Großes Schadensausmaß* ($\alpha = 3$)

   Es gibt Untersuchungen bzw. Vermutungen, dass bei speziellen Anwendungen bzw. Inkorporationswegen bleibende Schäden auftreten können.

4. *Sehr großes Schadensausmaß* ($\alpha = 4$)

   Es gibt Untersuchungen bzw. Vermutungen, die grundsätzlich auf schwere bleibende oder langfristig auftretende Schäden hinweisen.

Die hier mit α und β bezeichneten Parameter ermöglichen zugleich eine Einschätzung der Unsicherheit der Datenbasis. Daraus ergibt sich eventuell die Notwendigkeit, zusätzlich einfache stoffspezifische Untersuchungen oder komplexere stoff- und risikospezifische Untersuchungen durchzuführen bzw. durchführen zu lassen. Mit den zusätzlichen Untersuchungen erhöht sich die Genauigkeit der Analyse erheblich. Nachteilig schlägt an dieser Stelle die fehlende Einigung über geeignete toxikologische Messprotokolle zu Buche. Welche konkreten zusätzlichen Tests daher durchgeführt werden müssen, ist eine Einzelfallentscheidung.

(B) Abschätzung des möglichen Schadensausmaßes (Bewertungsstufe 2)

Um das mögliche Schadensausmaß beim Menschen beurteilen zu können, wird dieses potenzielle Schadensausmaß unter Verwendung der Parameter α und β aus dem Risikoscreening kategorisiert. Dabei gehen die möglichen Expositionsszenarien wesentlich mit ein, denn, wie schwer eine potenzielle Schädigung tatsächlich sein kann, hängt einerseits von den physikalisch-chemischen Parametern ab, die die Nanomaterialien im Produkt charakterisieren (s. hierzu z.B. Oberdörster et al.: 2005; Environmental Defense/DuPont: 2007; Klein: 2008), und andererseits ent-

14 Beispiel: Der jahrzehntelange Einsatz bestimmter Nanopartikel in der Kosmetikindustrie.
15 Wobei bei der Einschätzung immer konservativ vorgegangen wird.

scheidend vom möglichen Inkorporationspfad für das Produkt. Einzelheiten zu Expositionsszenarien, die berücksichtigt werden müssen, finden sich z.B. in Environmental Defense/DuPont: 2007. Derzeit kann davon ausgegangen werden, dass die Inkorporationswege nach abnehmender Gefährlichkeit wie folgt zu bewerten sind (Kumar: 2006):

- Inhalation,
- Ingestion und
- Hautkontakt.

Bei der Inhalation kann es nicht nur eine direkte Schädigung der Lunge geben, die Partikel können auch sehr schnell ins Blut gelangen oder die Blut-Hirn-Schranke überwinden. Daher muss die Möglichkeit einer Inhalation als kritischster Expositionspfad gesehen werden. Schädliche Wirkungen durch Ingestion sind fraglich, wenn auch z.B. ein Zusammenhang. mit der Crohn'schen Krankheit nicht ausgeschlossen werden kann (Kumar: 2006). Üblicherweise wird die Ingestion aber gegenüber der Inhalation als unkritischer bewertet. Bei Hautkontakt schließlich ist eine Durchgängigkeit durch die Epidermis noch nicht eindeutig nachgewiesen. In der vorliegenden Bewertung wird davon ausgegangen, dass dies in deutlich geringerem Umfang geschieht als bei Inhalation und Ingestion.

Von großer praktische Bedeutung ist die Frage, ob das Endprodukt oder die Produktionsweise derart gestaltet sind, dass die Beschäftigten in der Produktion oder die Anwender nicht mit den Nanomaterialien in Berührung kommen können, z.B. wenn die Partikel in einer festen Matrix vorliegen. Selbstverständlich muss die „Unmöglichkeit" geeignet nachgewiesen werden und eine Reihe von Aspekten ist zu berücksichtigen wie z.B.

- Wurden die Bedingungen für bestimmungsgemäße Verwendung genau definiert (z.B. Temperatur, Feuchte, Abrieb) und unter diesen Bedingungen die „Ungefährlichkeit" durch die Nanomaterialien nachgewiesen? Wie?
- Muss der Kontakt mit Nanomaterial bei bestimmungsgemäßem Gebrauch durch den Verbraucher/Dritte konstruktiv ausgeschlossen werden (z.B. Fixierung in einem Matrixmaterial)? Wer spezifiziert, ob das (nicht) der Fall ist? Wer trägt die Verantwortung für geeignete Maßnahmen?
- Unter welchen Bedingungen könnte es zu (ungewollter) Freisetzung des Nanomaterials beim Verbraucher/Dritten kommen?
- Was wäre ein absehbarer Fehlgebrauch durch Verbraucher/Dritte, kann es hierdurch zur Exposition durch das Nanomaterial kommen?

Unter diesen Voraussetzungen lassen sich beispielsweise folgende Kategorien definieren:

Kategorie A – Das Material ist nicht gefährlich. Von Schäden, die bei Produktion oder Anwendung auftreten können, muss nicht ausgegangen werden.

Kategorie B – Kurzfristige, leichte Beeinträchtigungen wie z.B. Unwohlsein oder Hautirritationen können bei sensitiven Personen auftreten.

Kategorie C – Bei Kontakt mit dem Material treten vorübergehende leichte Schädigungen wie Hautirritationen oder Unwohlsein auf. Dies kann bereits durch die Einhaltung von Sicherheitsvorschriften in ausreichendem Maße vermieden werden.

Kategorie D – Bei Kontakt mit dem Material treten vorübergehend Schädigungen, etwa leichte Verätzungen der Haut oder Unwohlsein mit anschließendem Erbrechen, auf. Als Obergrenze kann z. B. eine Gesundheitsbeeinträchtigung von weniger als 24 Tagen gelten. Zu Sicherheitsvorschriften müssen einfache Schutzmaßnahmen treten (z.B. spezieller Drehverschluss).

Kategorie E – Ein Kontakt mit dem Material führt zu bleibenden Schäden wie z.B. Verringerung der Sehkraft, schweren Verätzungen der Haut oder Beeinträchtigung der Lungenfunktion. Bei der Herstellung der Materialien müssen Sicherheitsvorschriften unbedingt eingehalten und aktive Schutzmaßnahmen ergriffen werden (z.B. Tragen einer Schutzbrille), bei der geplanten Anwendung des Materials muss der Kontakt unbedingt vermieden werden.

Kategorie F – Ein Kontakt mit dem Material führt zu schweren bleibenden Schäden wie z.B. deutliche Verringerung der Sehkraft, schwerste Verätzungen der Haut (bleibende schwere Narbenbildung) oder möglicherweise langfristig schwerwiegenden Folgen (z.B. Genotoxizität, Mutagenität) bis hin zum Tod. Sicherheitsvorschriften und hochwertige Schutzmaßnahmen müssen ergriffen werden, um den Kontakt auszuschließen.

Im Ergebnis lassen sich aus der Vorgehensweise also für die jeweilige Situation und den bestimmten Expositionspfad Risiken bestimmen und daraus weitergehende Handlungsanforderungen aus dem Risikomanagementsystem ableiten.

E. Zusammenfassung und Ausblick

I. Zertifizierung eines Risikomanagementsystems

Um gerade mit Unternehmensrisiken in einer Situation unvollständigen Wissens verantwortungsvoll umzugehen, ist ein Risikomanagementsystem unverzichtbar. Die in D.I. kurz beschriebenen Module geben die Inhalte eines solchen Risikomanagementsystems wieder. Sie setzen zusammen mit den notwendigen ablauf- und aufbauorganisatorischen Regelungen die Vorgaben allgemeiner Standards und Richtlinien[16] zum Risikomanagement auch für den spezifischen Fall der Nanotechnologie um.

---

16 S. AS/NZS: 2004; IRM, AIRMIC, ALARM: 2002; HM Treasury: 2004; ONR: 2004.

Insofern ist die Situation beim Risikomanagement vergleichbar mit anderen rechtlichen Rahmenbedingungen, die auf die Nanotechnologie sinngemäß übertragen werden können (vgl. die Beiträge von Führ, Rathke und Scherzberg im vorliegenden Band, S. 139 ff., 219 ff., 233 ff.). Sowohl aus den rechtlichen Regelungen der Produkthaftung wie aus den angesprochenen Standards lässt sich nach unserem Dafürhalten eine ausreichende Basis für eine mögliche Zertifiziergrundlage des Systems ableiten.

An dieser Stelle sei aber nochmals auf die eingangs getroffene Unterscheidung in System-, Prozess- und Produktzertifizierung hingewiesen: Ein Zertifikat für ein Risikomanagementsystem bedeutet nicht, dass dabei die Produkte selbst oder deren Eigenschaften bewertet werden, z.B. ihre Unbedenklichkeit. Der Unterschied zwischen System und Produkt wird dabei vielleicht am besten am Beispiel des Qualitätsmanagements klar: Die Bewertung eines Qualitätsmanagementsystems ist nicht identisch mit der Bewertung der Qualität der Produkte. Nach der Prüf- und Zertifizierordnung des TÜV SÜD ist es daher dem zertifizierten Unternehmen untersagt, auf Produkten ein Prüfsiegel für ein System anzubringen.

Zu bedenken ist aus unserer Sicht ferner, dass bezüglich der rechtlichen Bedeutung organisatorischer und administrativer Regelungen sowie der Dokumentation eine vernünftige Bewertung von Produktrisiken oder gar eine Produktzertifizierung ohne Einbindung in ein übergeordnetes Risikomanagementsystem eigentlich nicht denkbar ist. Auf die Frage der Prozess- und Produktzertifikate wird in E.II noch eingegangen.

Aufgrund der bei TÜV SÜD vorliegenden jahrzehntelangen Erfahrungen mit Zertifizierungen im Allgemeinen sind wir dazu übergegangen, einen internen Standard für die Zertifizierung eines Risikomanagementsystems in der Nanotechnologie zu schaffen (TÜV SÜD: 2008). Bereits vorhandene Werkzeuge und Verfahren in einem Unternehmen werden dabei auf ihre Kompatibilität mit der oben skizzierten Vorgehensweise überprüft, weshalb wir auch vom CENARIOS®-Standard sprechen.

Zur Zertifizierung können verschiedene Wege führen und es mag sein, dass ein Unternehmen lediglich beim Monitoring oder der Risikoanalyse Handlungsbedarf sieht. Wichtig ist nur, dass im Ergebnis dieselben Inhalte realisiert werden und dieselbe Qualität erreicht wird wie bei CENARIOS®, das eben deshalb seinen Namen – „certifiable“ – trägt. Sind hier bei der Umsetzung evtl. fehlender Module Beratungsleistungen erwünscht oder nötig, kann diese Aufgabe ebenfalls geleistet werden. Es versteht sich dabei, dass Beratungs- und Zertifizierungstätigkeiten innerhalb des TÜV SÜD streng getrennt sind und von jeweils unabhängigen Personen durchgeführt werden.

Der CENARIOS®-Standard stellt zunächst auf ein Risikomanagementsystem ab. Ein solches System kann die *Basis* für Sicherheit in der Nanotechnologie darstellen – nicht mehr, aber auch nicht weniger. Daher sind verschiedene Wege denkbar und CENARIOS® ist nach unserer Meinung einer von ihnen. Dabei ist zu beachten, dass Zertifizierbarkeit eine Möglichkeit darstellt, kein Muss. Auch hierfür steht der Begriff „certifiable" in seiner wörtlichen Bedeutung. Ein Unternehmen kann CENARIOS® auch einführen, ohne danach zertifiziert zu werden. Darin spiegelt sich die Ambivalenz in der öffentlichen Wahrnehmung der Nanotechnologie wieder – manche Unternehmen möchten sie nutzen, aber ziehen es zugleich vor, bei ihren Kunden nicht mit dem Thema in Verbindung gebracht zu werden.[17] Für Firmen kann jedoch stets das Argument wichtig sein, dass sie nicht nur nach eigenen Vorgaben und Ermessen gehandelt haben, sondern sich freiwillig von einer „Third Party" überprüfen ließen.

II. Prozess- und Produktzertifizierung

Der wesentliche *Prozess* in der Nanotechnologie ist der Herstellungsprozess selbst. Wie schon in C.III. dargestellt wurde, ist seine ordentliche Ausgestaltung auch im Hinblick auf die Produkthaftung von Bedeutung. Bei einer Prozesszertifizierung für die Nanotechnologie spielen daneben auch andere Gesichtspunkte eine Rolle. Die Dokumentation der Qualität, die Leistungsfähigkeit und die Verlässlichkeit von *Herstellungsprozessen* im Bereich der Nanotechnologie stehen hier im Vordergrund. GMP – good manufacturing practice – ist dabei ein wesentliches Qualitätsmerkmal und betrifft die Verfahren, Anlagen und Geräte der Herstellungsprozesse sowie der Qualitätssicherungsprozesse. Daneben spielen wieder die organisatorischen Rahmenbedingungen, insbesondere die Struktur und Aufgabenverteilung der Qualitätssicherung, eine Rolle. Damit kann den Kunden eines Nanotechnologieunternehmens gegenüber ein besonderer Qualitätsanspruch im Herstellungsprozess von Nanoprodukten demonstriert werden. TÜV SÜD hat daher auch das Zertifikat „nanoGMP" eingeführt.

Interesse, das *Produkte* der Nanotechnologie derzeit erregen, führt auf die Frage, welche Möglichkeiten einer Zertifizierung hier bestehen. Wie bereits in B dargestellt, sind zwei Eigenschaftsdimensionen des Produkts zu unterscheiden: Seine *funktionalen Eigenschaften* (hat es beispielsweise die spezifizierte und zugesicherte Eigenschaft, kratzfest zu sein?) und seine *Gebrauchseigenschaften* (ist der Umgang mit dem Produkt sicher?); bei letzterer ist zudem zwischen dem erwartungsgemäßen Gebrauch und dem vorhersehbaren Fehlgebrauch zu unterscheiden (s. C).

Eine sinnvolle Produktzertifizierung wird also immer zu untersuchen haben, ob eine bestimmte versprochene Produkteigenschaft eigentlich vorliegt. Das bedeutet für die Nanotechnologie, dass nicht nur ein bestimmter makroskopischer Effekt vorliegen muss, sondern dieser auch eindeutig auf das Vorliegen von Nanomaterialien zurückgeführt werden kann.[18]

---

17 Vgl. hierzu auch die Diskussion über die (Nicht-)Notwendigkeit einer Kennzeichnungspflicht für nanohaltige Produkte.

18 Dies erscheint auch notwendig, um einen missbräuchlichen und inflationären Gebrauch des Präfix „Nano" einzuschränken.

Um das vom Verbraucher in das Produkt gesetzte Vertrauen zu rechtfertigen, muss zudem natürlich auch seine „Sicherheit" nachgewiesen werden. Das stellt ein Problem dar, solange verbindliche toxikologische Protokolle zu dieser Prüfung noch in der Diskussion sind. Positiv ist zu vermerken, dass sich ein gewisser Konsens zu diesem Thema herauszukristallisieren scheint, wenn auch nicht alle Einzelheiten feststehen, da die toxikologische Grundlagenforschung noch nicht ausreichend weit entwickelt ist.

Die Mindestanforderung an Charakterisierung eines Produkts sind sicher die in D.II. so genannten „PC-Daten". Dabei sind zunächst solche Daten von Bedeutung, die voraussichtlich toxikologisch relevant sind. Über dieses „Minimalprogramm" von Messungen physikalisch-chemischer Parameter besteht in der Literatur bereits weitgehende Einigkeit (Oberdörster et al.: 2005; Environmental Defense/DuPont: 2007; Klein: 2008). Die Parameter und Basisdaten erlauben erstens die objektive Beurteilung der Frage, inwieweit bereits veröffentlichte Untersuchungen auf den konkret vorliegenden Fall anwendbar sind. Zweitens bestimmen sie das Referenzsystem für spezifische eigene toxikologische Studien.

Damit ist dann die Verbindung zum Risikomanagement gegeben, durch das vorgegeben wird, ob und welche Prüfungen in welchem Umfang durchzuführen sind, da diese Festlegung von den erwarteten Gebrauchsbedingungen und den daraus abzuleitenden Expositionsszenarien unter Berücksichtigung möglicher Freisetzungen erfolgen muss.

Somit zeigt sich, dass die Produktzertifizierung ein anspruchsvolles Programm darstellt, das nicht mit der Durchführung eines Satzes von Standardmessungen erledigt werden kann, sondern fallspezifisch und unter Berücksichtigung des Risikomanagements beurteilt werden muss. Dieses Programm ist ersichtlich anspruchsvoller als sonst übliche Produktzertifizierungsverfahren, wir sind jedoch bei TÜV SÜD der Ansicht, dass eine seriöse Zertifizierung solchen Komplikationen nicht aus dem Weg gehen darf.

F. Literaturverzeichnis

Adams, Heinz W. (2007): Produkthaftung für Ingenieure, in: http://www.produkthaftung-fuer-ingenieure.de/, 05.09.2007.

AS/NZS (2004): Australian/New Zealand Standard Risk Management, AS/NZS 4360:2004.

BAuA/BfR/UBA (2006): Nanotechnologie: Gesundheits- und Umweltrisiken von Nanopartikeln – Forschungsstrategie –.

BAuA/VCI (2007): Leitfaden für Tätigkeiten mit Nanomaterialien am Arbeitsplatz, Berlin/Dortmund/Frankfurt, Stand: 08.08.2007.

Environmental Defense/DuPont (2007): Nano Risk Framework, Juni 2007.

EUROFORUM Verlag GmbH (Hrsg.) (2005): Produkthaftung, Düsseldorf.

HM Treasury (2004): The Orange Book, Oktober 2004.

IRM, AIRMIC, ALARM (2002): A Risk Management Standard.

ISO/IEC (1999): ISO/IEC Guide 51: Safety aspects – Guidelines for their inclusion in standards.

– (2002): ISO/IEC Guide 73: Risk Management – Vocabulary – Guidelines for use in standards.

Klein, Gerhard (2008): Safety-relevant properties of Nanoparticles, Ninth International Probabilistic Safety Assessment and Management Conference (PSAM 9).

Kumar, Challa (Hrsg.) (2006): Nanomaterials – Toxicity, Health and Environmental Issues, Weinheim.

Oberdörster, Günther et al. (2005): Principles for characterizing the potential human health effects from exposure to nanomaterials: elements of a screening strategy, Particle and Fibre Toxicology, 2 : 8, http://www.particleandfibretoxicology.com/content/2/1/8, 01.09.2007.

ONR (2004): ON-Regelwerk Risikomanagement: ONR 49000, ONR 49001, ONR 49003.

TÜV SÜD (2008): Zertifizierungsgrundlage CENARIOS®, http://tuev-sued/technische_anlagen/risikomanagement/nanotechnologie bzw. http://tuev-sued/technical_installations/riskmanagement/nanotechnology

U.S. Environmental Protection Agency (2003): A Summary of General Assessment Factors for Evaluating the Quality of Scientific and Technical Information, EPA 100/B-03/001, June 2003.

NanoGov – Nanotechnologie, Innovation, Governance und Verwaltung aus der Perspektive der Techno-Ökonomischen Paradigmen

Wolfgang Drechsler

A. Einleitung

Für die folgenden Überlegungen setzen wir zuerst die Theorie der Techno-Ökonomischen Paradigmen (TÖP) als Grundlage von Innovation voraus, folgen also Carlota Perez,[1] die wiederum auf Kondratieff (1926), Schumpeter (s. nur 1924, 1939/61) und Freeman (letzthin Freeman und Louçã 2001) aufbaut – insgesamt auf dem, was Brian Arthur (2002) als „die Schumpeter-Perez-Freeman-Story" bezeichnet hat. Dies ist demnach eine Theorie, die – trotz wesentlicher Unterschiede – dem Kontext der Langen Wellen entstammt, die wiederum generell kontrovers und im Kontext mancher Paradigmen der Wirtschaftswissenschaft unverifizierbar sind, aber doch eine zentrale Grundlage der Innovationstheorie und -ökonomie darstellen, zumal wenn sie klassischer Schumpeterscher Provenienz sind.[2] Sie werden hier als Grundlage der Möglichkeit der Lösung eines gemeinsam erkannten Problems (das der insbesondere wirtschaftlich-technischen Zukunftsplanung) offeriert, nicht als Wahrheit, die Skeptikern zu vermitteln wäre bzw. die von diesen angenommen werden müsste. Es geht im Zusammenhang der TÖP vielmehr um eine praktische, ja phronetische Ausrichtung auf eine Risikominimierung im Unbekannten.

---

1 Perez 2002, auch 2007, 2006a, 2006b, 2004a, 2004b, Perez und Freeman 1988.

2 Auch das ist selbstverständlich umstritten, Schumpeter selbst jedoch sah dies sicher so. Hierzu kürzlich und durchaus differenzierend McCraw 2007.

B. Techno-Ökonomische Paradigmen[3]

Carlota Perez grob vereinfachend folgend nehmen wir demnach an, dass langfristige ökonomische Entwicklung auf den ersten Blick wie der unaufhaltsame Fortschritt der Technologie aussieht, der Fortschritt aber in Form von sich überlappenden Wogen, basierend auf technologischen Revolutionen, stattfindet.[4]

In den letzten 250 Jahren gab es fünf technologische Revolutionen:

- Die ‚Industrielle Revolution' in England ab 1771
- Das Zeitalter der Eisenbahn, Kohle und Dampfmaschine ab 1829
- Das Zeitalter von Stahl, Elektrizität und transkontinentaler Kommunikation ab 1875
- Das Zeitalter von Öl, Automobil, Luftfahrt, Petrochemie und Massenproduktion ab 1908
- Das Zeitalter der Informationstechnologie, des Wissens und globaler Telekommunikation ab 1971 (Perez 2002: 10–12, 14) – kurz gesagt, ICT (Informations- und Kommunikationstechnologie, gelegentlich auch nur als IT bezeichnet)

Dieser fünften Woge würde dann in einiger Zeit eine sechste folgen, die möglicherweise das Zeitalter der

- Bio-, Nano- oder Konvergenztechnologie

wäre. (Perez 2002: 13.)

Die Analyse zeigt wiederkehrende Muster innerhalb der Wogen, die von diesen technologischen Revolutionen aufgeworfen werden, darunter:

- ähnlicher zeitlicher Ablauf; alle 40 bis 60 Jahre beginnt eine Woge
- ähnliche Struktur in der Abfolge der vier Ausbreitungsphasen Ausbruch, Wahn, Synergie und Reife (*irruption, frenzy, synergy, maturity*). Die ersten beiden stellen die Installationsperiode dar, die letzten beiden die Verbreitungsperiode; zwischen diesen beiden Perioden befindet sich der Wendepunkt (speziell hierzu Perez 2002: 47, 151)

---

3 Eine gute Zusammenfassung von Perez auf Deutsch ist z. B. Leitner und Wiehr 2006, 12–28.

4 Diese Wogen (*surges*) entsprechen in etwa dem, was anderweitig als Zyklen oder (lange) Wellen bezeichnet wird, sind also eine Form der Kondratieff-Wellen. Der spezifische Ausdruck „Woge" dient einerseits der Abgrenzung zu den oft unschönen Streitereien um die langen Wellen, wichtiger aber ist die Verdeutlichung des Unterschiedes, der u.a. in einer viel breiteren, soziale und politische Elemente einschließenden Perspektive und eben darin besteht, dass es sich nicht um Wellen im üblichen Sinne, sondern um sich überlagernden Wogen handelt, die brechen, aber nicht ‚abschwingen'; Perez 2002: 23 FN 30: 60–67; zum Unterschied von Woge und Welle 2006b.

- Lebenszyklus in Form einer S-Kurve
- urknallhafter Anfang
- zentrifugales Ausbreitungsmuster
- billiger Grundeinsatz (Energie / Material)
- Dominanz eines paradigmenleitenden Technologieclusters
- Schaffung eines neuen TÖP, das sich auf die ganze Gesellschaft auswirkt

mit spezifischen Manifestationen in jedem Fall. (Perez 2004a: 217)

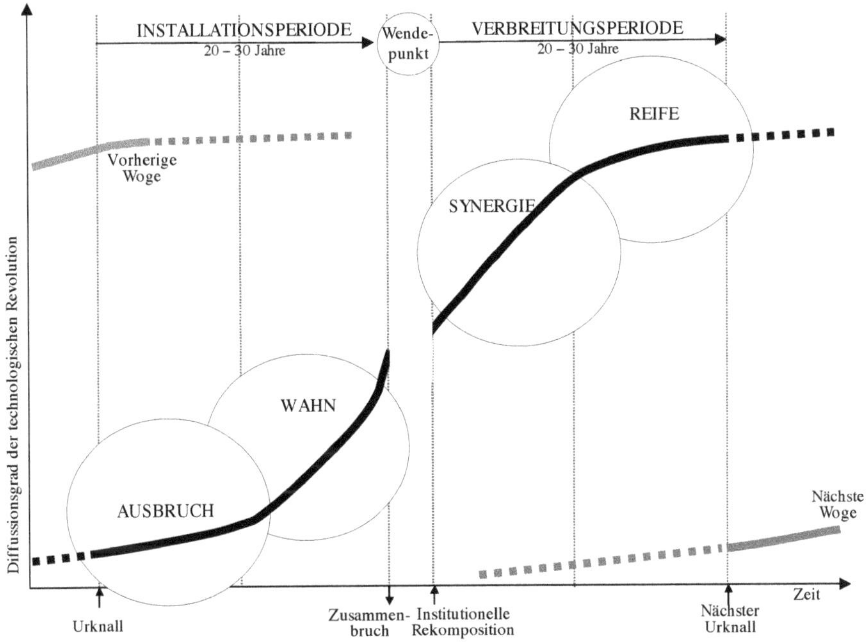

Abb. 1: Wiederkehrende Muster der Wogen[5]

[Next to] the new products, industries and technologies that characterize it, each technological revolution gives birth to a new set of generic all-purpose technologies and a new organizational common sense, or techno-economic paradigm, capable of modernizing all the existing economic activities. Thus, the entire economy is gradually brought to a higher productivity level (and not just the new industries). (Perez 2004b)

Technological revolutions change the ‚commonsense' criteria for engineering and business behavior across the board. In fact, in my view, each technological revolution merits that name, not only for the importance of the new industries it ushers in and the new technical possibilities it opens but also – and perhaps mainly – because it radically modifies the ‚best practice frontier' for all sectors of the economy. (Perez 2004a: 227)

5 Von Perez für diesen Aufsatz zur Verfügung gestellte (23. November 2007), noch einmal vom Verf. überarbeiteten Version, beruhend auf Perez 2002: 48. (c) Carlota Perez 2002, 2007; diese Version (c) Wolfgang Drechsler 2007.

Aber nicht nur die Wirtschaft wird transformiert, sondern Staat und Gesellschaft ebenso. Das liegt an der generelleren Natur der TÖPs, denn diese generieren *„a set of best practice principles which serves as a conscious or unconscious paradigm for steering institutional change and for designing the social tools with which to master the new techno-economic potential.“* (Perez 2004a: 217) *„These principles can be said to conform to a techno-organizational paradigm.“*[6]

Eins der Merkmale von Perez' Theorie und besonders ihres Buches von 2002 (2002: 13) ist, dass es uns versichert, dass wir derzeit, seit dem Wirtschaftskollaps im Jahre 2000, in der Mitte, am Wendepunkt des ICT-Paradigmas sind. (S. Arthur 2002, Hof 2004; zum ICT-Paradigma insgesamt s. umfassend Perez 2006a) Wir können nicht sicher sein, wie lange der Wende‚punkt' noch andauern wird, und wir wissen nicht, ob nicht möglicherweise ein zweiter Kollaps folgt. (Perez 2004b) Hierbei ist zu unterstreichen, dass in Perez' Modell der Kollaps kein Fehler im System, sondern wesentlicher Teil desselben ist, da ohne ihn Überinvestition in die Infrastruktur, Umlenkung der Finanzströme, Korrektur des Staats- und Gesellschaftsverständnisses usw. nicht möglich wären. (Perez 2006b, 2004b)[7]

Aber da eine Theorie wie diese auch dazu gedacht ist, *„[to] help see ahead to the next phase of the sequence, in order to design timely actions to make the best of the impending opportunities“* (Perez 2002: 7; s. 163), wird man veranlasst, über das Ende des ICT-Paradigmas hinauszuschauen und über die sechste Woge zu spekulieren und somit über die Technologie (oder das Technologiecluster), das dieses Paradigma leiten wird. Laut Perez, *„It has often been suggested that biotechnology, bioelectronics and nanotechnology might conform the next technological revolution.“* All diese Felder befänden sich in der Entwicklung, der ‚Schlüsseldurchbruch' sei jedoch noch nicht einmal vorherzusagen. (Perez 2002: 13) Ebenfalls könnte es, wie oft gesagt wird, eine Konvergenz von Bio- und Nanotechnologie sein, oder eine Gesamtkonvergenz einschließlich der ICT (Zur Konvergenz s. nur Roco und Bainbridge 2003) – und natürlich könnte es auch keines von diesen sein.

Da wir zeitlich also in der Mitte des fünften TÖP, wohl am Ende des Wendepunkts, sind, können wir vorsichtig davon ausgehen, dass sich das nächste Paradigma etwa um 2025–35, in 20–30 Jahren, etablieren wird, früher jedoch nicht.

---

6 Perez 2004a: 238; s. 218, 223, 229, 236–238; 2002: 16–19, 24-25, 153; s. auch Gehlen 1957: 36, 76–77, hierzu *infra* FN 9 und 10. Insofern ist das TÖP-Modell sicherlich eine Form technologischen Determinismus, wenn auch „in einer milden Form"; Perez 2007; s. generell für diesen Kontext Smith und Marx 1994; zuletzt Dolata und Werle 2007, bes. 9–104.

7 Hierbei stellt sich natürlich die Frage, inwieweit es nicht von verantwortungsvollen Politikern und Beamten oder überhaupt gesamtgesellschaftlich orientierten Akteuren als ihre Aufgabe erkannt werden könnte und müsste, dem unvermeidlichen Kollaps, auch wenn er langfristig (im Sinne der ‚kreativen Zerstörung') positiv ist, entgegenzuwirken – also die klassische Funktion des Katechon zu übernehmen. (Hierzu hoffe ich, an geeignetem Ort später mehr zu sagen, da die Metapher vom Katechon innerhalb des TÖP-Systems ein großes heuristisches Potential hat.) Die Antwort darauf scheint zu sein, dass die Dynamik des hier vorgestellten Systems gerade wegen der Rolle des Finanzkapitals so immens ist (Perez 2002: 21, 33–35, 50), dass entsprechende Stimmen einfach nicht gehört werden, auch aus Gründen der Generationenfolge.

C. Nanotechnologie als TÖP

In dieses Modell gilt es nun also, die Nanotechnologie einzupassen. Sie wird, wie schon erwähnt, als Kandidatin für die Leittechnologie des kommenden, sechsten TÖP häufig oder sogar fast immer erwähnt, meistens zusammen mit Biotechnologie und einem Konvergenzmodell. Deswegen ist es interessant, zu fragen, was für und was gegen eine solche Rolle der Nanotechnologie spräche.

Dagegen spricht u.a.,

1. dass Alternativen existieren, die höchst dynamische Biotechnologie und die versöhnliche, inkludierende Konvergenz, sodass man keineswegs sicher sein kann, dass Nanotechnologie wirklich ‚das Rennen machen wird';
2. dass es vor dem Urknall immer unklar ist, was die Leittechnologie im nächsten Paradigma sein wird – in den 1960er und 1970er Jahren, wie aus den klassischen Indikatoren zeitgenössischer Zukunftsvisionen und *science fiction* zu ersehen ist, war das die Atomenergie, nicht irgendeine Form von ICT;[8]
3. dass nach der Technikphilosophie Arnold Gehlens, die Perez' Theorie zwar nicht zugrunde liegt, mit dieser aber zahlreiche Parallelen oder ein teilweise gemeinsames Verständnis von Wirtschaft und Gesellschaft zu haben scheint und sie daher quasi unterfüttern kann (Gehlen 1957: 9),[9] Nanotechnologie keine größere Abstraktion, keine größer Wegführung vom menschlichen Körper darstellt als ICT und insofern kein logischer Fortschritt wäre.[10]

Für Nanotechnologie als Leittechnologie des nächsten TÖP spricht u.a.,

1. dass Nanotechnologie als generelles Paradigma möglich erscheint, d.h. dass sie das Potential hat, die Lebenswelt des Menschen radikal zu verändern und zu transformieren, nicht nur die Wirtschaft;[11]

---

8 Dem Einwand, warum man jetzt überhaupt über Nanotechnologie als Leittechnologie nachdenken solle, wenn man diese das letzte Mal doch nicht erkannt habe, kann u.a. entgegengehalten werden, dass (a) es ja nicht um Wissen geht, sondern um Risikominimierung, und (b) in den 1960er und 70er Jahren das TÖP-Modell noch nicht zur Verfügung stand.

9 Ich hoffe, die Gehlen-Perez-Beziehung demnächst noch weiter ausführen zu können, bis dahin muss dies Behauptung bleiben, die allerdings mit Carlota Perez diskutiert wurde. (Gespräch vom 27. September 2007)

10 Nach Gehlen ist die Geschichte der Technologie im Sinne des „Organersatzes" eine Folge immer größerer Bewegung vom Körper weg, vom Organischen zum Anorganischen; 1957: 9–11. Perez selbst hat auf den Einwand der größeren Abstraktion von ICT gegenüber der Nanotechnologie jedoch darauf hingewiesen (Gespräch vom 27. September 2007), dass dies nicht der Fall ist, wenn man von größerer Abstraktion im Sinne von der Möglichkeit oder Unmöglichkeit von *reversible engineering* ausgeht, das bei Nanotechnologie sehr viel schwieriger sei als bei ICT.

11 Gerade Nano-Szenarien, die aus dem Kontext von Industrie und – zumal in Deutschland – Bundesregierung und Technikfolgenabschätzung kommen, sind für unsere Zwecke oft recht zurückhaltend und kurzfristig gedacht und gehen auf weitergehende Potentiale der Nanotechnologie weniger ein; s. nur BMBF 2006. Interessant ist, dass die – anderweitig teils sehr interessante – geistes- und sozialwissenschaftliche Debatte um die Nanotechnologie Innovations- und

2. dass die Alternativen nicht sehr gut aussehen: Konvergenz ist im Wesentlichen ein ‚*weasel word*', das gerade eine technologische Festlegung vermeidet (und oft die alte ICT mit ins neue Paradigma ‚schmuggeln' will, was komfortabel zu denken ist), und Biotechnologie ist sehr viel limitierter als Nanotechnologie, indem *im Prinzip* alle Probleme, die mit ersterer gelöst werden können, von letzterer auch zu bewältigen wären – jedoch noch sehr viele Probleme mehr (s. bei aller Vorsicht Drexler 2007, Roco und Bainbridge 2003);[12]

3. dass Nanotechnologie als Führunsgtechnologie realistisch ist, d.h. dass gegenwärtige Lösungen, Patente, Technologien usw. eine solche Rolle aus der Perspektive unserer Zeit als möglich erscheinen lassen (s. nur die Beiträge von Hoffmann S. 13 ff. und Wendorff S. 3 ff. in diesem Band);

4. schließlich noch, dass Nanotechnologie potentiell die Probleme der vierten Woge, also des Massenproduktionsparadigmas, die die fünfte Woge nicht löste (Material- und Energieprobleme), sowie auch einige der fünften selbst, lösen könnte und insofern einen logischen Fortschritt darstellt.[13]

Zusammenfassend wird man demgemäß wohl sagen können, dass die Chancen, dass Nanotechnologie in der Tat die Leittechnologie des kommenden TÖP werden wird, recht hoch sind, dass es also zumindest sinnvoll ist, sich darauf zu konzentrieren und zu überlegen, wie man darauf reagieren sollte und was die Konsequenzen sein könnten, technisch, wirtschaftlich und staatlich-gesellschaftlich.

D. NanoGov

Mit dieser Erkenntnis stoßen wir nun endlich zur Kernfrage der gegenwärtigen Überlegungen vor, also dem Zusammenhang von Nanotechnologie und Governance (von Verwaltung noch gar nicht zu reden). (Zur Definition von Governance s. Drechsler 2003a) Wie könnte oder müsste Governance im Nanoparadigma, dem sechsten TÖP, aussehen, also während einer Ära, die in 20–30 Jahren erst beginnen wird? Eine solche Frage schon zu stellen, gar sie zu beantworten, mag aus mancherlei Perspektive bereits unseriös wirken, aber vor dem Hintergrund des TÖP-Modells und angesichts des Themas unserer Erwägungen stellt sie sich in gewisser Weise selbst und sollte deswegen zumindest spekulativ erörtert werden.

---

generell ökonomische Aspekte weitgehend unbeachtet lässt; s. etwa Schummer und Baird 2006, Nordmann et al. 2006.

12 Hierbei sei erwähnt, dass der Anfang eines TÖP immer auf dem Vorläuferparadigma aufbaut und sich aus diesem entwickelt, insofern also eine Art Konvergenz vorliegt; das Besondere am neuen TÖP kommt aber gerade vom Spezifischen der Leittechnologie, und der Konvergenzaspekt führt eher dazu, letztere deswegen nicht deutlich genug zu erkennen. Ein Nano-Paradigma ohne die *enabling role* von ICT lässt sich, zumindest aus heutiger Perspektive, nicht einmal recht vorstellen.

13 S. schon Perez und Freeman 1988; Hinweis von Perez (Gespräch vom 27. September 2007). Zu ‚Nano-ICT' ganz kurz BMBF 2006: 22–27.

Wie wahrscheinlich ist es überhaupt, dass es einen Einfluss der Nanotechnologie auf Governance (und gar Verwaltung) gäbe, selbst angenommen, die Nano- sei die Leittechnologie in einem Vierteljahrhundert? Hier ist die Antwort vor dem Hintergrund der TÖP-Theorie, dass dies sehr wahrscheinlich ist, und zwar einen sehr großen Einfluss, denn es ist ja das Wesen der Leittechnologie, auch die Organisation an sich, generelle *best practices* und Abläufe zu beeinflussen und zu gestalten – wovon immer phasen- und periodenspezifische Charakteristika abzugrenzen sind. Das gegenwärtige ICT-Paradigma ist das beste Beispiel dafür, nicht nur, aber auch unter dem Schlagwort e-Governance; mit dem letzten Paradigma der Massenproduktion war es genauso.[14] Es wäre also auf der theoretischen Basis der TÖP ganz unwahrscheinlich, wenn es hier keinen derartigen Einfluss geben sollte.

Was für ein Einfluss könnte das aber sein? Dies ist natürlich völlig unklar und kann frühestens einige Jahre nach dem Urknall festgestellt werden, wenn erst einmal vage Ahnungen entstehen können, wie denn die Form des neuen Paradigmas ausschauen könnte. Dennoch sei, in diesem spekulativen Kontext, erlaubt, zu überlegen, was sich aus den bereits jetzt feststellbaren Aspekten der spezifischen Natur der Nanotechnologie in dieser Hinsicht ergeben könnte.

Wieder mit Gehlen argumentierend, und zwar gerade in der Hinsicht, die *supra* angesprochen wurde, könnten wir der Nanotechnologie eine Rückkehr zur Körperlichkeit zuschreiben, denn hier geht es um Substanz, um Materialien, Dinge, die ganze physische Lebenswelt, einschließlich des menschlichen Körpers. Genau hiervon hat ICT – und auch mancherlei Theorie der ICT-Zeit – sich ja im wahrsten Sinne des Wortes distanziert, Räume überwunden, Ideen und Kommunikation privilegiert; das Stichwort war oft Virtualität.[15] Die Beliebigkeit des Ortes, der Substanz, des Körpers und seiner Behausung, die mit ICT in diesem Sinne notwendig einhergeht, würde in einem materie- und körperzentrierten Paradigma also aufgehoben oder gar abgelöst. Dies spräche dann für physische *cluster*-Bildung von Produktion wie Leben, für die Notwendigkeit des Zusammenseins an bestimmten Orten, also für Fragen des Raums und dann auch der dortigen Macht, für erhöhte Probleme im Zusammenhang mit Migration, demographischen Verschiebungen usw.[16] Die Bedeutung einer – koordinierenden, ausgleichenden, aber auch bewah-

---

14 Es ist zuzugeben, dass eine empirische Validierung für dieses Phänomen für die frühen Paradigmen, die anhand von Dokumenten und Literatur zwar mühsam, aber keineswegs unmöglich ist, noch nicht stattgefunden hat, sondern vielmehr ein Desiderat der TÖP-Forschung, gerade im Zusammenhang mit Staat und Gesellschaft, darstellt. Wie Richard Nelson festgestellt hat (2003: 469), sind solche Studien aber zu erwarten.

15 Wie sehr die Virtualität mit dem ICT-Paradigma verbunden ist, sieht man übrigens daran, wie schwer es selbst denjenigen fällt, die sich professionell mit Zukunft, Veränderungen, Planung und Innovation beschäftigen, sich eine Welt vorzustellen, in denen die Netzwelt, Kommunikation und Information nicht mehr so wichtig sind wie heute.

16 So auch Rainer Kattel, e-mail an den Verf. vom 19. September 2007. Es sei angedeutet, dass in einem solchen Falle wohl die politische Philosophie Carl Schmitts, umstritten oder nicht, angemessenes Werkzeug zum Verständnis des Paradigmas anbieten würde; vgl. Drechsler 1997.

renden – Governance-Struktur, genauer gesagt eines ganz klassisch, gerade aristotelisch verstandenen Staates (Arist. Pol.) würde also wahrscheinlich deutlich verstärkt.[17]

Müssen wir aber heute überhaupt wissen oder zumindest darüber nachdenken, wie Governance im Nanoparadigma aussehen könnte? Hier wäre wohl ein ‚nein' die angemessene Antwort, weil – abgesehen von der mangelnden Erkennbarkeit – für dieses noch sehr entfernt liegende Zeitalter zur Zeit noch keine Vorbereitungen getroffen werden müssen oder können; es hat keine Auswirkungen auf das Heute.[18]

Aber wir können sehr wohl Konkreteres zum Thema sagen:

E. Governance auf dem Weg zur Nanotechnologie

Hierbei ist zu bedenken, dass die Idee der Governance an sich schon ein ICT-Ansatz ist, also ein Ansatz, der durch die Ideen der Netzwerke, der Kommunikation und Information ganz wesentlich inspiriert und geprägt ist (s. Castells 2005, Drechsler 2005c) und insofern möglicherweise keine bleibende ‚Errungenschaft', sondern vielmehr ein Zeitphänomen des jetzigen Paradigmas darstellt. Da es aber bei den folgenden Überlegungen im Wesentlichen um nano*Govern*ment geht, d.h. ganz klassisch um die Rolle des Staates im eigentlichen und engeren Sinne (Drechsler 2004, 2003a, 2005c), und da *government* auch innerhalb der Governance bestehen und relevant bleibt und sogar hinsichtlich ihrer Aufgaben noch wachsen kann (Kattel 2004), andererseits es bei einem Phänomen wie der Nanotechnologie hinsichtlich des TÖP aber immer um das gemeinsame Steuern einer politischen Einheit durch ersten, zweiten und dritten Sektor geht, klassische Governance also, ist die mögliche Zeitgebundenheit derselben durchaus unschädlich.

Es geht also, kurz gesagt, um die Rolle des Staates während der Verbreitungsperiode, also der Synergie- und Reifephasen des gegenwärtigen Paradigmas, während dessen Ende bereits die Vorbereitungen zum nächsten Paradigma und dann bald der Urknall der neuen Leittechnologie stattfinden. Konkret gesagt geht es um das kommende Vierteljahrhundert, das die Verbreitungsperiode des ICT-Paradigmas und die Anfänge des neuen, von dem wir für die gegenwärtigen Zwecke annehmen, es sei das Nanoparadigma, darstellt. Wie sieht während dieser Zeit die Rolle des Staates aus, oder wie sollte sie aussehen?

---

17 Carlota Perez selbst hat in diesem Zusammenhang die Frage gestellt, ob die Aufgabe von nanoGov nicht in der Zusammenführung bzw. Koordination des Individuellen und Lokalen bestehen müsse; Gespräch vom 27. September 2007.

18 Es sei aber gesagt, dass gerade wegen der Gemeinsamkeiten mit der ebenfalls sehr körperlichen Biotechnologie Nanoparadigma-Spekulationen durchaus geeignet sind, als Korrektiv für die Verabsolutierung der e-Governance und virtueller Phantasien zum gegenwärtigen Zeitpunkt zu dienen – auch diese, anders gesagt, haben ein Verfallsdatum; vgl. Drechsler 2002.

Bei diesen Überlegungen ist es nun von großer Bedeutung, sich – wie schon *supra* erwähnt – darüber klar zu werden, was nun jeweils Element von Paradigma, Periode und Phase ist. Das ist insofern wichtig, als dass zentrale Phänomene insbesondere der Periode nicht wogen- sondern wirklich wellenartig auftreten, und zwar regelmäßig. Und so stellen wir fest, dass Staatsnähe – sowohl empirisch wie aus der Eigenlogik des Modells – in der Tat eine Frage der Periode ist und nicht des Paradigmas: In der Installationsperiode haben wir Staatsferne – also generelle Kritik, ja Ablehnung des Staates und seiner Möglichkeiten, die zu Staatsaufgabenreduktion bzw. zumindest deren Versuch führt – in der Verbreitungsperiode Staatsnähe. (S. Drechsler et al. 2006: 15–20)[19] Der aktive, kompetente Staat wäre in der Installationsperiode, die extrem wirtschaftsorientiert, spekulativ und quasi ‚anti-gesellschaftlich' aufgebaut ist und zu einem ‚Fehlergebnis' führen *muss*, in gewisser Weise eher hinderlich, währenddessen er in der Verbreitungsphase sowohl zur ‚Abwicklung' der Leittechnologie als auch zur Unterstützung und Etablierung der neuen gebraucht wird. Aber nicht nur das Ende des gegenwärtigen Paradigmas bedarf des Staates im Sinne des *creative destruction management*[20] – vielmehr und gerade auch die Umsetzung der Verbreitungsphase zumal im nichtwirtschaftlichen Raum, wovon weitestgehend die Frage abhängt, ob während der Reifephase wirklich ein ‚Goldenes' oder nur ein ‚Vergoldetes Zeitalter' entsteht. (S. Perez 2007)

Gerade was die Etablierung der neuen Leittechnologie betrifft, liegt die Aufgabe des Staates in einer stark unterstützenden, durchaus aber auch gestaltenden Funktion, weil ‚einfach so' nur sehr wenig passiert und eine Art Risikosozialisation notwendig erscheint, will man den Zug der neuen Technologie nicht verpassen.[21] In der Tat besteht die spezifische Rolle des Staates in der Vorbereitungszeit zum neuen Paradigma in der Reduktion des Risikos, dass der fragliche Staat den Anschluss verpasst und für die neue Phase nicht ausreichend gut positioniert ist. Wegen der – im Kontext von Innovation und Wogen – zentralen Bedeutung der Umstellung der nationalen Wirtschaft auf die neue Leittechnologie wäre alles Andere katastrophal. Ein teures Sozialmodell z. B. – wie das Europäische – wäre nicht mehr finanzierbar, wäre man nicht in dieser neuen Technologie engagiert, weil Wachstum und Arbeitsplätze von nichts mehr abhängen als von dieser Entscheidung.[22]

---

19 Auch hier gilt das *supra* in FN 14 Gesagte. Rainer Kattel (e-mail an den Verf. vom 22. November 2007) hat in dem Zusammenhang alternativ vorgeschlagen, dass Staatsferne und -nähe Funktionen der Phasen, nicht der Perioden seien und dass die Ausbruchsphase noch staatsnah sei.

20 *Creative destruction* findet im TÖP-Modell sowohl durch den Kollaps vor dem Wendepunkt als auch durch den Übergang von einem TÖP zum nächsten statt, also alle 20–30 Jahre, wenn auch in unterschiedlicher Form.

21 Wade 2003: auch Toner und Butler 2004; Reinert 1999; Rochet 2007.

22 Diese Erkenntnis ist eine der Grundlagen der Lissabon-Strategie von 2000 der Europäischen Union; s. die Dokumente unter http://ec.europa.eu/growthandjobs/index_de.htm; vgl. auch Siemon 2007, 453.

Wie steht es dann nun mit der Nanotechnologie? Wie schon gesagt, die Chancen, dass es sich bei dieser um die neue Leittechnologie handelt, sind ausgesprochen hoch; es wäre also sträflich, sie zu vernachlässigen. Aufgabe des Staates ist also jetzt, aus wirtschaftlich-staatlichen Erwägungen, hohe Investition in den Nanotechnologie-Bereich (sowohl Forschung als auch Entwicklung), wobei diese natürlich gegen solche in anderen Bereichen, und auch in andere Technologien (Biotechnologie etwa), abzuwägen sind. Wesentlich ist aber, dass solche Investitionen stattfinden, und zwar gerade dort, wo sich die Wirtschaft (noch) nicht engagieren mag, also einerseits in der Grundlagenforschung und andererseits in Produktbereichen, die noch illusorisch klingen und jedenfalls nicht verwertbar erscheinen – also keinesfalls etwa Farben und Lacke oder Medikamente, wo ein *crowding-out effect* zu erwarten wäre, d.h. staatliche Investitionen in Forschung und Entwicklung würden die der Industrie überflüssig machen und also verdrängen, auf Kosten der Förderung anderweitig vernachlässigter Gebiete. Es geht hier also gerade um die Möglichkeit des Staates, sich *nicht* lukrativ verhalten zu können, oder besser: nur ganz langfristig lukrativ, und mit hohem Risiko behaftet.

Investitionen, die womöglich erst in 20–30 Jahren wirklich einen größeren Effekt auf Wirtschaftswachstum und Arbeitsplätze haben können, können aber nur dann vorgenommen werden, wenn dieses Zeitfenster deutlich ist und keine Erwartungshaltung an schnellere umfassende Effekte aufgebaut wird (und wenn, nebenbei gesagt, der Fokus der Gegenwart auf dem gegenwärtigen TÖP liegt, also auf ICT). (Perez 2006a) Hierzu bedarf es dreier wesentlicher Qualitäten, die im Zuge der Staatskritik und des Staatspessimismus der letzten Jahrzehnte, *die Installationsperioden-typisch sind und nicht als Grundlage eines optimalen Staatsverständnisses während der Verbreitungsperiode dienen können*, vernachlässigt oder sogar verunglimpft wurden, auf Seiten der Staatsakteure:

1. Langfristiges Denken, also auch langfristige Perspektive, Anstellung und Verantwortung, dem gegebenen Zeitrahmen gemäß;
2. hohe Kompetenz der Akteure, sowohl von den Managementfähigkeiten als auch vom Verständnis von Innovation und neuer Technologie her;
3. Möglichkeit zu großen Fehlern und Fehlinvestitionen, denn es geht ja gerade darum, Entwicklungen zu fördern, die sich als Sackgassen erweisen könnten – wäre es anders, bräuchte man den Staat nicht.

Es bedarf also zur erfolgreichen Etablierung der Nanotechnologie als Leittechnologie eines neuen TÖP innerhalb eines Landes eines langfristig orientierten, kompetenten und fehlertoleranten Staates. Nun ist es aber nicht ‚der Staat', der diese Eigenschaften haben sollte, sondern diejenigen Staatsakteure, die mit den betreffenden Gebieten betraut sind, also der jeweils zuständige Öffentliche Dienst. An diesem Punkt wird nun also die Frage nach Nanotechnologie und Verwaltung aufgeworfen, d.h. die nach der optimalen Verwaltungsorganisation für die Etablierung der Nanotechnologie als TÖP.

F. Verwaltung auf dem Weg zur Nanotechnologie

Wie bei der Governance haben wir hier nun dasselbe Phänomen, dass während der kommenden Verbreitungsperiode großes Staatsengagement, also – wie wir sehen werden – eine besonders starke Verwaltung, vonnöten ist, und zwar eine, die Langfristigkeit, Kompetenz und Fehlertoleranz in sich vereinigt. Gerade diese Art der Verwaltung wurde aber letzthin – gemäß dem Zeitgeist der Installationsperiode – hart kritisiert, bekämpft und wo immer möglich auch abgebaut; Schlagworte in Deutschland waren ‚Neues Steuerungsmodell', ‚Schlanker Staat – Schlanke Verwaltung' usw. Die wesentliche, (nicht nur) dem TÖP-Modell zu entnehmende Einsicht ist nun die, dass derartige Konzepte weder modern noch neu, sondern vielmehr veraltet und der kommenden Zeit nicht angemessen sind.

Interessanterweise findet auf dem Gebiet der Verwaltung und zumal der Verwaltungswissenschaft – wenn auch weniger in Deutschland als international, zumal in Europa – bereits eine Umorientierung hin zu den neuen Paradigmen statt, ohne dass dies direkt oder gar explizit auf innovations- und industriepolitischen Überlegungen beruhen würde. Neben der theoretischen haben wir hier also auch eine empirische Manifestation des Übergangs von der Installations- zur Verbreitungsperiode.

Das zentrale Paradigma der letzten Dekaden innerhalb der Öffentlichen Verwaltung, wie auch der Verwaltungswissenschaft, war das New Public Management (NPM; die Übersetzung ‚Neues Öffentliches Management' hat sich nie durchgesetzt), das, grob gesagt, einerseits auf der Übernahme privatwirtschaftlicher Managementtechniken und andererseits auf einem neoliberalen Staats- und Wirtschaftsverständnis beruht,[23] also ganz typisch ist für die Staatsferne der Installationsperiode. Ziel ist ein ‚schlanker Staat' in dem die Staatstätigkeit weitgehend verringert und nach betriebswirtschaftlichen Effizienzkriterien durchgeführt wird. Gekennzeichnet ist das NPM durch Schlagworte wie Projektmanagement, Flache Hierarchien, Kundenorientierung, Zielvereinbarungen, Abbau des Berufsbeamtentums, Entpolitisierung der Verwaltung und durch englische Ausdrücke wie *Lean Management, Total Quality Management, Benchmarking* und *Contracting-Out*. Transparenz, Bürgerbeteiligung und Dezentralisierung hingegen sind nicht Teil des NPM-Kerns, weder theoretisch (NPM ist ja expertenzentriert) noch empirisch, auch wenn sie immer wieder erwähnt werden.

Das NPM kommt aus dem Anglo-Amerika der 1980er Jahre mit deren Dominanz neoliberaler Regierungen und wurde international ursprünglich besonders von den Internationalen Finanzorganisationen des ‚Washington Consensus' propagiert. Es kam in den 1990er Jahren zu voller Blüte – begleitet insofern also genau die Installationsperiode des ICT-Paradigmas. Der Logik der Staatsferne folgend,

23 Zum NPM, auch mit weiteren Nachweisen für den folgenden Abschnitt, Drechsler 2005a, 2005d, kurz 2003b.

geht NPM von der Gleichheit oder doch großen Ähnlichkeit von Staat und Privatem Sektor aus und beachtet dabei nicht, dass den Staat einerseits sein Macht-, Gewalt- und Zwangsmonopol, andererseits seine Orientierung am Gemeinwohl kennzeichnet; die Geschäftswelt hingegen legitimerweise ihr Interesse an Profitmaximierung.

Das NPM war einerseits eine Modeerscheinung innerhalb von Verwaltung und Verwaltungswissenschaft, was viel von seiner Wirkungsmächtigkeit erklärt (Wright 1997: 8; Pollitt und Bouckaert 2004: 201), andererseits ein ideologisches, nämlich neo-liberales Konzept.[24] Ideologie und Mode sind aber Schlüsselbegriffe, in diesem Kontext durchaus nicht negativ besetzt, für Nähe zu Periode (und Paradigma) und stellen neben verschiedenen anderen Erklärungsmustern eine wichtige Antwort auf die Frage dar, wie es zur Dominanz des NPM überhaupt hat kommen können.

Nun ist festzustellen, dass NPM in der Verwaltungswissenschaft – weniger, aber doch wahrnehmbar, auch in der Verwaltungsreform – deutlich in die Defensive geraten ist und zum Teil bereits als überwunden gelten kann, zumal als Gesamtideologie (und nicht als Werkzeugsammlung für bestimmte Probleme). Periodisierend könnte man sagen, dass

- um 1995 es noch möglich war, an NPM zu glauben, obwohl es schon die ersten starken und substantiellen Kritiken gab,
- um 2000 NPM in die Defensive geriet, da auch empirische Untersuchungen und Erfahrungen nun sehr deutlich dagegen sprachen,
- um 2005 NPM kaum noch ein valides Konzept im europäischen verwaltungswissenschaftlichen Diskurs mehr war.

Das kann u.a. dadurch belegt werden, dass es in den letzten Jahren immer seltener wurde, dass man Artikel in den führenden Zeitschriften sah oder Plenarvorträge führender Verwaltungswissenschaftler auf den führenden Kongressen hörte, wieder zumal in Europa und weniger in Deutschland,[25] die von NPM ausgingen, ohne

24 Deswegen konnten sich wirklich wirtschaftswissenschaftliche und zumal managementtheoretische diesbezügliche Erkenntnisse erst nach Ende der Dominanz des NPM durchsetzen, da das NPM als echte Ideologie auch Argumenten der eigenen Leitmethode nicht zugänglich war. Die NPM-Reformen schufen z.B. innerhalb von Verwaltungen Quasi-Märkte, um marktwirtschaftliches Verhalten zu erreichen; dieses kommt aber nur in wirklichen und nicht in Quasi-, also Pseudo-Märkten zum Tragen; gibt es Produktmonopole und keine freie Konsumentenwahl, gibt es auch keinen freien Markt. (König 2001: 6–7) Ein anderes Beispiel ist die gerade wieder deutlich gewordene Problematik von Konzepten von Zielvereinbarungen und Gehalt nach Leistung gegenüber den Anforderungen des Multitasking und der Motivation durch Identifizierung mit der Organisation (Akerlof und Kranton 2003, bes. S. 9–11, 27–29, knapp zusammenfassend auch Frey 2007: 209–212), übrigens ein seit tausend Jahren bekanntes Phänomen des Öffentlichen Dienstes; Wang Ngan-Shi 1932: 301–302.

25 Es mag verwundern, dass gerade in Deutschland das NPM heute immer noch so stark vertreten ist, nicht nur, aber doch besonders auf kommunaler Ebene, trotz seiner weberianischen dies zu problematisieren. (S. Drechsler 2007) Das heißt wie gesagt nicht, dass es nicht immer noch Sphären gäbe, in denen NPM das Grundparadigma darstellt, aber gerade in offenen Systemen mit starker Bürgerbeteiligung wie den Niederlanden und der Schweiz wurden und werden NPM-Reformen mittlerweile häufig abgebrochen oder korrigiert. (Noordhoek und Saner 2005) Gründe hierfür im schweizerischen Dübendorf waren etwa, dass „den NPM-Reformen keine Verbesserungen von Effizienz, Effektivität oder Qualität zugeordnet werden konnten." (Noordhoek und Saner 2005: 38)

Das klassische System, gegenüber dem sich das NPM abgrenzte und von dem es ein Zerrbild schuf, ist der ‚Weberianische Staat'. In diesem System ist die (wirklich) effizienteste Institution diejenige, die nach den Kriterien von Auswahl nach Verdienst (Impersonalität), Hierarchie, Arbeitsteilung, ausschließlicher Anstellung, Karriere-, Schriftlichkeits- und Legalitätsprinzip operiert, zum Zwecke der Rationalitätssteigerung. (Weber 1922, bes. 124–130) Dies ist insofern ein historisches Modell – wenn auch nicht älter als der Taylorismus (Taylor 1911), dem das NPM in seinem managerialistischen Aspekt folgt – als dass es konkret auf die Situation der industriellen Massengesellschaft um 1900 bezogen ist.

Es scheint bis jetzt aber keine funktionierende Alternative zu geben; der Zusammenhang zwischen Weberianismus und Wirtschaftswachstum scheint eindeutig belegt. (Evans und Rauch 1999, bes. 748) Kürzlich wurde von hochrangiger betriebswirtschaftlicher Seite selbst das klassische Webersche Konzept der Identifikation mit Amt und Institution – im Gegensatz etwa zu Zielvereinbarungen – als besseres Modell selbst für das Management von Unternehmen (Stichwort ‚Motivationskapital') herausgestellt. (Akerlof und Kranton 2003: 29) Das weberianische Modell hat eben viele Schwächen, aber es scheint das Beste zu sein, das wir haben, und dem NPM ist es jedenfalls überlegen. (S. Drechsler 2007)

Dennoch besteht die optimale Verwaltungsstruktur der Verbreitungsphase des ICT-Paradigmas natürlich nicht in einem schlichten Aufguss von Organisationsprinzipien des Massenproduktions-Paradigmas, zumal die erwähnten Schwächen der klassischen Verwaltung – gerade auch hinsichtlich des deutschen Modells – hinlänglich bekannt sind. Das reicht vom exzessiven Legalismus über wirklichen

Tradition (oder vielleicht auch wegen, da diese zu Hochzeiten des NPM vielen peinlich war) und trotz bedeutender Persönlichkeiten der Verwaltungswissenschaft, die gegen das NPM von Anfang an kritisch eingestellt waren oder denen doch früh die Ambivalenz des Konzeptes bewusst war. Ein Hauptproblem für den zögerlichen Abschied vom NPM stellen wohl Institutionen dar, die *ownership* an den NPM-Reformen haben und diese massiv durchzudrücken versuchten und denen es anscheinend nicht möglich ist, ohne Gesichtsverlust hiervon abzurücken. Beispiele sind u.a. die Bertelsmann-Stiftung und die Kommunale Gemeinschaftsstelle für Verwaltungsmanagement (KGSt), die heute ein retardierendes Element innerhalb der Entwicklung der deutschen Verwaltung darstellen. Man mag jedoch erwähnen, dass in der Wirtschaftswissenschaft das Gleiche der Fall ist, d.h. dass deutsche Ökonomen (immer noch) weitgehend Paradigmen verhaftet sind – zumal der Neoklassik – die der Installationsperiode zuzuordnen sind; Frey, Humbert und Schneider 2007.

Bürokratismus und übertriebenes Senioritätsprinzip bis hin zu wirklicher Innovations- und Wirtschaftsfeindlichkeit.[26] Außerdem bietet das NPM durchaus einige – u.a. managerialistische – Elemente, die ‚an sich' als positiv bewertet werden können, soweit sie nicht als Systemgrundlage dienen.

Deswegen ist das zur Zeit wohl meistdiskutierte Modell für das verwaltungswissenschaftliche Paradigma, das auf NPM folgt, also ‚post-NPM', auch keine schlichte Rückkehr zum Vorgängermodell, sondern nach dem Konzept von Pollitt und Bouckaert von 2004 der Neo-Weberianische Staat (NWS), ein wenig glücklicher Name, aber eine glückliche Metapher, die ein Konzept beschreibt, das die positiven Elemente des NPM vereinnahmt, allerdings auf einer Weberianischen Grundlage, beide also gleichsam asymmetrisch aufhebt. (Pollitt und Bouckaert 2004: 96–102) Man kann den NWS, der zunächst als empirisch-analytisches, nicht als normatives Modell gemeint war,[27] wie folgt kurz zusammenfassen (Pollitt und Bouckaert 2004: 99–100):

Neo-	**Weberianisch**
Wechsel von einer Innenorientierung an bürokratischen Regeln zur Außenorientierung an den Bedürfnissen und Wünschen der Bürger, nicht durch Marktmechanismen (auch wenn diese gelegentlich praktisch sein können), sondern vielmehr durch eine professionelle Qualitäts- und Servicekultur	[Aber:] Bestätigung der Rolle des Staates als wichtigste Institution, die Lösungen für die neuen Probleme von Globalisierung, technologischen Änderungen, demographischen Verschiebungen und Umweltrisiken ermöglicht
Supplementierung (nicht Ersatz) der Rolle der repräsentativen Demokratie durch verschiedene Instrumente, durch die die Bürger konsultiert und direkt repräsentiert werden (...)	[Aber:] Bestätigung der Rolle der repräsentativen Demokratie (zentral, regional und lokal) als legitimierendes Element innerhalb des Staates
Innerhalb des Ressourcenmanagements der Regierung eine Modernisierung der relevanten Gesetze, um eine größere Orientierung an Ergebnissen zu fördern, anstatt nur der korrekten Ausführung einer Prozedur. Das wird teilweise durch einen Wechsel von *ex ante*- zu *ex post*-Kontrollen ausgedrückt, jene werden aber nicht vollständig abgeschafft	[Aber:] Bestätigung des Verwaltungsrechts – angemessen modernisiert – zur Erhaltung der Grundprinzipien des Verhältnisses von Bürger und Staat, einschließlich Gleichheit vor dem Gesetz, Rechtssicherheit und der Verfügbarkeit besonderer rechtlicher Untersuchung staatlichen Handelns
Professionalisierung des Öffentlichen Dienstes, sodass der ‚Bürokrat' nicht nur ein Experte des Rechts seiner Aktivitätssphäre ist, sondern auch ein professioneller Manager, der daran orientiert ist, die Bedürfnisse seiner / ihrer Bürger / user zu befriedigen	[Aber:] Erhalt der Idee eines Öffentlichen Dienstes mit besonderem Status, besonderer Kultur und besonderen Prinzipien und Bedingungen

Abb. 2: Der Neo-Weberianische Staat nach Pollitt und Bouckaert

Wir können also feststellen, dass es in der Verwaltung bereits während des Wendepunktes zu einer Änderung der Perspektive weg von der Staatsferne der Installationsperiode hin zur Staatsnähe der Verbreitungsperiode gekommen ist, wobei die Formen des letzten Paradigmas nicht einfach repliziert, sondern umgestaltet werden, gerade auch durch von der Leittechnologie des gegenwärtigen Paradigmas, ICT, geförderte oder erst ermöglichte Komponenten wie die komplexe Bürgerbeteiligung an Entscheidungs- und Kontrollprozessen.

Es sei aber nochmals betont, dass e-Governance eine Funktion des ICT-Paradigmas, nicht aber der Periode, und insofern unabhängig von der Frage nach Staatsnähe oder -ferne ist. Das NPM war eben nicht ICT-spezifisch, sondern Installationsphasen-spezifisch; e-Governance hat mit NPM, auch empirisch, nichts zu tun. (S. Dunleavy et al. 2005, 2006) Fast keine selbst der Weberschen Kategorien wird durch ICT obsolet (potentiell die ausschließliche Anstellung, die aber für die Kernbereiche des Öffentlichen Dienstes in jedem Fall zu erhalten wäre), manche – wie das Schriftlichkeitsprinzip oder die Arbeitsteilung – werden sogar verstärkt oder weisen zumindest gegenläufige Prozesse auf, so die Hierarchie, die einerseits durch Netzwerk-Organisationsmodelle abgeschwächt, andererseits durch die extremen Kontroll- und Koordinationsmöglichkeiten von ICT erst richtig möglich gemacht wird. (Drechsler 2005c)

Zusammenfassend ergibt sich demnach aus der Perspektive vom Verhältnis Nanotechnologie und Verwaltung (und auch Governance) ein *push-pull*-Effekt: Nanotechnologie bedarf des NWS, um sich angemessen zu etablieren, fördert diesen aber genau dadurch auch durch ihre implizite Forderung nach kompetenter, langfristig orientierter, fehlertoleranter Verwaltung.

G. Schlussbetrachtung

Natürlich könnte gesagt werden, dass die Wichtigkeit der richtigen Reorientierung staatlicher Performanz nach Ende des Wendepunktes auch auf die Biotechnologie zuträfe und nicht nano-spezifisch sei, was ja oft bezüglich Nanotechnologie gesagt wird, z.B. hinsichtlich der Nanoethik. (S. nur Ach und Jömann 2005: 208) Das steht aber nicht im Gegensatz zur Bedeutung des Paradigmenwechsels von

---

26 Dass der Öffentliche Dienst selbst umfassenderen, gestalteten Aufgaben oft zögerlich gegenübersteht und hierfür auch nicht immer ausreichend kompetent ist, ist sicher richtig – in Zeiten größerer Staatsferne verringert sich eben nicht nur das Prestige, sondern auch die Kompetenz des Öffentlichen Dienstes, und NPM ist ja auch eine Form des *shirking*, des Abwälzens von Verantwortung und Verantwortlichkeit. Auch hier ist die Aufgabe daher nicht nur die (Wieder-)Erschaffung eines angemessen funktionierenden Systems, sondern auch einer Beamtenschaft, die dem entspricht. S. Duchhardt 2007: 199–203, hinsichtlich der Steinschen Verwaltungsreformen von 1808, die zu ihrer Akzeptanz innerhalb der Verwaltung und der Umgestaltung des Apparats an die zwanzig Jahre benötigte.

27 S. demnächst Bouckaert, Pollitt und Randma-Liiv (Hgg.), Towards the Neo-Weberian State? Europe and Beyond, NISPAcee Journal of Public Administration and Policy 1 (2), 2009.

Seiten der Governance und Verwaltung, da die nanotechnologische Perspektive hilfreich ist, indem sie ein weiteres deutliches Argument für sinnvolle, paradigmenkonforme Entwicklung hin zum NWS darstellt, während sich aus der umfassenderen Nano-Perspektive die Zentralität von Staat und Verwaltung, wenn man das TÖP-Modell akzeptiert, eindeutig ergibt.

Spezifisch zur Nanotechnologie wird man sagen können, dass eine angemessene, nicht exklusive aber massive Förderung derselben auf den erwähnten Gebieten Grundlagen- und nicht direkt kommerzialisierbarer Produktforschung nicht falsch sein kann und sogar notwendig ist, da dies nicht nur zumindest eine Prämie für die Versicherung gegen das Risiko technologischen Abgehängtwerdens ist, dass sich kein ‚Industriestaat' leisten kann. Nanotechnologie ist auch eine Technologie, die schon wegen ihrer Synergien mit den anderen Kandidaten für die Rolle der Leittechnologie, also Biotechnologie und Konvergenz, keinesfalls ein Objekt der Verschwendung darstellt und auch sonst als Zukunftstechnologie sinnvoll zu fördern ist, abseits aller Modelle.

Zusammenfassend ergibt sich also, dass wir, wenn wir das Verhältnis von Nanotechnologie, Innovation, Governance und Verwaltung vor dem Hintergrund der Frage von „Nanotechnologie als Innovation und Risiko" unter Zuhilfenahme von Carlota Perez' TÖP-Modell erörtern, einerseits zu dem Ergebnis kommen, dass der Übergang zum NWS auch für die langfristige Etablierung der Nano- als Leittechnologie, also innovations- und industriepolitisch, von zentraler Bedeutung ist. Andererseits können wir hinsichtlich der Nanotechnologie feststellen, dass das größte mit ihr verbundene Risiko vor dem Innovationshintergrund das wäre, sie staatlicherseits nicht zu fördern und nicht massiv in sie zu investieren.

H. Danksagung

Zuerst möchte ich mich bei Arno Scherzberg bedanken, der mich zur 3. Erfurter Staatswissenschaftlichen Tagung eingeladen und die Behandlung und Ausformulierung des Themas angeregt und trotz widriger Umstände kontinuierlich betrieben hat. Für generelle Diskussionen des Themas über die Jahre und speziell dieses Essays danke ich Rainer Kattel, Christopher Stillings und besonders Carlota Perez, während der Tagung in Erfurt Michael Decker und den anderen Teilnehmern, und für Durchsicht des Manuskripts und weitere Hinweise Benjamin Merkler und Ingbert Edenhofer. Unterstützt wurde die Forschungsarbeit teilweise durch Projekte Nr. 5780 und Nr. 7577 des Estnischen Wissenschaftsfonds ETF.

I. Literatur

Ach, Johann S./Jömann, Norbert (2005): Size Matters. Ethische und soziale Herausforderungen der Nanobiotechnologie. Eine Übersicht, Jahrbuch für Wissenschaft und Ethik 10, 183–213.

Akerlof, George A./Kranton, Rachel E. (2005): Identity and the Economics of Organizations, Journal of Economic Perspectives 9 (1), 9–32.

Arthur, W. Brian, (2002): Is the Information Revolution Dead? If history is a guide, it is not, Business 2.0, http://www.business2.com/articles/mag/ 0,1640,37570,00.html.

Boukaert, Geert/Pollitt, Christoper/Randma-Liiv, Tiina (Hrsg.) (2009): Towards the Neo-Weberian State? Europe and Beyond, NISPAcee Journal of Public Administration and Policy 1 (2).

Bundesministerium für Bildung und Forschung (BMBF) (2006): Nanotechnologie – Innovationen für die Welt von morgen. 3. Aufl. Berlin, Bonn: BMBF.

Castells, Manuel (2005): Die Internet-Galaxie, Wiesbaden.

Dolata, Ulrich/Werle, Raymund (Hrsg.) (2007): Gesellschaft und die Macht der Technik, Sozioökonomischer und institutioneller Wandel durch Technisierung. Frankfurt / Main / New York.

Drechsler, Wolfgang (2007): Modern Senior Civil Service: Strengthening Competitiveness and Economic Growth, Plenarvortrag, Competitive State – Competitive Leaders, The XIX International Conference on Training and Development of Senior Civil Servants, Tallinn, 7. Juni, http://www.riigikantselei.ee/19conference/index.php?id=39 (ppt).

– (2005a): The Rise and Demise of the New Public Management, post-autistic economics review 33.

– (2005b): IST Techno-Economic Paradigms, in: IST at the service of a changing Europe by 2020: Learning from World views, FISTERA final conference, Bucharest: Publishing House of the Romanian Academy, 279–280.

– (2005c): eGovernment and Public Management Reform, Plenarvortrag, eGovernance Catalonia Forum '05: Public Administration in the age of the Internet, Barcelona, 13. Juni, http://www.gencat.net/forum-egovernance/2005/cat/ponencies.htm (ppt, Video).

– (2005d): The Re-Emergence of ‚Weberian' Public Administration after the Fall of New Public Management: The Central and Eastern European Perspective, Halduskultuur 6, 94–108.

– (2004): Governance, Good Governance, and Government: The Case for Estonian Administrative Capacity, Governance and Good Governance, Trames 8 (4), 388–396.

– (2003a): Good Governance, in: [Hanno] Drechsler, Hilligen und Neumann (Hrsg.), Gesellschaft und Staat. Lexikon der Politik, 10. Aufl., München.

– (2003b): New Public Management, in: [Hanno] Drechsler, Hilligen und Neumann (Hrsg.), Gesellschaft und Staat. Lexikon der Politik. 10. Aufl., München.

– (2002): Darin Barney: Prometheus Wired: The Hope for Democracy in the Age of Network Technology, and Hubert L. Dreyfus: On the Internet, Philosophy in Review / Comptes Rendus Philosophiques 22 (2), 86–89.

– (1997): Carl Schmitt: The Leviathan in the State Theory of Thomas Hobbes, Perspectives on Political Science 26 (2), 125–126.

Drechsler, Wolfgang et al. (2006): Creative Destruction Management in Central and Eastern Europe: Meeting the Challenges of the Techno-Economic Paradigm Shift, in: Tarmo Kalvet und Rainer Kattel (Hrsg.), Creative Destruction Management: Meeting the Challenges of the Techno-Economic Paradigm Shift, Tallinn: PRAXIS Center for Policy Studies, 15–30.

Drexler, K. Eric (2007): Engines of Creation 2.0: The Coming Era of Nanotechnology – Updated and Expanded, WOWIO Books (www.wowio.com).

Duchhardt, Heinz (2007): Stein: Eine Biographie, Münster.

Dunleavy, Patrick/Margetts, Helen/Bastow, Simon/Tinkler, Jane (2006): Digital Era Governance: IT Corporations, the State and E-government, Oxford.

– (2005): New Public Management Is Dead – Long Live Digital-Era Governance, Journal of Public Administration Research and Theory 16, 467–494.

Evans, Peter/Rauch, James E. (1999): Bureaucracy and Growth: A Cross-National Analysis of the Effectiveness of ‚Weberian' State Structures on Economic Growth, American Sociological Review 64, 748–765.

Freeman, Christopher/Louçã, Francisco (2001): As Time Goes By: From the Industrial Revolution to the Information Revolution, Oxford.

Frey, Bruno S. (2007): Evaluierungen, Evaluierungen… Evaluitis, Perspektiven der Wirtschaftspolitik 8 (3), 207–220.

Frey, Bruno S./Humbert, Silke/Schneider, Friedrich (2007): Was denken deutsche Ökonomen? Eine empirische Auswertung einer Internetbefragung unter den Mitgliedern des Vereins für Socialpolitik im Sommer 2006, Perspektiven der Wirtschaftspolitik 8 (4), 359–377.

Gehlen, Arnold (1970 [1957]): Die Seele im technischen Zeitalter: Sozialpsychologische Probleme in der industriellen Gesellschaft, 91.–95. Tsd., Hamburg.

Hof, Robert D. (2004): Is Info Tech All Washed Up?, Business Week, 24. Mai.

Kattel, Rainer (2004): Governance of Innovation Policy: The Case of Estonia, Governance and Good Governance, Trames 8 (4), 397–418.

König, Klaus (2001): Zum Governance-Begriff, in: König, Klaus/Adam, Markus (Hrsg.), Governance als entwicklungspolitischer Ansatz, Speyer: Forschungsinstitut für öffentliche Verwaltung, 1–9.

Kondratieff, Nikolai D. (1926): „Die langen Wellen der Konjunktur", Archiv für Sozialwissenschaft und Sozialpolitik 56 (3), 573–609.

Leitner, Hendrik/Wiehr, Hartmut (2006): Die andere Seite der IT: Business-Transformation durch Services und dynamische Infrastruktur, München.

McCraw, Thomas K. (2007): Prophet of Innovation. Joseph Schumpeter and Creative Destruction, Cambridge, MA / London.

Nelson, Richard R. (2003): Rezension von Perez 2002, Journal of Socio-Economics 2, 467–469.

Noordhoek, Peter/Saner, Raymond (2005): Beyond New Public Management: Answering the Claims of Both Politics and Society, Public Organization Review 5, 35–53.

Nordmann, Alfred/Schummer, Joachim/Schwarz, Astrid (Hrsg.) (2006): Nanotechnologien im Kontext, Philosophische, ethische und gesellschaftliche Perspektiven, Berlin.

Perez, Carlota (2007): Technological Revolutions, Paradigm Shifts, and Social Goals, The 2007 Marie Jahoda Annual Lecture, SPRU, University of Sussex, Brighton, Oktober (ppt).

– (2006a): Re-specialisation and the Deployment of the ICT Paradigm – An Essay on the Present Challenges of Globalization, in: Ramon Compañó et al. (Hrsg.). The Future of the Information Society in Europe: Contributions to the Debate, [Sevilla:] IPTS / Luxembourg: OOPEC, EUR 22353 EN, 33–66.

– (2006b): The Turning Point: An Open Stage for Socio-Political Choice, Vortrag, 40th Anniversary of the Research Policy Institute / CIRCLE, Lund University, Lund, September (ppt).

– (2004a): Technological Revolutions, Paradigm Shifts and Socio-Institutional Change, in: Reinert, Erik S. (Hrsg.), Globalization, Economic Development and Inequality: An Alternative Perspective, Cheltenham / Northampton, MA, 217–256.

– (2004b): The Context for Innovation Policies and Strategies after the Financial Frenzy of the 1990s, Keynote address, 4th European Forum for Innovative Enterprises, Stuttgart, 6. Dezember 2004 (ppt).

– (2002): Technological Revolutions and Financial Capital: The Dynamics of Bubbles and Golden Ages, Cheltenham / Northampton, MA.

Perez, Carlota/Freeman Chris (1988): Structural Crises of Adjustment, Business Cycles and Investment Behaviour, in: Dosi, Giovanni et al. (Hrsg.); Technical Change and Economic Theory. London: Pinter, 38–66.

Pollitt, Christopher/Bouckaert, Geert (2004): Public Management Reform: A Comparative Analysis. 2. Aufl., Oxford.

Reinert, Erik S. (1999): The Role of the State in Economic Growth, Journal of Economic Studies 26 (4/5), 268–326.

Rochet, Claude (2007): L'innovation, une affaire d'état, Paris.

Roco, Mihail C./Bainbridge, William S. (Hrsg.) (2003): Converging Technologies for Improving Human Performance: Nanotechnology, Biotechnology, Information Technology and the Cognitive Science, Dordrecht.

Samier, Eugenie (2001): Demandarinisation in the New Public Management: Examining Changing Administrative Authority from a Weberian Perspective, in: Hanke, Edith/Mommsen, Wolfgang J. (Hrsg.), Max Webers Herrschaftssoziologie. Studien zur Entstehung und Wirkung, Tübingen, 235–263.

Schummer, Joachim/Baird, Davis (2006): Nanotechnology Challenges: Implications for Philosophy, Ethics and Society, Singapur.

Schumpeter, Joseph A. (1939, 1961): Konjunkturzyklen. Bde. 1 und 2, Göttingen.

– 1924: The Instability of Capitalism, The Economic Journal 151, 361–386.

Siemon, Cord, 2007: „Innovationspolitik im 6. Kondratieff: Hinterherlaufen oder Vorauseilen?" Wirtschaftsdienst, 7/2007, 450-457.

Smith, Merritt Roe/Marx, Leo (1994): Does Technology Drive History? The Dilemma of Technological Determinism, Cambridge, MA.

Taylor, Frederick Winslow (1998 [1911]): The Principles of Scientific Management, Mineola, NY.

Toner, Phillip/Butler, Gavan (2004): Some Reflections on Governing the Market, Issues & Studies 40 (1), 81–102.

Wade, Robert (2003): Governing the Market: Economic Theory and the Role of Government in East Asian Industrialization, Neuausg. Princeton, NJ.

Wang, Ngan-Shi (1932): Bericht an den Kaiser Jen-tsung (1023-1063) über die allgemeine Lage (1058), in: O. Franke, Der Bericht Wang Ngan-shis von 1058 über die Reform des Beamtentums: Ein Beitrag zur Beurteilung des Reformators, Sitzungsberichte der Preußischen Akademie der Wissenschaften. Nr. 13. Berlin, 276–312.

Weber, Max (1922): Grundriß der Sozialökonomie, Bd. 3: Wirtschaft und Gesellschaft, Tübingen.

Wright, Vincent (1997): The Paradoxes of Administrative Reform, in: Kickert, Walter J. M. (Hrsg.), Public Management and Administrative Reform in Western Europe, Cheltenham / Northampton, MA, 7–13.

Stichwortregister

Verzeichnis der Autoren

Beringer, Jan, Dr.
Direktor Abteilung Textile Dienstleistungen & Innovationen an den Hohensteiner Instituten in Bönnigheim
j.beringer@hohenstein.de

Breiner, Thomas, Dr.
Teamleader BASF ISIS Group, Abteilung Polymer Colloids, Polymerforschung, BASF SE, Ludwigshafen
thomas.breiner@basf.com

Burr, Wolfgang, Prof. Dr.
Universität Stuttgart, Lehrstuhl für Forschungs-, Entwicklungs- und Innovationsmanagement
wolfgang.burr@bwi.uni-stuttgart.de

Butz, Tilman, Prof. Dr.
Universität Leipzig, Dekan und Vizedirektor am Institut für Experimentelle Physik II
butz@physik.uni-leipzig.de

Decker, Michael, Privatdozent Dr.
Forschungszentrum Karlsruhe in der Helmholtz-Gemeinschaft, Institut für Technikfolgenabschätzung und Systemanalyse (ITAS)
Michael.Decker@itas.fzk.de

Drechsler, Wolfgang, Prof. Dr.
Technische Universität Tallinn, Lehrstuhl für Governance
drechsler@staff.ttu.ee

Fleischer, Torsten, Dipl.-Phys.
Forschungszentrum Karlsruhe in der Helmholtz-Gemeinschaft, Institut für Technikfolgenabschätzung und Systemanalyse (ITAS)
Torsten.Fleischer@itas.fzk.de

Führ, Martin, Prof. Dr.
Fachhochschule Darmstadt, Lehrstuhl für Öffentliches Recht, Rechtstheorie und Rechtsvergleichung
fuehr@sofia-darmstadt.de

Funken-Vrohlings, Melanie, Dipl. Wi.-Ing.
Universität Karlsruhe, Institut für Wirtschaftspolitik und Wirtschaftsforschung (IWW)
vrohlings@iww.uni-karlsruhe.de

Grupp, Hariolf, Prof. Dr.
Universität Karlsruhe, Institut für Wirtschaftspolitik und Wirtschaftsforschung (IWW) und Fraunhofer-Institut für System- und Innovationsforschung (ISI)
hariolf.grupp@iww.uni-karlsruhe.de

Hocke, Peter, Dr.
Forschungszentrum Karlsruhe in der Helmholtz-Gemeinschaft,
Institut für Technikfolgenabschätzung und Systemanalyse (ITAS)
Peter.Hocke@itas.fzk.de

Hoffmann, Martin, Prof. Dr.
Technische Universität Ilmenau, Institut für Mikro- und Nanotechnologien,
Fachgebiet Mikromechanische Systeme
martin.hoffmann@tu-ilmenau.de

Hofmann, Ekkehard, Privatdozent Dr.
Helmholtz-Zentrum für Umweltforschung (UFZ), Leipzig
ekkehard.hofmann@ufz.de

Huber, Birgit
Stellv. Geschäftsführerin Industrieverband Körperpflege- und Waschmittel e. V.,
Frankfurt am Main
bhuber@ikw.org

Kastenholz, Hans, Dr.
Empa, St. Gallen, Abteilung Technologie und Gesellschaft
Hans.Kastenholz@empa.ch

Klein, Gerhard
TÜV SÜD Industrie Service GmbH, München
Gerhard.Klein@tuev-sued.de

Köck, Wolfgang, Prof. Dr.
Leiter des Departments Umwelt- und Planungsrecht am Helmholtz-Zentrum
für Umweltforschung – UFZ, Leipzig
wolfgang.koeck@ufz.de

Krug, Harald F., Prof. Dr.
Empa, St. Gallen, Abteilung Materials-Biology Interactions
Harald.Krug@empa.ch

Lahl, Uwe, Privatdozent Dr.
Ministerialdirektor im Bundesministerium für Umwelt, Naturschutz und Reaktorsicherheit, Leiter der Abteilung Immissionsschutz und Gesundheit, Anlagensicherheit und Verkehr, Chemikaliensicherheit
Uwe.Lahl@bmu.bund.de

Quendt, Christiane, M.A.
Forschungszentrum Karlsruhe in der Helmholtz-Gemeinschaft, Institut für Technikfolgenabschätzung und Systemanalyse (ITAS)
Christiane.Quendt@itas.fzk.de

Rathke, Kurt-Dietrich
Rechtsanwalt, Lenzen, Mittelberger & Kollegen, Neusäß
eb@kdrathke.de

Scherzberg, Arno, Prof. Dr.
Universität Erfurt, Professur für Öffentliches Recht und Verwaltungswissenschaften
arno.scherzberg@uni-erfurt.de

Spangenberg, Albena, M.A.
Forschungszentrum Jülich GmbH, Institut für Neurowissenschaften und Biophysik, Programmgruppe Mensch, Umwelt, Technik (INB-MUT)
a.spangenberg@fz-juelich.de

Stähle, Sieglinde, Dr.
Bund für Lebensmittelrecht und Lebensmittelkunde, Berlin
sstaehle@bll.de

Vienken, Jörg, Prof. Dr. Ing.
Vice-President BioSciences Department, Fresenius Medical Care Deutschland GmbH, Bad Homburg
joerg.vienken@fmc-ag.com

Warzelhan, Volker, Prof. Dr.
Senior Vice President, Leiter der Abteilung Forschung Thermoplastkunststoffe, Polymerforschung, BASF SE, Ludwigshafen

Wendorff, Joachim H., Prof. Dr.
Fachbereich Chemie an der Philipps-Universität Marburg
wendorff@staff.uni-marburg.de

Zimmer, René, Dr.
Bundesinstitut für Risikobewertung, Berlin
Rene.Zimmer@bfr.bund.de

Anhang
Farbabbildungen

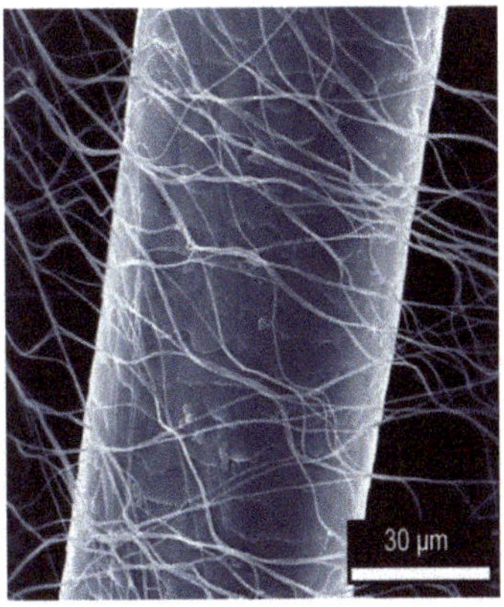

Abb. 1: Nanofasern überlagern ein menschliches Haar (elektronenmikroskopische Aufnahme)

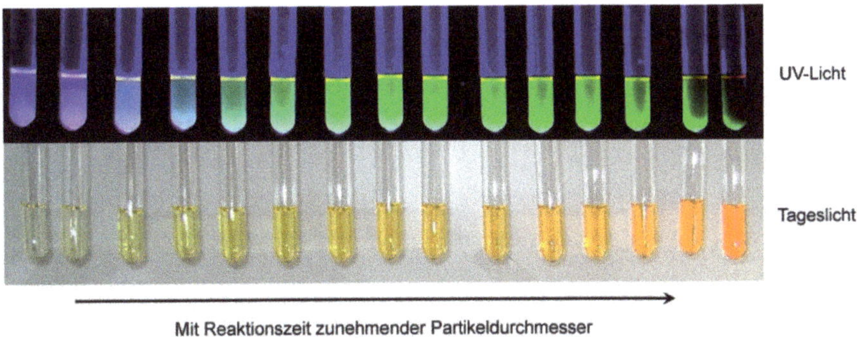

Abb. 3: Emission von Licht durch nanoskalige Halbleiterpartikel. In den Reagenzgläsern sind Nanopartikel unterschiedlicher Größe synthetisiert worden

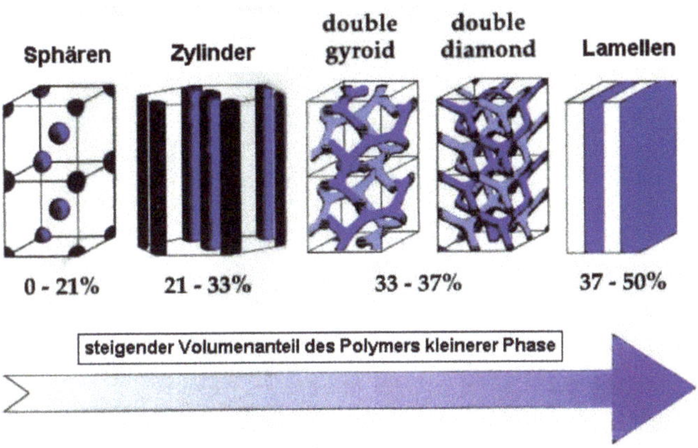

Abb. 4: Selbstorganisation von Polymerketten, aufgebaut aus Blöcken, zu verschiedenen Nanostrukturen

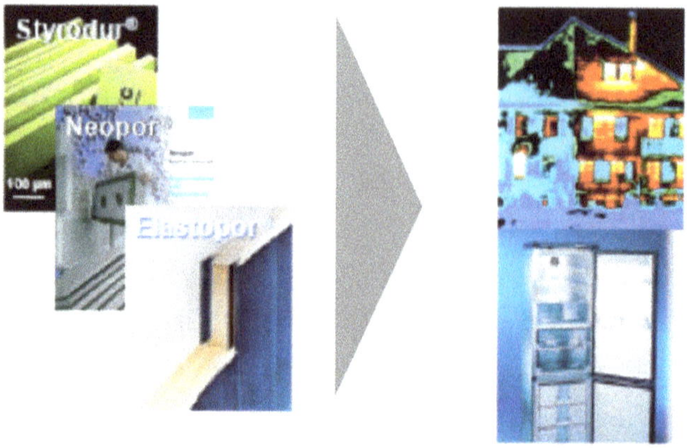

Abb. 2: Efficient Use of Energy – A Challenge of th 21st century

Abb. 10: The effect: improved flowability; comparison with equal injection molding conditions

Eco efficiency analysis

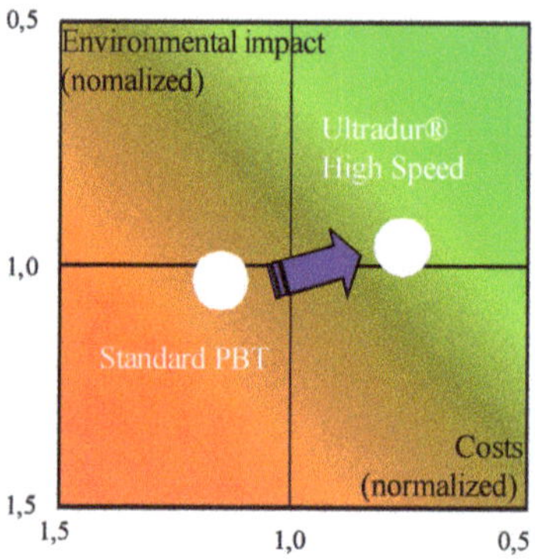

Calculation of material and energy saving

Savings equivalent to driving 75.000 cars for one year*

reduction of 220.00 metric tons of CO_2 emissions in one year

* Average energy consumption of injection molding machine of 3 kWh/kg PBT and a worldwide PBT injection market of about 610.000 metric tons per year

Abb. 11: Energy savings

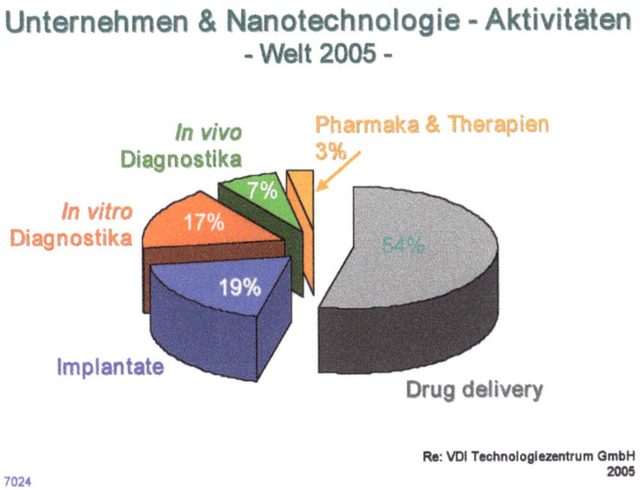

Abb. 2

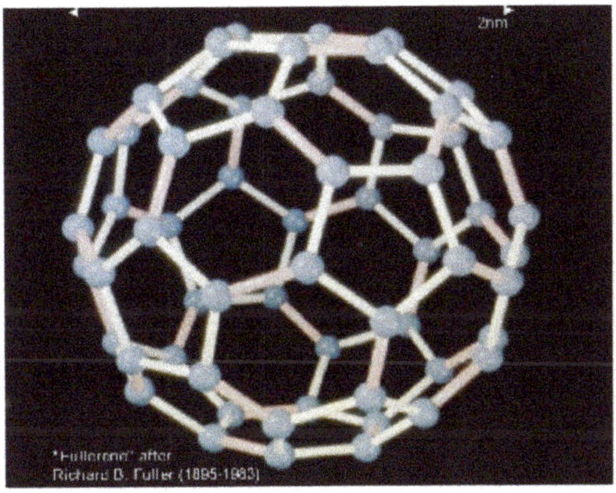

Abb. 3

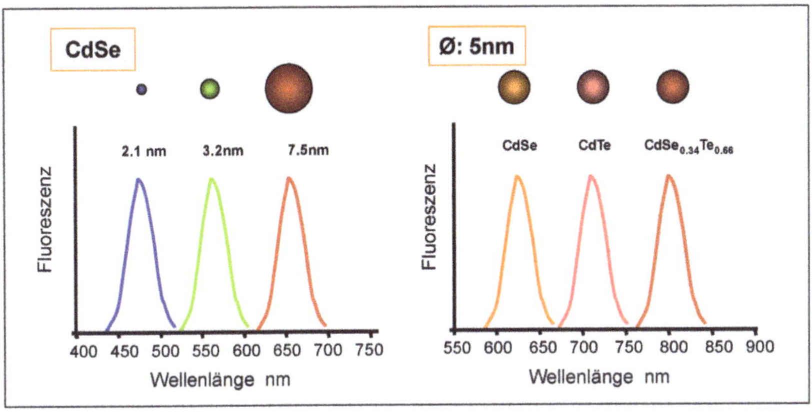

Abb. 4

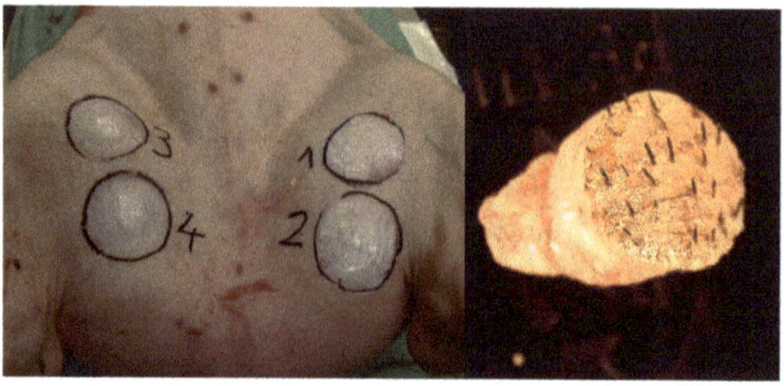

Abb. 1: Links: Innenseite der Hinterläufe des Hausschweins für die Probennahmen 1 bis 4
Rechts: Biopsie (Stanzzylinder) ca. 5 mm Durchmesser

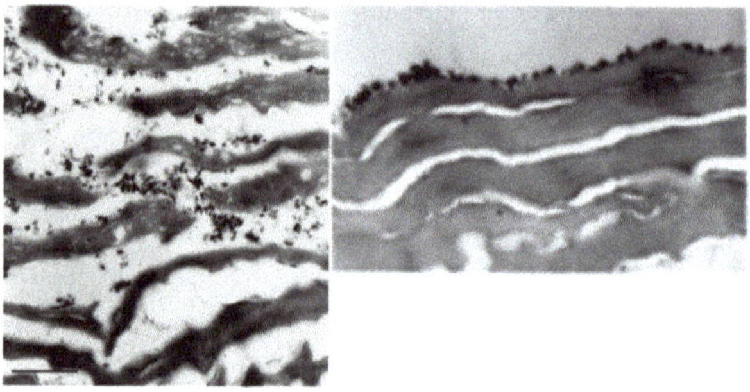

Abb. 2: HRTEM-Aufnahmen eines Ultra-Dünnschnittes von Humanhaut.
Links: Man kann deutlich die Agglomerate von TiO_2-Nanopartikeln im stratum corneum disjunctum sehen (ca. 10 $\mu m \times 10$ μm).
Rechts: Applikation auf partiell gestrippte Haut: man sieht die gute Spreitung auf der Oberfläche, aber keine Penetration in das stratum corneum compactum (ca. 5 $\mu m \times 10$ μm).

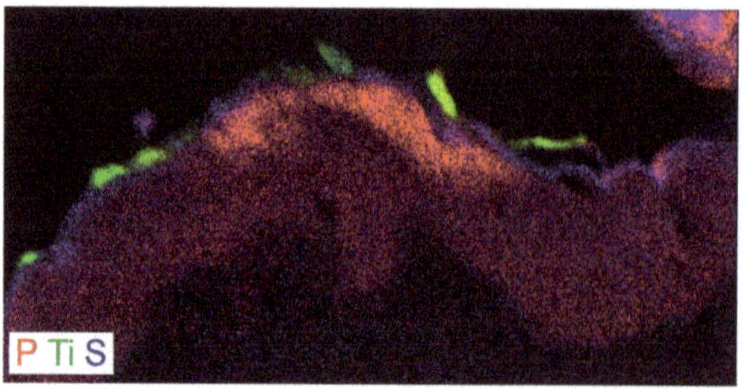

Abb. 3: PIXE-Falschfarbenbild eines Dünnschnittes von Schweinehaut (ca. 400 $\mu m \times 200$ μm). Phosphor: rot, Titan: grün, Schwefel: blau. Titan befindet sich auf der Hornhaut und in den ersten 3–5 μm des stratum corneum disjunctum. Die Spreitung ist sehr inhomogen.
Der erhöhte Phosphorgehalt in der Bildmitte stammt von einer Liposomenformulierung, die als „schneller Transporter" bekannt ist. Unterhalb des dunkelroten Bereiches (stratum spinosum) beginnt die Dermis.

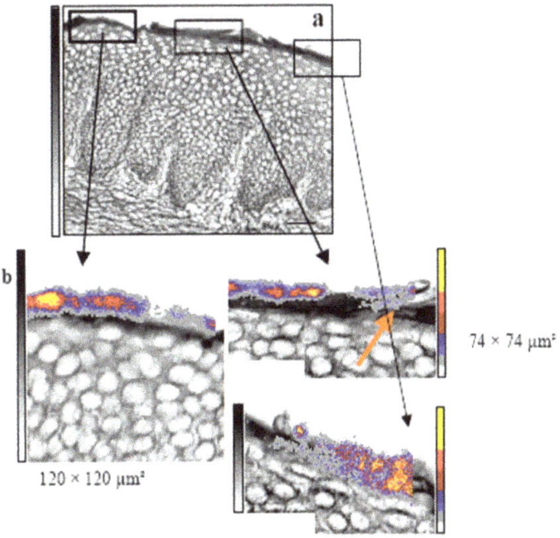

*Abb. 4: PIXE-Maps des Titan überlagert mit Dichtekontrastbildern (STIM).
Man erkennt an den Ti-Verteilungen klar die äußerst inhomogene Spreitung
der Formulierung.
a) typisches Bild mit Ti auf dem stratum corneum und im stratum corneum disjunctum.
b) Mikroläsion mit Penetration bis zur Grenze des stratum corneum und vitalem Gewebe (oranger Pfeil).
c) Sehr seltene Beobachtung von Penetration bis zur Grenze des stratum corneum und vitalem
Gewebe ohne erkennbare Mikroläsion*

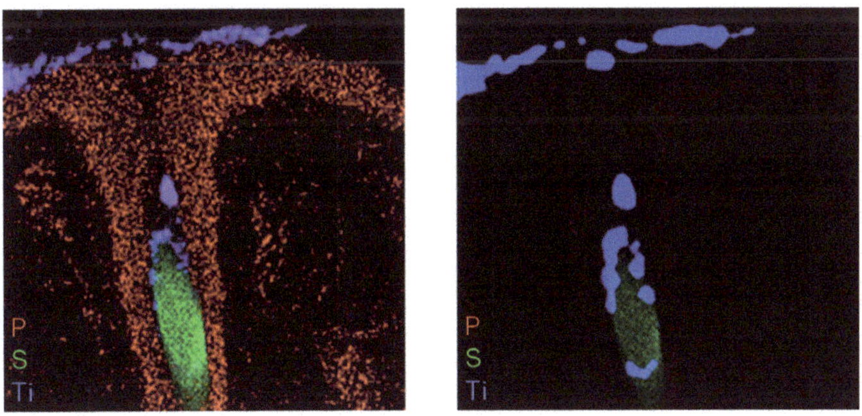

*Abb. 5: PIXE-Falschfarbenbild eines Längsschnittes durch ein Haarfollikel (400 µm × 400 µm).
Titan: blau, Schwefel (Haar): grün, Phosphor: rot.
Im rechten Bild ist die Ti-Map übersteuert. Man erkennt Ti in Tiefen bis ca. 400 µm.*

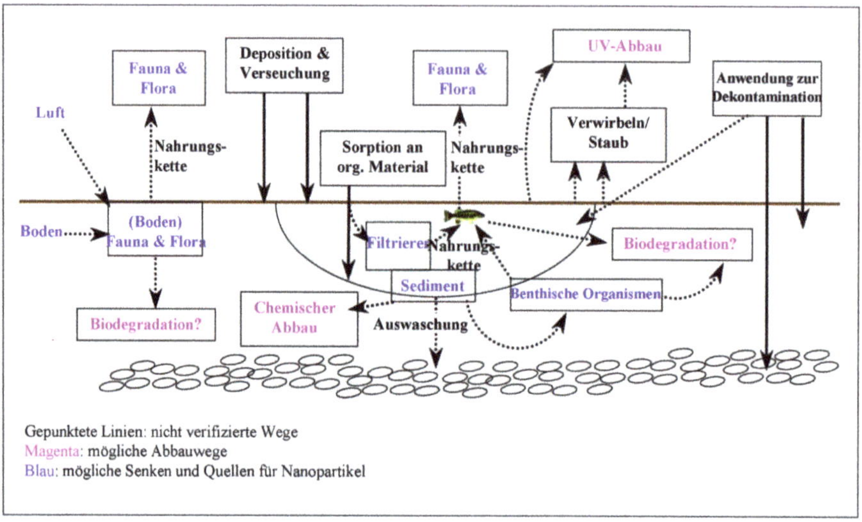

Abb. 1: Oberdörster et al. (2005) Environ. Health Perspect. 113: 823–839

www.ingramcontent.com/pod-product-compliance
Lightning Source LLC
LaVergne TN
LVHW070906300926
849162LV00009B/1836
* 9 7 8 3 8 9 9 4 9 5 4 4 7 *